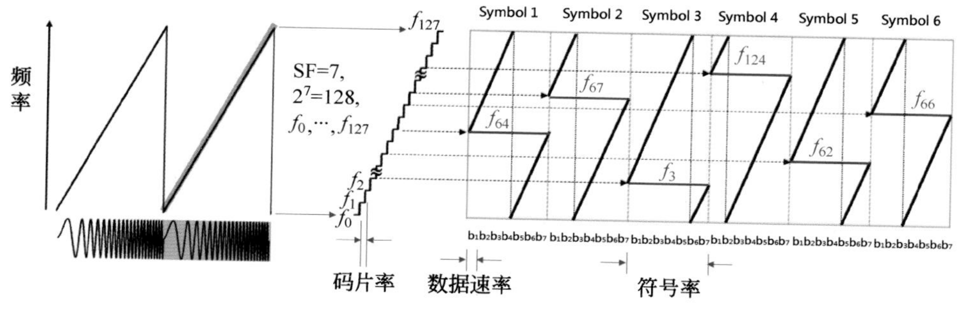

图 3-9　LoRa 调制编码图

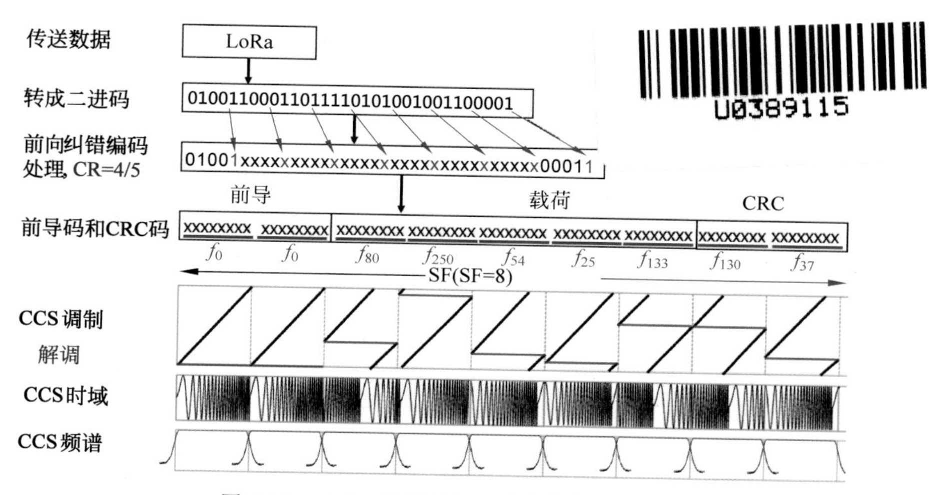

图 3-10　LoRa 调制封包及数据传输意图

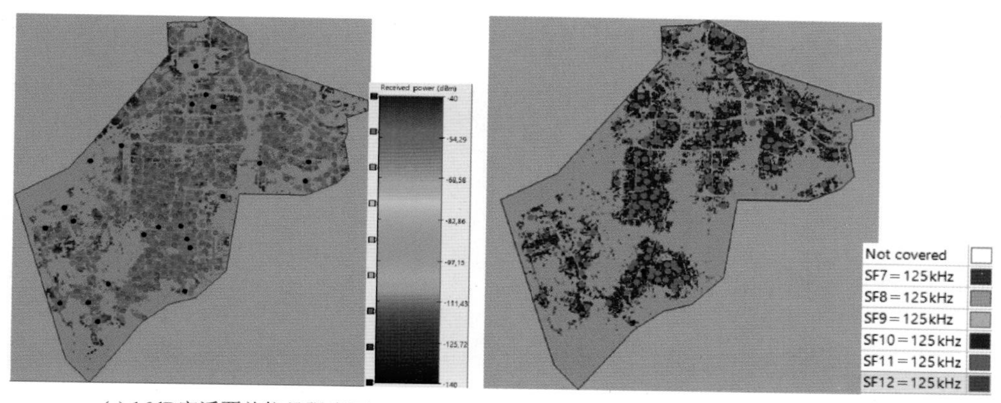

(a) 16dB穿透覆盖信号强度图

(b) 16dB穿透覆盖扩频因子图

图 8-18　深圳 LoRa 覆盖网络图

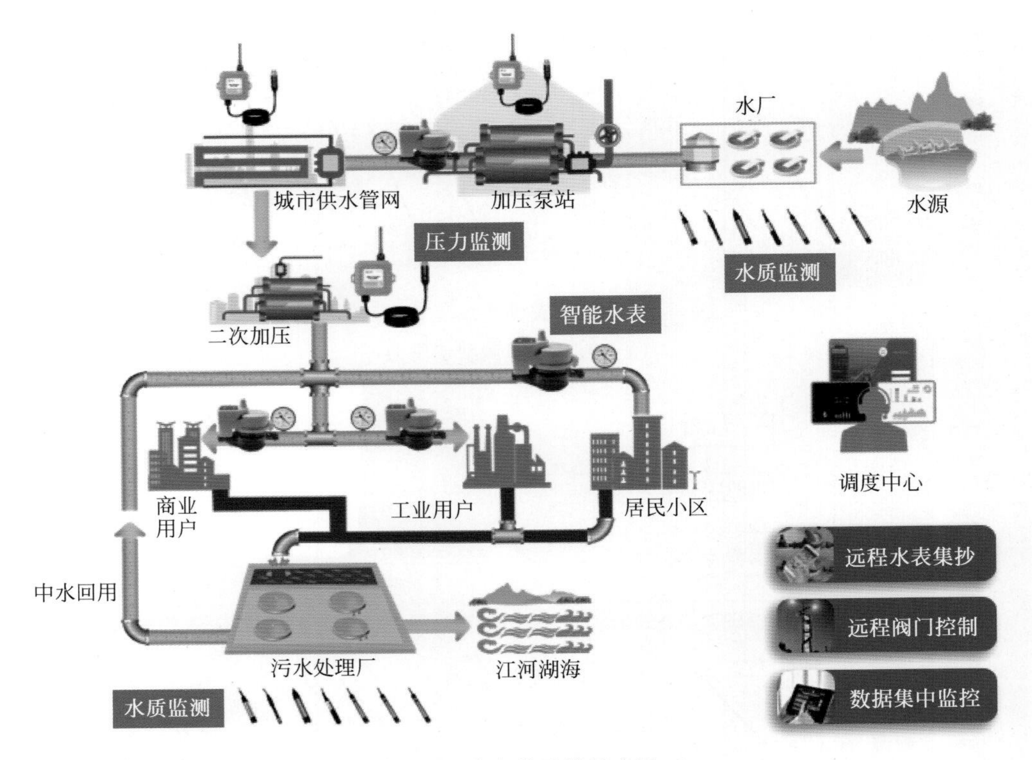

图 9-6 水务管理扩展应用

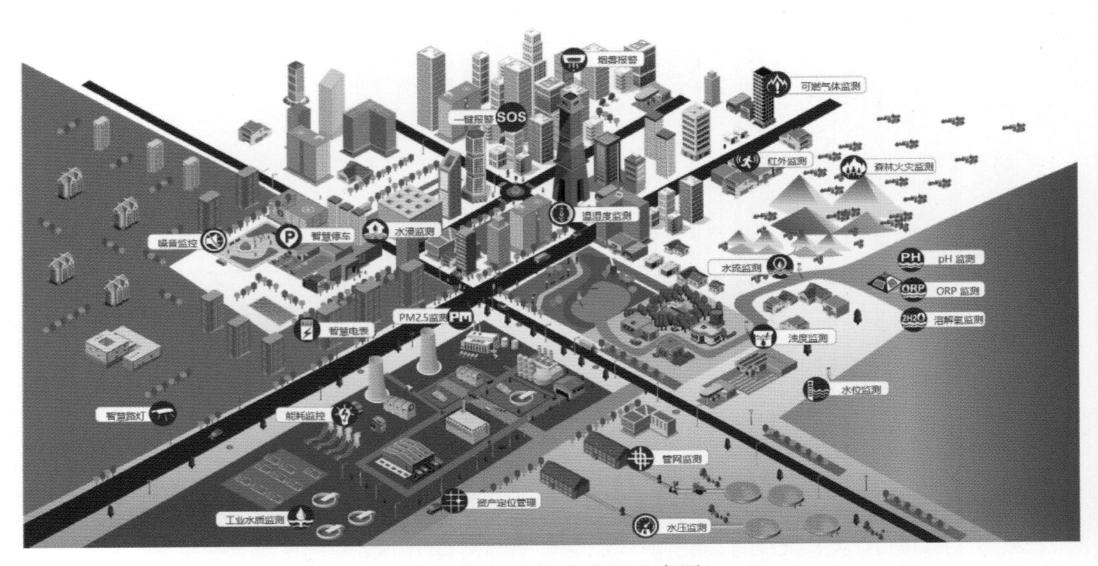

图 9-8 智慧城市应用示意图

图 9-10　智慧社区应用示意图

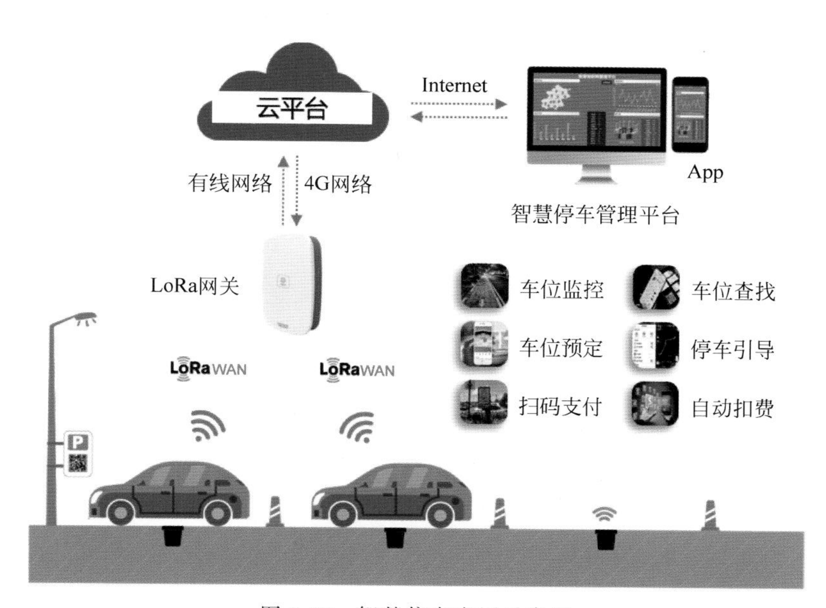

图 9-12　智慧停车应用示意图

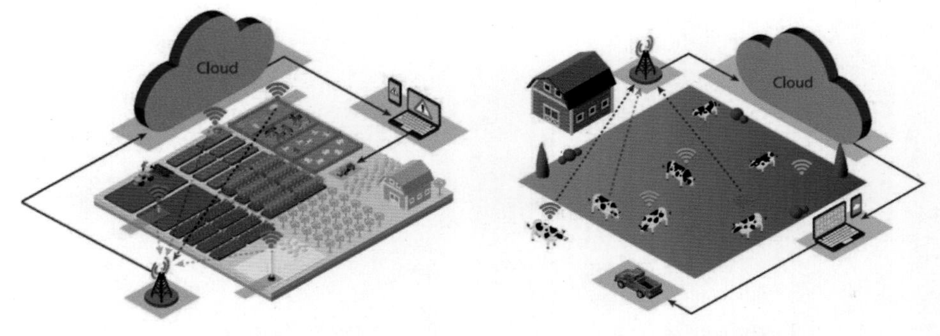

图 9-16　智慧养殖与智慧畜牧

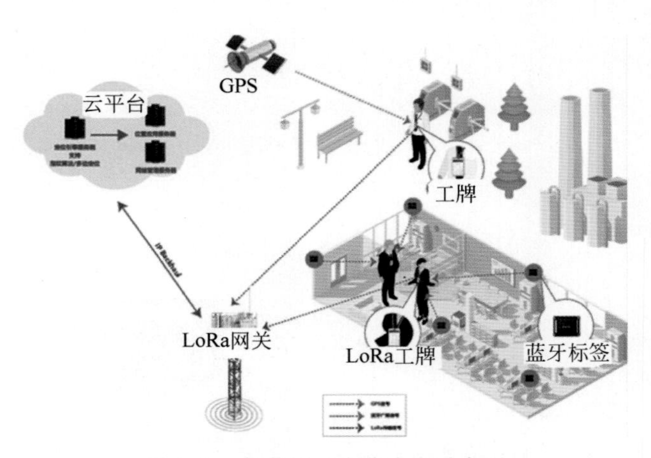

图 9-23　智能园区定位应用示意图

图 9-26　LoRa 智能家居传感器应用

LoRa - IoT NETWORK TECHNOLOGY

LoRa物联网通信技术

甘 泉◎著

Andy Gan

清華大學出版社

北京

内容简介

本书主要介绍LoRa物联网通信技术相关内容，包括LoRa的历史背景、核心技术、芯片产品、行业标准及规范、产业链生态、工程计算以及案例详解。本书以从基础到应用的方式展开，从基础的LoRa技术原理讲起，再介绍LoRa的产品和生态，最后介绍工程应用中的计算和案例分析。

全书共分9章。第1章为背景及概述，介绍LoRa的背景和技术特点；第2章和第3章详细介绍LoRa的物理层调制技术以及链路层的数据处理过程；第4章介绍LoRa相关的多款核心芯片；第5章和第6章介绍LoRa的组网技术以及相应的标准及规范；第7章介绍LoRa的行业生态，包括市场发展和生态企业；第8章和第9章介绍LoRa的实际应用，通过工程计算和实际应用案例的方式让读者对LoRa应用有深入理解。书中有大量的基础计算和应用案例，可以通过基础计算了解LoRa的核心参数，并通过案例中的工程计算掌握实际项目的规划和实施。

本书适合作为LoRa技术从业人员的工具书，也适合作为电子信息工程、通信工程、物联网相关专业的高年级本科生和研究生的教材，对于物联网技术从业人员或爱好者也是非常好的参考读物。

图书在版编目(CIP)数据

LoRa物联网通信技术/甘泉著. —北京：清华大学出版社，2021.6 (2023.3 重印)
ISBN 978-7-302-58084-3

Ⅰ. ①L… Ⅱ. ①甘… Ⅲ. ①物联网－通信技术－研究 Ⅳ. ①TP393.4 ②TP18

中国版本图书馆CIP数据核字(2021)第075685号

责任编辑：刘 星
封面设计：刘 键
责任校对：李建庄
责任印制：丛怀宇

出版发行：清华大学出版社
网　　址：http://www.tup.com.cn，http://www.wqbook.com
地　　址：北京清华大学学研大厦A座　　**邮　　编**：100084
社 总 机：010-83470000　　**邮　　购**：010-62786544
投稿与读者服务：010-62776969，c-service@tup.tsinghua.edu.cn
质量反馈：010-62772015，zhiliang@tup.tsinghua.edu.cn
课件下载：http://www.tup.com.cn，010-83470236
印 装 者：三河市龙大印装有限公司
经　　销：全国新华书店
开　　本：186mm×240mm　　**印　张**：19.5　　**彩　插**：2　　**字　　数**：445千字
版　　次：2021年6月第1版　　**印　　次**：2023年3月第5次印刷
印　　数：5701～6700
定　　价：79.00元

产品编号：087015-01

序言一

FOREWORD

物联网承载着人们的很多期许，也掀起了很大的热度。本书读者会发现，事实的确如此，LoRa 物联网在中国的发展现状更是如此。LoRa 在中国的应用越来越广泛，对全球的数字化进程起到了一定作用。物联网的潜在应用场景十分广阔，虽然 LoRa 并不适用于所有场景，但的确能在不少应用中发挥切实作用。为了作出明智选择，了解 LoRa 技术的所有潜能则是必要之举。LoRa 绝非炒作，事实证明，LoRa 可以创造商业价值，并且具有可扩展性。

从技术、市场和生态系统层面看，这本书是迄今为止关于 LoRa 的最全面的著作。在与甘泉的讨论中，我看得出他对各类技术及其应用充满热情，并且喜欢深入探究相关内容。这本书里涵盖和呈现的信息量之大，让人不由叹服。

本书不只介绍了 LoRa 技术，还为希望有效使用 LoRa 的决策者、开发人员和市场营销人员提供了切实指导。此外，阅读本书对于接受相关培训的学生和工程师也大有裨益。书中的内容非常实用，包含实际案例、工程计算方法、测验、在线课程链接。我希望这本书能成为实用参考，并能出译本，这样我就可以向所有认识的人推荐它！

在技术方面，LoRa 调制通常被形容为一个黑盒，这可能会让 LoRa 用户感到些许沮丧。作为 LoRa 调制的发明者，我也觉得这挺令人沮丧的。甘泉花费很多时间和精力对此进行了说明，真的很感谢他。尽管 LoRa 技术已经问世近 10 年了，但很多人对 LoRa 的潜能（如功耗、容量、地理定位性能）仍存有一些技术上的疑问。本书介绍了许多工程工具，可解答所有这些疑问，并帮助优化解决方案。

数字化转型是一条复杂的道路，不只关乎技术或市场。其不仅会改变业务流程（有时包括商业模式），而且会改变人们的工作或生活方式。为了理解这种深刻变化，仔细研究物联网生态系统便很有必要。在本书中，甘泉详细介绍了 LoRa 生态系统在中国的发展情况。中国市场的活力大家有目共睹，直到读了这部分内容，我才了解到 LoRa 具体扩展应用在中国市场的发展情况，其数量之多、质量之高，令人惊叹。

LoRa 只是一个技术元素，其对社会的真正价值在于应用。举个极端例子，很多创新的出现与“拉杆箱”的诞生一样：多年来，我们提着沉重的手提箱走动，或者试图用轮子运送它们，但这种做法是不对的，而后，大家现在使用的带有 4 个万向轮的拉杆箱就出现了。事实上，手提箱和轮子都已经存在了几个世纪，只是一直没有人知道如何通过最好的方式把它们结合在一起，让旅途更加轻松。本书将带您了解此类创新，即设计出来后每个人都会觉得很简单但非常有效的创新。为此，我们首先要对技术、市场和生态系统进行深入了解。若您对这方面的创新充满期待，本书便是您学习这类知识并开始设计基于 LoRa 的传感器和解决方案的理想之选。

Olivier Seller

LoRa 技术发明人

2020 年 12 月

序言二

FOREWORD

物联网被认为是信息技术的第三次革命，是全球信息产业新一轮发展竞争的制高点，世界先进国家纷纷把以物联网为核心的信息技术革命作为国家战略，全力推动物联网技术的应用，以确保其竞争优势。

LoRa 技术具有物联网的 DNA，如同物联网的触角，延伸至各类物品及传感设备，促进智能应用。大约从 2014 年起，国内首批企业开始研发基于 LoRa 的相关产品。最近的几年中，LoRa 已经从一个小范围使用的小无线技术成长为物联网领域无人不晓的事实标准。以 LoRa、NB-IoT 为代表的低功耗广域网络（Low Power Wide Area Network，LPWAN）技术近年来已经成为物联网领域最热门的部分。在一些场合 LoRa 成了物联网的代名词，仿佛一个项目如果和 LoRa 没有关系就不算物联网项目。

2015 年 3 月，多家厂商共同发起创立 LoRa 联盟，经过 5 年的发展，目前在全球拥有超过 500 个会员。中国市场是 LoRa 全球生态建设中非常重要的部分。2018 年，阿里巴巴、腾讯、京东等互联网巨头均以最高级别会员身份加入 LoRa 联盟，同时中兴克拉科技、各地方广电、浙江联通、联通物联网公司等 LoRa 生态伙伴也在各地积极部署 LoRa 网络。可见，LoRa 在中国已经形成了融合运营商（中国联通、中国铁塔等）、互联网巨头（阿里、腾讯、京东等），以及解决方案商、模块提供商和网关制造商的庞大生态体系。国内 LoRa 产业链企业数量已超过 1500 家，且以每年 50％的增速发展。

然而，至今国内没有一本全面介绍 LoRa 技术的书籍，甚至许多读者认为 LoRa 技术有着神秘色彩。LoRa 的物理层调制技术，市场上完全没有相关资料，这也是 LoRa 技术神秘的原因。本书作者甘泉具有十多年物联网和芯片技术经验，工作于 LoRa 的创始公司 Semtech。甘泉在 Semtech 公司既负责 LoRa 在中国的市场推广和市场策略，又负责管理中国区的 LoRa 技术团队，所以对 LoRa 的市场和技术都有深入研究。

仔细阅读甘泉撰写的《LoRa 物联网通信技术》书稿后，深感其在 LoRa 原理、技术及生态、应用方面的研究涉猎之深、之广，总结准确到位，内容编排与组织生动活泼，将许多难于理解的技术概念与应用问题讲解得很形象而又不失水准，确实难能可贵。

本书的特色是从技术和应用的视角来总揽 LoRa 技术应用的全局，以 LoRa 的核心技术优势为线索，覆盖了 LoRa 应用相关的背景知识、扩频技术核心、空口协议、核心芯片、网络系统、标准及规范、生态市场以及应用计算和案例详解等。基于当前国内物联网推进工作为 LoRa 技术应用提供的广阔背景，可以相信 LoRa 技术应用将会迎来一轮新的大发展，本书的推出，也势必会为这一波发展发挥重要的作用。

本书从用户的角度研究 LoRa 技术，集规范性、专业性、系统性与可操作性为一体，文体新颖，图文并茂，语言生动活泼。对于 LoRa 及物联网从业人员，该书是一本很好的应用工具书；对于各高校的学生，本书也不失为一本了解 LoRa 基础与应用实践、提高创新与操作能力的技术参考书。

（郑立荣）[①]

2020 年 12 月

① 郑立荣，复旦大学信息科学与工程学院院长，上海智能电子与系统研究院院长，国务院学位委员会学科评议组成员，中国软科学研究会常务理事。瑞典皇家理工学院信息与通信技术学院首席教授，瑞典爱立信集团高级专家。

前言

PREFACE

一、为什么要写本书

目前，在全球运营商将4G作为主流网络且开始商用5G的背景下，2G网络的退网已实施或提上日程。物联网的市场前景，尤其是需要低速率、低电量耗费的无线场景的连接需求越来越多，在这个时机下，以LoRa为代表的低功耗广域网络正填补了这一缺口。大约从2014年起，国内首批企业开始研发LoRa相关产品。最近几年，LoRa已经从一个小范围使用的小无线技术成长为物联网领域无人不晓的事实标准。国内LoRa产业链企业数量已超过1500家，且以每年50%的增速发展。

然而，至今国内没有一本全面介绍LoRa技术的书籍，甚至许多读者认为LoRa技术有着神秘色彩。LoRa的物理层调制技术，市场上完全没有相关资料，这也是LoRa技术神秘的原因。由于本人的工作既负责Semtech公司LoRa在中国的市场推广和市场策略，又负责管理中国区的LoRa应用技术团队，所以对LoRa的市场和技术了解都有得天独厚的优势。当我发现大量的LoRa从业者遇到技术问题以及应用困难时，我觉得有必要写一本关于LoRa的书，全方位地解释LoRa技术的细节和特点；当我看到许多客户对LoRa市场的理解存在错误时，我觉得应该从市场、生态的角度让大家了解LoRa的方向和目标是什么。

每天都有大量LoRa初学者前来咨询技术和应用问题，他们在网上寻找资料并自己研究，最终发现网上的许多资料相互矛盾，无法找到准确有效的技术资料。本书最主要的目的，就是成为LoRa的工具书。无论是LoRa的初学者还是LoRa项目工程人员，都可以通过本书了解需要用到的知识点。

二、内容特色

本书是业内全面介绍LoRa物联网通信技术的书籍，具有以下特点：

LoRa调制核心技术揭秘

由于LoRa技术为Semtech公司的独家技术，因此，重要的相关资料在市场上完全没有。本书会详细讲解LoRa调制技术和扩频技术，将LoRa技术的核心部分展示出来，帮助读者揭开LoRa的神秘面纱。本书通过先讲解常见调制技术和扩频技术，再讲到LoRa调制和扩频技术的方式，让读者了解LoRa技术的根本原理。书中有实际的LoRa数据发送案例，可以让读者了解到一个数据如何从LoRa的发射机中编码调制发送。

深入浅出，核心参数计算

本书详细介绍了 LoRa 技术的特点和核心参数，并通过参数对比的方式方便读者了解 LoRa 与其他物联网通信技术的差别。书中有大量针对 LoRa 核心参数的计算，例如关于信噪比和灵敏度的计算，扩频因子、带宽、通信速率的关系，LoRa 的极限灵敏度相关参数等。书中有大量的计算案例，供读者学习。

产业链及生态全方位介绍

书中详细描述了 LoRa 生态中所有产业链组成部分，以及产业链企业的分工、现状和发展趋势，并针对国内生态链企业进行详细描述；介绍了行业中不同角色的优秀企业及其产品和应用案例。

紧扣实践、LoRa 应用工程问题

针对 LoRa 应用中常遇到的传输距离、信道容量、定位、功耗等实际工程问题展开讨论，并通过从理论到实践的分析，给出不同问题的计算方法和优化方案。同样，针对上述问题，书中都给出了应用例题，读者可以借鉴应用例题解答思路，解决自己工作中遇到的实际问题。

实际应用案例解析

书中给出了常见 LoRa 应用的十几个案例，包括最前沿的 LoRa 消费类应用。读者可以通过学习应用案例来构建自己的 LoRa 项目规划，并可根据 LoRa 的多个创新应用，利用书中的 LoRa 技术知识，开阔新的应用领域。

行业与市场方向指引

书中给出了 LoRa 领域最新的市场策略和市场动向，市场上尚未公开的多个 LoRa 扩展标准协议也将提前与读者见面。尤其是 LoRa 联盟和生态针对中国市场的发展和策略以及应用的新的重点方向都在书中告知。

本书还介绍了 LoRa 技术的发展方向以及下一代 LoRa 芯片的技术特点和应用方向，此信息对于 LoRa 产业链公司的发展方向有重要的指导作用。

三、配套资源，超值服务

- 本书提供教学课件等资源。可以关注“人工智能科学与技术”微信公众号，在“知识”→“资源下载”→“配书资源”菜单获取本书配套资源（也可以到清华大学出版社网站本书页面下载）。
- 本书配套微课视频（60 个，1106 分钟），可以扫描书中各章节对应位置二维码观看。
- 读者可登录配套资源中提供的网址下载产品说明书、例程、推荐的阅读材料和其他相关资源。此外，作者还定期与读者进行在线互动交流，解答读者的疑问。
- LoRa 生态资讯，可以关注以下微信公众号：
  - Semtech
  - 物联网智库
  - 物联传媒

四、结构安排

本书主要介绍与LoRa物联网通信技术相关的全部内容，包括LoRa的历史背景、核心技术、芯片产品、行业标准规范、产业链生态、工程计算以及案例详解。本书以从基础到应用的方式展开，从基础的LoRa技术原理讲起，再介绍LoRa的产品和生态，最后介绍工程应用中的计算和案例分析。

五、读者对象

- LoRa技术从业人员。
- 电子信息工程、通信工程、物联网相关专业的本科生和研究生。
- 物联网技术从业人员或爱好者。

六、致谢

感谢Semtech公司对于本书的支持，并提供了大量的资料和技术支持，尤其是张晖(Chris Chang)、黄旭东(Mike Wong)、Olivier Seller、凌海、陈建魏、王仁发、胡小乔、郑平、麦龙浪、成晓林、Blaise Paratte、裘寒青、邓春辉、杨立志、何国俊、张琼、刘鹏、张雪、姚元、袁晴明、牙韩文、谢利超、向伟、叶康等同事给予的帮助。本书仅代表个人观点，在任何情况下与Semtech公司立场无关。

感谢物联网智库、物联传媒和惠众智链提供的市场资料。

感谢我的太太，协助完成大量的英文翻译和资料整理工作；感谢我的父母，在本书校对过程中付出了辛勤的劳动。

限于作者的水平和经验，加之时间比较仓促，疏漏或者错误之处在所难免，敬请读者批评指正。有兴趣的朋友可发送邮件至workemail6@163.com，与本书策划编辑进行交流。

七、说明

甘 泉

2021年4月于深圳

目录

CONTENTS

第 1 章

LoRa 背景及概述——物联网的 DNA

本章内容为 LoRa 技术的背景及概述。1.1 节讲述 LoRa 的发展历史、技术和现状；1.2 节从物联网技术展开，全面介绍常见物联网技术，包括这些技术的发展史和技术特点；1.3 节详细介绍 LoRa 的技术优势，并与 NB-IoT、ZigBee 等技术进行全面对比，最后介绍 LoRa 的市场情况，包括其应用分类和市场规模。目前，LoRa 技术已经成为物联网的代名词。为什么 LoRa 技术被认为具有物联网的 DNA？为什么它可以在短短几年能有如此大的影响力？本章会针对这些问题给出相应解答。

1.1 LoRa 背景介绍

视频讲解

LoRa 一词取自英文的 Long Range 两个单词的首字母 Lo 和 Ra，代表远距离的意思。LoRa 原本为一种线性调频扩频的物理层调制技术，最早由法国几位年轻人创立的一家创业公司 Cycleo 推出，2012 年 Semtech 收购了这家公司，将这一调制技术实现到芯片中，并取名“LoRa”。Semtech 公司基于 LoRa 技术开发出一整套 LoRa 通信芯片解决方案，包括用于网关和终端上不同款的 LoRa 芯片，开启了 LoRa 芯片产品化之路。

不过，仅有基于 LoRa 调制技术的芯片还远不足以撬动广阔的物联网市场，在此后的发展历程中，Semtech 为促进其他公司共同参与到 LoRa 生态中，于 2015 年 3 月联合 Actility、Cisco 和 IBM 等多家厂商共同发起创立 LoRa 联盟，并推出不断迭代的 LoRaWAN 规范，催生出一个由全球近千家厂商支持的广域组网标准体系，从而形成广泛的产业生态。图 1-1 所示为 LoRa 联盟现状。

与这一生态相关的技术标准、产品设计、应用案例都是由多个厂商共同参与推动的，这些也是形成目前庞大产业生态更为关键的元素。而它们并不属于 Semtech 单个公司所有，比如 LoRaWAN 规范是一个全球多个厂商共同参与的开放标准，任何组织或个人都可以根据这一规范进行产品开发和网络部署。

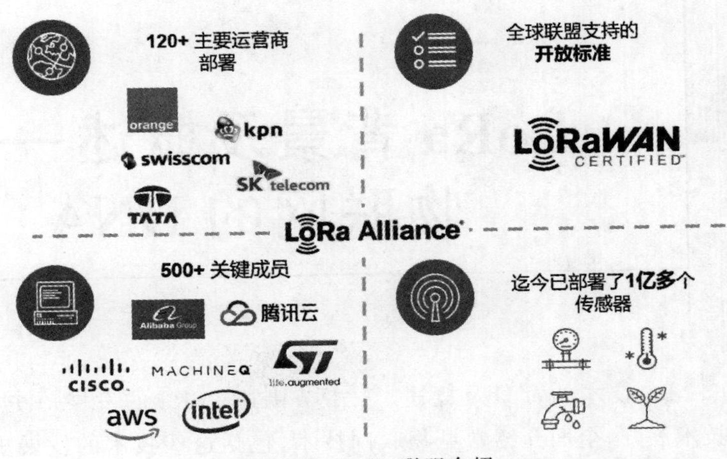

图 1-1　LoRa 联盟介绍

1.1.1　LoRa 技术与现状

1. LoRa 技术概述

LoRa 常采用星状网络，网关以星状连接终端节点，但终端节点并不绑定唯一网关，相反，终端节点的上行数据可发送给多个网关。理论上来说，用户可以通过 Mesh、点对点或者星状的网络协议和架构实现灵活组网。

LoRa 主要在全球免费频段运行（即非授权频段），包括 433MHz、470MHz、868MHz、915MHz 等。LoRaWAN 网络构架由终端节点、网关、网络服务器和应用服务器四部分组成，应用数据可双向传输。

LoRa 是创建长距离通信连接的物理层无线调制技术，属于线性调制扩频技术（Chirp Spread Spectrum，CSS）的一种，也叫宽带线性调频（Chirp Modulation）技术。相较于传统的 FSK（Frequency-shift Keying，频移键控）技术以及其他稳定性和安全性不足的短距离射频技术，LoRa 在保持低功耗的同时极大地增加了通信范围，且 CSS 技术数十年已经广受军事和空间通信所采用，具有传输距离远、抗干扰性强等特点。

此外，LoRa 技术不需要建设基站，一个网关便可控制较多设备，并且布网方式较为灵活，可大幅度降低建设成本。

LoRa 因其功耗低、传输距离远、组网灵活等诸多特性与物联网碎片化、低成本、大连接的需求十分的契合，因此被广泛部署在智慧社区、智能家居和楼宇、智能表计、智慧农业、智能物流等多个垂直行业，前景广阔。LoRa 基本技术指标如下：

- 传输距离：城镇可达 5km，郊区可达 15km。
- 工作频率：ISM 频段包括 433MHz、470MHz、868MHz、915MHz 等。
- 标准：IEEE 802.15.4g、LoRaWAN。
- 调制方式：基于扩频技术，CSS 的一个变种，具有前向纠错（Forward Error

Correction，FEC)能力，属于 Semtech 公司私有专利技术。

- 容量：一个 LoRa 网关可以连接成千上万个 LoRa 节点。
- 电池寿命：长达 10 年。
- 安全：AES128 位加密。
- 传输速率：18b/s～62.5kb/s。

2. LoRa 市场发展与现状概述

大约从 2014 年起，国内首批企业开始研发基于 LoRa 的相关产品。截至 2019 年，LoRa 已经从一个小范围使用的小无线技术成长为物联网领域无人不晓的事实标准。

科技巨头纷纷入局 LoRa、加入 LoRa 联盟，可以看出各企业都希望借助 LoRa 这个切入点来确立自身在物联网和产业互联网领域的地位。阿里和腾讯两大互联网巨头将 LoRa 作为其物联网布局的重要入口，主推的 LinkWAN 平台和 TTN 平台对于产业链上下游的带动作用非常明显。另外，中国铁塔、中国联通以及中国广电等也开始针对 LoRa 产业进行布局，进一步促进其在各行业应用的落地。

从目前的市场结构看，国内已有上千家企业参与到 LoRa 产业生态中，呈现出大中小型企业、传统企业与互联网企业共同参与的格局。国内提供给 LoRa 发展的产业大环境不断转好，LoRa 联盟自身力量也在不断壮大。据资料显示，2019 年国内 LoRa 芯片出货量已超过 3000 万片，且按照年化 50%的增速发展。

近一年来，LoRa 在智慧城市、智能园区、智慧建筑、智慧安防等垂直领域也有了大量落地的行业应用，而且目前全球大量的垂直行业中已形成 300 多个成熟应用场景。

从需求角度看，国内的 LoRa 芯片需求呈现分散化的状态。一方面，由于参与 LoRa 产业生态的行业较多，很难形成垄断性的需求方；另一方面，相应模组、终端的进入门槛不高，很多中小型团队和终端厂商也可以快速推出 LoRa 硬件产品，这是一个充分竞争的市场。

从技术生态上看，LoRa 是一种物理层的调制技术，可将其用于不同的协议中，如 LoRaWAN 协议、CLAA 网络协议、LoRa 私有网络协议、LoRa 数据透传。随着使用协议的不同，最终的产品和业务形态也会有所不同。其中，LoRaWAN 协议是由 LoRa 联盟推动的一种低功耗广域网协议，同时 LoRa 联盟将 LoRaWAN 进行了标准化，以确保不同国家的 LoRa 网络是可以互操作的。截至目前，LoRaWAN 标准已建立起“LoRa 芯片-模组-传感器-基站或网关-网络服务-应用服务”的完整生态链。

从网络规模上看，截至 2019 年末 Semtech 公司提供的数据表明，在网络部署方面，100 多个国家的 120 多家网络运营商部署了 LoRa 网络，并且最近几年 LoRa 的市场体量一直保持着高速增长。同时，其部署的 LoRa 网关已经增加到 20 多万台，能支持约 12 亿个节点，实际部署的节点超过 1 亿个。

从行业规模上看，美国 Semtech 公司是全球 LoRa 技术应用的主要推动者，Semtech 公司为促进其他公司共同参与到 LoRa 生态中，于 2015 年 3 月联合 Actility、Cisco 和 IBM 等多家厂商共同发起创立 LoRa 联盟。经过 5 年时间的发展，目前 LoRa 联盟在全球拥有超过

500个会员。

中国市场是LoRa全球生态建设中非常重要的部分。2018年,阿里巴巴、腾讯、京东等互联网巨头均以最高级别会员身份加入LoRa联盟,同时,中兴克拉科技、各地方广电、浙江联通、联通物联网公司等LoRa生态伙伴也在各地积极部署LoRa网络。可见,LoRa在中国已经形成了融合运营商(中国联通、中国铁塔等)、互联网巨头(阿里、腾讯、京东等)以及解决方案商、模块提供商和网关制造商的庞大生态体系。

阿里云开发了支持LoRaWAN协议的LinkWAN物联网平台,同时还可提供LoRa节点设备、LoRa网关等丰富的LoRa产品。除此之外,阿里相继投资翱捷科技(ASR)、中天微等芯片企业。为推进LoRa在中国的拓展,阿里巴巴已在杭州和宁波建设LoRa网络,并已具备商用条件。

腾讯在深圳与当地合作伙伴共同建立一个LoRaWAN网络,为各种物联网应用和终端用户(如政府公共服务)提供从设备、边缘到云端的LoRaWAN一体化解决方案,支持LoRaWAN生态系统的进一步发展。

联通正在打造一个基于LoRa的统一云化核心网或者LoRaWAN连接管理平台。此举一方面可以给客户更多的选择性,另一方面也可以弥补在区域性业务上,运营商NB-IoT网络覆盖不足的问题。中国联通将在偏远地区、公共事业管理等方面,考虑LoRaWAN业务的落地。

LoRa技术是Semtech公司的专利,其LoRa芯片产品初期是独家供应的,但单一的LoRa产品必然会带来产品价格、功能等方面的局限性。所以,2018年Semtech公司开始改变传统的产品营销模式,授权IP给一些公司做LoRa产品,形成了多芯片供应商的市场供应局面,LoRa芯片供应厂家通过走差异化路线,融合不同功能的芯片,满足更多差异化应用的需求(如LoRa+GPS获取位置信息,LoRa+BLE与本地近场设备连接通信,LoRa+安全芯片增强设备的安全性等)来共同做大市场。未来,会有更多的LoRa芯片供应商,一起把市场做大。

1.1.2 Semtech公司介绍

提起LoRa,就不得不提Semtech这家公司。作为LoRa的母亲公司和IP的唯一拥有者,Semtech是美国一家提供高质量模拟和混合信号半导体产品的企业,产品包括电源管理、安全保护、光通信、人机界面、测试和检测以及无线和传感产品方面等IC产品。如果纯粹从IC领域来看,Semtech公司不论从规模还是收入各方面都算不上一家IC巨头。但是,如果从物联网的角度来看,Semtech公司正在成为该领域中具有举足轻重作用的组织,或许能够借助物联网的发展成为该领域的巨头。

物联网的从业者对Semtech公司的了解主要源于LoRa,然而该公司的产品线比较丰富,LoRa相关产品只是该公司所有产品线中的一类。Semtech公司成立于20世纪60年代,一开始是为军方提供高可靠的电源产品,1967年上市。如图1-2所示,在过去的60年中,Semtech公司通过一系列并购整合,逐渐形成了以下自身核心的四大产品线的业务。

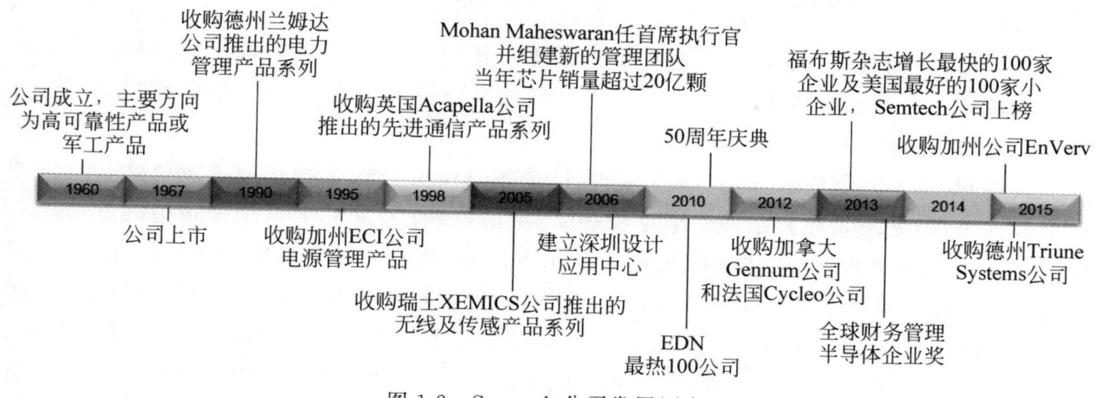

图 1-2 Semtech 公司发展历史

(1) 信号完整性产品。Semtech 公司设计与研发的光通信、广播视频和背板数据时钟恢复产品，广泛应用于企业计算、工业、通信和高端消费者领域。其多种光通信收发器、多通道背板数据时钟恢复解决方案，从 100Mb/s 到 800Gb/s 支持广泛的工信标准，而其广播视频针对下一代的视频格式、持续增长的数据速率和不断变化的 I/O 和距离要求提供差异化解决方案。

(2) 安全保护类产品。Semtech 公司提供 TVS(瞬间电压抑制)产品，保护低电压电路不会受到因静电放电、雷击以及其他破坏性瞬间电压所造成的损坏或锁定。这些保护类产品广泛应用于智能手机、LCD 电视、平板、电脑、基站、路由器和各类工业设备。

(3) 无线和传感类产品。Semtech 公司提供专门的射频芯片和专用的传感产品，射频产品适合在 ISM 频段上低成本、低功耗的环境中使用，大名鼎鼎的 LoRa 芯片产品就在这一产品线中；专用传感产品包括触摸控制器、接近传感产品，这些产品可以广泛应用于移动终端等消费品。

(4) 电源管理和高可靠性产品。这类产品线包括充电芯片、LED 驱动器、负载开关芯片、电压转换器以及电力线载波等器件，而高可靠半导体分立器件可用于供电、基站、电机驱动器以及医疗设备等。

依靠这四类产品线，Semtech 公司形成了其模拟和混合电路半导体厂商的定位。半导体产业从广义上可以分为模拟半导体器件和数字半导体器件两种，模拟器件产品是对“真实世界”的模拟信号进行调节控制的，如温度、速度、声音、电流等，而混合信号器件则是将模拟和数字两种电路实现在一个集成电路芯片上。模拟和混合信号半导体器件的市场与数字器件市场差别较大，因为模拟和混合器件相对于数字器件来说其产业的一大特点是产品生命周期较长。另外，模拟半导体供应商的固定投资相对少一些，因为它们对最前沿的设备和制造工艺的依赖性小一些。不过，模拟和混合信号半导体最终产品更加多样化，不像数字半导体产品那么标准化。这也是 Semtech 公司的 LoRa 芯片定义中没有 SoC 产品的原因。

在这些产品线形成的过程中，Semtech 公司充分发挥并购整合的作用，例如电源管理类产品线始于1990年对Lambda公司的并购,无线和传感类产品线始于2005年对XEMICS公司的并购。当然,在物联网方面的成名也是源于其2012年的一次收购。而这些产品正在为全球各类计算、通信、高端消费品、工业等领域的客户提供支撑。其全球客户包括谷歌、思科、华为、LG、夏普、三星、中兴等公司。

收购Cycleo公司并融入自己的产品线只是Semtech公司在物联网领域树立其地位的一个必要条件,并不是充分条件。毕竟在2013年前,已有大量基于非授权频谱的低功耗广域网络技术标准出现,包括法国明星创业公司Sigfox、拥有超豪华董事会团队的Ingenu推出的RPMA、非营利性组织Weightless SIG推出的标准Weightless-N、M2COMM公司推出的Platanus以及Telensa等。那个时间点上这些技术均处于同一起跑线上,为什么LoRa能够在这么多相似技术中脱颖而出?不仅仅是LoRa在技术上有一定的优势,更重要的是Semtech公司在后续的运营策略,包括生态化运营的路径,成为LoRa领先于其他技术商用部署的最重要原因。

2015年3月在巴塞罗那召开的世界移动通信大会(MWC)上,Semtech公司联合Actility、思科、IBM等厂商发起成立了LoRa联盟。联盟的一个重要使命就是推动LoRaWAN规范在全球的普及。众所周知,LoRa是一种线性扩频调频技术,作为一种私有技术核心,由Semtech公司所有,而LoRaWAN则定义了使用LoRa技术的端到端标准规范以及网络的系统架构,是一个开放性的标准规范。Actility、思科、IBM、Semtech等很多厂商的技术专家都是LoRaWAN规范的参与者。这样,以产业生态方式进行公开标准规范的推广来占领全球潜在市场,但同时又保证了Semtech私有技术和产品的商业利益。LoRa联盟也不负众望,成为运作最为成功的物联网联盟之一。其成功的因素,主要在于联盟成员借助产业生态力量,各自得到了发展的同时也获取了商业利益。

Semtech公司的CEO Mohan Maheswaran先生2018年表示,LoRa将成为物联网领域的事实标准。而Semtech公司以推进产业生态的做法,化平凡为神奇,让LoRa在各类技术中脱颖而出,正在成为最具竞争力的物联网全球事实标准之一。

1.2 物联网技术

我们常常提到的低功耗广域网络(LPWAN)所指的网络就是物联网。物联网(Internet of Things,IoT)的字面意思是物品之间的网络。

视频讲解

1.2.1 物联网的定义与发展

1. 物联网的定义

虽然物联网概念已经引起了学术界、产业界和政府的高度关注,但是对于物联网的确切定义还存在很多争议,并且相信随着时间的推移物联网的定义会不断变化,人们对物联网的认识也会不断进步。下面针对现阶段整个行业不同方向对物联网的认识进行讲解。

物联网最早是在1999年被提出的:通过射频识别(Radio Frequency Identification,

RFID)、RFID+互联网、红外感应器、全球定位系统、激光扫描器、气体感应器等信息传感设备,按约定的协议,把物品与互联网连接起来,进行信息交换和通信,以实现智能化识别、定位、跟踪、监控和管理的一种网络。简而言之,物联网就是物物相连的互联网。图1-3所示为物联网简易示意图。这有两层意思:其一,物联网的核心和基础仍然是互联网,是在互联网基础上的延伸和扩展的网络;其二,其用户端延伸和扩展到了任何物品与物品之间,进行信息交换和通信。物联网就是"物物相连的互联网"。物联网通过智能感知、识别技术与普适计算、广泛应用于网络的融合中,也因此被称为继计算机、互联网之后世界信息产业发展的第三次浪潮。物联网是互联网的应用拓展,与其说物联网是网络,不如说物联网是业务和应用。因此,应用创新是物联网发展的核心,以用户体验为核心的创新2.0是物联网发展的灵魂。总体来说就是利用局部网络或互联网等通信技术把传感器、控制器、机器、人员和物等通过新的方式联在一起,形成人与物、物与物相连,实现信息化、远程管理控制和智能化的网络。物联网是互联网的延伸,它包括互联网及互联网上所有的资源,兼容互联网所有的应用,但物联网中所有的元素(所有的设备、资源及通信等)都是个性化和私有化的。

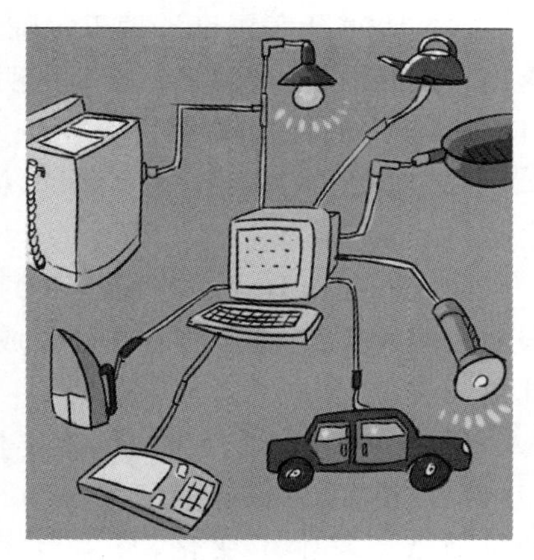

图1-3 物联网示意图

中国物联网校企联盟将物联网定义为当下几乎所有技术与计算机、互联网技术的结合,实现物体与物体之间,环境以及状态信息的实时共享以及智能化的收集、传递、处理、执行。广义上说,当下涉及信息技术的应用,都可以纳入物联网的范畴。而在其著名的科技融合体模型中,提出了物联网是当下最接近该模型顶端的科技概念和应用。物联网是一个基于互联网、传统电信网等信息承载体,让所有能够被独立寻址的普通物理对象实现互联互通的网络。其具有智能、先进、互连的三个重要特征。

根据国际电信联盟(ITU)的定义,物联网主要解决物品与物品(Thing to Thing,T2T),人与物品(Human to Thing,H2T),人与人(Human to Human,H2H)之间的互连。但是与传统互联网不同的是H2T是指人利用通用装置与物品之间的连接,从而使得物品连接更加简化,而H2H是指人之间不依赖于计算机而进行的互连。因为互联网并没有考虑对于任何物品连接的问题,故我们使用物联网来解决这个传统意义上的问题。物联网,顾名思义,就是连接物品的网络,许多学者讨论物联网时,经常会引入一个M2M的概念,可以解释为人到人(Human to Human)、人到机器(Human to Machine)、机器到机器(Machine to Machine)。从本质而言,人与机器、机器与机器的交互大部分是为了实现人与人之间的信息交互。

物联网的概念在不同的地方有不同的理解,想得到绝对的统一是很难的,它是由技术的进步和特定的历史环境所决定的,如现在如日中天的LPWAN。可能未来几年低功耗局域网络(LPLAN)也会成为新的热点。

2. 物联网的历史及发展

在物联网的定义中我们已经知道了“物联网”的概念是在不断变化的，这里简介物联网“编年史”。

(1) 1999年美国麻省理工学院建立了“自动识别中心(Auto-ID)”，Kevin Ashton教授提出“万物皆可通过网络互连”，阐明了物联网的基本含义。早期的物联网是依托射频识别(RFID)技术的物流网络。

(2) 2003年，美国《技术评论》提出传感网络技术将是未来改变人们生活的十大技术之首。

(3) 2004年日本总务省(MIC)提出u-Japan计划。该战略力求实现人与人、物与物、人与物之间的连接，希望将日本建设成一个随时、随地、任何物体、任何人均可连接的泛在网络社会。

(4) 2005年11月17日，在突尼斯举行的信息社会世界峰会(WSIS)上，国际电信联盟(ITU)发布《ITU互联网报告2005：物联网》，引用了“物联网”的概念。物联网的定义和范围已经发生了变化，覆盖范围有了较大的拓展，不再只是指基于RFID技术的物联网。

(5) 2008年11月，在北京大学举行的第二届中国移动政务研讨会“知识社会与创新2.0”提出移动技术、物联网技术的发展代表着新一代信息技术的形成，并带动了经济社会形态、创新形态的变革，推动了面向知识社会的以用户体验为核心的下一代创新(创新2.0)形态的形成，创新与发展更加关注用户、注重以人为本。而创新2.0形态的形成又进一步推动新一代信息技术的健康发展。

(6) 2009年1月28日，IBM公司首席执行官彭明盛首次提出“智慧地球”这一概念，建议新政府投资新一代的智慧型基础设施。当年，美国将新能源和物联网列为振兴经济的两大重点。

(7) 2009年8月，时任国家总理温家宝的“感知中国”讲话把我国物联网领域的研究和应用开发推向了高潮。无锡市率先建立了“感知中国”研究中心，中国科学院、运营商、多所大学在无锡建立了物联网研究院。自温家宝总理提出“感知中国”以来，物联网被正式列为国家五大新兴战略性产业之一，写入《政府工作报告》。物联网在中国受到了全社会的极大关注，其受关注程度是在美国、欧盟以及其他各国不可比拟的。

而今，在中国物联网的概念已经被贴上“中国制造”的标签，它的覆盖范围与时俱进，已经远远超越了1999年Ashton教授和2005年ITU报告所指的范围，物联网已被贴上“中国式”标签。从具体的情况来看，我国物联网技术已经融入了纺织、冶金、机械、石化、制药等工业制造领域。在工业流程监控、生产链管理、物资供应链管理、产品质量监控、装备维修、检验检测、安全生产、用能管理等生产环节着重推进了物联网的应用和发展，建立了应用协调机制，提高了工业生产效率和产品质量，实现了工业的集约化生产、企业的智能化管理和节能降耗。

1.2.2 无线物联网通信技术

1. 无线物联网技术分类

物联网技术的发展能够达到如今的程度，是与许多基础技术的发展和进步分不开的，其中最关键的三种技术如下。

(1) 无线通信技术。物联网概念早期指的是 RFID 技术：可以通过无线电信号识别特定目标并读写相关数据，而无须识别系统与特定目标之间建立机械或者光学接触，RFID 在自动识别、物品物流管理方面有着广阔的应用前景，在物联网中作为最终端的物品身份识别方法。而现在的物联网无线通信技术就比较宽泛了，除了 RFID 外还包括 LoRa、Wi-Fi(Wireless-Fidelity)、低功耗蓝牙(Bluetooth Low Energy，BLE)、近场通信(Near Field Communication，NFC)、ZigBee、窄带物联网(Narrow Band Internet of Things，NB-IoT)、超宽带(Ultra Wide Band，UWB)、Sigfox 等，相信今后会有更多的技术会纳入物联网的通信技术中。

(2) 传感器技术。传感器技术是实现测试与自动控制的重要环节，在测试系统中，被作为一次仪表定位，其主要特征是能准确传递和检测出某一形态的信息，并将其转换成另一形态的信息。其利用物理效应、化学效应、生物效应，把被测的物理量、化学量、生物量等转换成符合需要的电量。传感器作为信息获取的重要手段，与通信技术和计算机技术共同构成信息技术的三大支柱。传感器技术可以探测的信息种类多种多样，包括环境温度、湿度、压强、压力、空气质量或者化学成分等。有了传感器技术物联网才能把所有的环境数据整合在一起进行交互和运算。

(3) 嵌入式系统技术。嵌入式系统技术综合了计算机软硬件、传感器技术、集成电路技术、电子应用技术为一体的复杂技术。经过几十年的演变，以嵌入式系统为特征的智能终端产品随处可见；小到人们身边的 MP3，大到航天航空的卫星系统。嵌入式系统正在改变着人们的生活，推动着工业生产以及国防工业的发展。如果把物联网用人体做一个简单比喻，传感器相当于人的眼睛、鼻子、皮肤等感官，网络就是神经系统用来传递信息，嵌入式系统则是人的大脑，在接收到信息后要进行分类处理。这个例子很形象地描述了传感器、嵌入式系统在物联网中的位置与作用。

既然在物联网连接中存在多种无线技术，就说明市场需要这些技术，或者说这些无线技术都有自己的特点满足不同的物联网需求。通常，把这些物联网无线技术根据工作距离分为两大类，一类是远距离低功耗广域网(LPWAN)无线技术；另一类是短距离局域网(LAN)无线技术。其中，LPWAN 网络的主要应用是远距离的物联网连接，如智慧城市、智慧表计等；短距离局域网主要是针对家庭和个人等近距离的物联网应用，如智能穿戴、智能家居等。无线技术网络还可以根据其工作频段进行分类，比如工作在授权频段的蜂窝网技术，如 NB-IoT、eMTC 网络等。从图 1-4 可以看出，RFID、NFC、UWB、Wi-Fi、ZigBee、BLE 等技术都是工作在近距离的 LAN 网络，而 LoRa 技术是一个既可在近距离工作也可以在远距离工作的物联网技术。也就是说，LoRa 既可以作为运营商的蜂窝网通信技术也可以作为家庭大小或者个人穿戴的通信技术。

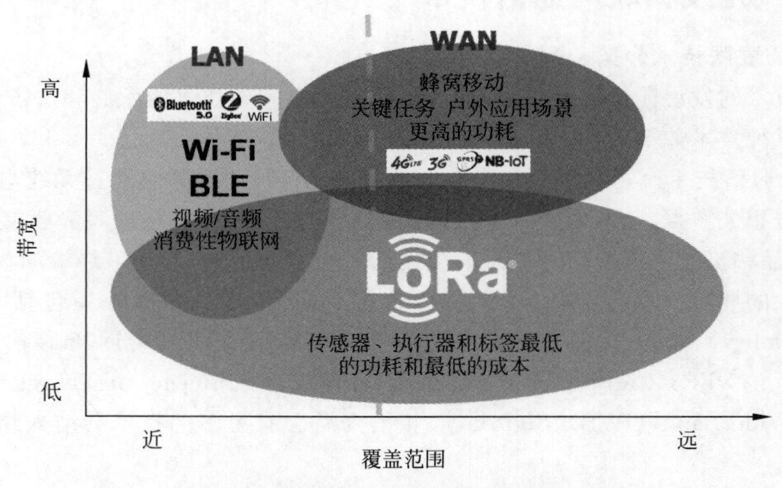

图 1-4 无线物联网技术距离与带宽分布图

上述的主流物联网通信技术根据工作频段和工作距离进行分类如表 1-1 所示。现阶段还没有授权频段的短距离无线局域网技术、LoRa 技术被同时划分在短距离无线局域网和低功耗无线广域网的分类中。

表 1-1 物联网通信技术表

频 段	短距离无线局域网	低功耗无线广域网
授权	无	eMTC、NB-IoT
非授权	Wi-Fi、BLE、ZigBee、LoRa、NFC、UWB	LoRa、Sigfox

2. 短距离无线物联网连接技术

常见的短距离无线技术都已发展多年，经过多次迭代，其功能不断增加，性能不断提升，逐步满足客户高速增长的需求。其中蓝牙已经更新到第五代，而 Wi-Fi 技术也更新到了第六代。

1）蓝牙

蓝牙(Bluetooth)是一种无线技术标准，可实现固定设备、移动设备和楼宇、个人之间的短距离数据交换(使用 2.4～2.485GHz 的 ISM 波段的 UHF 无线电波)。蓝牙可连接多个设备，克服了数据同步的难题。从音频传输、图文传输、视频传输，再到以低功耗为主的物联网传输，蓝牙应用的场景也越来越广。

前两代蓝牙技术都是技术的塑形阶段，将蓝牙技术发展成为一种可靠、安全、实用的传输通信技术。随着 3G 的到来，蓝牙技术也迈入高速率传输的第三代。第三代蓝牙技术的传输速率高达 24Mb/s，核心是使用 AMP 技术，允许蓝牙协议栈针对任一任务动态地选择正确的配置。仅仅一年之后，蓝牙就进入了 4.0 时代，第四代蓝牙技术是迄今为止第一个蓝牙综合协议规范，将蓝牙的理论传输距离提升至100m以上，响应速度更快，最短可在3ms内完成连接设置并开始传输数据，并在传输速率、隐私保护以及可拓展性方面进行了极大提升，极大提高了技术价值。

2016年，伴随着物联网的风口，蓝牙技术更新至5.0。蓝牙5.0在低功耗模式下具备更快更远的传输能力，传输速率是上代技术的2倍（速率上限为2Mb/s），有效传输距离是上一代技术的4倍（理论上可达300m），数据包容量更是上一代技术的8倍。同时，为了更好地服务物联网，蓝牙技术发展了一套Mesh网状网络，有别于传统的蓝牙连接的"一对一"配对，Mesh网络能够使设备实现"多对多"的关系。因此，Mesh网络可以分布在制造工厂、办公楼、购物中心、商业园区以及更广的场景中，为照明设备、工业自动化设备、安防摄像机、烟雾探测器和环境传感器提供更稳定的控制方案。

随着蓝牙5.0技术的出现和蓝牙Mesh技术的成熟，大大降低了设备之间长距离、多设备通信的门槛，为未来的IoT带来了更大的想象空间。

2）Wi-Fi

Wi-Fi技术已经越来越成为目前人们生活中的标配，不只是手机、计算机等，越来越多的物联网设备也支持Wi-Fi。人们目前所使用的Wi-Fi标准是由最早于1997年发布的802.11b演变而来，802.11b的速率仅为2Mb/s，1999年提出的802.11g将速率提升至11Mb/s。目前最新的802.11ax（Wi-Fi 6）理论最大速率为10Gb/s左右。

Wi-Fi有两种组网结构：一对多（Infrastructure模式）和点对点（Ad-hoc模式，也叫IBSS模式）。最常用的Wi-Fi是一对多结构的，例如日常使用的无线路由器是路由器＋AP（接入点），可接入多个设备。此外Wi-Fi还可实现点对点结构，比如两台笔记本计算机可以用Wi-Fi直接连接起来不经过无线路由器。LoRa在局域网的推广过程中称为"长Wi-Fi"，原因是LoRa具有与Wi-Fi技术类似的组网结构和部署灵活性。

传统的Wi-Fi使用2.4GHz频段，随着使用2.4GHz频段的设备越来越多，相互之间干扰增强，因此第五代Wi-Fi技术研制了运行在5GHz以上的高频段。理论上5GHz频段相较2.4GHz速率更高，但两者各有优缺点。2.4GHz穿墙衰减更少，传播距离更远，但使用设备多，干扰大；5GHz网速更稳定，速率更高，但穿墙等衰减大，覆盖距离小。

标准Wi-Fi（基于802.11a/b/g/n/ac）通常用于高速数据传输，但由于Wi-Fi技术目前应用的广泛性，某些物联网应用可以利用已安装的标准Wi-Fi，在室内或校园环境投入使用。基于802.11ah的Wi-Fi HaLow是专为物联网而设计，但它需要独立（与标准Wi-Fi相比）基础设施和专用客户端。目前最新提出的802.11ax已经能够满足大多数物联设备的使用，但在以后的物联网中是否采用802.11ax，仍将取决于802.11ax客户端的成本以及客户端和AP进入市场的速度。

3）NFC

NFC（Near-Field Communication，近场通信）是一种短距高频的无线电技术，属于RFID技术的一种，工作频率在13.56MHz，有效工作距离在20cm以内。其传输速率有106kb/s、212kb/s或者424kb/s三种。通过卡、读卡器以及点对点三种业务模式进行数据读取与交换。

NFC 最早于 2002 年提出，并广泛应用于公交卡、门禁卡等领域。一直默默无闻的 NFC 技术直到物联网时代的到来而重新焕发生机，发展到今日成为中高端智能手机的标配。图 1-5 为 NFC 技术的应用场景。

图 1-5 NFC 技术被广泛应用于支付场景

NFC 技术存在很多优点，例如通信保密性好、无功耗、方案的成本较低等，尤其 NFC 能够通过简单的碰触瞬间完成连接。在整合至 IoT 设备中之后，可以通过物联网系统收集与用户有关的习惯和使用方式等数据，之后再提供给云端或大数据服务器做数据分析，提高用户生活质量。未来 NFC 技术将在智能家居、支付以及智慧城市等领域得到更广泛的应用。但 NFC 的通信距离短、通信速率低等缺点，限制了其只适合特定的某些物联网应用。

4) ZigBee

ZigBee 是一种可工作在 2.4GHz(全球流行)、868MHz(欧洲流行)和 915MHz(美国流行)3 个频段上的无线连接技术，分别具有最高 250kb/s、20kb/s 和 40kb/s 的传输速率，它的传输距离为 10～75m，但可以通过 Mesh 继续增加。

在组网性能上，ZigBee 可以构造为星状网络或者点对点对等网络，在每一个由 ZigBee 组成的无线网络中，连接地址码分为 16b 短地址或者 64b 长地址，可容纳的最大设备个数分别为 216 和 264 个，具有较大的网络容量。

在无线通信技术上，采用 CSMA-CA 方式，有效地避免了无线电载波之间的冲突，此外，为保证传输数据的可靠性，建立了完整的应答通信协议。

另外，ZigBee 设备具有低功耗，数据传输速率低，兼容性高以及实现成本低等特点，现已发展至 3.0 版本，广泛应用于智能家居、智慧医疗、智能楼宇以及能源等领域。

5) UWB

UWB(超宽带)技术是近年来新兴的一项全新的、与传统通信技术有极大差异的无线通信新技术。它无须使用传统通信体制中的载波，而是通过发送和接收具有纳秒或微秒级以下的极窄脉冲来传输数据，从而具有 3.1～10.6GHz 量级的带宽。通过在较宽的频谱上传送极低功率的信号，UWB 能在 10m 左右的范围内实现数百兆比特每秒至数吉比特每秒的数据传输速率。

除了高传输速率外，UWB 技术还有发射功率较低、穿透能力较强、抗干扰性能强等优点，在室内定位领域可得到较为精确的结果，广泛应用于小范围、高分辨率、能够穿透墙壁、地面和身体的雷达和图像系统中。除此之外，这种新技术适用于对速率要求非常高(大于 100Mb/s)的 LAN 或 PAN。

表 1-2 为多种短距离无线连接技术在标准、频段、工作范围、最高速率、成本及应用范围的对比。这些无线连接技术多为 20 年前创立的，创立之初不是为了物联网的应用。随着物

联网的需求不断增加，它们不断改版新的协议标准以适应物联网的应用。LoRa 技术与这些传统短距离无线技术的最大差别在于基因不同。LoRa 被创造的初衷是实现物联网的无线连接，具有物联网的 DNA，所以在新的物联网应用中具有先天的优势。

表 1-2 短距离无线连接技术对比表

对比项	NFC	UWB	Wi-Fi	蓝牙	ZigBee
标准	ISO/IEC 18000-3	IEEE 802.15	802.11n	5.0	3.0
频段	13.56MHz	3.1～10.6GHz	2.4/5GHz	2.4～2.485GHz	2.4GHz 868/915MHz
工作范围	<20cm	<10m	50～150m	100～300m	10～75m
最高速率	424kb/s	1Gb/s	150Mb/s（单载波）	2Mb/s	250kb/s
成本	低	高	高	低	低
应用范围	支付、门禁及智慧城市	雷达定位和图像系统	室内或校园环境、智能家居	智能穿戴、智能家居等	智能家居、医疗及智能楼宇

3. 低功耗广域物联网 LPWAN

以 LoRa、NB-IoT 为代表的低功耗广域网（Low Power Wide Area Network，LPWAN）技术近年来已经是物联网领域最热门的部分。在一些场合，NB-IoT 或 LoRa 成了物联网的代名词，仿佛一个项目没有和 NB-IoT 或 LoRa 有点关系都不算物联网项目。

虽然 LoRa、NB-IoT 是近几年出现并开始商用，但此类低功耗广域网络的想法并不是新鲜事物，那些对低数据吞吐量有明确需求的应用落地已经有了超过 30 年的历史。实际上，在蜂窝网络还未商用之前，一些行业就采用 M2M 方式来给低速率终端联网实现应用，使用专用的无线数据网络，这些无线数据网络和今天的低功耗广域网络有相似的拓扑和网络架构，有些直至今日仍然在一些场景中使用。

1）LPWAN 的历史

从 20 世纪 80 年代开始，LPWAN 已在全球各地开始萌芽，部分技术形成的网络已发展到较大应用规模。比较典型的包括：全球化的低速率数据网络 DataTAC、源于欧洲的 Mobex 和为消防报警器而生的 AlarmNet。

DataTAC 是一个窄带数据网络技术，最初由美国 MDI（MobileData International）研发。使用该技术的窄带无线网络 ARDIS 网络，是由摩托罗拉和 IBM 公司于 20 世纪 80 年代初投资建设的合资公司所开发。该网络专为数据传输应用而设计，运行在 800MHz 频段上，其数据传输速率为 19.2kb/s，而且最为知名的是拥有比高速率网络更强的穿透性。除了寻呼机和黑莓的邮件业务外，ARDIS 在其他方面也有广泛的应用，比如安全、车队追踪、信用卡授权和销售自动化等。

具体来说，ARDIS 是一集群式无线数据通信网络，不能用于语音通信。该网络上行时运行在 806～821MHz，下行时运行在 851～866MHz，有 25kHz 的信道间隔。在那个时候，ARDIS 已具备一定规模，在美国都市统计区域（MSA）的城市中有 400 座最大城市已被覆盖，涵盖了美国90%城市的核心商业区以及80%的总人口。ARDIS也称得上全球化的网络，它在英国、加拿大、德国、澳大利亚、马来西亚、新加坡和泰国有分支，比如澳洲电讯、和记电讯在澳大利亚、中国香港都部署运营了ARDIS网络。1995—1996年，ARDIS在全球已拥有超过44000个客户(大部分是企业客户)，在个别区域其容量已超出极限值，不过ARDIS更多会随着需求增加来增加容量和覆盖。

在现在看来，ARDIS的费率非常高，对消息传送服务，从每月39美元的最低套餐(包含100条消息)到每月139美元的白金套餐(包含650条消息)，对于非消息类应用的服务，每个数据包收取6美分，或者每100字节数据收取3美分，此类套餐不可用于E-mail。ARDIS也做了不少室内深度覆盖，而且由于全国性的覆盖，ARDIS的用户在各大城市之间可以无缝漫游。

不过，在当时的背景下，ARDIS仅提供数据服务，而当时人们对于基于语音的通信需求非常旺盛，加上该网络缺乏像思科、Ascend、北电等主流硬件设备厂商的支持，让该网络可以发挥的作用有限。后来，摩托罗拉和IBM均将其股份出售给电信运营商美国移动(American Mobile)，美国移动将ARDIS的客户并入了其部署的2G网络中，该早期的低功耗广域网宣告结束。

Mobex也是一项窄带数据通信技术，在20世纪80年代由瑞典Televerket Radio研发，数年后Televerket Radio和爱立信成立合资公司Eritel，共同拥有Mobex，进一步完善该技术，Eritel后来成为爱立信的一个子公司。Mobex在欧洲运行在400～450MHz频段上，在北美运行在900MHz频段上，该技术使用12.5kHz带宽传输数据，最高速率8kb/s，最大的覆盖范围可以达到30km。1986年Mobex开始在瑞典部署，后来也扩展到英国和美国等，与DataTAC类似，除了用于寻呼和黑莓邮件业务外，也用于公共交通、安全和大量M2M场景，其中在美国"9·11"事件和2005飓风等救援行动中，Mobex发挥了一定作用。

Mobex也是一个全球化的网络，在五大洲30多个国家或地区实现部署(其中包括在中国小范围部署)，而且形成大量的运营商，比如在美国就有RAM Mobile Data、BellSouth Wireless Data、Cingular Interactive、Cingular Wireless和Velocita Wireless这些运营商，在加拿大有Rogers Wireless，在英国有RAM Mobile Data等。在英国，Mobex规模最大的应用当属汽车故障修复业务，几乎所有的汽车故障信息传送至故障服务机构时都采用的是基于Mobex的网关软件，预计每年有超过2000万次故障和修复信息是通过其传送的。

和DataTAC类似，在越来越成熟的GSM网络的阴影下，Mobex开始走下坡路，能够提供的应用场景不断萎缩。一个标志性事件是，2012年12月31日，瑞典永久关闭了Mobex网络。

AlarmNet从字面来看就和报警器有关，这一无线技术是安定宝(ADEMCO)在20世纪80年代中期研发的。安定宝是当时美国一家大型的报警设备制造商，在2000年时与另一家知名安防企业C & K合并成立Ademco Group(美国安定宝集团)，并隶属于霍尼韦尔。2004年美国安定宝集团正式更名为霍尼韦尔安防集团。

AlarmNet已经与今天的LPWAN比较相似，它使用928MHz免授权频段，该网络用来监控安定宝公司的报警设备，而 AlarmNet 用来发送报警信号等少量数据，所以传输速率也很低。AlarmNet 当时已经具备了一定的规模，覆盖了美国 18 个主要的区域和约 65%的城市人口，这样的规模已经形成一张广域覆盖的大网。不过，在 20 世纪 90 年代末，2G 蜂窝网络开始普及，人们发现蜂窝网络可用来传输数据和音频，而且覆盖较广，整个产业链成熟后硬件成本非常低，因此大量需要使用无线的设备开始使用 2G 网络，其中包括报警系统，因此该网络就开始和 2G 网络融合。不过时至今日，AlarmNet 仍然是霍尼韦尔报警联网系统的重要服务内容。

从以上三个类似于 LPWAN 的技术发展历史可以看出，这些技术最终的命运都是在 2G 网络商用中走向衰落。从 20 世纪 90 年代中期开始，GSM 网络在全球的普及部署，提供一个泛在的覆盖，且硬件成本大大降低，2G 芯片出货量快速增长，M2M 业务开始迁移到 2G 网络上。GPRS 的商用，给 M2M 业务更多数据接入的机会，很多厂商在其设备中嵌入了 GPRS 模组，模组成本和流量资费越来越低廉，厂商也能负担这一成本，这一现象持续了近 20 年。

2）LPWAN 现状

2020 年，在全球运营商将 4G 作为主流网络且开始商用 5G 背景下，2G 网络的退网已实施或提上日程。物联网的市场前景，尤其是需要低速率、低电量耗费的无线场景的连接需求越来越多，在这个时机下，以 LoRa、NB-IoT 为代表的 LPWAN 正填补了这一缺口。

30 多年前的 DataTAC、Mobex、AlarmNet 这些 LPWAN 曾一度从星星之火形成燎原之势，但最终被 2G 网络扑灭。这一变迁是由于当时 M2M 的场景有限，其网络技术和 2G 有很明显的替代性，而更重要的是 GSM 技术形成的高度标准化和全球产业生态将网络部署运营的门槛大大降低了。而 DataTAC、Mobex、AlarmNet 当时依然坚持封闭技术，只有少数几家厂商支持，缺乏产业生态让其无法与 2G 形成竞争。

作为 LPWAN 四雄的 LoRa、NB-IoT、eMTC、Sigfox 从一开始就重视标准化和产业生态的建设，而其他移动通信技术的发展也为其留下了应用场景空间。在最近的几年中，这四种 LPWAN 技术才刚刚崭露头角。图 1-6 为 HIS Markit 在 2019 年给出的 LPWAN 节点连接量全球市场图，市场对于 LPWAN 以及 LoRa 和 NB-IoT 都抱有非常高的期待。

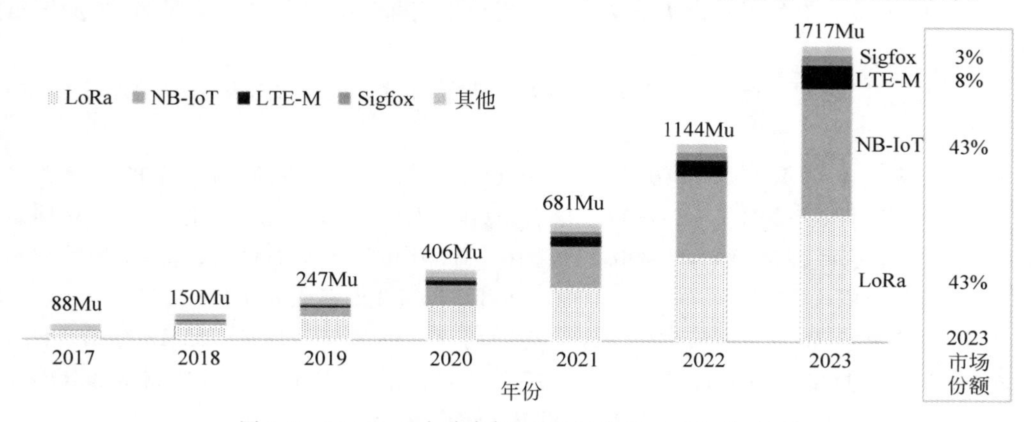

图 1-6 LPWAN 全球市场展望图（来源：HIS Markit）

LPWAN 基本的四大能力：广覆盖、大连接、低功耗、低成本。LoRa、NB-IoT、eMTC、Sigfox 等 LPWAN 技术正在朝着这四大目标努力迈进。

视频讲解

1.2.3 NB-IoT

提到 LPWAN 所有人都会想到 NB-IoT 技术，那么 NB-IoT 技术是如何产生的呢？

1. NB-IoT 的发展历史

运营商在推广 M2M 服务（物联网应用）的时候，发现企业对 M2M 的业务需求不同于个人用户的需求。企业希望构建集中化的信息系统，与自身资产建立长久的通信连接，以便于管理和监控。

- 这些资产，往往分布各地，而且数量巨大。
- 资产上配备的通信设备可能没有外部供电的条件（即电池供电，而且可能是一次性的，既无法充电也无法更换电池）。
- 单一的传感器终端需要上报的数据量小、周期长。
- 企业需要低廉的通信成本（包括通信资费、装配成本、硬件和维护费用）。

以上这种应用场景在网络层面具有较强的统一性，所以通信领域的组织、企业期望能够对现有的通信网络技术标准进行一系列优化，以满足此类 M2M 业务的一致性需求。

2013 年，沃达丰与华为携手开始了新型通信标准的研究，起初他们将该通信技术称为 NB-M2M(LTE for Machine to Machine)。

2014 年 5 月，3GPP 的 GERAN 组成立了新的研究项目 FS_IoT_LC。该项目主要研究新型的无线电接入网系统，NB-M2M 成为了该项目研究方向之一。稍后，高通公司提交了 NB-OFDM(Narrow Band Orthogonal Frequency Division Multiplexing，窄带正交频分复用)的技术方案。3GPP(3rd Generation Partnership Project，第三代合作伙伴计划)标准化组织和 TSG-GERAN(GSM/EDGE Radio Access Network)负责 GSM/EDGE 无线接入网技术规范的制定)。

2015 年 5 月，NB-M2M 方案和 NB-OFDM 方案融合成为 NB-CIoT(Narrow Band Cellular IoT)。该方案的融合之处主要在于：通信上行采用 SC-FDMA 多址方式，而下行采用 OFDM 多址方式。

2015 年 7 月，爱立信联合中兴、诺基亚等公司，提出了 NB-LTE(Narrow Band LTE)的技术方案。

在 2015 年 9 月的 RAN＃69 次全会上，经过激烈的讨论和协商，各方案的主导者将两个技术方案（NB-CIoT、NB-LTE）进行了融合，3GPP 对统一后的标准工作进行了立项。该标准作为统一的国际标准，称为 NB-IoT(Narrow Band Internet of Things，基于蜂窝的窄带物联网)。至此，NB-M2M、NB-OFDM、NB-CIoT、NB-LTE 都成为了历史。

2016 年 6 月，NB-IoT 的核心标准作为物联网专有协议，在 3GPP Rel-13 冻结。同年 9 月，完成 NB-IoT 性能部分的标准制定。2017 年 1 月，完成 NB-IoT 一致性测试部分的标准制定。图 1-7 所示为 NB-IoT 标准制定的历史演进图。

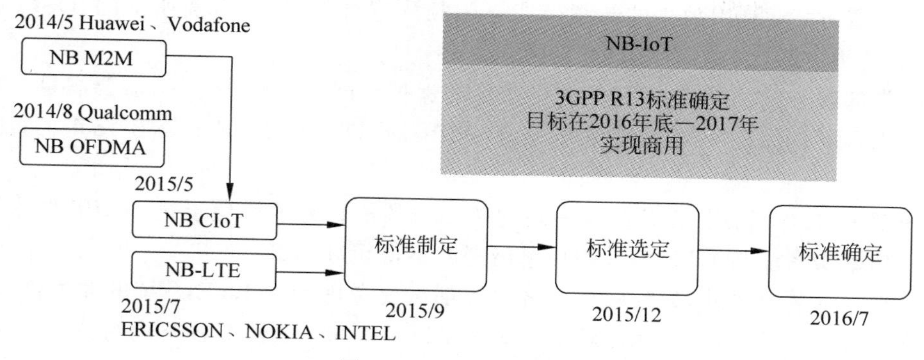

图 1-7 NB-IoT 演进图

低功耗蜂窝技术“结盟”的关键,并不仅仅是日益增长的商业诉求,还有其他新生的(非授权频段)低功耗接入技术的威胁。LoRa、Sigfox、RPMA 等新兴接入技术的出现,促成了 3GPP 中相关成员企业和组织的抱团发展。

2. NB-IoT 的技术特点

NB-IoT 针对 M2M 通信场景对原有的 4G 网络进行了技术优化,其对网络特性和终端特性进行了适当地平衡,以适应物联网应用的需求。在“距离、品质、特性”和“能耗、成本”中,保证“距离”上的广域覆盖,一定程度地降低“品质”(例如采用半双工的通信模式,不支持高带宽的数据传送),减少“特性”(例如不支持切换,即连接态的移动性管理)。网络特性“缩水”的好处就是:降低了终端的通信“能耗”,并可以通过简化通信模块的复杂度来降低“成本”(例如简化通信链路层的处理算法)。所以说,为了满足部分物联网终端的个性要求(低能耗、低成本),网络做出了“妥协”。NB-IoT 是“牺牲”了一些网络特性,来满足物联网中不同以往的应用需要。

1) 部署方式

为了便于运营商根据自有网络的条件灵活运用,NB-IoT 可以在不同的无线频带上进行部署,分为三种方式:独立部署(Stand alone)、保护带部署(Guard band)、带内部署(In band)。图 1-8 所示为这三种部署的频带示意图,在 800MHz 频段实现独立部署,在其他频段与 LTE 频段共存。

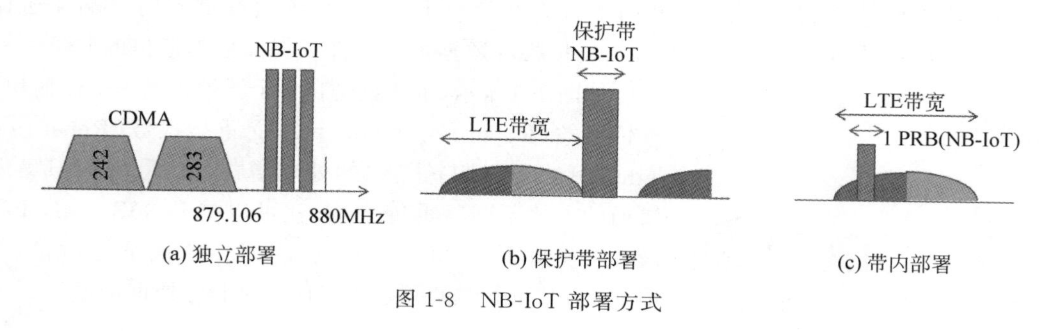

图 1-8 NB-IoT 部署方式

独立部署方式：利用独立的新频带或空闲频段进行部署，运营商所提的“GSM 频段重耕”也属于此类方式。

保护带部署方式：利用 LTE 系统中边缘的保护频段。采用该方式，需要满足一些额外的技术要求(例如原 LTE 频段带宽要大于 5Mb/s)，以避免 LTE 和 NB-IoT 之间的信号干扰。

带内部署方式：利用 LTE 载波中间的某一段频段。为了避免干扰，3GPP 要求该方式下的信号功率谱密度与 LTE 信号的功率谱密度不得超过 6dB。

除了独立部署方式外，另外两种部署方式都需要考虑和原 LTE 系统的兼容性，部署的技术难度相对较高，网络容量相对较低。表 1-3 为 NB-IoT 三种部署方式的技术对比，三种部署方式的频谱、共存、通信速率、覆盖和容量各有不同。

表 1-3　NB-IoT 不同部署方式对比

部署方式	频谱	共存	小区峰值速率/($kb \cdot s^{-1}$)	覆盖	容量
独立部署	频谱独占，不存在与现有系统共存问题	与 GSM 共站共存需 200kHz 保护间隔，与 CDMA 需 285kHz	DL 130 UL 240	MCL＞164dB 重发次数少，速率高	119234 个/小区 随机接入容量受限
保护带部署	须考虑与 LTE 共存问题，如干扰规避、射频指标等	NL 共站无须保护间隔	DL 130 UL 240	MCL＞164dB 重发次数多，速率高	34447 个/小区 寻呼容量受限
带内部署	须考虑与 LTE 共存问题，如干扰规避、射频指标等	NL 共站无须保护间隔，但需要避开 PDCCH、PRS 等	DL 95 UL 240	MCL＞164dB 重发次数多，速率低	18201 个/小区 下行业务信道受限

LTE 的工作频率在 2GHz 附近，波长较短，不具有良好的绕射特性，作为远距离传输存在问题。总的来说，采用独立部署的方式会有更好的频谱特性和信道容量。

从中国的三大运营商部署 NB-IoT 基站的情况看，由于中国联通没有较好的独立部署频带资源，中国电信和中国移动是 NB-IoT 的主要推动者。

2）覆盖增强

为了增强信号覆盖，在 NB-IoT 的下行无线信道上，网络系统通过重复向终端发送控制、业务消息(重传机制)，再由终端对重复接收的数据进行合并以提高数据通信的质量。

如图 1-9 所示，重传就是在多个子帧传送一个传输块。重传增益(Repetition Gain)＝10lg 重传次数(Repetition Times)，也可以叫扩频中的处理增益。信号增加与噪声增加的方式不同。重传 2 次，就可以提升 3dB。NB-IoT 最大可支持下行 2048 次重传，上行 128 次重传，相当于增加 30dB 下行处理增益和 21dB 的上行处理增益。

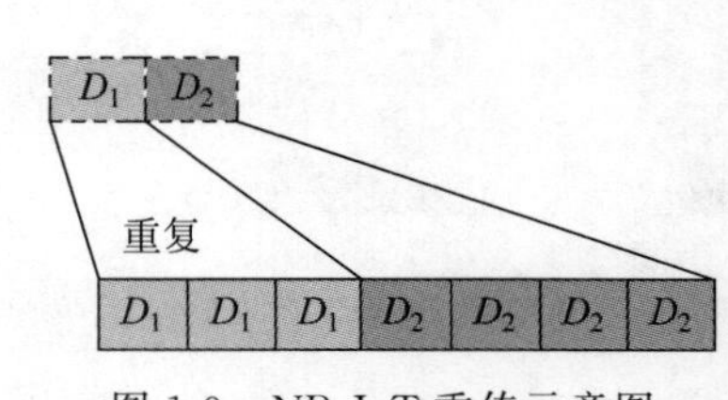

图 1-9　NB-IoT 重传示意图

这样的方式可以增加信号覆盖的范围，但数据重传势必将导致时延的增加，从而影响信息传递的实时性。在信号覆盖较弱的地方，虽然 NB-IoT 能够保证网络与终端的连通性，但对部分实时性要求较高的业务就无法保证了。

NB-IoT 终端信号在更窄的 LTE 带宽中发送，可以实现单位频谱上的信号增强，如图 1-10 所示，使功率谱密度（Power Spectrum Density，PSD）增益更大。通过增加功率谱密度，更利于网络接收端的信号解调，提升上行无线信号在空中的穿透能力。NB-IoT 工作带宽为 3.75kHz 时上行功率谱密度增强 17dB（10lg（180kHz/3.75kHz）=17dB），考虑 GSM 终端发射功率最大可以到 33dBm，NB-IoT 发射功率最大 23dBm，所以实际 NB-IoT 终端比 GSM 终端功率谱密度高 7dB，实际应用中 NB-IoT 一般采用 15kHz 带宽。LoRa 技术也使用了类似的技术手段增强信号，LoRa 的带宽选择范围为 7.8～500kHz 多挡可选，当需要更远的覆盖时，可以采用较窄的信道带宽。

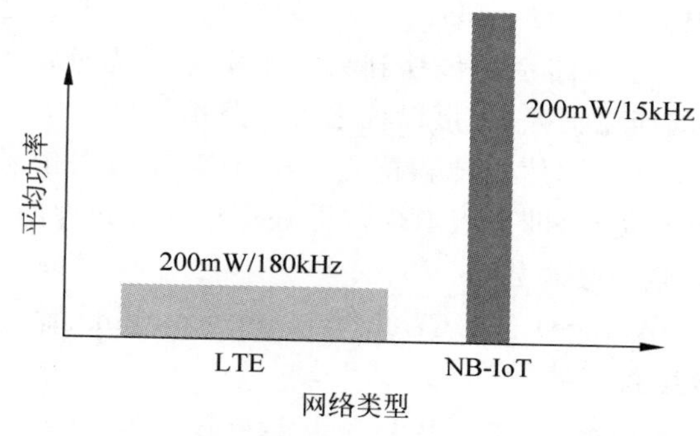

图 1-10 NB-IoT 与 LTE 上行功率谱对比

如表 1-4 所示，NB-IoT 基于 FDD LTE 技术改造而来，包括帧结构、下行 OFDMA、上行 SC-FDMA、信道编码、交织等大部分沿用 LTE 技术，可以理解为一种简化版的 FDD LTE 技术。

表 1-4 NB-IoT 上下行参数表

物理层设计	下行	上行
多址技术	OFDMA	SC-FDMA
子载波带宽/kHz	15	3.75/15
发射功率/dBm	48	23
帧长度/ms	1	1
TTI 长度/ms	1	1/8
SCH 低阶调制	QPSK	BPSK
SCH 高阶调制	QPSK	QPSK
符号重复最大次数	32	32

下行传输方案：NB-IoT 下行与 LTE 一致，采用正交频分多址（OFDMA）技术，子载波间隔 15kHz，时隙、子帧和无线帧长分别为 0.5ms、1ms 和 10ms，包括每时隙的 OFDM 符号

数和循环前缀(Cyclic Prefix)都是与 LTE 一样的。NB-IoT 载波带宽为 180kHz,相当于 LTE 一个 PRB(Physical Resource Block)的频宽,即 12 个子载波×15kHz/子载波=180kHz,这确保了下行与 LTE 的相容性。比如,在采用 LTE 载波带内部署时,可保持下行 NB-IoT PRB 与其他 LTE PRB 的正交性。

上行传输方案:NB-IoT 上行支持多频传输(Multi-tone)和单频(Single-tone)传输。多频传输基于 SC-FDMA,子载波间隔为 15kHz,0.5ms 时隙,1ms 子帧(与 LTE 一样)。单频传输子载波间隔可为 15kHz 以及 3.75kHz,其中 15kHz 与 LTE 一样,以保持两者在上行的相容性;其中当子载波为 3.75kHz 时,其帧结构中一个时隙为 2ms 长(包含 7 个符号),15kHz 为 3.75kHz 的整数倍,所以对 LTE 系统有较小的干扰。与下行一样,NB-IoT 上行总系统带宽为 180kHz。

通过上行、下行信道的优化设计,NB-IoT 信号的耦合损耗(Coupling Loss)最高可以达到 164dB。NB-IoT 极限灵敏度为−141dBm,终端输出为 23dBm,23−(−141)=164dB。注:耦合损耗,指能量从一个电路系统传播到另一个电路系统时发生的能量损耗。这里是指无线信号在空中传播的能量损耗,也可以称之为链路预算。

为了进一步利用网络系统的信号覆盖能力,NB-IoT 还根据信号覆盖的强度进行了分级(CE Level),并实现寻呼优化,即引入 PTW(寻呼传输窗),允许网络在一个 PTW 内多次寻呼,并根据覆盖等级调整寻呼次数。

常规覆盖(Normal Coverage)的 MCL(Maximum Coupling Loss,最大耦合损耗)小于 144dB,与目前的 GPRS 覆盖一致。

扩展覆盖(Extended Coverage)的 MCL 介于 144dB 与 154dB 之间,相对 GPRS 覆盖有 10dB 的增强。

极端覆盖(Extreme Coverage)的 MCL 最高可达 164dB,相对 GPRS 覆盖强度提升了 20dB。

LoRa 的覆盖也采用类似的手段,可以通过调整扩频因子参数调整覆盖范围,在 LoRaWAN 协议中,扩频因子范围从 SF7 到 SF12,网关灵敏度为−129.5~−142dBm,LoRa 终端输出功率为最大 19dBm(中国无线电规范要求 50mW ERP 辐射,相当于 19dBm 配合 0dBi 天线辐射),其 MCL 为 148.5~161dB 共 6 挡不同覆盖参数。

3) NB-IoT 低功耗的实现

要终端通信模块低功耗运行,最好的办法就是尽量地让其“休眠”。NB-IoT 有两种模式,可以使得通信模块只在约定的一段很短暂的时间段内,监听网络对其的寻呼,其他时间则都处于关闭的状态。这两种“省电”模式为省电模式(Power Saving Mode,PSM)和扩展的不连续接收(Extended Discontinuous Reception,eDRX)模式。

在 PSM 模式下,终端设备的通信模块进入空闲状态一段时间后,会关闭其信号的收发以及接入层的相关功能。当设备处于这种局部关机状态的时候,即进入了省电模式 PSM。终端以此可以减少通信元器件(芯片、天线、射频等)的能源消耗。

终端进入省电模式期间,网络无法访问到该终端。从语音通话的角度来说,即“无法被叫”。

大多数情况下，采用 PSM 的终端，超过 99%的时间都处于休眠状态，主要有两种方式可以激活它们与网络的通信：

- 当终端自身有连接网络的需求时，它会退出 PSM 的状态，并主动与网络进行通信，上传业务数据。
- 在每一个周期性的跟踪区更新（Tracking Area Update，TAU）中，都有一小段时间处于激活的状态。在激活状态中，终端先进入连接状态（Connect），与通信网络交互其网络、业务的数据。在通信完成后，终端不会立刻进入 PSM 状态，而是保持一段时间为空闲状态（IDLE）。在空闲状态下，终端可以接收网络的寻呼。

在 PSM 的运行机制中，使用激活定时器（Active Timer，AT）控制空闲状态的时长，并由网络和终端在网络附着（Attach，终端首次登记到网络）或 TAU 时协商决定激活定时器的时长。终端在空闲状态下出现 AT 超时的时候，便进入了 PSM 状态。

根据标准，终端的一个 TAU 周期最长可达 310h；空闲状态的时长最高可达到 3.1h（11160s）。

从技术原理可以看出，PSM 适用于那些几乎没有下行数据流量的应用。云端应用和终端的交互，主要依赖于终端自主性地与网络联系。绝大多数情况下，云端应用是无法实时“联系”到终端的。

在 PSM 模式下，网络只能在每个 TAU 最开始的时间段内寻呼到终端（在连接状态后的空闲状态进行寻呼）。eDRX 模式的运行不同于 PSM，它引入了 eDRX 机制，提升了业务下行的可达性。注：DRX（Discontinuous Reception）即不连续接收；eDRX 就是扩展的不连续接收。

eDRX 模式，在一个 TAU 周期内，包含有多个 eDRX 周期，以便于网络更实时性地向其建立通信连接（寻呼）。

如图 1-11 所示，eDRX 的一个 TAU 包含一个连接状态周期和一个空闲状态周期，空闲

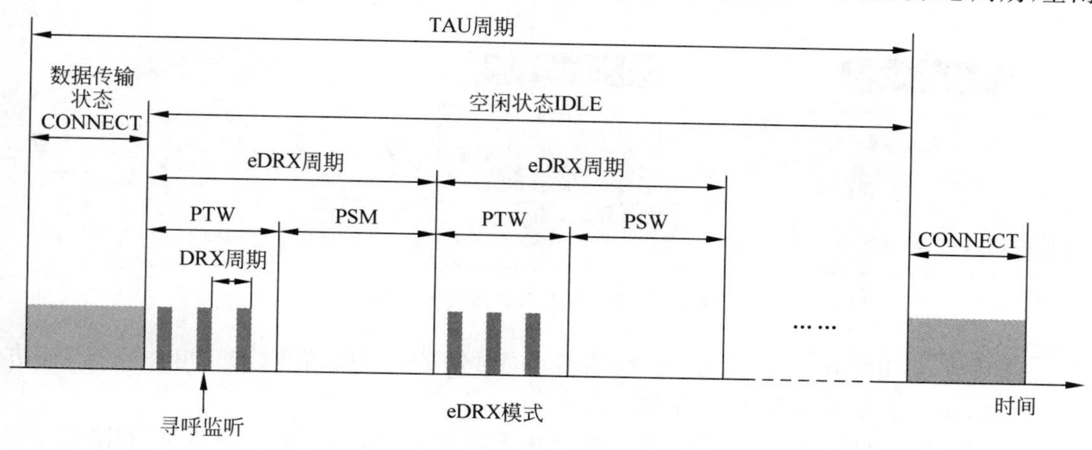

图 1-11 NB-IoT eDRX 模式示意图

状态周期中则包含了多个 eDRX 寻呼周期，每个 eDRX 寻呼周期又包含了一个 PTW 周期和一个 PSM 周期。PTW 和 PSM 的状态会周期性地交替出现在一个 TAU 中，使得终端能够间歇性地处于待机的状态，等待网络对其的呼叫。

eDRX 模式下，网络和终端建立通信的方式相同：终端主动连接网络；终端在每个 eDRX 周期中的 PTW 内，接收网络对其的寻呼。

在 TAU 中，最小的 eDRX 周期为 20.48s，最大周期为 2.91h。

在 eDRX 中，最小的 PTW 周期为 2.56s，最大周期为 40.96s。

在 PTW 中，最小的 DRX 周期为 1.28s，最大周期为 10.24s。

总体而言，在 TAU 一致的情况下，eDRX 模式相比于 PSM 模式，其空闲状态的分布密度更高，终端对寻呼的响应更为及时。eDRX 模式适用的业务，一般下行数据传送的需求相对较多，但允许终端接收消息有一定的延时(例如云端需要不定期地对终端进行配置管理、日志采集等)。根据技术差异，eDRX 模式在大多数情况下比 PSM 模式更耗电。实际应用中 eDRX 在保证一定实时性前提下耗电量非常大，无法用于电池供电的低功耗设备中。下行控制和实时性的矛盾问题一直是 NB-IoT 难以克服的难关，尤其在水、气表的远程开关阀的应用中，只能保证 1 天的实时性。NB-IoT 开关阀门的下行控制一般采用 PSM 模式，可以在每天水、气表上报一次数据后的 IDLE 状态下接收基站的控制命令。

LoRaWAN 协议中的 Class A 和 Class B 对应 NB-IoT 的 PSM 模式和 eDRX 模式，分别处理低功耗主动上报数据功能和低功耗间歇下行控制接收功能。对比 NB-IoT 技术，LoRaWAN 协议为轻量级物联网协议，完成同样的功能，功耗为 NB-IoT 的三分之一到十分之一。

4）终端简化带来低成本

针对数据传输品质要求不高的应用，NB-IoT 具有低速率、低带宽、非实时的网络特性，这些特性使得 NB-IoT 终端不必向个人用户终端那样复杂，简单的构造、简化的模组电路依然能够满足物联网通信的需要。图 1-12 所示为 NB-IoT 与 Cat-4 和 Cat-0 的简化对比。

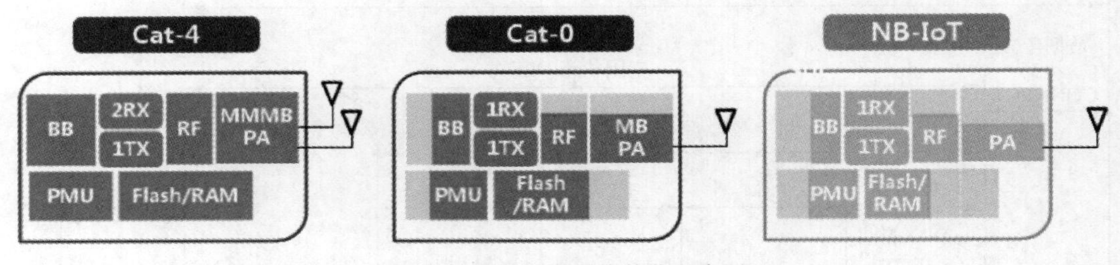

图 1-12　NB-IoT 系统简化示意图

NB-IoT 采用半双工的通信方式，终端不能同时发送或接收信号数据，相对于全双工方式的终端，减少了元器件的配置，节省了成本。

业务低速率的数据流量，使得通信模组不需要配置大容量的缓存。低带宽，则降低了对均衡算法的要求，降低了对均衡器性能的要求。均衡器主要用于通过计算抵消无线信道干扰。

NB-IoT 通信协议栈基于 LTE 设计，但它系统地简化了协议栈，使得通信单元的软件和硬件也可以相应地降低配置：终端可以使用低成本的专用集成电路来替代高成本的通用计算芯片来实现协议简化后的功能。这样还能够减少通信单元的整体功耗，延长电池的使用寿命。LoRa 在终端简化上与 NB-IoT 技术类似，相比之下，LoRa 终端芯片无论基带协议、存储控制部分还是射频电路复杂度，都远低于 NB-IoT 终端芯片。这是由 NB-IoT 技术的基因决定的，NB-IoT 源于 4G 技术，虽然做了大量的精简工作，仍然无法丢弃其原有的特性。相比之下 LoRa 设计之初就充分考虑了物联网发展的要求，其终端结构简单，成本和功耗优势明显。

1.2.4 eMTC

视频讲解

1. eMTC 的来源

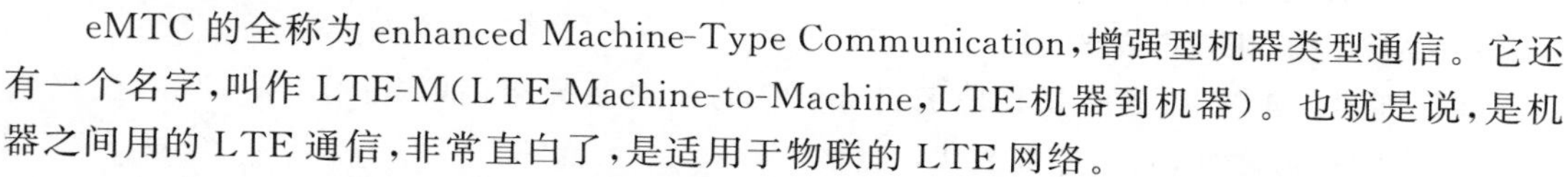

eMTC 的全称为 enhanced Machine-Type Communication，增强型机器类型通信。它还有一个名字，叫作 LTE-M(LTE-Machine-to-Machine，LTE-机器到机器)。也就是说，是机器之间用的 LTE 通信，非常直白了，是适用于物联的 LTE 网络。

2008 年，LTE 的第一个版本 R8(Release 8)中，除了有满足宽带多媒体应用的 Cat. 3、Cat. 4、Cat. 5 等终端等级外，也有上行峰值速率仅有 5Mb/s 的终端等级 Cat. 1，可用于物联网等低速率应用。在 LTE 发展初期，Cat. 1 并没有被业界所关注。随着可穿戴设备的逐渐普及，Cat. 1 才逐渐被业界重视。但是，Cat. 1 终端需要使用 2 根天线，对体积敏感度极高的可穿戴设备来说仍然要求过高(一般只配备 1 根天线)。所以，在 R12/R13 中，3GPP 多次针对物联网进行优化。首先是在 R12 中增加了新终端等级 Cat. 0，放弃了对多进多出(Multiple-in Multiple-out，MIMO)天线的支持，简化为半双工，峰值速率降低为 1Mb/s，终端复杂度降低为普通 LTE 终端的 40%左右。这样一来，初步达到了物联网的成本要求。但是，虽然 Cat. 0 终端的发射信道带宽降至 1.4MHz，但接收带宽仍为 20MHz，是发射信道带宽的 14 倍。于是，3GPP 在 R13 中又新增 Cat. M1 等级的终端，信道带宽和射频接收带宽均为 1.4MHz，终端复杂度进一步降低。而 Cat. M1，也就是我们的 eMTC，其演化过程如图 1-13 所示。

图 1-13 eMTC 演化过程

2. eMTC 作为窄带物联网的优势

eMTC 作为窄带蜂窝物联网主流网络制式标准之一，相比于非蜂窝物联网具备了 LPWAN 基本的四大能力：广覆盖、大连接、低功耗、低成本。分析如下：

- 功耗低、终端续航时间长。目前 2G 终端的待机时长为 20 天左右，在一些 LPWAN 典型应用(如抄表类业务)中，2G 模块显然无法符合特殊地点(如深井、烟囱等)更换电池的应用要求，而 eMTC 的耗电仅为 2G 模式的 1%，终端待机时长可达 10a。

- 海量连接，满足“大连接”应用需求。物联网终端的一大特点就是海量连接用户，现在针对非物联网应用设计的网络无法满足同时接入海量终端的需求，而 eMTC 支持每小区超过 1 万个终端。
- 广覆盖。LPWAN 典型场景网络覆盖不足，例如深井、地下车库等存在覆盖盲点，4G 室外基站无法实现全覆盖，而在广覆盖方面，eMTC 比 LTE 增强 15dB(可多穿一堵墙)，比 GPRS 增强了 11dB，信号可覆盖至地下 2～3 层。
- 成本有望不断降低。目前智能家居应用主流通信技术是 Wi-Fi。Wi-Fi 模块虽然本身价格较低，已经降到了 10 元人民币以内了，但支持 Wi-Fi 的物联网设备通常还需无线路由器或无线 AP 做网络接入，或只能做局域网通信。2G 通信模块一般在 20 元人民币以上，而 4G 通信模块则要 150 元人民币以上，相比之下 eMTC 终端有望通过产业链交叉补贴，不断降低成本。
- 与此同时，eMTC 使用专用频段传输干扰小。相对非蜂窝物联网技术来说，eMTC 基于授权频谱传输，传输干扰小，安全性较好，能够确保可靠传输。

3. eMTC 和 NB-IoT 的对比

我们知道 eMTC 和 NB-IoT 是来自 3GPP 的一对亲兄弟，都属于 LPWAN 的授权频段，有诸多的相似之处，其对比如表 1-5 所示。

表 1-5 eMTC 和 NB-IoT 的对比表

比 较 项	NB-IoT	eMTC
频段	FDD	FDD/TDD
部署	LTE 带内，LTE 保护带，独立	LTE 带内，独立
双工	半双工	半双工/全双工
天线个数	1/2(RxD)	1/2(RxD)
载波带宽	200kHz	1.4MHz
上行覆盖	增益：+20dB	增益：+15dB
下行覆盖(MCL)	164dB	156dB
峰值速率	UL：250kb/s(MT)，200kb/s(ST) DL：250kb/s	UL：1Mb/s(FD)，375kb/s(HD) DL：1Mb/s(FD)，300kb/s(HD)
子载波带宽	UL：Single tone：15/3.75kHz Multi tone：15kHz DL：15kHz	UL：15kHz DL：15kHz
TTI	1ms	1ms/8ms
调制	BPSK，QPSK	QPSK，16QAM
多址	UL/DL：SC-FDMA/OFDMA	UL/DL：SC-FDMA/OFDMA
移动性	低速，小区重选	低中高速，小区切换
时延	秒级	100ms 级
语音	不支持	支持
短信	支持	支持
小区容量	目标容量 50k/cell	目标容量 50k/cell

续表

比　较　项	NB-IoT	eMTC
定位	将来支持(R14，E-CID/OTDOA；R15 UTDOA，目标<50m)	将来支持(R14，E-CID/OTDOA；R15 UTDOA，目标<50m)
功耗	PSM，eDRX(周期 20.48s 至约 2.92h)	PSM，eDRX(周期 5.12s 至约 44min)
CP 优化	必选	可选
芯片成本	目标小于 1 美元	目标 1～2 美元
模组成本	目标 2～5 美元	比 NB-IoT 略高
标准引入版本	R13，2016	R13，2016

概括起来说，eMTC 相比于 NB-IoT，有五个优势：

- 速率高。之前我们说 NB-IoT，总是会说，为了保证低功耗，所以速率很慢。但是 eMTC 不一样，它支持上下行最大 1Mb/s 的峰值速率。请不要小看这个速率，在保证覆盖和功耗的基础上，能达到这个速率已经很不错了。这个速率，足以支撑更丰富的物联应用，如低速视频、语音等。
- 支持移动性。NB-IoT 的移动性差，只支持重选，不支持切换。所以，它一般都用于不怎么需要动的领域，如水表、电表及路灯井盖。但 eMTC 不同，它支持连接态的移动性，物联网用户可以无缝切换，保障用户体验。因此，eMTC 更适用于如智能手表这样的可穿戴设备。
- 可定位。基于 TDD 的 eMTC，利用基站侧的 PRS 测量，在无须新增 GPS 芯片的情况下就可以进行位置定位。这样一来，更有利于 eMTC 在物流跟踪、货物跟踪等场景的普及。
- 支持语音，支持 VoLTE。因此，eMTC 可被广泛应用到与紧急呼救相关的物联网设备中。
- 支持 LTE 网络复用。eMTC 可以基于现有 LTE 网络直接升级部署，和现有的 LTE 基站共站址共天线。省钱才是硬道理。eMTC 利用这个优势，可以实现低成本的快速部署，有利于运营商抢占市场先机。

当然，eMTC 也不是每个方面都强于 NB-IoT，在覆盖能力和模组成本方面，eMTC 是不如 NB-IoT 的。

如图 1-14 所示，在具体的应用方向上，如果对语音、移动性、速率等有较高要求，则选择 eMTC 技术；相反，如果对这些方面要求不高，而对成本、覆盖等有更高要求，则可选择 NB-IoT。具体来说，像智能物流、楼宇安防、可穿戴通话等设备，就适合采用 eMTC 技术。从上述分析可知，eMTC 与 LoRa 技术的应用存在差异，并不具有竞争性，是互补关系。

中国的 eMTC 发展并不顺利，由于 NB-IoT 基站建设和改造的成本过大，且收益甚微，再加上现在运营商又在大力发展 5G，对于 eMTC 的投入捉襟见肘。

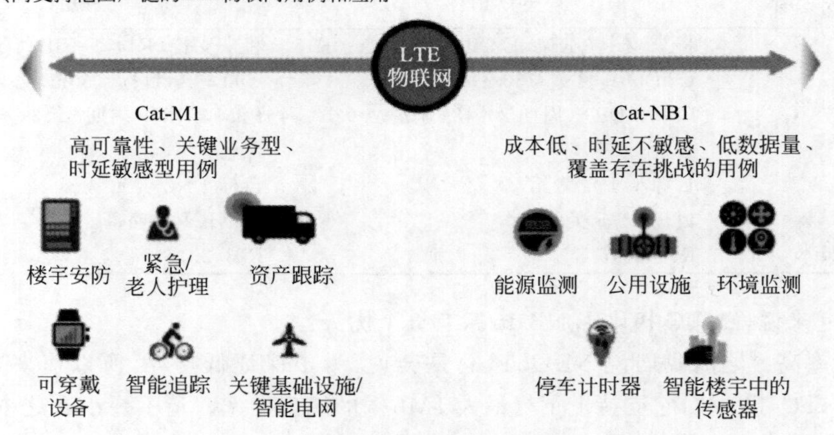

图 1-14　eMTC 与 NB-IoT 应用对比

视频讲解

1.2.5 Sigfox 技术

2009 年，Sigfox 由 Ludovic LeMoan 和 Christophe Fourtet 创立，现两人分别任 CEO 和技术总监。该公司坐落于法国的西南部图卢兹的郊区被称为“物联网小镇”的 Labège。Labège 是法国的科技创业中心。该公司专注于 M2M/IoT 通信，定位提供低速率、低功耗、低价格，基于 Sub-1GHz 的无线网络通信服务。Sigfox 的运营模式非常特别，自己提供所有的技术和网络运营，既是运营商又是技术提供商。这样的市场策略有利有弊，在早期的发展中可以快速地建网，但是后期的市场竞争问题明显。对比 NB-IoT 技术，无法与强有力的运营商对抗；对比 LoRa，无法迎合广泛的私有和局域网用户的需求。

目前，Sigfox 网络已经覆盖到西班牙、法国、俄罗斯、英国、荷兰、美国、澳大利亚、新西兰、德国等几十个国家，但是由于缺乏运营商和中小私有网络客户的支持，其网络覆盖增速锐减。比如在中国的市场就遇到了滑铁卢，中国的几大运营商都不能接受 Sigfox 的独立运营的模式。虽然 Sigfox 在中国与个别省份签署了战略合作协议，但是其网络一直无法规模覆盖。

1. Sigfox 技术介绍

如图 1-15 所示，用户设备发送带有应用信息的 Sigfox 协议数据包，附近的 Sigfox 基站负责接收并将数据包回传到 Sigfox 云服务器，Sigfox 云再将数据包分发给相应的客户服务器，由客户服务器来解析及处理应用信息，实现客户设备到服务器的无线连接。

Sigfox 是一种低成本、可靠性高、功耗低的解决方案，用于连接传感器和设备。通过专用的低功耗广域网络，致力于连接千千万万的物理设备，并改善物联网的体验。

Sigfox 协议具有如下特点。

- 低功耗。极低的能耗，可延长电池寿命，典型的电池供电设备工作可达 10 年。

图 1-15　Sigfox 网络拓扑图

- 简单易用。基站和设备间没有配置流程、连接请求或信令，设备在几分钟内启动并运行。
- 低成本。从设备中使用的 Sigfox 射频模块到 Sigfox 网络，Sigfox 会优化每个步骤，使其尽可能具有成本效益。
- 小消息。用户设备只允许发送很小的数据包，最多 12B。
- 互补性。由于其低成本和易于开发使用，客户还可以使用 Sigfox 作为任何其他类型网络的辅助解决方案，如 Wi-Fi、蓝牙、GPRS 等。

2. Sigfox 技术原理

1）UNB(Ultra-Narrow Band)超窄带技术

如图 1-16 所示，Sigfox 使用 192kHz 频谱带宽的公共频段来传输信号，采用超窄带的调制方式，每条信息的传输宽度为 100Hz，并且以 100b/s 或 600b/s 的数据速率传输，具体速率取决于不同区域的网络配置。

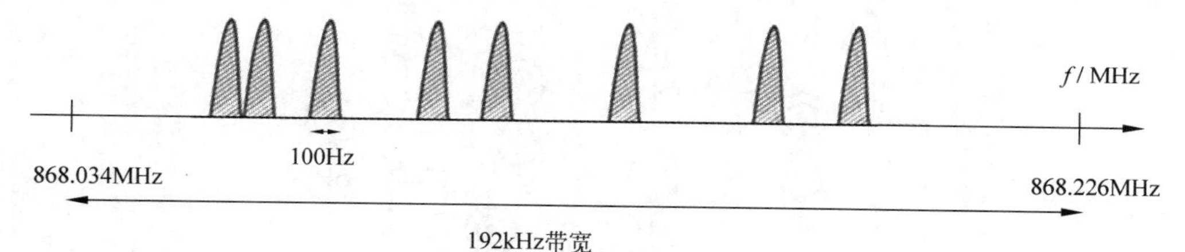

图 1-16　Sigfox 超窄带技术

UNB 技术使 Sigfox 基站能够远距离通信，不容易受到噪声的影响和干扰。系统使用的频段取决于网络部署的区域。例如，在欧洲使用的频段为 868～868.2MHz；在世界的其他地方，使用的频段在 902～928MHz，具体的部署情况由当地的法律法规决定。

2）随机接入

随机接入是实现高质量服务的关键技术。网络和设备之间的传输采用异步的方式。如图 1-17 所示，设备以随机选择的频率发送消息，然后再以不同的频率发送另外两个副本。这种对频率和时间的使用方式，称为时间和频率分散(Time and Frequency Diversity)。

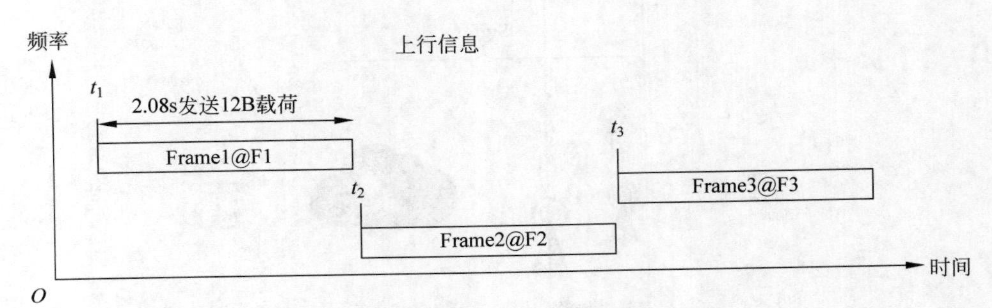

图 1-17 上行消息的跳频传输

一条 12B 有效载荷的消息在空中传输时长为 2.08s，速率为 100b/s。Sigfox 基站监听整个 192kHz 频谱，寻找 UNB 信号进行解调。Sigfox 的传输速率非常低且速率范围很小，这也是超窄带的技术局限，物联网的多样性要求对其提出了严重挑战。相比之下 LoRa 的灵活度就强很多，在保证信号质量的前提下支持几十比特至几十千比特每秒的传输速率。

3）协作接收

协作接收的原理是任何终端设备都不附着在某个特定的基站，这种方式不同于传统的蜂窝网络。如图 1-18 所示，设备发送的消息可以由任何附近的基站进行接收，实际部署中平均的接收基站数量为 3 个。这就是所谓的空间分散(Spatial Diversity)。

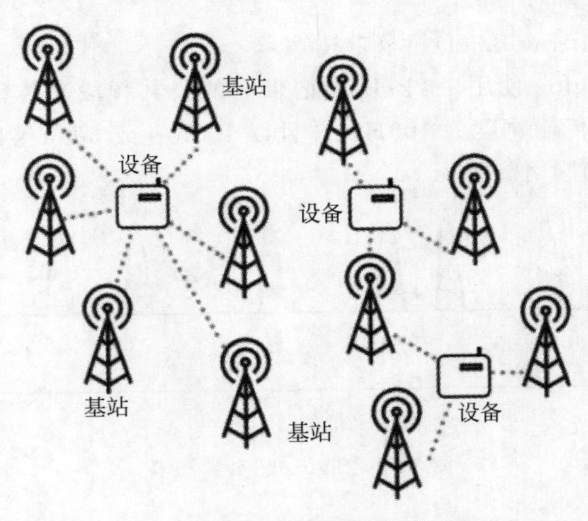

图 1-18 Sigfox 基站协作接收

空间分散与时间和频率分散也是 Sigfox 网络高质量服务背后的主要因素。LoRaWAN 就充分学习了 Sigfox 的协作接收的优势，LoRaWAN 中的 ADR 更是将这一优势发挥到了极致，请参照本书的 5.2.2 小节。

4）短消息

为了解决实现低成本的远距离覆盖和终端设备低功耗限制的问题，Sigfox 设计了一个短消息通信协议。消息的大小可为 0～12B。12B 的有效负载足以传输传感器数据，如状态、警报、GPS 坐标甚至应用数据等事件。

下面列出了一些有效载荷大小的示例：

- GPS 坐标：6B；
- 温度：2B；
- 速度：1B；
- 目标状态信息：1B；
- 激活保持信息：0B。

欧洲的法规规定射频传输可以占有公共频段 1% 的时间。这个要求等于每小时 6 条 12B 的消息或每天 140 条消息。虽然其他地区的监管有所不同，但 Sigfox 使用相同的服务标准。

对于下行消息，有效负载的大小是固定的：8B，绝大部分的信息都可以用 8B 传输。这已经足够用来触发一个动作，远程管理设备或设置应用程序参数。基站的占空比要求为 10%，保证每个终端设备每天收到 4 条下行信息。如果还有多余的资源，终端可以接收到更多的信息。

为了简单统一，Sigfox 在通信消息的格式上做了严格的统一，但带来的问题是无法满足大量的复杂物联网应用。许多物联网应用中需要上百字节的数据传输，显然 Sigfox 技术无法实现。

5）双向传输

下行消息由终端设备触发，Sigfox 云服务器接收到设备发送的带有下行触发标识的消息后，会协商客户服务器发送下行消息。如图 1-19 所示，设备发送触发下行消息的第一帧 20s 后，将有一个最长持续时间为 25s 的接收窗口。下行频率是第一帧上行消息的频率加上已知的偏移量。

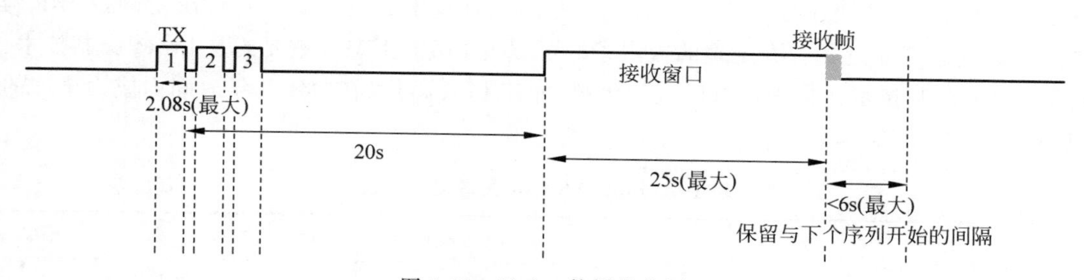

图 1-19　Sigfox 数据接收图

总结来说，Sigfox 具有一定的技术特点，但由于其 UNB 技术的局限性，以及自身协议标准的兼容性较差，再加上其独立的市场策略，最终导致 Sigfox 这几年的发展缓慢。另外，由于 NB-IoT 和 LoRa 技术的挤压，Sigfox 的生存更加艰难。作为 LPWAN 四雄中第一个出现的明星公司，需要从技术和市场两方面进行改进。

1.3 LoRa 特点及应用

视频讲解

1.3.1 LoRa 技术特点

LoRa 技术是一种扩频调制技术,也称为 Chirp 调制(注:Chirp 这个词来源于同名鸟类的叫声的信号特点,对于信号处理来讲也可称作扫频),这种调制技术是 Semtech 公司独有的 IP(知识产权)。扩频技术是一种用带宽换取灵敏度的技术,Wi-Fi、ZigBee 等技术都使用了扩频技术,但是 LoRa 调制的特点是可以最大效率地提高灵敏度,以至于接近香农定理的极限。尤其是在低速率通信系统中,打破了传统的 FSK 窄带系统的实施极限,如图 1-20 所示。

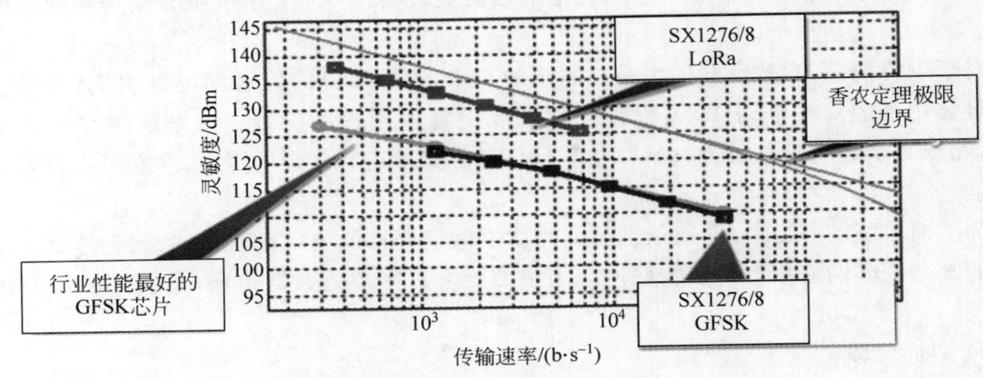

图 1-20 LoRa 与 FSK 灵敏度对比图

LoRa 调制可以在更宽泛的通信速率工作,甚至可以工作在几十比特每秒,而传统的 FSK 技术很难工作在超窄带环境,无法实现超低速率工作。如表 1-6 所示,在相同的通信速率下,LoRa 比 FSK 灵敏度好 8～12dBm,这是由两种技术的调制解调特性决定的,LoRa 调制的灵敏度已经靠近了香农定理的极限了。可以说 LoRa 生态最重要的是 LoRa 调制技术,由于 LoRa 调制技术在物理层有巨大的优势,才使 LoRa 可以在短短几年时间内成为全球的 LPWAN 事实标准。

表 1-6 LoRa VS FSK 灵敏度对比表

测试条件/(b・s^{-1})	接收灵敏度 dBm(434/470MHz)	
	Si4438 GFSK	SX1278 LoRa
500	−124	−136
9600	−114	−123

LoRa 技术有如下优点。

1. 远距离

LoRa 的字面意思是远距离(Long Rang),那么到底 LoRa 能传多远呢?现在已经有多家卫星公司把 LoRa 发射到了近地卫星上，一般近地卫星距离地面 600～1600km。2019 年 1 月底的 TTN(The Things Network)大会上，Lacuna Space 的 CTO Thomas Telkamp 带来了卫星物联网的分享和现场演示 Using gateways on satellites to connect your existing LoRaWAN devices anywhere in the world(使用卫星基站连接全球任意位置的 LoRaWAN 设备)。TTN 与 Lacuna 在大会期间从 Space Norway、Norwegian 航天中心那边借来了 Norsat-2 卫星。当这颗卫星从会议室上空飞过时，卫星会向地球发送 LoRa 消息。在会议大楼以及荷兰台夫特理工大学的屋顶上都使用 Semtech 标准芯片搭建了接收节点，当卫星经过，会立刻传回消息，再通过现场布置的一台 60 年高龄的电报机打出消息。图 1-21 为 LoRa 卫星的工作原理示意图，LoRa 传感器可以放置在地球的任意角落(室外无顶部遮挡)，都可以将数据传输到卫星上，并通过地面接收站，最终数据进入互联网和服务器中。

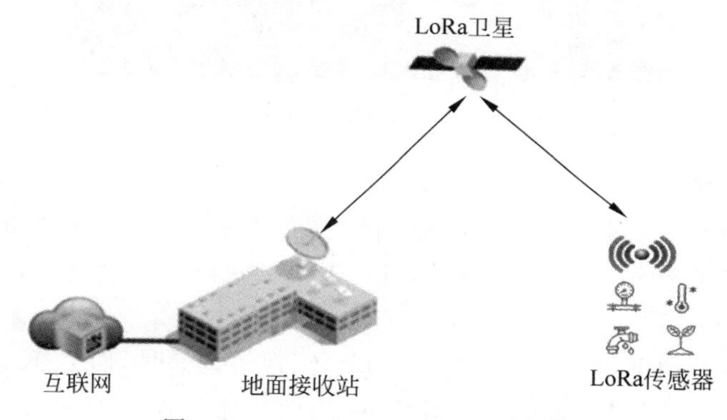

图 1-21　LoRa 卫星工作原理示意图

这里需要强调的是，在 LoRa 的卫星应用中所有 LoRa 的硬件设备都使用 Semtech 标准芯片搭建，与传统 LoRa 地面的应用中使用的芯片完全相同，且卫星的天线和功率也都和普通的 LoRa 应用完全相同。LoRa 卫星物联网就是利用了 LoRa 生态中现有的大量低成本传感终端设备，以及非授权频段的广泛使用，当然卫星应用中最重要的还是 LoRa 那超远的工作距离。

无线设备的传输距离用 1.2.3 小节中的 MCL 表示或用链路预算表示。链路预算中最重要的参数为接收灵敏度，LoRa 的最高灵敏度可达－149.1dBm，而蓝牙、ZigBee 等无线技术的灵敏度为－100dBm 左右。LoRa 灵敏度比它们好 50dB。也就是说，LoRa 可以解调的信号强度是蓝牙、ZigBee 的十万分之一。LoRa 的超高灵敏度来自调制本身，不依赖于窄带(Sigfox 使用超窄带技术)也不依赖于重传(NB-IoT 使用重传技术)，也不依赖于编码冗余(ZigBee 使用编码冗余)。

图 1-22 为 LoRa 在美国硅谷湾区的一个案例，一个 LoRa 网关可以覆盖图中的一大片区域，最远覆盖处距离网关 50km，这都是源于 LoRa 的远距离特性。

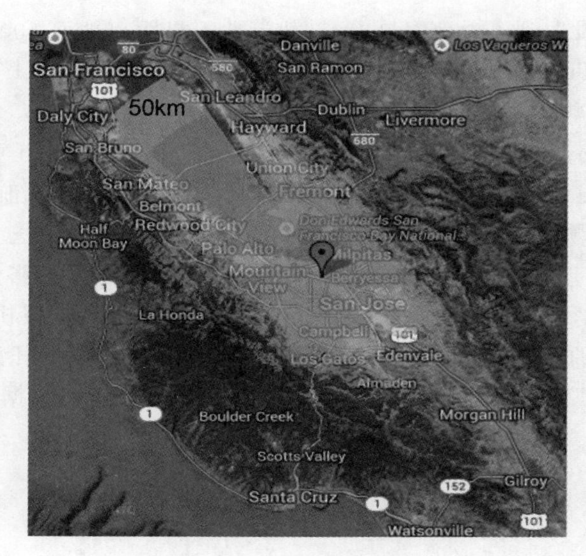

图 1-22　LoRa 实地测试

2. 抗干扰能力强

LoRa 能够实现远距离传输，除了灵敏度优势外，还有一个非常重要的因素是超强的抗干扰能力。LoRa 具有低于噪声 20dB 依然可以通信的极限抗干扰技术，这是现有传统通信技术都不具备的。

如图 1-23 所示，LoRa 可以在噪声之下 20dB 正常解调信号，而 FSK 理论上需要在噪声之上 8dB 才能保证解调。2.1.3 小节中有 FSK 的信噪比与误码率公式。当通信过程中遇到外界电磁信号干扰时，LoRa 可以继续稳定通信，而传统的无线技术则无法通信。所以在一些信道干扰比较严重的区域，客户都会选择 LoRa 技术作为稳定通信的核心技术。

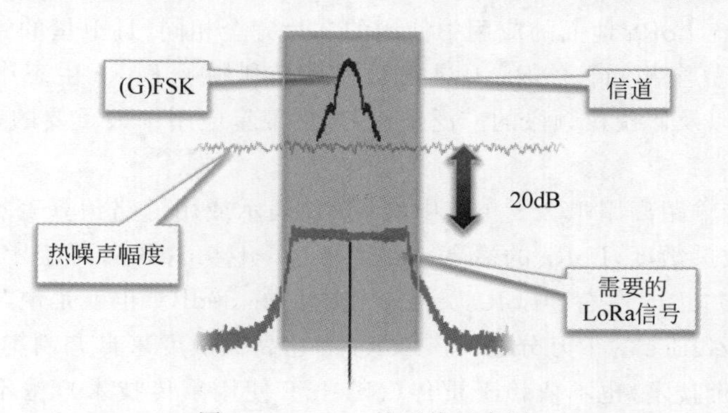

图 1-23　LoRa 抗干扰示意图

此外，LoRa 针对更强的突发性的随机干扰也有非常好的应对能力。如果面对突发长度 $<\frac{1}{2}$ LoRa 的符号长度或干扰占空比 $<50\%$ 的强干扰源，LoRa 依然可以稳定解调，且保

证其灵敏度恶化<3dB。

LoRa 调制之所以有这么强的抗干扰能力，主要是因为 Chirp 调制在相干解调的时候可以把在噪声之下有用的 LoRa 信号聚集在一起，而噪声在相干解调后还是噪声。具体的技术细节在 2.2.2 节中会有详细介绍。

3. 低功耗

LoRa 技术最主要的应用是物联网，而物联网对于终端设备的使用寿命的要求非常高，在传统的电池供电下，许多应用都有 5 年甚至 10 年的工作寿命要求，电池的寿命直接影响用户体验，这就要求 LoRa 技术在应用时具有超低的功耗。超低功耗的实现主要由两方面决定，一方面芯片的硬件要具备低功耗；另一方面应用协议也要具备低功耗。

LoRa 调制具有不依赖于窄带、重传、编码冗余的特点。因此，LoRa 调制是一种非常高效的调制方式，工作电流非常低，其静态电流<1μA；接收电流不到 5mA；发射功率为 17dBm 时电流只有 45mA。

LoRaWAN 协议是 LoRa 全球推广的标准协议，具有轻量级、智能化的优点。LoRaWAN 节点与网关通信简单，开销少；网络服务器可以根据信号质量，动态调整节点速率和发射功率，以达到省电目的。图 1-24 所示为 LoRaWAN 的一个数据包的发送与 NB-IoT 的一个数据包的发送对比示意图。从图中可以看出，LoRa 的数据包非常简单，而 NB-IoT 由于其自身运营商特性以及从 LTE 的精简协议的原因，需要发送和接收大量的握手数据，即使在发

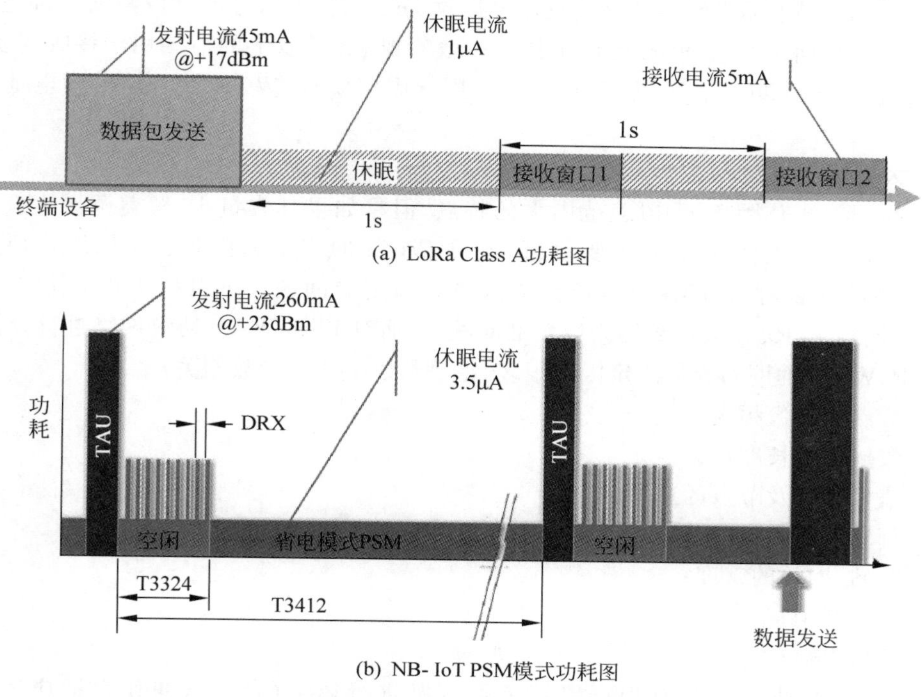

图 1-24　LoRaWAN Class A 与 NB-IoT 的 PSM 模式对比

射功率相同的情况下，由于通信时间的加长，NB-IoT 的这个数据包的耗电量要到 LoRa 的 3 倍。而事实上 NB-IoT 的发射功耗一般比 LoRa 的发射功耗大 3 倍。

为达到省电的目的，业界广泛应用周期侦听(Wake on Radio，WOR)方式：如图 1-25 所示，芯片周期性地进入接收(RX)模式以侦听有没有唤醒信号(比如前导)，其他时间处于休眠(Sleep)模式。LoRaWAN 的 Class B 采用此种方式实现低功耗和实时性兼得。

图 1-25 LoRa CAD 功能

LoRa 具有信道活动检测(Channel Activity Detection，CAD)功能，即短时间监听附近是否有指定频率和扩频因子的 LoRa 信号，且这个唤醒的信号可以低于噪声，这样就不会像传统的 FSK 经常被误唤醒。LoRa CAD 整个过程需要约 2 个码元(Symbol)时间，其中约 1 个 Symbol 接收(接收电流为 4.6mA)，1 个 Symbol 的时间计算(电流为接收模式的 50%左右)。

如设定常用的 LoRa 工作模式 BW=125kHz、SF=7、CR=4/5，其通信速率为 5.47kb/s，1Symbol=1ms。上述设定参数表示只需要接收 1ms 的空中信号就可以判断是否是需要的 LoRa 信号。相同速率下，FSK 等传统技术一般需要 3B 或以上的前导用于接收同步，接收窗口需要打开 5ms 以上。所以相同速率下，执行周期侦听(WOR)时 LoRa 的电池寿命是 FSK 的 3～4 倍。

4. 大容量

LoRa 具有工作距离远、覆盖范围大的特点，但是如果其容量小，覆盖范围大会成为其劣势。LoRa 容量的大小至关重要，可以通过 Wi-Fi 的容量来类比：如果用户所处区域 Wi-Fi 设备特别多，就会存在设备掉线或网络不稳定等问题。可以把 LoRa 看成一个"长 Wi-Fi"。同理 LoRa 也会遇到网络容量的问题，下面对 LoRaWAN 协议网络进行分析。

LoRaWAN 的网络容量决定因素很多，主要与以下几个参数相关：

- 节点的发包频次；
- 数据包的长度；
- 信号质量及节点的速率；
- 可用信道数量；
- 基站/网关的密度；
- 信令开销；
- 重传次数。

LoRaWAN 协议中具有根据终端节点状况进行调节的能力，叫作自适应速度选择(Adaptive Data Rate，ADR)，具体内容详见 5.2.2 小节。如图 1-26 所示，ADR 可以根据节点与网关的距离和信号情况调整其通信速度和发射功率等参数，还可以调整节点的跳频频率实现更大的接入量和减少碰撞。当遇到极端情况可以直接扩展更多信道或采用多网关覆盖解决。

LoRaWAN 协议的大容量是部署广域网的必要条件，广域网为去碎片化提供了有力支撑。网络容量的计算和覆盖的优化非常重要，8.2.2 小节中会有非常具体的计算和实施方式讲解。一般情况下，一个智慧城市的项目中，中大型城市需要几百个 LoRa 网关来实现室外全覆盖；在智慧社区的项目中，一个工业园区或一个住宅小区使用 1～4 个中小型 LoRa 网关可以实现全覆盖。

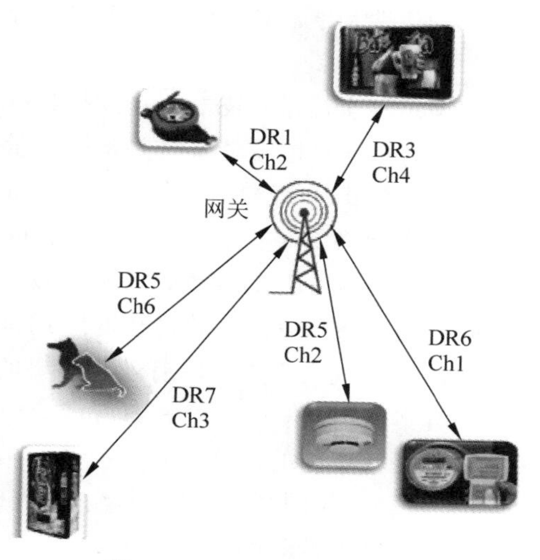

图 1-26 LoRa ADR 示意图

5. 按需部署、独立组网

LoRa 就是一个“长 Wi-Fi”技术，其部署特点与 Wi-Fi 非常相似。LoRa 部署方便且可以独立组网，哪里有需要就在哪里建网，类比于哪里需要 Wi-Fi 信号哪里就放置一个 Wi-Fi 路由器一样。

LoRa 的部署过程也很简单，只要选择一个网关部署位置，连接网线和电源线即可。在没有网线连接的地方可以利用运营商的 4G 网络或者本地的 Wi-Fi 无线网络完成 LoRa 网络部署。

在实际的物联网应用中，有许多环境非常恶劣的场景，运营商的蜂窝网信号很难覆盖或根本没有信号。当这些场景有物联网需求时，可以根据具体的需求进行 LoRa 网络架设，如图 1-27 所示的一些场景：密集的居民楼、井盖内或复杂的地下管道。由于 LoRa 的超远距离，强抗干扰能力，网关部署简单等特点，LoRa 的部署方式对比运营商的网络部署要灵活得多，运营商的网络如果做全覆盖，由于覆盖范围小，成本高，在许多地方势必会出现大量的浪费。

(a) 密集的居民楼

(b) 井盖内

(c) 复杂的地下管道

图 1-27 LoRa 覆盖的恶劣环境区域

LoRa 网络在按需部署的项目中,具有以下特点:

- 按需部署:根据应用需要,规划和部署网络;根据现场环境,针对终端位置合理部署基站。
- 灵活性和便利性:网络的扩展十分简单;根据节点规模的变化,随时对覆盖进行增强或扩展。
- 满足安全需求:技术上,公网和专网都完全可行;满足数据私密性要求。
- 节省成本:按需部署需要基站数量少;免于支付月租。

在实际应用中,客户对于组网有大量的需求,LoRa 独立组网有如下特点:

- 私人网络部署:个人、企业或机构可部署私有网、企业网或行业网(免 License 频段),与 Wi-Fi 部署场景基本一致。
- 局域性应用:大多数物联网应用都是区域性的小规模局域网即可解决问题。区域性的局域网络是公网有效且必要的补充。
- 方案价值高:用户的方案可覆盖云、管、端整个链条;整体方案的价值远远大于终端和基础设施的价值。
- 广域网、私网共同发展趋势:解决碎片化;省去基础设施的投资;解决了运营商部署和维护低效网络的麻烦。

6. 轻量级,低成本

一个项目能否成功,成本是非常关键的因素。再好的技术如果没有合理的价格是无法打开市场的。LoRa 技术是一个轻量级的技术,LoRaWAN 协议也是一个轻量级的物联网通信协议。LoRa 硬件在设计之初就充分考虑到了物联网市场对成本的苛刻要求以及对整体部署的要求。总结 LoRa 的成本特点:

- 硬件简单:模块不需要 TCXO、SAW 滤波器和外置(高线性度)PA;LoRaWAN 是轻量级协议,实现简单,对资源要求低。
- 许可认证:没有专利和入网许可等成本。
- 部署实施简单:基站轻量级,相当于路由器;无须直放站,部署十分简单。
- 低成本:LoRaWAN 模块量产价格已经达到 3 美元并逐渐接近 2G 模块价格;网关根据工作温度范围和外壳防尘、防水、防雷等级别不同,价格从几百到几千元人民币,远远低于 NB-IoT、eMTC 等其他物联网无线技术基站,且因为 LoRa 传输距离远,需要基站数量少。

7. 抗频偏(抗多径、抗多普勒、定位测距)

1) LoRa 抗多径效应

LoRa 使用扩频技术,提供了抗多径和衰落的能力,使其非常适合在城市和郊区环境中使用。

图 1-28 为实际测试案例。在野外山体滑坡监控项目中,传输点之间存在非常多的无线可达路径,图中展示了三条主要路径。其中衍射(绕射)距离为 5.5km,多次反射距离为 6.8km,直接反射距离为 9.5km。最大路径与最短路径相差 4km。4km 路径差意味着

13.3μs 的时延。

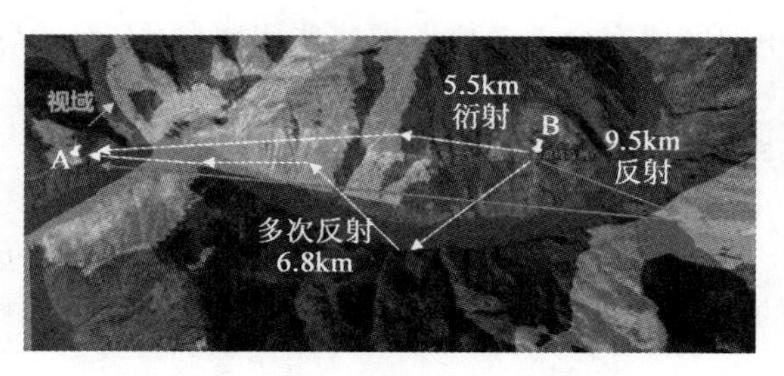

图 1-28 LoRa 多径测试位置图

处在 A 处的网关,收到的 LoRa 信号如图 1-29 所示,信号由于多径叠加,波形严重失真。经测试,在上述环境中 LoRa 依然可以保持稳定传输,且丢包率<1%。

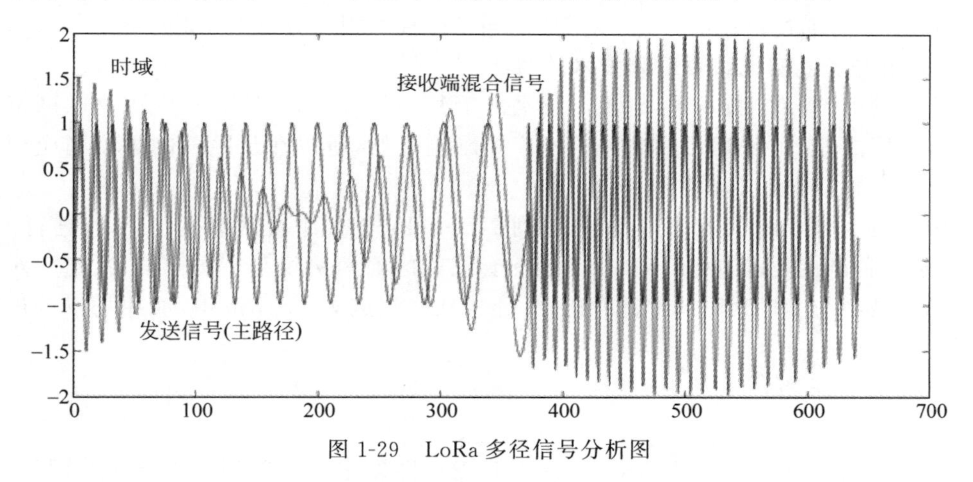

图 1-29 LoRa 多径信号分析图

在高楼林立的大城市中,多径效应会更明显,尤其在远距离无线通信时更为明显。扩频技术是对抗多径效应最有效的手段,LoRa 技术采用扩频技术解决了此棘手问题。关于 LoRa 技术抗多径原理,请参照 2.2.2 小节内容。

2) LoRa 抗多普勒效应

移动的物体会带来多普勒频移,而频率的移动对无线接收机提出了很大的挑战。尤其是我国的高铁开通后,其 350km/h 的时速对于 900MHz 频段信号带来约±300Hz 的中心频率偏差。多普勒频偏一直是移动无线通信系统中需要考虑的重要因素,对比常用的蜂窝网技术,GSM 制式标准允许的中心频率偏差为±300Hz(高铁 350km/h 下频偏为±300Hz);WCDMA 制式标准允许的中心频率偏差为±800Hz。

但是对于 LoRa 接收机,多普勒频移导致 LoRa 脉冲中的小频移,在基带信号的时间轴中引入相对可忽略的频移。LoRa 有较好的抗多普勒特性,是高速移动状态下稳定通信的优选物联网技术。

LoRaWAN 协议中,对终端设备的工作频率偏移要求为小于 50×10^{-6},当工作主频为

490MHz 时，协议允许的最大频率偏移为 24.5kHz。对比常用的蜂窝网技术，有着巨大的优势。在高速移动物体中的应用完全不需要考虑这些问题。关于 LoRa 多普勒原理和计算，请参照 8.5.1 小节。

3）LoRa 定位、测距

LoRa 的一个固有特性是能够线性区分频率和时间误差。LoRa 是雷达应用的理想调制方式，因此非常适合于测距和实时定位服务等应用。LoRa 定位的特点是其他远距离无线通信技术所不具备的，具体定位原理和计算请参照 8.3.1 小节；测距原理请参照 4.4.2 小节。

视频讲解

1.3.2 LoRa 与短距离、长距离无线技术对比

1.2.2 小节介绍了 LoRa 既可以作为短距离物联网通信技术，又可以作为长距离物联网通信技术，本小节通过对比的方式，从短距离与长距离的视角分析 LoRa 的特点。

1. LoRa 与长距离无线物联网技术的对比

在所有的 LPWAN 技术中，Sigfox 技术由于其独特的运营模式，在中国物联网市场上很难占有一席之地，而 eMTC 在中国的推广才刚刚开始，所以在长距离的物联网应用中目前主要是 NB-IoT 与 LoRa 争雄。

在中国提到 LoRa 大家基本都会想到 NB-IoT，大家都喜欢拿两个技术进行对比。LoRa 只是一种调制技术，由于 NB-IoT 是一套完整的通信协议和市场标准，这里用对应的 LoRaWAN 技术与 NB-IoT 技术进行比较，分别从终端成本、基站成本、应用场景等进行对比分析。

1）终端成本分析

硬件成本：

- LoRa 模块一般是用 ARM-M0 + LoRa 收发芯片，单颗 ARM-M0 即可负责 LoRaWAN 协议栈（含通信、安全等）和应用层。LoRaWAN 协议比较轻，对 Flash 要求低（64KB 即可）；外围简单，$\pm 20\times10^{-6}$ 常温晶体，不需要外置 PA 和 SAW。
- NB-IoT 的芯片成本会逐步降低，但是其运营商架构决定了其模块成本必然高于 LoRa。

测试认证成本：

- NB-IoT 模块测试，需要专门的综测仪，认证和入网许可费用高；
- LoRa 模块测试，用一般的频谱仪和信号源即可，且没有入网许可的费用。

LoRa 终端成本约为 NB-IoT 成本的 80%。

2）基站成本分析

NB-IoT 基站成本分析：

- NB-IoT 的基站发射功率大（达 20W），因此需要较大的 PA，且 OFDM 对 PA 线性度要求高，因此成本很高。
- 庞大的天线、馈线系统也比较昂贵，施工成本极高。

- 目前 NB-IoT 新建基站成本在人民币 30 万元，4G 基站原有频段升级成本在人民币 7.5 万元左右，单站平均的成本在人民币 15 万元左右。考虑从 1800/2100MHz 迁移到 800/900MHz，实际成本要更高一些。
- NB-IoT 的系统从属于移动通信运营商网络完整系统的一部分，需要大量的网规网优和维护工作。

LoRa 网关成本：

- LoRa 基站的发射功率小，板级只需要普通的 PA 和 LNA 即可，天线、馈线系统也很简单。
- LoRa 的室外基站一般在人民币 0.5 万元左右(室内型人民币 0.2 万元以内)。
- LoRa 系统比较简单，维护比较轻，室内型家庭网关基本可以做到免维护。网关具有协作接收特性，不需要网规网优工作。关于 LoRaWAN 网络与传统蜂窝网的对比 5.2.2 小节中有详细讲解。

从上述讨论得知，NB-IoT 与 LoRa 的网关成本比约为 30∶1～50∶1。图 1-30 所示为 NB-IoT 基站与 LoRa 基站的对比图。

(a) NB-IoT基站

(b) LoRa基站

图 1-30 NB-IoT 基站与 LoRa 基站对比图

3）适用场景分析——NB-IoT 与 LoRa

- 智能抄表：电表对功耗要求不高，两者都比较适合，但实际上电表的电磁环境恶劣，NB-IoT 的下行覆盖能力相对有限，而 LoRa 更合适。水表、气表对功耗和成本要求极高，LoRa 在技术和成本上有优势。对于不愿架设和维护网络的客户，NB-IoT 更合适。
- 智慧农业：对功耗和成本敏感，且一般蜂窝信号覆盖不足，LoRa 具有优势。
- 工业控制：因现场覆盖问题，一般更倾向专网，LoRa 具有一定优势，但 NB-IoT 也可有用武之地。
- 资产和人员跟踪：一般要求广域覆盖，所以 NB-IoT 具有一定优势；针对厂区内局域应用 LoRa 则更灵活。

- 智能建筑：一般为私有网络覆盖，且基于 LoRa 局域覆盖则更有针对性，LoRa 具有优势。
- 智慧城市：局域性的停车场，LoRa 更合适。广域的路灯，井盖或移动电动车等，则依靠运营商的网络实施起来更简单，理论上 NB-IoT 可能更合适，但对于较恶劣的环境，如井盖有屏蔽环境，LoRa 专网更能解决覆盖问题。
- 环境监测：室外环境检测对功耗敏感，且很多场景没有蜂窝信号覆盖，LoRa 具有优势。
- 智能家居：一般都是私有家庭网络，NB-IoT 无法使用，LoRa 在一些大型别墅或 2.4GHz 频率干扰严重的环境中具有优势。

图 1-31 所示为 NB-IoT 技术与 LoRa 技术的详细对比，从结果看各有千秋。其不同的特点和优势，可以满足不同的需求和市场，LoRa 在技术上最适合更低速率、更低功耗及较少下行的应用。在垂直应用的企业网和行业网方面 LoRa 具有更大灵活性。在今后的发展中多 LPWAN 技术将百花齐放，共生共存，LoRa 在许多方面将与 NB-IoT 及其他 LPWAN 技术互为补充。

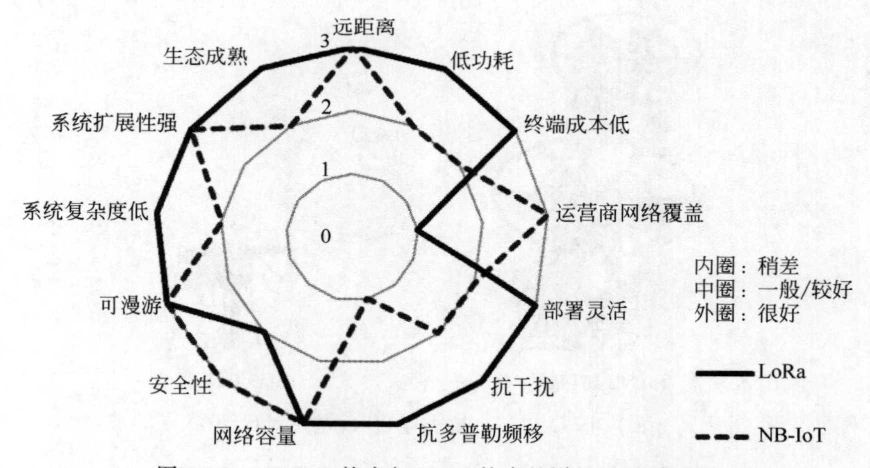

图 1-31 NB-IoT 技术与 LoRa 技术的详细对比雷达图

NB-IoT 技术与 LoRa 技术对比中差别较大的两个对比项为抗多普勒频移和运营商网络覆盖。

- 抗多普勒频移：其中 NB-IoT 无法在高速移动的环境中工作。NB-IoT 经过多次版本更新直到 R14 版本，其可以支持最高移动速度提升至 80km/h。而 LoRa 可以支持的移动速度超过第三宇宙速度 16.7km/s，地球上任何移动的物体都不会超过这个速度。在移动物体上的物联网应用，LoRa 具有绝对优势。具体计算讨论请见 8.5.1 小节。
- 运营网络覆盖：由于国家无线电规范以及三大电信运营商的策略，LoRa 的国内网络覆盖较差，如果需要实现城市间移动设备的数据传输，应采用 NB-IoT 网络。

2. LoRa 与短距离无线技术的对比

LoRa 是为物联网而生的长距离无线技术，让它参与短距离技术对比相当于降维打击。在传统的短距离无线通信物联网应用中，LoRa 技术的灵敏度比 ZigBee、BLE 等技术高 20dB 以上。图 1-32 所示为多种短距离无线技术灵敏度与速率对比图，也就是说 LoRa 覆盖半径是其他技术的 10 倍以上。

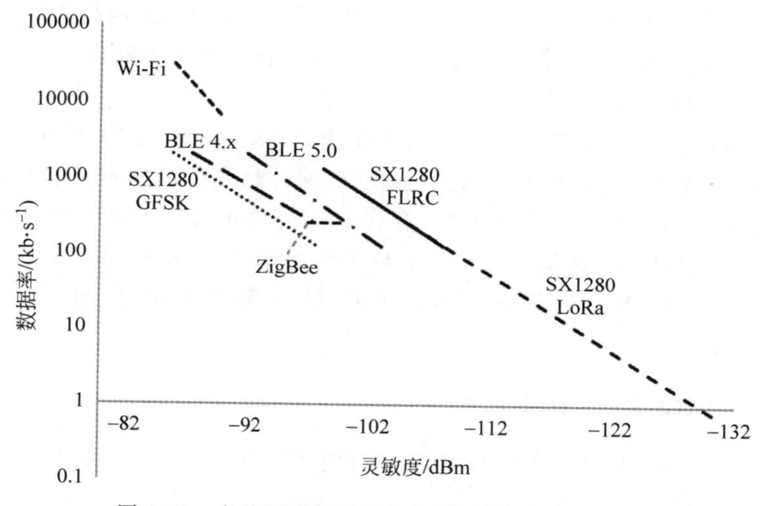

图 1-32　多种短距离无线技术灵敏度与速率对比图

针对短距离局域网应用中的关键点，LoRa 与 ZigBee、BLE、Wi-Fi 的对比如图 1-33 所示。其中，LoRa 的优势还是在于工作距离、功耗、网络容量和抗干扰；最大的缺点在于带宽。

Wi-Fi、NFC 和蓝牙技术由于已经进入手机生态，所以面对的客户主要是个人，这样就跟与物连接的 LoRa 技术的关系多为合作。2019 年 Wi-Fi 联盟和 LoRa 联盟发布了战略合作及共同发展物联网规划。因为 ZigBee 技术主要是针对工业和商业的应用，所以与 LoRa 在许多应用中发生正面冲突。LoRa 与 ZigBee 对比有如下特点。

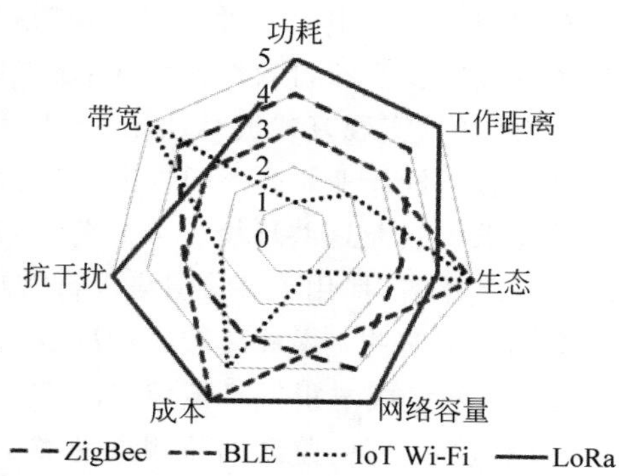

图 1-33　LoRa 与 ZigBee、BLE、Wi-Fi 技术对比图

- 工作频率：LoRa 的 Sub-1GHz 工作频率具有传输衰减小，绕射能力强等优势。
- 频段干扰：ZigBee 工作在 2.4GHz 频段，Wi-Fi 和蓝牙信号也处于同样的频段，频带占用和干扰问题严重。LoRa 工作频段干扰较小，且具有噪声下解调的超强抗干扰能力。

- 灵敏度：在智能家居等物联网应用中，ZigBee 灵敏度比 LoRa 差 20dB。
- 覆盖范围：智能楼宇和智能家居应用中，ZigBee 距离受限，尤其是国内水泥墙的环境中，需要多个网关完成覆盖。完成同样的区域覆盖（只考虑空间信号覆盖），需要 ZigBee 网关数量是 LoRa 网关的 10 倍以上。
- 网络协议：ZigBee 与网关绑定，导致安装（配对需要物理按键）和后期维护（网关故障与更换）成本都很高，灵活性不佳。相比之下 LoRaWAN 网络协议轻便很多。
- 网络稳定性：ZigBee 节点较多时需要 Mesh，存在较大的不稳定性。LoRa 同场景中使用单跳结构，稳定性很高。
- 传输速率：ZigBee 支持 250kb/s 固定速率，LoRa Sub-1GHz 芯片支持可变速率。LoRa 在传输速率的选择上灵活度高，但 ZigBee 最高传输速率高于 LoRa。

LoRa 刚刚进入短距离无线应用市场，有许多的挑战正等待着他。由于在常用的近距离局域网无线技术中，LoRa 传输速率最低的且工作频率没有重叠，可以和其他技术有效地合作在一起，尤其是在智能家居领域，如亚马逊的智能音箱中就使用了 LoRa 技术作为物联网的无线连接技术。

视频讲解

1.3.3 LoRa 应用市场分析

提到 LoRa 的市场，需要先分析 LoRa 适合的应用，只有在适合的应用中才能培育出高速成长的市场。

1. LoRa 的市场应用特点

LoRa 技术具有远距离、抗干扰、低功耗、大容量、灵活部署、轻量级、低成本、抗频偏等多种优势，在实际应用中主要有如下三大类场景。

1）蜂窝信号弱或不可用场景

农业和畜牧业中的位置跟踪和动植物健康状况监测：灌溉设备跟踪管理等项目由于此类应用的环境多为农村或偏僻地区，这里的蜂窝网络覆盖比较差，且要介入系统的物联网设备较多，最好的实现方式就是使用 LoRa 自建网络。

采矿和石油作业：这个场景中有大量的物联网设备管理或数据采集工作，甚至是井下作业的需求。然而这些环境偏僻恶劣，基本没有蜂窝网覆盖，尤其是井下等一些有安全要求区域的网络覆盖，使用 LoRa 网络进行管理是最合适的。

森林火灾监测：森林区域人烟稀少，且部署蜂窝网基站的成本偏高（需要光纤接入），而架设 LoRa 网络成本很低且覆盖范围广泛，成本低。

环境监测：环境监测的监测点种类繁多，有的漂浮在江河中，有的在高山悬崖边，许多区域信号覆盖较差，而且这些环境监测的传感器具有一定的分布特性，使用 LoRa 网络会更加方便。

智慧楼宇（锁具、烟感、水表、气表监测，门窗……）：由于水表、气表类表计等许多都是放置在表井中或者厨房的橱柜内部，这些区域的蜂窝网信号很弱，而且这些楼宇设备比较密集，使用 LoRa 采集效率高且成本低。

2）功耗、距离要求严格的应用

水、气表：水、气表一般的工作寿命都要 8～10 年，尤其是水表在整个生命周期中是无法更换电池的，这就需要超低的功耗，所以 LoRa 非常适合这样的应用场景。

泊车传感器/锁具：泊车系统传感器的电池更换很困难，尤其路内停车的地磁传感器，埋入地下后更换电池成本很高，这就需要有非常好的功耗。现在市场上绝大多数的泊车传感器都是使用 LoRa 技术的。

门禁、烟感、垃圾监测：这类应用传感器都要求轻量级且电池很小，然而需要工作 2～3 年不更换电池，再加上这类应用的工作距离也有一定的要求，LoRa 技术就比较合适。

资产追踪：对于一定区域内的资产管理，LoRa 技术既能实现超低功耗的要求，又能实现超远距离的覆盖，对于厂区、园区的资产追踪是最好的选择。

智能穿戴：智能穿戴对功耗要求严格，尤其一些针对户外的远距离应用，采用 LoRa 技术是最佳的选择。

3）私有/企业网络

工业控制/生产线监测：一般的客户对于生产控制以及生产数据管理都是非常看重的，多数都会使用私有或企业物联网，而 LoRa 的灵活部署、超强的抗干扰特性（产线的射频干扰较大）对于智慧工业的应用是非常合适的。

园区、物业管理：大量的住宅小区和商业地产，都对其内部管理以及设施服务进行升级，而且更希望是自己可以掌控的私有网络，当前国内前几名的房地产公司均在其物业采用了 LoRa 网络的覆盖，对其小区及商业地产进行精细化管理。

2. LoRa 应用市场分类

LoRa 物联网应用种类繁多且碎片化，为了方便宣传和市场管理，如图 1-34 所示，可以分成如下几大类。

- 智慧表计：Metering。
- 智慧物流：Supply Chain & Logistics。
- 智慧医疗：Healthcare。
- 智慧农业：Agriculture。
- 智慧工业：Industrial Control。
- 智慧建筑智慧家庭：Home & Building。
- 智慧社区智慧城市：Cities。
- 智慧环境：Environment。

LoRa 的应用种类还在不断扩充，如手机应用、卫星应用、对讲机应用等层出不穷。相信随着这些应用的逐渐成熟，会有更多新的应用进入 LoRa 生态之中。

3. LoRa 市场规模

截至 2020 年 1 月初，据 LoRa 联盟官方数据，共有 1.3 亿个 LoRa 终端被使用，共有超过 50 万个 LoRaWAN 网关被部署。这些网关可以支持超过 20 亿个 LoRa 终端设备，LoRa

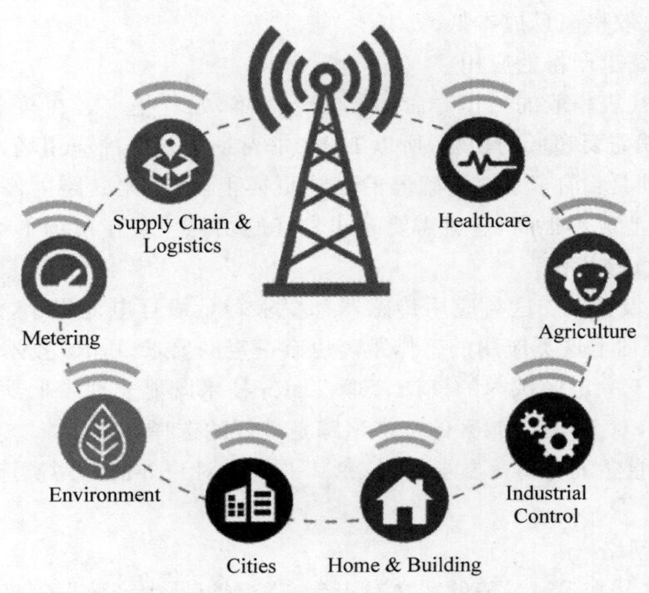

图 1-34 LoRa 应用市场分类

网络覆盖了超过 140 个国家和地区。

图 1-35 所示为 Semtech 公司给出的近三年的 LoRa 发展图(Semtech 的财年为 1 月结束,FY20 代表 2019 年 2 月—2020 年 1 月的数据)。

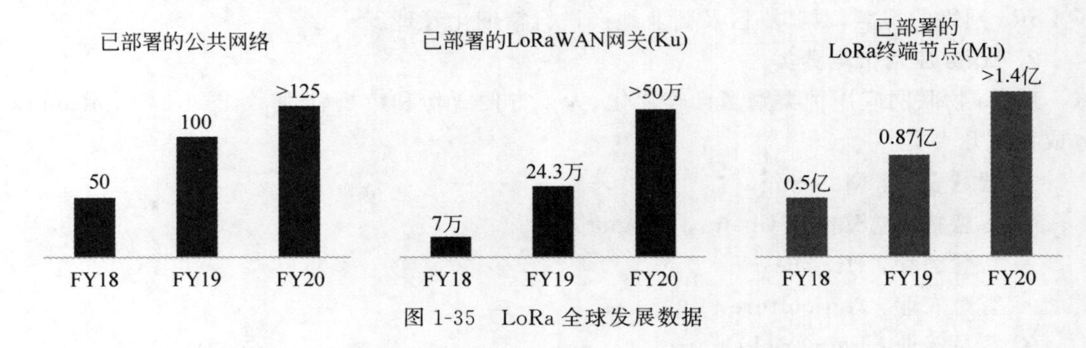

图 1-35 LoRa 全球发展数据

从数据中可以看出,LoRa 在全球的发展是非常迅速的,无论运营商网络数量还是 LoRaWAN 网关和 LoRa 节点等硬件设备的数量增速明显。如此高速的发展是因为 LoRa 技术和 LoRa 的生态得到了市场的认可,真正地解决了物联网的痛点。

小结

本章详细介绍了物联网、LPWAN 以及多种物联网技术的历史和发展,尤其是对同为 LPWAN 技术的 NB-IoT、eMTC、Sigfox 技术都做了详细的技术分析。在这些技术分析中穿插了 LoRa 如何借鉴和提升其物联网特点，如针对 NB-IoT 的覆盖增强和低功耗实现，都与 LoRa 进行了对比，如 LoRaWAN 协议借鉴了 Sigfox 的协作接收等。1.3 节对 LoRa 的技术特点介绍较多，并且通过与短距离、长距离无线技术对比体现出来。

本章中有大量索引信息，如希望了解一些技术特点的详细说明，可以直接翻到书中给出的相应章节学习。

第2章 LoRa技术核心——Chirp调制解调技术

本书第1章已指出LoRa调制在无线数字通信技术中有非常大的优势。那么,这个优势是如何形成的呢?LoRa调制具有哪些特点呢?本章将从传统的无线数字通信技术讲起,再扩展到扩频技术,最后介绍LoRa的调制技术——Chirp调制(Chirp Spread Spectrum,CSS),通过多种调制解调技术的对比让读者深刻了解LoRa调制的特点。为了让读者深入了解LoRa调制技术的本质特点,本章还引入了ASK、PSK、FSK等调制解调技术分析以及香农定理和多种扩频技术的分析。

读者可以通过本章的分析和计算推导,进一步了解LoRa技术基础的通信层原理。本章也是本书的关键章之一,学习后可以更加透彻地了解第1章中的超远距离和超强抗干扰等LoRa特点的物理原理,也可以更好地理解后续章节的内容。

视频讲解

2.1 常用数字通信调制技术

2.1.1 数字调制概念

数字调制是将数字信号转换成适合信道特性波形的过程。基带调制中这些波形通常具有整形脉冲的形式,而在带通调制(Bandpass Modulation)中则利用整形脉冲去调制正弦信号,此正弦信号称为载波波形(Carrier Wave),将载波转换成电磁场(Electromagnetic Field,EM)传播到指定的地点就可以实现无线传输。那么,为什么一定要通过载波来实现基带信号的无线传输呢?是因为电磁场必须利用天线才能在空间传输,天线的尺寸主要取决于波长λ及应用的场合。对LoRa应用来说,天线长度一般为$\lambda/4$(针对室内网关常用尺寸,对于节点的天线尺寸会略小一些),式中波长等于c/f,c是光速3×10^8m/s。假设发送一段LoRa基带有效信号($f=5$kHz),如果不通过载波而直接耦合到天线发送,计算一下天线有多长?采用四分之一波长作为天线的尺寸,对于5kHz的基带信号,其尺寸为$\lambda/4=1.5\times10^4$m,大概15km,为了在空间传输5kHz的信号,不用载波进行调制,需要尺寸为15km的天线。当然我们知道15km的天线是完全不可行的,如果使用15km的天线做LoRa项目还不如直接用有线连接来得方便,所以必须通过其他的方法将数据传出去。但是,如果把基带信号先调制在较高的载波频率上,比如调制到470MHz的中国LoRa频段上,那么天线的尺寸仅为 16cm，很显然这个尺寸的天线是可以实现的，远距离的无线传输问题也就迎刃而解了。

在实际的应用中，射频信号通过频带传输的方式主要是通过正弦载波进行调制的，调制的功能如下：

- 使信号更适合于信道传输；
- 实现信道复用提高通信系统的有效性；
- 提高通信系统的抗干扰能力提高通信系统的可靠性。

图 2-1 所示为一个数字调制系统的框图，几乎现在所有的无线通信都是按照这个框图实现的。本节主要讨论数字调制、数字解调和信道三部分，2.2 节讨论图中数字调制系统的扩频调制和扩频解调部分，8.2.1 小节讨论图中数字调制系统的多址连接问题。

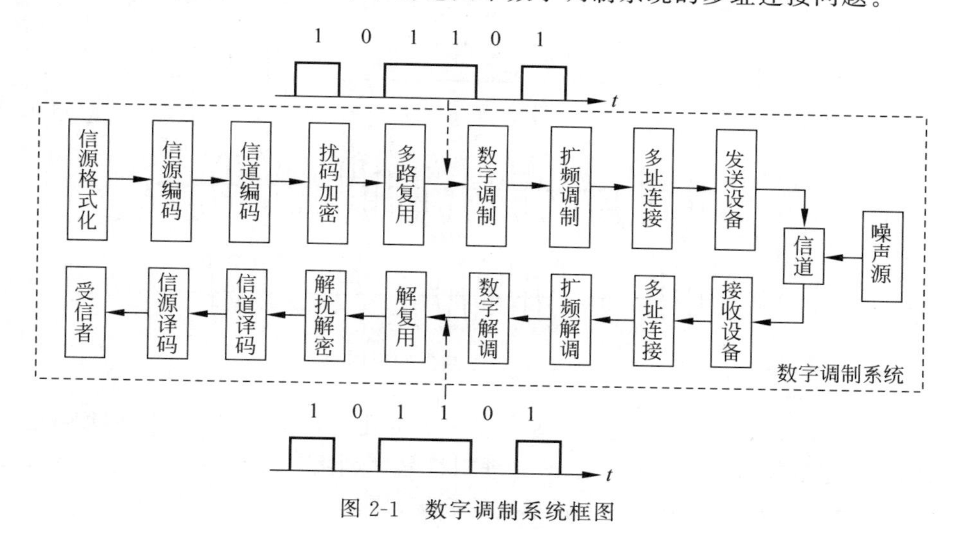

图 2-1 数字调制系统框图

数字调制共有三种基本形式：振幅键控(ASK)、频移键控(FSK)、相移键控(PSK)。而其中最简单、最基本的调制方式是 2ASK、2FSK、2PSK/2DPSK，这三类数字调制经过扩展可以成为 MASK、MFSK、MPSK/MDPSK 等，这里列出的三种基础调制方式和扩展调制方式包括市场上大多数电子产品的无线通信方法。其中市场上最常见的电子遥控玩具等低价无线通信产品都使用 2ASK 技术，蓝牙 2.0 采用 2FSK 技术，而 Wi-Fi、ZigBee 技术就采用了 MPSK/MDPSK 技术，而常见的 LoRa 芯片内部也兼容 2FSK 或者 MFSK 技术。

2.1.2 二进制数字的调制

常见二进制调制方式是 2ASK、2FSK、2PSK/2DPSK，这三类数字调制分别通过调幅、调频、调相实现数据编码传输，其波形如图 2-2 所示。

1. 二进制振幅键控(2ASK)

ASK 即“幅移键控”又称为“振幅键控”，其概念是正弦载波的幅度随着调制信号而变化，2ASK 是二进制振幅键控。图 2-3 为 2AKS 调制波形图。

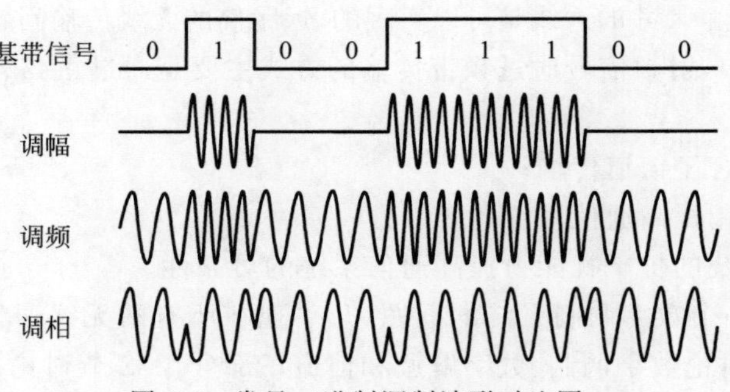

图 2-2　常见二进制调制波形对比图

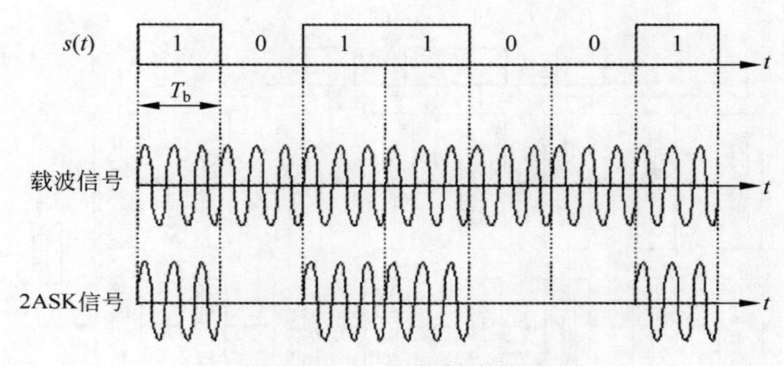

图 2-3　2ASK 调制波形图

振幅键控是正弦载波的幅度随数字基带信号而变化的数字调制。当数字基带信号为二进制时，则为二进制振幅键控。设发送的二进制符号序列由 0、1 序列组控制正弦载波信号输出。用二进制数字基带信号控制正弦载波的振幅，使其一一对应变换。

$$\text{“1”} \rightarrow A\cos\omega_c t = e_1(t)$$

$$\text{“0”} \rightarrow 0\cos\omega_c t = e_2(t)$$

若发送 0 符号的概率为 p，发送 1 符号的概率为 $1-p$，且相互独立。该 2ASK 的时间表达式为

$$s_{\mathrm{ASK}}(t) = \left[\sum_n a_n g(t - nT_s)\right]\cos\omega_c t \tag{2-1}$$

式中，$a_n = \begin{cases} 1, \text{出现概率为 } p \\ 0, \text{出现概率为}(1-p) \end{cases}$，$g(t)$为单个脉冲信号的时间波形。

2ASK 信号的时间波形 $s_{\mathrm{ASK}}(t)$随二进制基带信号 $s(t)$通断变化，所以又称为通断键控信号（On-Off Keying，OOK）。二进制振幅键控信号的产生方法如图 2-4 所示，图 2-4(a)是采用模拟相乘的方法实现；图 2-4(b)是采用数字键控的方法实现。

由图 2-3 可以看出，2ASK 信号与模拟调制中的 AM 信号类似。所以，对 2ASK 信号也能够采用非相干解调（包络检波法）和相干解调（同步检测法），其相应原理框图如图 2-5 所示。

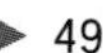

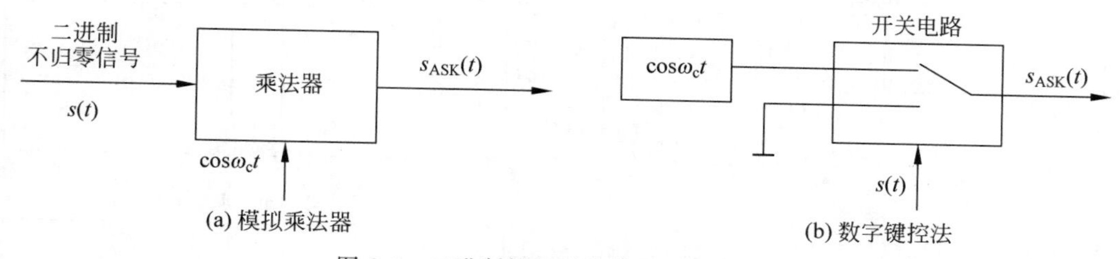

图 2-4 二进制振幅键控信号的产生方法

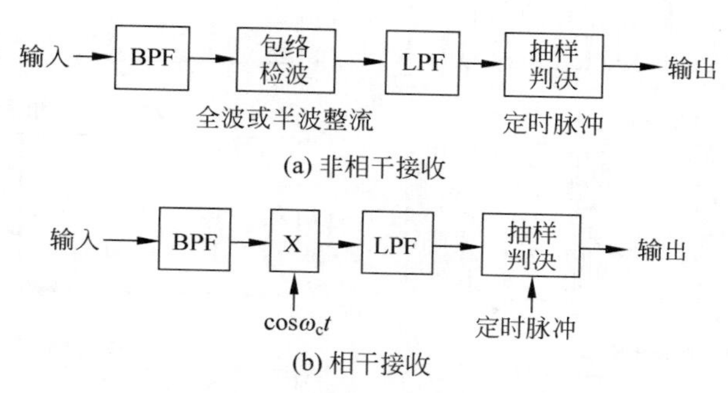

图 2-5 2ASK 信号接收系统组成框图

采用非相干解调时，电路设计相对简单，早期的 2ASK 设备多采用非相干解调方式实现。由于采用非相干解调对信噪比要求较高，导致系统灵敏度偏低，许多设备采用相干解调方案，其灵敏度有一定的提升。图 2-6 为 2ASK 相干解调时域与频域变化图。

2. 二进制频移键控(2FSK)

2FSK(Frequency Shift Keying)为二进制数字频率调制(二进制频移键控)，用载波的频率来传送数字信息，即用所传送的数字信息控制载波的频率。2FSK 信号便是符号“0”对应于载频 f_1，而符号“1”对应于载频 f_2(与 f_1 不同的另一载频)的调制波形，而且 f_1 与 f_2 之间的改变是瞬间的。传“0”信号时，发送频率为 f_1 的载波；传“1”信号时，发送频率为 f_2 的载波，如图 2-7 所示。可见，FSK 是用不同频率的载波来传递数字消息的。

2FSK 是通过对两个不同载波信号进行变换使其成为数字信号来完成信息传输的，是用载波频率的变化来表征被传信息的状态的，被调载波的频率随二进制序列 0、1 状态而变化。2FSK 波形及时间表达式为

$$s_{2FSK}(t)=\left[\sum_n a_n g(t-nT_s)\right]\cos\omega_1 t+\left[\sum_n \overline{a_n} g(t-nT_s)\right]\cos\omega_2 t \tag{2-2}$$

式中 $a_n=\begin{cases}0,\text{出现概率为 } p\\1,\text{出现概率为}(1-p)\end{cases}$，由此可见 2FSK 信号是由 2 个 2ASK 信号相加构成的。

一般来说，其信号产生有两种方法，即频率键控法和直接调频法，如图 2-8 所示。频率键控法：两个分别产生正弦振荡的独立振荡器经由数字基带信号控制的电子开关后，选出的高频振荡信号就是 FSK 调制信号。直接调频法是利用数字基带信号直接控制载频振荡

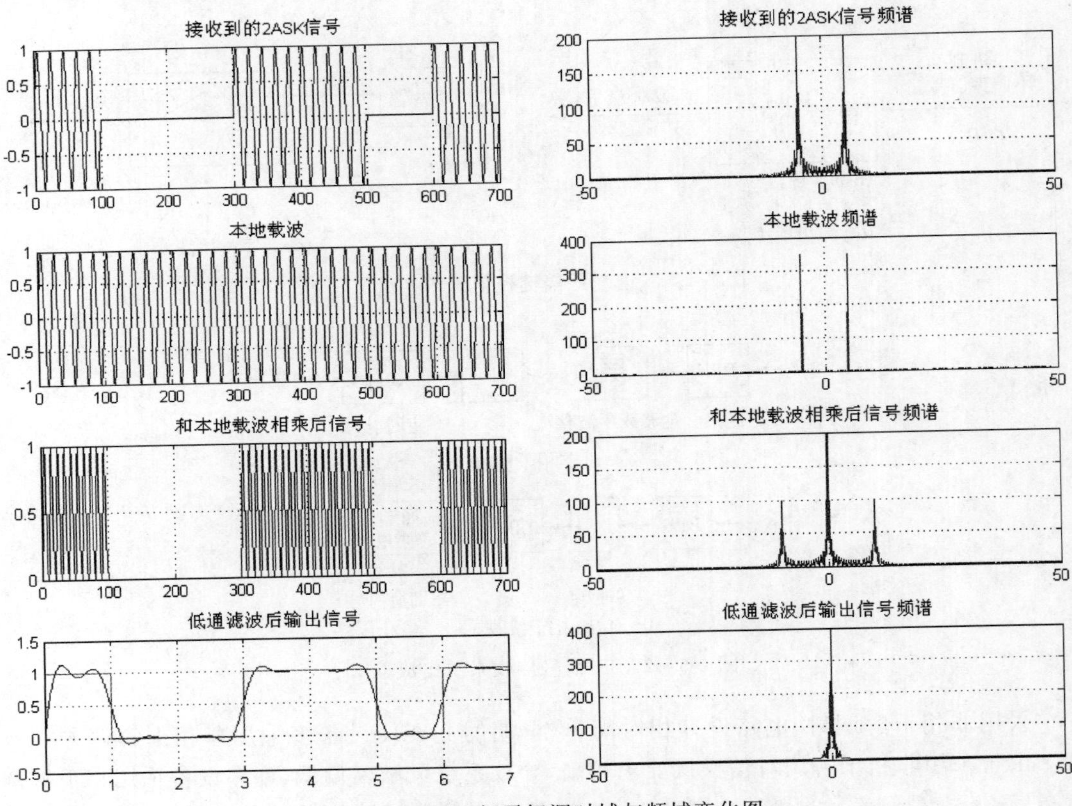

图 2-6　2ASK 相干解调时域与频域变化图

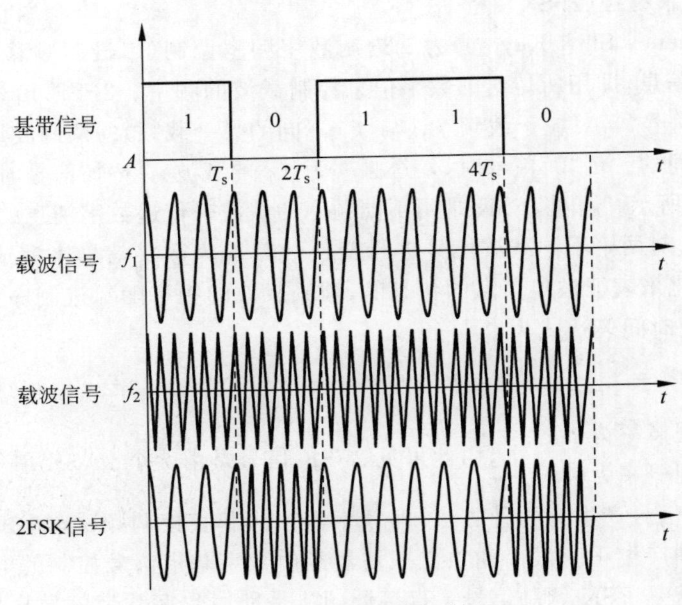

图 2-7　2FSK 调制波形图

器的振荡频率。与键控法调频相比较，它产生的信号频率稳定性比键控法产生的信号差，且存在过渡频率。

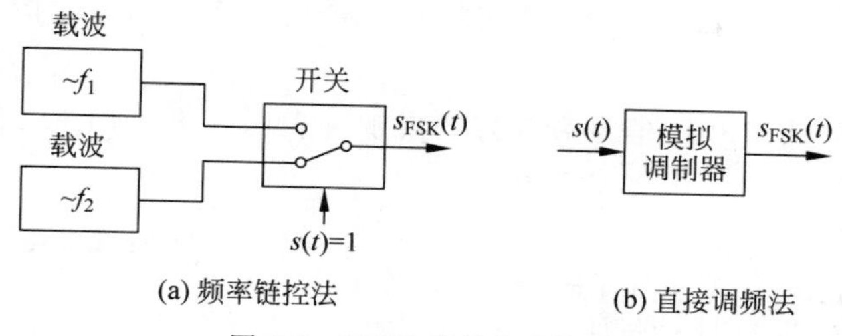

(a) 频率链控法　　(b) 直接调频法

图 2-8　2FSK 信号产生方式

在接收端，信号的解调方法有两种：一种为相干解调法；另一种为非相干解调法，也叫包络检波法。图 2-9 所示为相干解调和非相干解调的原理框图。非相干解调[图 2-9(a)]首先将得到的信号进行带通滤波后滤除载波频率以外的噪声以及干扰，使信号可以完整地通过，再经过全波整流器输出正极端的包络曲线，然后经过低通滤波器或者整流模块输出基带包络信号，最后经过抽样判决器输出基带二进制信号。其中的抽样判决模块用到的抽样定时脉冲信号与每一个码元的周期相同，并且在码元的中间位置进行抽样。包络检波各个部分的输出时间波形图和最终输出的波形在时间上相对于原基带二进制信号有一定的延时，这是硬件部分进行信号处理时无法避免的，在信号速率不大的情况下这种延时可以忽略。

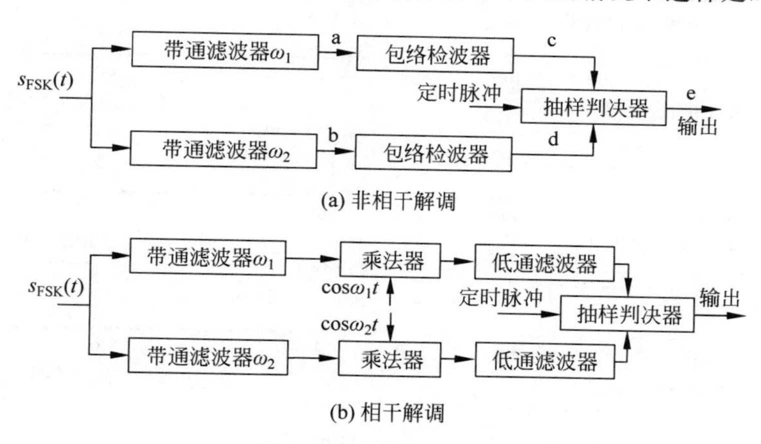

(a) 非相干解调

(b) 相干解调

图 2-9　2FSK 解调方法

相干解调[图 2-9(b)]中相干载波与原调制的载波信号必须同频同相，理论上说虽然在信号中确实存在着载波分量，但是由于提取载波分量的过程需要加上额外的电路，会给设备增加复杂度，因此一般情况下均采用非相干解调的方式还原信号。幅移键控调制的方式出现较早，实现虽然容易，但相对于其他方式来说抗干扰能力不强，因此在实际中不常使用。

另外一种常用的解调方法是过零检测法，过零检测法根据信号的过零点的大小来检测已调信号中频率的变化。输入的已调信号首先经过限幅或者与零点的比较产生方波或者矩形波，该方波信号经微分电路后生成锯齿波，由于方波是双极性的，所以锯齿波有正负之分，后面还要加上整流电路将负的锯齿波翻转到正方向，再经脉冲成形电路后形成与频率变化相对应的矩形脉冲序列，最后经低通滤波滤除高次谐波后恢复出与原信号对应的基带数字信号。

由于使用相干解调，2FSK 信号有较好的灵敏度表现。图 2-10 为 2FSK 相干解调过程中的时域与频域图。

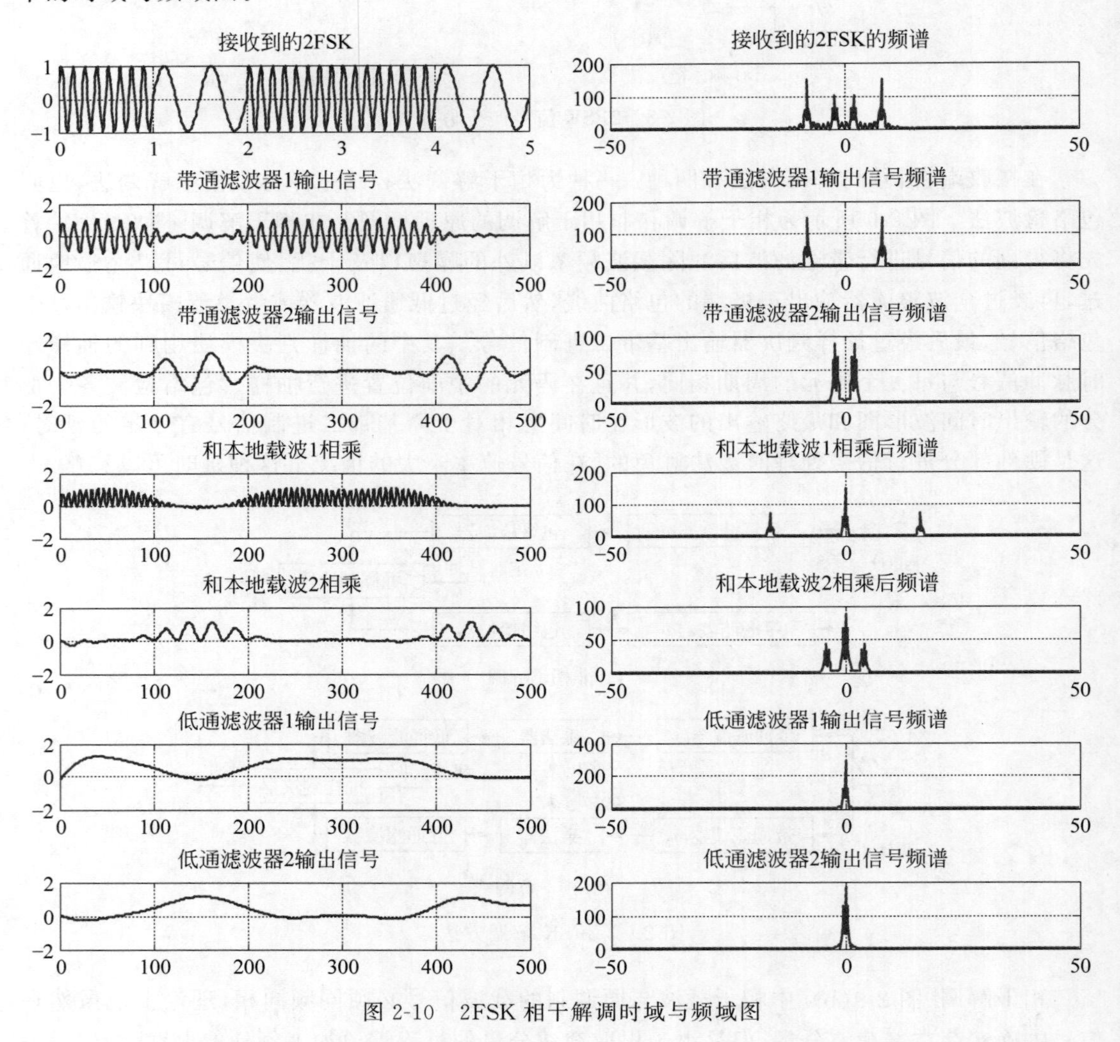

图 2-10　2FSK 相干解调时域与频域图

频移键控是信息传输中使用较早的一种调制方式，它的主要优点是实现较容易，抗噪声与抗衰减性能较好，因此在中低速数据传输中得到了广泛的应用。在数字化时代，计算机通信在数据线路（电话线、网络电缆、光纤或者无线媒介）上进行传输，就是用 FSK 调制信号进行的，即把二进制数据转换成 FSK 信号传输，反过来又将接收到的 FSK 信号解调成二进制数据，并将其转换为用高、低电平所表示的二进制语言，这是计算机能够直接识别的语言。

3. 二进制相移键控(2PSK 或 2DPSK)

二进制相移键控(Binary Phase Shift Keying，BPSK)是把模拟信号转换成数据值的转换方式之一，它利用偏离相位的复数波浪组合来表现信息键控相移方式。BPSK 使用了基准的正弦波和相位反转的波形，使一方为 0，另一方为 1，从而可以同时传送接收 1 位的信息。

相移键控分为绝对相移和相对相移两种。以未调载波的相位作为基准的相位调制叫作绝对相移，即 2PSK。二进制调相如图 2-11 所示，取码元为“1”时，调制后载波与未调载波同相；取码元为“0”时，调制后载波与未调载波反相；“1”和“0”时调制后载波相位差 180°。

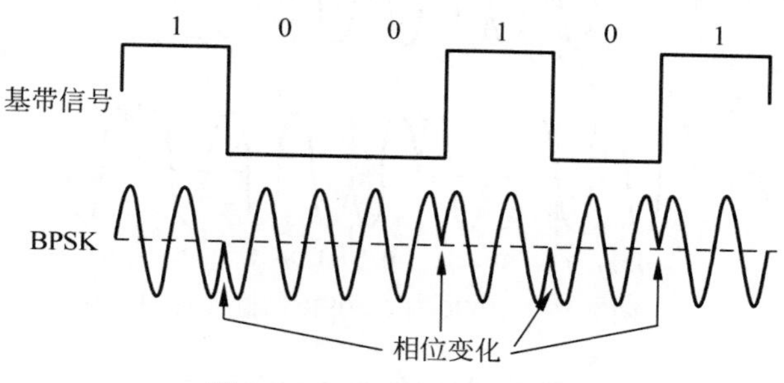

图 2-11 2PSK 调制波形图

二进制相移键控是用二进制数字信号 0 和 1 去控制载波的两个相位 0 和 π 的方法，其时域表达式为

$$s_{2PSK}(t)=\left[\sum_{n}a_{n}g(t-nT_{s})\right]\cos\omega_{c}t \tag{2-3}$$

式中，$a_n=\begin{cases}+1, & 概率为\ p\\ -1, & 概率为\ 1-p\end{cases}$，为双极性数字信号，若 $g(t)$ 是脉宽为 T_s 的单个矩形脉冲，则有

$$s_{2PSK}(t)=\pm\cos\omega_{c}t=\begin{cases}\cos\omega_{c}t, & 概率为\ p\\ -\cos\omega_{c}t, & 概率为\ 1-p\end{cases}$$

如果采用绝对相移方式，由于发送端是以某一个相位作基准的，因而在接收端也必须有这样一个固定基准相位作为参考。如果这个参考相位发生变化(0 相位变为 π 相位或 π 相位变为 0 相位)，则恢复的数字信息就会发生 0 变为 π 或 π 变为 0，从而造成错误的恢复。考虑实际通信时参考基准相位的随机跳变(由温度漂移或噪声引起)时可能性，而且在通信过程中不易被发觉。比如，由于某种突然的干扰，系统中的分频器可能发生状态的转移，锁相环路的稳定状态也可能发生转移。这样，采用 2PSK 方式就会在接收端发生完全相反的恢复。这种现象常称为 2PSK 方式的倒 π 现象。

如图 2-12 所示，2DPSK 方式是利用前后相邻码元的相对载波相位值去表示数字信息的一种方式，即用前后两个码元之间的相差来表示码元的值“0”和“1”。例如，假设相差为“π”表示符号“1”，相差为“0”表示符号“0”。可以看出2DPSK与2PSK的波形不同，它们的同一相位并不对应相同的数字信息符号，而前后码元相对相位差才表示信息符号。这说明，解调2DPSK信号时并不依赖于某一固定的载波相位参考值，只要前后码元的相对相位关系不破坏，则只要鉴别这个相差关系就可正确恢复数字信息，这就避免了2PSK中的倒π现象发生。

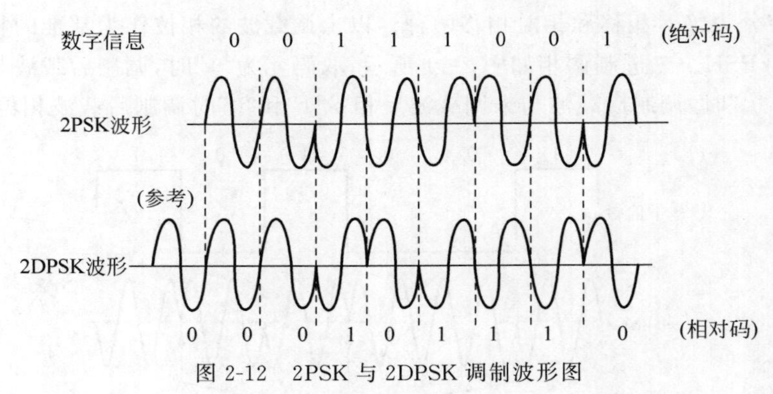

图 2-12 2PSK 与 2DPSK 调制波形图

在实际应用中一般使用2DPSK方式。在2DPSK中，数字信息是利用相邻的码元之间的相位差来传送，因此即使本地相干载波的相位“倒”，也并不影响相对关系。虽然由解调得到的相对码是0到1、1到0，但经差分译码后得到的绝对码不会出现0到1、1到0的倒置现象，从而克服了2PSK方式中的“倒π”现象，其产生方式如图2-13所示。

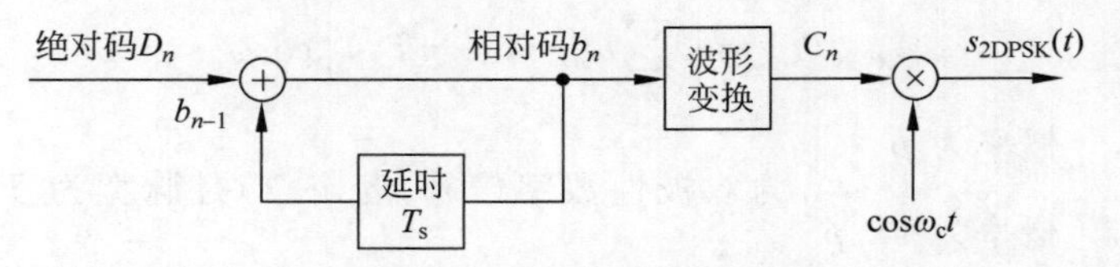

图 2-13 2DPSK 产生电路框图

图2-13的产生2DPSK信号的过程中，其编码及波形图如图2-14所示。

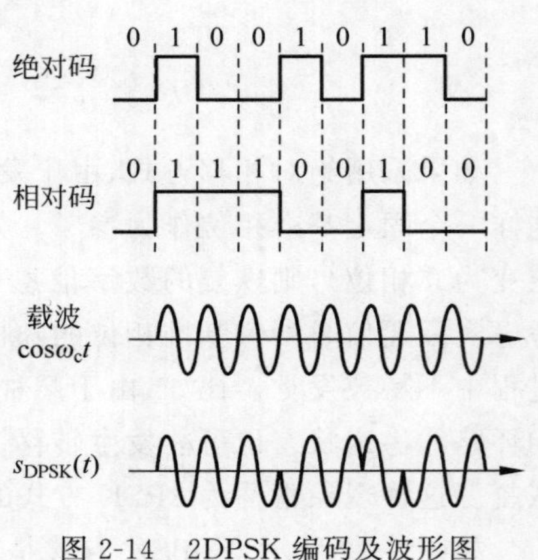

图 2-14 2DPSK 编码及波形图

如图2-15所示，2DPSK信号解调常用两种方法，分别是相干解调法(极性比较法)和差分相干解调法(延迟解调)。

其中2DPSK的差分相干解调法，不需要专门的本地相干载波，将2DPSK信号延时一个码元间隔T_s后与2DPSK信号本身相乘，相乘的结果反映了前后码元的相对相位关系，经低通滤波器后送到抽样判决器，抽样判决器抽样的结果即为原始数字信息，不需要

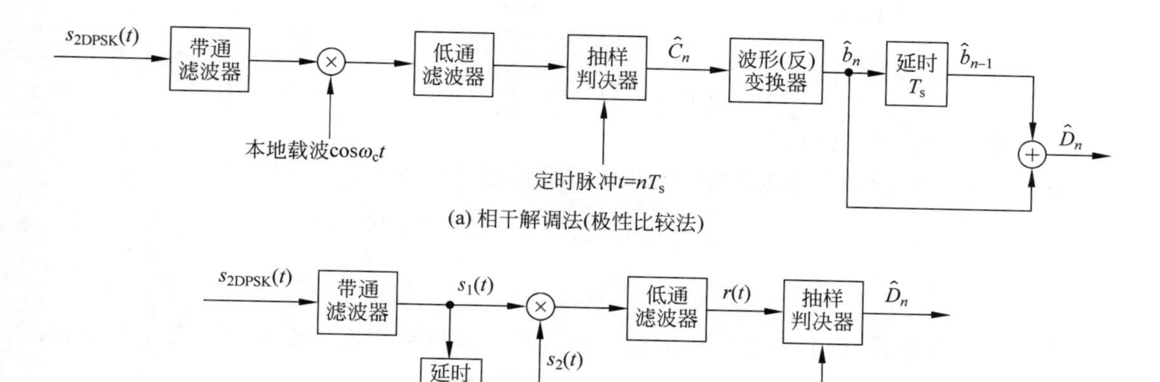

(a) 相干解调法(极性比较法)

(b) 差分相干解调法(延迟解调法)

图 2-15 2DPSK 解调方法

差分译码。只有 2DPSK 信号才能采用这种方法解调，因为它是以前一个码元的载波相位作为参考相位，而不是未调载波的相位。

2.1.3 二进制数字调制抗噪分析

视频讲解

通信系统的抗噪声性能是指系统克服加性噪声的能力。在数字通信中，信道加性噪声有可能使传输码元产生错误。这种传输错误通常用误码率来衡量。所以，在分析数字调制系统的抗噪声性能时，就是求出系统在加性噪声作用下的总误码率。

1. 二进制振幅键控系统的抗噪声性能

设 2ASK 系统中发送一个码元时间 T_s 内波形为

$$s_T(t)=\begin{cases}A\cos\omega_c t, & \text{发送 1 时}\\ 0, & \text{发送 0 时}\end{cases}$$

而接收波形为

$$y(t)=\begin{cases}a\cos\omega_c t+n(t), & \text{发送 1 时}\\ n(t), & \text{发送 0 时}\end{cases}$$

2ASK 信号可以采用包络检波和相干解调法进行解调，在解调器前端都需经过一个带通滤波器，其输出波形为

$$y_i(t)=\begin{cases}a\cos\omega_c t+n_i(t), & \text{发送 1 时}\\ n_i(t), & \text{发送 0 时}\end{cases}$$

$n_i(t)$为经过带通滤波器后的噪声，为一个窄带高斯白噪声，可知

$$n_i(t)=n_c(t)\cos\omega_c t-n_s(t)\sin\omega_c t$$

则有

$$y_i(t)=\begin{cases}a\cos\omega_c t+n_c(t)\cos\omega_c t-n_s(t)\sin\omega_c t, & \text{发送 1 时}\\ n_c(t)\cos\omega_c t-n_s(t)\sin\omega_c t, & \text{发送 0 时}\end{cases}$$

1）包络检波法的系统性能

由 $y_i(t)$ 表达式可知，经包络检波和低通滤器后输出包络为

$$V(t)=\begin{cases}\sqrt{[a+n_c(t)]^2+n_s^2(t)}, & \text{发送 1 时}\\ \sqrt{n_c^2(t)+n_s^2(t)}, & \text{发送 0 时}\end{cases}$$

由随机信号分析可知，发送 1 码的包络函数其一维概率密度函数服从广义瑞利分布；发送 0 码的包络函数其一维概率密度函数服从瑞利分布。

$$f_1(V)=\frac{V}{\sigma_n^2}I_0\left(\frac{aV}{\sigma_n^2}\right)\exp\left(-\frac{V^2+a^2}{2\sigma_n^2}\right)$$

$$f_0(V)=\frac{V}{\sigma_n^2}\exp\left(-\frac{V^2}{2\sigma_n^2}\right)$$

式中，σ_n^2 为 $n(t)$ 的方差。

如图 2-16 所示，当发送为"1"码时，判决为"0"码的差错概率为

$$p_{e1}=p(V\leqslant b)=\int_{-\infty}^{b}f_1(V)\mathrm{d}V=1-\int_{b}^{\infty}f_1(V)\mathrm{d}V$$

$$=1-\int_{b}^{\infty}\frac{V}{\sigma_n^2}I_0\left(\frac{aV}{\sigma_n^2}\right)\exp\left[-\frac{(V^2+a^2)}{2\sigma_n^2}\right]\mathrm{d}V$$

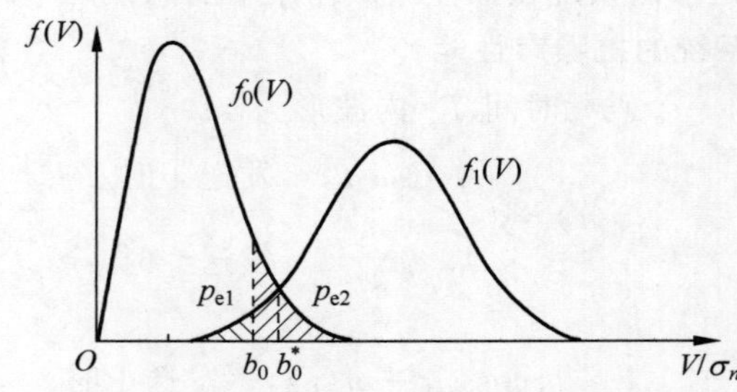

图 2-16　2ASK"0"误判率概率示意图

为计算上式积分值，引入特殊函数——Q 函数(Marcum 函数)，该函数定义为

$$Q(\alpha\beta)=\int_{\beta}^{\infty}tI_0(\alpha t)\exp\left[-\frac{(t^2+\alpha^2)}{2}\right]\mathrm{d}t$$

则有

$$p_{e1}=1-Q\left(\frac{a}{\sigma_n},\frac{b}{\sigma_n}\right)=1-Q(\sqrt{2r},b_0)$$

式中，$\frac{a^2}{2\sigma_n^2}$ 为信号与噪声的平均功率比，称为信噪比；$b_0=\frac{b}{\sigma_n}$ 为归一化门限值。

同理，当发送“0”码时，判决为“1”码的差错概率为

$$p_{e2}=p(V>b)=\int_b^{\infty}f_0(V)\mathrm{d}V=\int_b^{\infty}\frac{V}{\sigma_n^2}\exp\left(-\frac{V^2}{2\sigma_n^2}\right)\mathrm{d}V=\mathrm{e}^{-\frac{b_0^2}{2}}$$

设发送“1”码的概率为 $p(1)$，发送“0”码的概率为 $p(0)$，则系统总误码率为

$$p_e=p(1)p_{e1}+p(0)p_{e2}=p(1)[1-Q(\sqrt{2r},b_0)]+p(0)\mathrm{e}^{-\frac{b_0^2}{2}}$$

当 $p(1)=p(0)=\frac{1}{2}$时，$p_e=\frac{1}{2}[1-Q(\sqrt{2r},b_0)]+\frac{1}{2}\mathrm{e}^{-\frac{b_0^2}{2}}$

在大信噪比情况下，即 $r=\frac{a^2}{2\sigma_n^2}\gg 1$，表达式可简化为

$$\frac{a^2}{2\sigma_n^2}=\frac{aV^*}{\sigma_n^2}$$

对于大信噪比时，$\alpha=\frac{a}{\sigma_n}\gg 1$，$\beta=\frac{b}{\sigma_n}\gg 1$，再利用 Q 函数的特殊值，化简得到

$$\begin{aligned}p_e&=\frac{1}{2}[1-Q(\sqrt{2r},b_0)]+\frac{1}{2}\exp\left(-\frac{b_0^2}{2}\right)\\&=\frac{1}{2}\left\{1-\left[1-\frac{1}{2}\mathrm{erfc}\left(\frac{\sqrt{2r}-\sqrt{r/2}}{\sqrt{2}}\right)\right]\right\}+\frac{1}{2}\mathrm{e}^{-\frac{r}{4}}=\frac{1}{4}\mathrm{erfc}\left(\frac{\sqrt{r}}{2}\right)+\frac{1}{2}\mathrm{e}^{-r/4}\end{aligned}\tag{2-4}$$

当 $x\to\infty$时 $\mathrm{erfc}(x)\to 0$；故式(2-4)中 $r\to\infty$时，变为

$$p_e=\frac{1}{2}\mathrm{e}^{-r/4}\tag{2-5}$$

式(2-4)是在大信噪比条件下、最佳门限电平判决以及 $p(1)=p(0)$条件下得到的，它表明 ASK 系统总误码率 p_e 随着信噪比 r 的增加而近似地按指数规律下降。

2）相干解调法的系统性能

接收波形与相干载波相乘，然后由低通滤波器滤除载频的二次谐波，抽样判决输入波形为

$$x(t)=\begin{cases}a+n_c(t), & \text{发送 1 时}\\ n_c(t), & \text{发送 0 时}\end{cases}$$

如图 2-17 所示，由于 $n_c(t)$是高斯过程，因此当发送“1”时，过程 $a+n_c(t)$的一维概率密度为

$$f_1(x)=\frac{1}{\sigma_n\sqrt{2\pi}}\exp\left[-\frac{(x-a^2)}{2\sigma_n^2}\right]\text{（发送 1 时）}$$

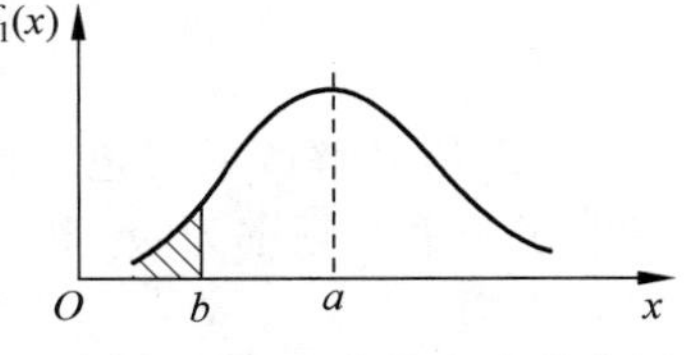

图 2-17 发送“1”高斯概率分布图

如图 2-18 所示，而当发送“0”时，$n_c(t)$的一维概率密度为

$$f_0(x)=\frac{1}{\sigma_n\sqrt{2\pi}}\exp\left[-\frac{x^2}{2\sigma_n^2}\right]\text{（发送 0 时）}$$

如图 2-19 所示，若令判决门限电平值为 b，则发送码元 1 错判为 0（如图 2-19 中 b'所示）的概率为

$$p_{e1}=\int_{-\infty}^{b}f_1(x)\mathrm{d}x=1-\int_{b}^{\infty}f_1(x)\mathrm{d}x=1-\frac{1}{2}\operatorname{erfc}\left(\frac{b-a}{\sqrt{2}\sigma_n}\right)$$

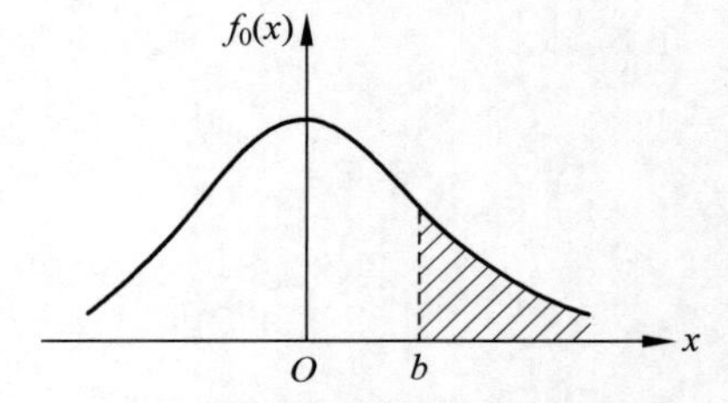

图 2-18　发送“0”高斯概率分布图

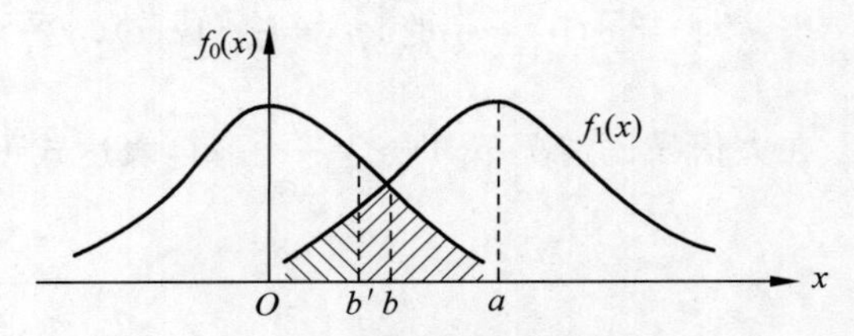

图 2-19　高斯概率分布误判示意图

同理，可求得发送 0 码错判为 1 码的概率为

$$p_{e2}=\int_{b}^{\infty}f_0(x)\mathrm{d}x=\frac{1}{2}\operatorname{erfc}\left(\frac{b}{\sqrt{2}\sigma_n}\right)$$

可确定最佳门限电平 $x^*=a/2$，或最佳归一化门限电平 $b_0^*=\sqrt{r/2}$。

在发送码元 1 和 0 概率相等的情况下，则可得系统总误码率为

$$p_e=p(1)p_{e1}+p(0)p_{e2}=\frac{1}{2}\left[1-\frac{1}{2}\operatorname{erfc}\left(\frac{b-a}{\sqrt{2}\sigma_n}\right)\right]+\frac{1}{4}\operatorname{erfc}\left(\frac{b}{\sqrt{2}\sigma_n}\right)$$

2ASK 系统总误码率为

$$p_e=\frac{1}{2}\operatorname{erfc}(\sqrt{r}/2)\tag{2-6}$$

当 $r\gg1$ 时，式(2-6)变为

$$p_e=\frac{1}{\sqrt{\pi r}}\mathrm{e}^{-r/4}\tag{2-7}$$

2. 二进制移频键控系统的抗噪声性能

设 2FSK 系统的发送信号在一个码元时间 T_s 内的波形为

$$s_T(t)=\begin{cases}A\cos\omega_1 t, & \text{发送 1 时}\\ A\cos\omega_2 t, & \text{发送 0 时}\end{cases}$$

2FSK 信号解调采用包络检波法和相干解调法，在解调过程中，每一系统用两个带通滤波器来区分中心频率为 ω_1 和 ω_2 的信号码元。假设带通滤波器无失真地使信号通过，则输出端波形为

$$y_i(t)=\begin{cases}u_1(t)+n_i(t), & \text{发送 1 时}\\ u_2(t)+n_i(t), & \text{发送 0 时}\end{cases}$$

式中，$u_1(t)=\begin{cases}a\cos\omega_1 t, & 0<t<T_s\\ 0, & 其他\ t\end{cases}$；$u_2(t)=\begin{cases}a\cos\omega_2 t, & 0<t<T_s\\ 0, & 其他\ t\end{cases}$；$n_i(t)$为窄带高斯过程。

1）包络检波系统性能

假设$(0,T_s)$时间内所发送的码元为“1”（对应ω_1），则这时送入抽样判决器的两路输入包络信号分别为

$$v_1(t)=\sqrt{[a+n_c(t)]^2+n_s^2(t)}$$

$$v_2(t)=\sqrt{n_c^2(t)+n_s^2(t)}$$

发送0码元时两包络信号分别为

$$v_1(t)=\sqrt{n_c^2(t)+n_s^2(t)}$$

$$v_2(t)=\sqrt{[a+n_c(t)]^2+n_s^2(t)}$$

由$v_1(t)$和$v_2(t)$的4个式子相比较可以看出，所得误码率具有完全相同的结果$p_{e1}=p_{e2}$，因此只需要计算发送码元1时的误码率即可。

根据上面的讨论可知，$v_1(t)$的一维概率分布为广义瑞利分布，而$v_2(t)$的一维概率分布为瑞利分布。在判决时，当$v_1(t)$的取样值V_1小于$v_2(t)$的取样值V_2时，则发生错误判决，其错误概率为

$$\begin{aligned}p_{e1}=p(V_1<V_2)&=\int_0^{\infty}f_1(V_1)\left[\int_{V_2=V_1}^{\infty}f_2(V_2)\mathrm{d}V_2\right]\mathrm{d}V_1\\&=\int_0^{\infty}\frac{V_1}{\sigma_n^2}I_0\left(\frac{aV_1}{\sigma_n^2}\right)\exp\left[(-2V_1^2-a^2)/2\sigma_n^2\right]\mathrm{d}V_1\\&=\int_0^{\infty}\frac{1}{\sqrt{2}\sigma_n}\left(\frac{\sqrt{2}V_1}{\sigma_n}\right)I_0\left(\frac{a}{\sqrt{2}\sigma_n}\cdot\frac{\sqrt{2}V_1}{\sigma_n}\right)\exp\left(-\frac{V_1^2}{\sigma_n^2}-\frac{a^2}{2\sigma_n^2}\right)\left(\frac{\sigma_n}{\sqrt{2}}\right)\mathrm{d}\left(\frac{\sqrt{2}V_1}{\sigma_n}\right)\\&=\frac{1}{2}\int_0^{\infty}tI_0(\alpha t)\exp\left(-\frac{t^2}{2}-\alpha^2\right)\mathrm{d}t=\frac{1}{2}\exp\left(-\frac{\alpha^2}{2}\right)\int_0^{\infty}tI_0(\alpha t)\exp\left(-\frac{(t^2+\alpha^2)}{2}\right)\mathrm{d}t\end{aligned}$$

根据Q函数性质有$Q(\alpha,0)=\int_0^{\infty}tI_0(\alpha t)\mathrm{e}^{-(t^2+\alpha^2)/2}\mathrm{d}t=1$，于是上式$p_{e1}$为

$$p_{e1}=\frac{1}{2}\exp\left(-\frac{\alpha^2}{2}\right)=\frac{1}{2}\mathrm{e}^{-r/2}$$

式中，$r=\alpha^2=\dfrac{a^2}{2\sigma_n^2}$。

同理，可求得发送0码错判为1码的概率为

$$p_{e2}=\frac{1}{2}\mathrm{e}^{-r/2}$$

于是2FSK信号传输非相干接收系统总误码率为

$$p_{\mathrm{e}}=\frac{1}{2}\mathrm{e}^{-r/2} \tag{2-8}$$

2）相干解调系统性能

接收的 2FSK 信号经与相干载波相乘，并经低通滤波器，输入到判决器的两路信号在码元 1 时为

$$\begin{cases}x_1(t)=a+n_{1\mathrm{c}}(t)\\x_2(t)=n_{2\mathrm{c}}(t)\end{cases}$$

在码元为 0 时为

$$\begin{cases}x_1(t)=n_{1\mathrm{c}}(t)\\x_2(t)=a+n_{2\mathrm{c}}(t)\end{cases}$$

因为 $n_{1\mathrm{c}}(t)$ 和 $n_{2\mathrm{c}}(t)$ 分别是窄带高斯过程的同相分量，所以它们也是高斯过程。

信号为 1 码时，抽样值 $x_1=a+n_{1\mathrm{c}}(t)$ 是均值为 a、方差为 σ_n^2 的高斯变量；抽样值 $x_2=n_{2\mathrm{c}}$，也是均值为 0、方差为 σ_n^2 的高斯变量；若抽样值 $x_1>x_2$，则判为 1 码；反之，则判为 0 码。发送 1 码时，若 $x_1<x_2$，则误判为 0 码，故误码率为

$$p_{\mathrm{e}1}=p(x_1<x_2)=p[(a+n_{1\mathrm{c}})<n_{2\mathrm{c}}]=p(a+n_{1\mathrm{c}}-n_{2\mathrm{c}}<0)$$

令 $z=a+n_{1\mathrm{c}}-n_{2\mathrm{c}}$，则 z 也是高斯变量，且均值为 a，方差为 σ_n^2，则

$$\sigma_z^2=\overline{(z-\bar{z})^2}=E(n_{1\mathrm{c}}-n_{2\mathrm{c}})^2=E(n_{1\mathrm{c}}^2)-2E(n_{1\mathrm{c}}n_{2\mathrm{c}})+E(n_{2\mathrm{c}}^2)=2\sigma_n^2$$

于是 z 的一维概率度为

$$f(z)=\frac{1}{\sigma_z\sqrt{2\pi}}\exp\left[-\frac{(z-a)^2}{2\sigma_z^2}\right]$$

总误码率为

$$p_{\mathrm{e}1}=p(z<0)=\int_{-\infty}^{0}f(z)\mathrm{d}z=\frac{1}{\sqrt{2\pi}\sigma_z}\int_{-\infty}^{0}\exp\left[-\frac{(z-a)^2}{2\sigma_z^2}\right]\mathrm{d}z=\frac{1}{2}\mathrm{erfc}\left(\sqrt{\frac{r}{2}}\right)$$

由于 $p_{\mathrm{e}2}=p_{\mathrm{e}1}$，在发送码元 1 和 0 等概率条件下，即 $p(1)=p(0)=\frac{1}{2}$。

于是 2FSK 系统总误码率为

$$p_{\mathrm{e}}=\frac{1}{2}\mathrm{erfc}\left(\sqrt{\frac{r}{2}}\right) \tag{2-9}$$

在大信噪比条件下，式(2-9)简化为

$$p_{\mathrm{e}}=\frac{1}{\sqrt{2\pi r}}\mathrm{e}^{-\frac{r}{2}} \tag{2-10}$$

3. 二进制相移键控及差分相移键控系统的抗噪声性能

1）2PSK 系统极性比较法性能

参照 2ASK 系统相干解调并假设判决门限为 0 电平，则在一个码元持续时间内，可直接

写出低通滤波器输出波形 $x(t)=\begin{cases}a+n_c(t), & 发送1码\\ -a+n_c(t), & 发送0码\end{cases}$

它们的一维概率密度是分布在 $x=0$ 两边的完全对称的高斯分布，均值分别为 a 和 $-a$，方差均为 σ_n^2。当发送1码时，若判决值 $x<0$，将发生“1”判为“0”的错误，其错误概率 p_{e1} 为 $p_{e1}=p(x<0)$。

同理，将“0”判为“1”的错误概率为 $p_{e2}=p(x>0)$。

因为 $p_{e1}=p_{e2}$，只求 p_{e1} 即可。

$$p_{e1}=\int_{-\infty}^{0}\frac{1}{\sqrt{2\pi}\sigma_n}\exp\left[-\frac{(x-a^2)}{2\sigma_n^2}\right]dx=\frac{1}{2}\text{erfc}(\sqrt{r})$$

式中，$r=\dfrac{a^2}{2\sigma_n^2}$。

因为 $p_{e1}=p_{e2}$，故2PSK信号极性比较法解调时系统总误码率为

$$p_e=\frac{1}{2}\text{erfc}(\sqrt{r}) \tag{2-11}$$

在大信噪比情况下：

$$p_e\approx\frac{1}{2\sqrt{\pi r}}e^{-r} \tag{2-12}$$

2）2DPSK系统相位比较法性能

相位比较法与极性比较法的重要区别在于前者的参考信号不再像后者那样具有固定的载频和相位，此时它是受到加性噪声干扰的。因此，设在一个码元时间内发送的是1码，且令前一个码元也为1码(也可为0码)，则在鉴相器的两路波形为

$$y_1(t)=[a+n_{1c}(t)]\cos\omega_c t-n_{1s}(t)\sin\omega_c t$$
$$y_2(t)=[a+n_{2c}(t)]\cos\omega_c t-n_{2s}(t)\sin\omega_c t$$

式中，$y_1(t)$为无迟延支路波形；$y_2(t)$为迟延支路波形。理想鉴相器为相乘-低通滤波器，则输出为

$$x(t)=\frac{1}{2}\{[a+n_{1c}(t)][a+n_{2c}(t)]+n_{1s}(t)n_{2s}(t)\}$$

对 $x(t)$进行抽样判决，$x>0$ 判为1码，$x<0$ 判为0码。

利用恒等式

$$x_1x_2+y_1y_2=\frac{1}{4}\{[(x_1+x_2)^2+(y_1+y_2)^2]-[(x_1-x_2)^2+(y_1-y_2)^2]\}$$

则发送1码时，将1码错判为0码的概率为

$$\begin{aligned}p_{e1}&=p(x<0)=p\{[(a+n_{1c})(a+n_{2c})+n_{1s}n_{2s}]<0\}\\&=p\{[(2a+n_{1c}+n_{2s})^2+(n_{1s}+n_{2s})^2-(n_{1s}-n_{2c})^2-(n_{1s}-n_{2s})^2]<0\}\end{aligned}$$

设：

$$R_1=\sqrt{(2a+n_{1c}+n_{2c})^2+(n_{1s}+n_{2s})^2}$$

$$R_2=\sqrt{(n_{1c}-n_{2c})^2+(n_{1s}+n_{2s})^2}$$

则有 $p_{e1}=p(R_1<R_2)$。

因为 n_{1c}、n_{2c}、n_{1s}、n_{2s} 均为高斯变量，由以前讨论可知 R_1 服从广义瑞利分布，R_2 服从瑞利分布，其概率密度分别为

$$f(R_1)=\frac{R_1}{2\sigma_n^2}I_0\left(\frac{aR_1}{\sigma_n^2}\right)\exp\left[-\frac{(R_{1+}^2 4a^2)}{4\sigma_n^2}\right]$$

$$f(R_2)=\frac{R_2}{2\sigma_n^2}\exp\left(-\frac{R_2^2}{4\sigma_n^2}\right)$$

可得

$$p_{e1}=p(R_1<R_2)=\int_0^{\infty}f(R_1)\left[\int_{R_2=R_1}^{\infty}f(R_2)\right]\mathrm{d}R_1$$

$$=\int_0^{\infty}\frac{R_1}{2\sigma_n^2}I_0\left(\frac{aR_1}{\sigma_n^2}\right)\exp\left[-\frac{(2R_1^2+4a^2)}{4\sigma_n^2}\right]\mathrm{d}R_1=\frac{1}{2}\mathrm{e}^{-\gamma}$$

同理，“0”错判为“1”的概率 $p_{e2}=p_{e1}$。

因此，2DPSK 系统相位比较法总误码率为

$$p_e=\frac{1}{2}\mathrm{e}^{-r} \tag{2-13}$$

2DPSK 信号的解调还可以采用极性比较法，与 2PSK 信号极性比较法不同的就是在 2PSK 解调后再加一个码反变换器。因此，2DPSK 极性比较法的误码率应在 2PSK 信号极性比较法的基础上再考虑码反变换器所造成的误码率。

由码反变换器的相关知识可以得出，若相干解调输出一个或多个连续错码，在码反变换器输出都会引起两个错码，经计算可以推出结论：在 2PSK 系统中加上码反变换器后将会使其总误码率增加，因此 2DPSK 信号极性比较法总误码率为

$$p_e=\frac{1}{2}[1-(\mathrm{erfc}\sqrt{r})^2] \tag{2-14}$$

2.1.4 二进制数字调制系统的性能比较

综合前面的讨论，对二进制数字信号频带传输系统的抗噪声性能已经有所了解。下面针对系统的频带宽度、误码率及对信道特性变化敏感性等几方面加以简单比较。

1. 误码率分析

误码率(Symbol Error Rate，SER)是衡量数据在规定时间内数据传输精确性的指标，误码率=(传输中的误码/所传输的总码数)×100%。在使用二进制编码时误码率等于比特差错概率(Bit Error Probability)。在通信系统中，误码率是非常关键的参数，有时也用误包率(Packet Error Rate，PER)表示。在表达一片芯片的灵敏度时，都会标注其测试环境的误

码率或误包率。

例如，一个数据包采用二进制编码，长度为10b，其误码率为0.1%，则其误包率约为1%，计算公式为

$$p_b = 1 - (1 - p_e)^n \tag{2-15}$$

式中，p_b 为误包率；p_e 为误码率；n 为每包长度中的比特数。

经过上述讨论，常见的三种二进制数字调制，采用不同解调方法其误码率 p_e 与信噪比 r 的关系如表2-1所示。

表2-1 误码率表

名 称	误码率 p_e 与信噪比 r 的关系	
非相干OOK	$p_e = \frac{1}{2}e^{-r/4}$	(2-5)
相干OOK	$p_e = \frac{1}{2}\text{erfc}\left(\frac{\sqrt{r}}{2}\right)$	(2-6)
非相干2FSK	$p_e = \frac{1}{2}e^{-r/2}$	(2-8)
相干2FSK	$p_e = \frac{1}{2}\text{erfc}\left(\sqrt{\frac{\gamma}{2}}\right)$	(2-9)
相干2PSK	$p_e = \frac{1}{2}\text{erfc}(\sqrt{r})$	(2-11)
差分相干2DPSK	$p_e = \frac{1}{2}e^{-r}$	(2-13)
相干2DPSK	$p_e = \frac{1}{2}[1-(\text{erfc}\sqrt{r})^2]$	(2-14)

图2-20所示为 p_e 与信噪比 r 的函数关系，最优信噪比的方式为相干解调下的2PSK，这也是在所有无线调制方法中，抗噪性能最好的调制方式。

通过表2-1中的公式计算可知，当需要保证误码率小于0.1%的二进制数字系统，在最优解调方案下则需要满足：

- 2PSK保证信噪比大于6.8dB(相干解调)；
- 2DPSK保证信噪比大于7.3dB(相干解调)；
- 2ASK保证信噪比大于12.8dB(相干解调)；
- 2FSK保证信噪比大于9.8dB(相干解调)。

2. 二进制系统常见调制技术性能对比

1) 频带宽度

当码元宽度为 T_s 时，2ASK系统和2PSK的第一零点带宽为 $2/T_s$，2FSK系统的第一零点带宽为 $|f_1 - f_2| + 2/T_s$。因此从频带利用率的角度看，2FSK系统频带利用率不如前两者高。

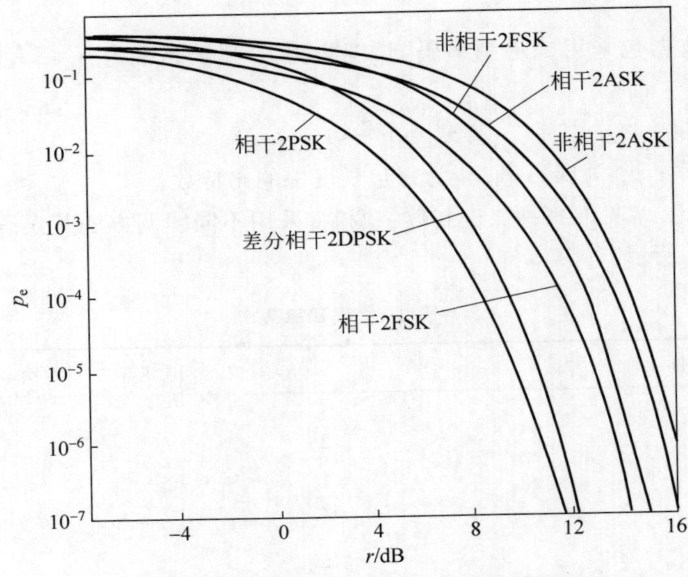

图 2-20 误码率 p_e 与信噪比 r 的函数关系图

2）误码率（高斯白噪声条件下）

相干解调系统抗噪声性能优于非相干解调系统。当 r 很高时，即 $r\to\infty$ 时，每种传输的相干解调与非相干解调趋于同一近似表达式，说明系统抗噪声性能差异不大。

对于 2ASK、2FSK、2PSK 系统相干解调时，在相同误码率条件下，在信噪比要求上 2PSK 比 2FSK 小 3dB，2FSK 比 2ASK 小 3dB。

在抗加性高斯白噪声方面，相干 2PSK 性能最好，2FSK 性能次之，2ASK 性能最差。2PSK 系统抗噪声性能优于 2DPSK 系统，但它有反向工作现象，故在实际工程中广泛应用 2DPSK 系统。

3）对信道特性变化的敏感性

在选择数字调制方式时还应考虑它的最佳判决门限对信道特性的变化是否敏感。在 2FSK 系统中比较两种解调输出的大小来作判决，不需要人为设定门限电平。在 2PSK 系统中，最佳门限为 0，与接收信号的幅度无关，不随信道特性变化而变化，接收机总能保持最佳门限。对于 2ASK 系统，最佳判决门限与信号及噪声均有关，当信噪比较大时，最佳门限为 $a/2$，它仍与信号幅度有关。因此，信道特性变化时，2ASK 方式不容易保证始终工作于最佳判决状态，所以它对信道特性变化比较敏感，性能最差。

4）设备的复杂程度

对于 2ASK、2FSK 及 2PSK 三种方式来说，发送端设备复杂程度相差不多，接收端的复杂程度则与所选用的调制和解调方式有关。

相干解调的电路设备要比非相干解调时复杂；而同为非相干解调时，2DPSK 的设备最复杂，2FSK 次之，2ASK 最简单。

5）抗多径

2PSK 信号最为敏感，2FSK 信号性能较为优越，因此 2FSK 广泛应用于多径时延较严重的短波信道。

2.2　扩频技术

扩展频谱技术是用比信号带宽宽得多的频带宽度来传输信息的技术。扩频通信是将待传送的信息数据用伪随机编码（扩频序列：Spread Sequence）调制，实现频谱扩展后再传输；接收端则采用相同的编码进行解调及相关处理，恢复原始信息数据。它是一种宽带的编码传输系统。

在研究扩频通信技术之前，我们要先研究通信系统中的几个基本问题：

- 传输的有效性——带宽与频谱问题；
- 传输的可靠性——信道与干扰问题；
- 传输的安全性——截获与对抗问题。

有效性、可靠性和安全性通常是矛盾的。一般情况下，要增加系统的有效性，就得降低可靠性，反之亦然。在实际中，常常依据实际系统的要求采取相对统一的办法，即在满足一定可靠性指标下，尽量提高消息的传输速率，即有效性；或者，在维持一定有效性的条件下，尽可能提高系统的可靠性。

不同的扩频技术发展就是在上述的三个方面中不断寻找平衡的过程。

2.2.1　扩频通信的历史

视频讲解

扩频通信技术始于 19 世纪 20 年代雷达的发明，其主要目的是提高分辨率。在第二次世界大战（WWII）中，军队对抗干扰也有此思想。

真正有关扩频通信技术的观点是在 1941 年由好莱坞女演员 Hedy Lamarr 和钢琴家 George Antheil 提出的（图 2-21）。基于对鱼雷控制的安全无线通信的思路，他们申请了美

(a) Hedy Lamarr

(b) George Antheil

图 2-21　Hedy Lamarr 和 George Antheil 的照片

国专利＃2.292.387。不幸的是，当时该技术并没有引起美国军方的重视。该专利于1962年古巴导弹危机时到期。1998年6月，Hedy Lamarr将此专利卖给Wi-LAN公司。

世界上第一个直接序列扩频系统是在美国的联邦通信实验室（FTL）于1949年由Derosa和Rogoff完成的，它成功地工作在New Jersey和California之间的通信线路上。

理论研究紧跟其上，1950年Basore首先提出把这种扩频系统称作NOMACS（Noise Modulation And Correlation Detection System）这个名称被使用相当长的时间。

1951年后，美国的ASC（Army Signal Corps，陆军通信兵）要求进一步研究NOMACS，想把它应用于高频无线电传通信线路，以对抗敌人的干扰。1952年由Lincoln Laboratory研制出P9D型NOMACS，并进行了试验。1953—1955年Lincoln Laboratory研制出了F9C型无线电传机系统。

很快，美国海军和空军也开始研究他们自己的扩频系统，空军使用名称为“Phatom”（鬼怪、幻影）和“Hush-Up”（遮掩），海军使用名称为“Blades”（桨叶）。那时设备庞大，是用电子管装的，设备要装几间屋子，使应用受到限制。在晶体管出现后，特别是集成电路出现后，才使扩频系统得到广泛使用。

第一本有关扩频系统的专著是R. C. Dixon于1976年出版的。1978年在日本京都召开国际无线通信咨询委员会公布研究成果。1982年在美国召开第一次军事通信会议，两次报告扩频技术在军事中的应用。1985年美国提出CDMA（码分多址）的概念。同年美国联邦通信委员会（FCC）制定扩频通信的标准和规范，逐步转入民用的商业化研究。20世纪90年代，美国国家航空和航天管理局提出CDMA方式的频谱利用率高于FDMA方式，对扩频通信的研究产生深远影响，其后各公司逐步生产商用产品。

最近的二十几年扩频技术得到越来越广泛的使用。例如，美国的全球定位系统（GPS）设备简单，定位精度高，全球使用；通信数据转发卫星系统（TDESS）、码分多址（CDMA）卫星通信系统，特别是NASA和军用卫星通信系统几乎都使用扩频技术和码分多址移动通信系统，这些都属于直接序列扩频系统；跳频扩频系统如多种跳频电台和SINCGARS（30～80MHz）；跳时-跳频混合扩频型如JTIDS系统（Joint Tactical Information Distribution System）；我国正式把扩频技术作为国家主要项目进行研究是在20世纪70年代。

以后在卫星通信的数据传输、定位、授时系统中都有使用。今后，在卫星通信、移动通信系统、定位系统等领域将会得到进一步广泛使用。

从历史的经验总结，扩频通信主要基于两个方面：一个是信息战，即信息对抗-电子对抗-通信对抗；另一个是提高频带的利用率。

2.2.2 扩频技术介绍

如图2-22所示，扩频通信在发射链路上，信息通过扩频调制后再通过射频调制方法将信号发出，在接收链路上同样采用下变频后扩频解扩的方案。可以理解为在原有的射频收发路径上分别增加了扩频调制和扩频解扩两个模块。扩频通信方式与常规的窄带通信方式的区别如下：

- 信息的频谱扩展后形成宽带传输；
- 用扩频码序列来展宽信号频谱；
- 相关处理后恢复成窄带信息数据。

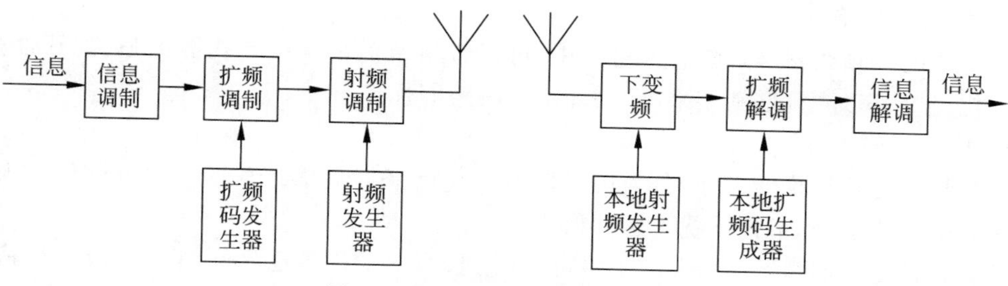

图 2-22 扩频通信调制解调框图

扩频通信的基本过程如图 2-23 所示。基带数据信号通过扩频调制处理，变为射频频段更宽的数据信号，信号的功率密度变小了，表达为原有数据与扩频序列(SS)的乘积：(Data-In)×(SS Code)，如图 2-23(a)所示。解扩解调处理的过程为，在射频频段的信号通过下变频和解扩后，恢复成为原有的基带数据，如图 2-23(b)所示。

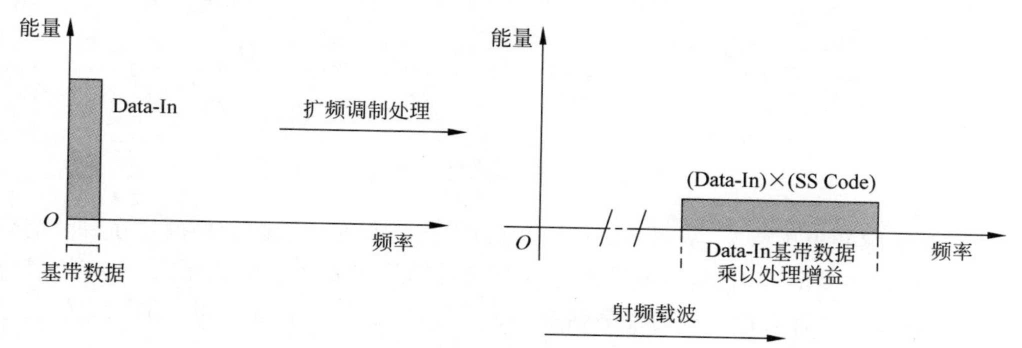

(a) 扩频调制处理频率信号图

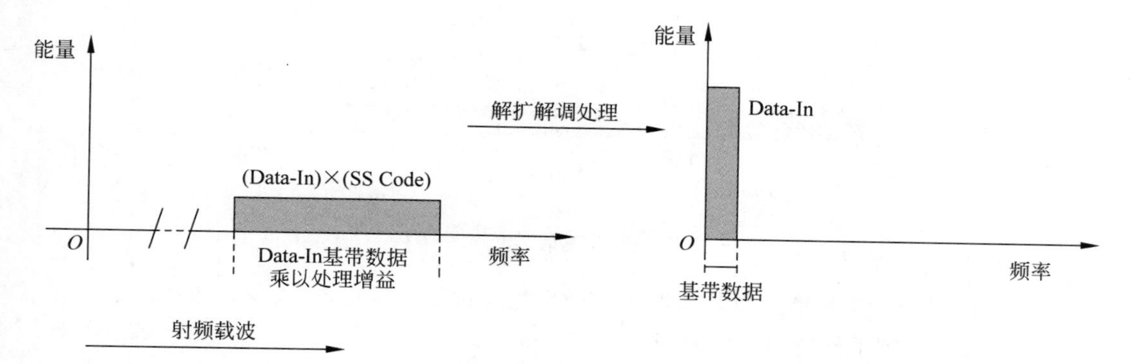

(b) 解扩解调处理频率信号图

图 2-23 扩频通信过程频率信号图

可以看到扩频调制处理是在能量不变的情况下把基带的数据搬移到射频频段，且使用的频谱带宽增加。同理，解扩与解调过程是把在射频频段的宽带宽信号恢复到原有的基带频段。可以看到扩频前后，代表信号总能量的阴影长方形的面积是不变的。

1. 扩频调制特点

在上述的扩频调制与解扩解调过程中，可以带来通信系统抗干扰能力强、隐蔽性强、抗多径干扰、扩频多址、频谱利用率高、精确定位测距等优点。

1）抗干扰能力强

扩频技术的抗干扰能力强，分为抗宽带干扰和抗窄带干扰。宽带干扰可以理解为基底噪声较高的干扰信号，窄带干扰为脉冲信号。

针对宽带干扰的情况，从图 2-24 中可以看到，原本干扰源已经在整个频段完全覆盖了有效信号，如图 2-24(a)所示。如图 2-24(b)所示，经过解扩之后，干扰信号变成了平坦的噪声，而有效信号变成了窄带信号，且在有效带宽内的信号强度远大于干扰信号，这样就可以解调出有效信号。

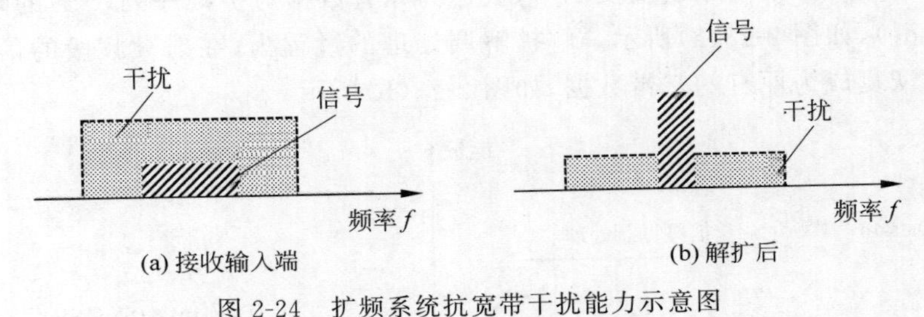

图 2-24 扩频系统抗宽带干扰能力示意图

针对窄带脉冲干扰情况，从图 2-25(a)中可以看到一个非常大的脉冲信号在有效信号的频带内。如图 2-25(b)所示，当经过解扩之后干扰信号就变成了平坦的噪声，而有效信号变成了窄带信号，且在有效带宽内的信号强度远大于干扰信号，这样就可以解调出有效信号。

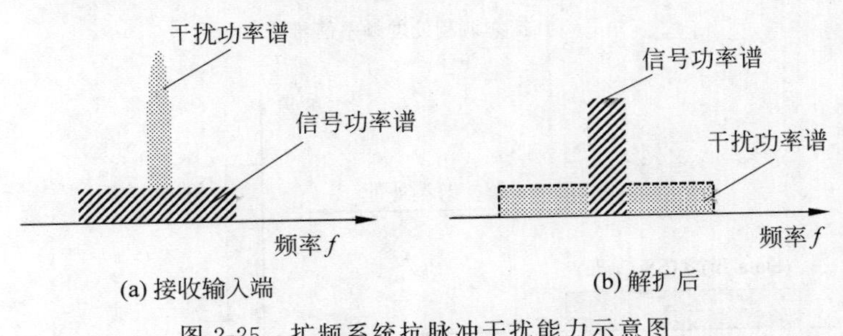

图 2-25 扩频系统抗脉冲干扰能力示意图

LoRa 超强的抗干扰能力就是来源于这两个扩频抗干扰的特点，大家可以回顾 1.3.3 小节，这就是 LoRa 抗干扰能力强的原因。

扩频通信在空间传输时所占用的带宽相对较宽，而接收端又采用相关检测的办法来解扩，使有用宽带信号恢复成窄带信号，而把非所需信号扩展成宽带信号，然后通过窄带滤波技术提取有用的信号。这样，对于各种干扰信号，因其在接收端的非相关性，解扩后窄带信号中只有很微弱的成分，信噪比很高，因此抗干扰性强。在商用的通信系统中，扩频通信是能够工作在负信噪比条件下的通信方式。就比如 LoRa 可以在−20dB 之下的信噪比条件下工作。

2）隐蔽性强

隐蔽性强又叫作可检性低（Low Probability of Intercept，LPI），不容易被侦破，对各种窄带通信系统的干扰很小。如图 2-26(a)所示，扩频前数据高于噪声基底，其信号非常容易被检测；当信号被扩频后，如图 2-26(b)所示，信号完全在噪声基底之下，无法通过能量强度的方式检测出来。

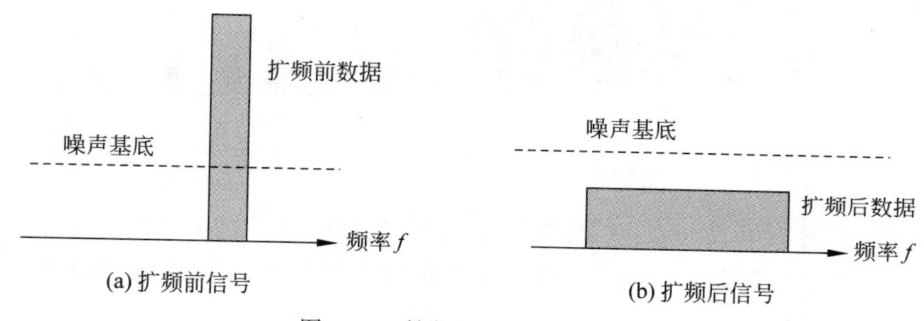

图 2-26　扩频抗干扰性示意图

由于扩频信号在相对较宽的频带上被扩展了，单位频带内的功率很小，信号湮没在噪声里，一般不容易被发现，而想进一步检测信号的参数（如伪随机编码序列）就更加困难，因此说其隐蔽性好。再者，由于扩频信号具有很低的功率谱密度，它对使用的各种窄带通信系统的干扰很小。在安全性上 LoRa 技术也继承了扩频技术的优点，一般设备很难侦破和干扰到 LoRa 信号。

3）抗多径、衰落

在无线通信的各个频段，长期以来，多径干扰始终是一个难以解决的问题，如图 2-27 所示，信号通过反射、直射、绕射、透射等不同路径达到接收机，接收机收到的不同延迟和强度的多组信号。这些信号互相影响，从而使接收机的解调十分困难。

在以往的窄带通信中，采用以下两种方法来提高抗多径干扰的能力：一种是把最强的有用信号分离出来，排除其他路径的干扰信号，即采用分集接收技术；另一种是设法把不同路径来的不同延迟、不同相位的信号在接收端从时域上对齐相加，合并成较强的有用信号，即采用梳状滤波器的方法。这两种抗多径的方法在扩频通信中都易于实现。利用扩频码的自相关特性，在接收端从多径信号中提取和分离出最强的有用信号，或把多个路径来的同一码序列的波形相加合成，这相当于梳状滤波器的作用。另外，在采用频率跳变扩频调制方式的扩频系统中，由于用多个频率的信号传送同一个信息，实际上起到了频率分集的作用。

扩频可抗频率选择性衰落：如果多路信号的相对时延与一个符号的时间相比不可忽略，那么当多路信号迭加时，不同时间的符号就会重叠在一起，造成符号间的干扰，这种衰落称为频率选择性衰落。因为这种信道的频率响应在所用的频段内是不平坦的，使用扩频技

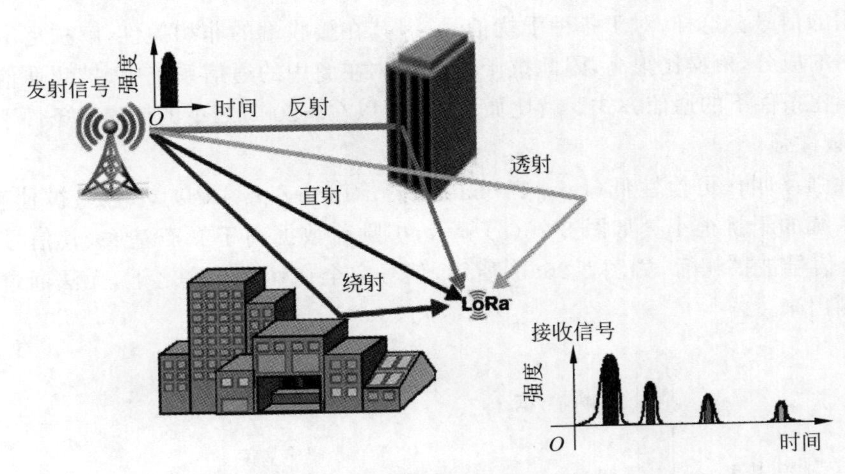

图 2-27　无线传输的多径效应

术后，当信号解扩时会通过正交解调或编码校验，大大增强了抗频率选择性衰落。同样，LoRa 技术继承了扩频的此项优点，可以快速实现城市社区内远距离的网络覆盖和高速运动场景中的稳定传输。

4）扩频多址

扩频技术具有扩频多址（SSMA）能力，易于实现码分多址（CDMA）技术。图 2-28 所示为扩频多址的示意图，在同样的宽带信号中，可以存在多组非相关的数据共存。

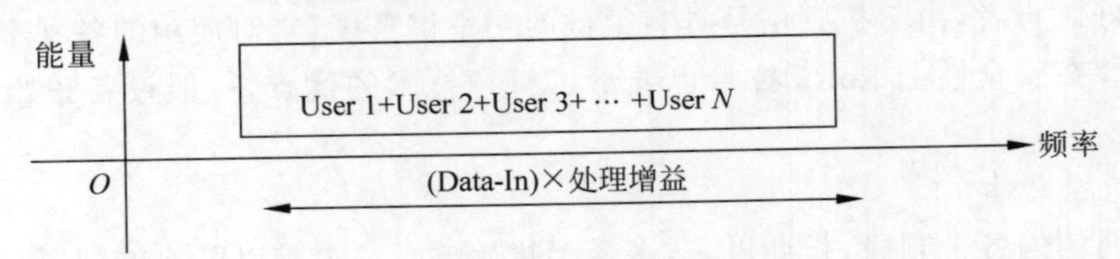

图 2-28　扩频多址示意图

扩频通信提高了抗干扰性能，但付出了占用频带宽的代价。如果让许多用户共用这一宽频带，则可大大提高频带的利用率。由于在扩频通信中存在扩频码序列的扩频调制，充分利用各种不同码型的扩频码序列之间优良的自相关特性和互相关特性，在接收端利用相关检测技术进行解扩，则在分配给不同用户码型的情况下可以区分不同用户的信号，提取出有用信号。这样一来，在一宽频带上许多对用户可以同时通话而互不干扰。

5）频谱利用率高

扩频技术具有频谱利用率高、容量大的特点，可有效利用纠错技术、正交波形编码技术、话音激活技术等。

无线频谱十分宝贵，虽然从长波到微波都得到了开发利用，但仍然满足不了社会的需求。在窄带通信中，主要依靠波道划分来防止信道之间发生干扰。为此，世界各国都设立了频率管理机构，用户只能使用申请获准的频率。扩频通信发送功率极低，采用了相关接收技术，且可工作在信道噪声和热噪声背景中，易于在同一地区重复使用同一频率，也可与各种窄道通信共享同一频率资源。所以可以有效地利用纠错以及正交编码等方法，充分利用信道容量。LoRa 技术就利用该特点可以在相同的频带内使用不同的扩频因子进行调制（SF＝5～SF＝12 共有 8 种相互正交的信号可以共存），从而实现频谱的充分利用，提高信道容量。

6）精确定位测距

扩频技术能实现精确地定时、测距与定位。UWB 技术就是利用该特点，发射超短时长、超大带宽的脉冲信号，从而实现精确定位的。LoRa 的 2.4GHz 芯片 SX1280 也是利用扩频技术的该特点实现测距定位的。

2. 扩频系统分类

如图 2-29 所示，常见的扩频系统分为直接扩频、跳频扩频和时间跳变扩频（也叫时间跳频扩频）三种。其中直接扩频又分为宽带扩频和窄带扩频；跳频扩频分为快速跳频扩频和慢速跳频扩频。宽带线性调频扩频和混合扩频也属于扩频技术，它们综合了这三种常见扩频技术的特点。

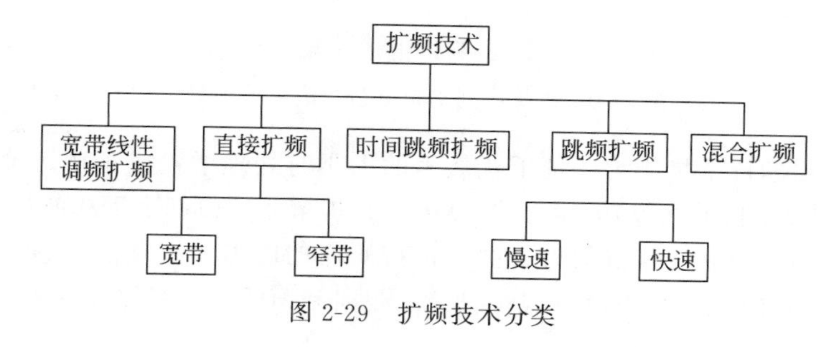

图 2-29 扩频技术分类

1）直接序列扩频

直接序列扩频（Direct Sequence Spread Spectrum）系统简称直接扩频（DSSS）系统或叫直接序列（DS）系统。所谓直接序列扩频，就是直接用具有高码率的扩频码序列去扩展信号的频谱。DSSS 系统中用的扩频码序列通常是二相伪随机序列或叫伪噪声（PN）码，如 Gold 码、m 序列等。在接收端，用相同的扩频码序列去进行解扩，把展宽的扩频信号还原成原始的信息。

对数字通信系统，通常用扩频码序列去调制数据信号，实现频谱扩展，再用该复合码序列去调制载波。最常用的数字调制方式是逻辑异或，最常用的载波调制方式是 BPSK。这种方式运用最为普遍，ZigBee 技术就使用了该扩频技术，只是为了保证传输速率使用的扩频增益比较小而已。

图 2-30（a）所示为直接序列扩频的电路原理图，数据信号和 PN 码发生器经过模 2 加法器后再与本振信号调制后通过 PA 和天线发射出去。图 2-30（a）中数据信号、PN 码以及编码后的信号波形如图 2-30（b）所示。

直接序列扩频技术集成了扩频技术的特点，具有抗干扰、隐蔽性强、多址、抗多径、定位等优点。

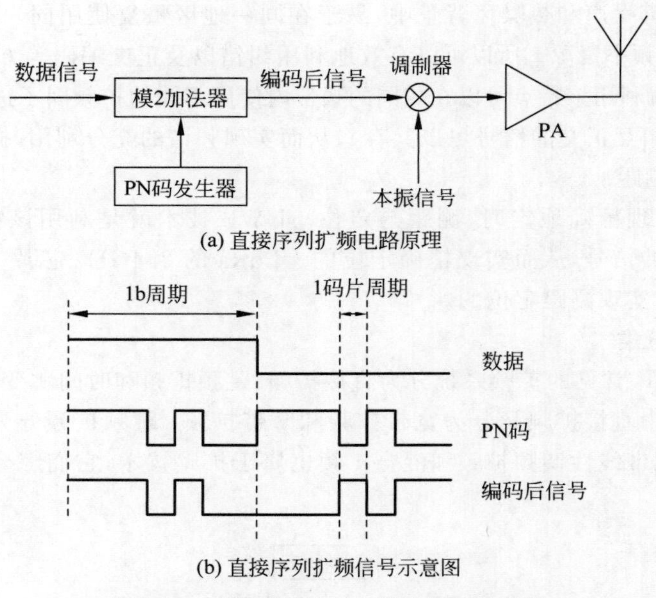

(a) 直接序列扩频电路原理

(b) 直接序列扩频信号示意图

图 2-30　直接序列扩频电路和信号示意图

(1) 具有较强的抗干扰能力。抗干扰能力的大小与处理增益成正比。抗阻塞干扰(可以是窄带、部分带、梳状干扰等)的能力差,是因为直扩增益一般都小于滤波器的防护度。

(2) 具有很强的隐蔽性和抗侦察、抗窃听、抗测向的能力。扩频信号的谱密度很低,可使信号淹没在噪声之中,不易被敌方截获、侦察、测向和窃听。直扩系统可在−10～−15dB乃至更低的信噪比条件下工作。

(3) 具有选址能力,可实现码分多址。扩频系统本来就是一种码分多址通信系统,用不同的码可以组成不同的网,组网能力强,其频谱利用率并不因占用的频带扩展而降低,采用多址通信后,频带利用率反而比单频单波系统的频带利用率高。

(4) 抗衰落,特别是抗频率选择性能好。直扩信号的频谱很宽,一小部分衰落对整个信号的影响不大。

(5) 抗多径干扰。直扩系统有较强的抗多径干扰的能力,多径信号到达接收端,由于利用了伪随机码的相关特性,通过相关处理后,可消除这种多径干扰的影响,甚至可以利用这些多径干扰的能量,提高系统的信噪比,改善系统的性能。

(6) 可进行高分辨率的测向、定位。利用直扩系统伪随机码的相关特性,可完成精度很高的测距和定位。

2) 跳频扩频

频率跳变扩频(Frequency Hopping Spread Spectrum)系统简称跳频扩频(HFSS)系统或跳频系统。所谓跳频,是用一定码序列进行选择的多频率频移键控。也就是说,用扩频码序列去进行频移键控调制,使载波频率不断地跳变,所以称为跳频。简单的频移键控如2FSK,只有两个频率,分别代表"0"和"1"。如图 2-31 所示,跳频系统则有几个、几十个甚至上千个频率，由扩频码序列去进行选择控制，不断跳变。HFSS 系统总的频率点数称为频率跳变数。处理增益等于可用的频率跳变数。

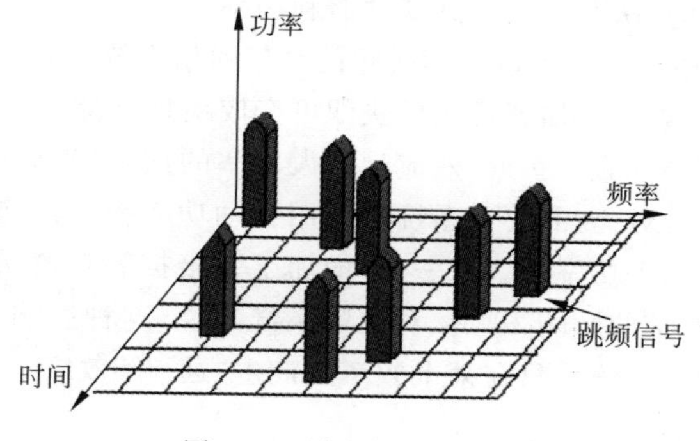

图 2-31 跳频扩频示意图

跳频扩频电路原理图如图 2-32 所示，PN 码发生器直接控制频率综合器，提供不同的本振频率，再与数据信号进行调制，通过 PA 和天线发射出去。图中可以看到数据在不同时刻被调制到不同的射频频段上。

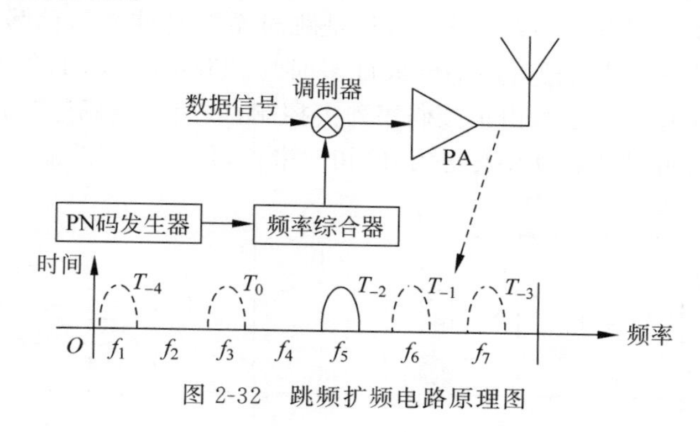

图 2-32 跳频扩频电路原理图

跳频扩频同样具有抗干扰性强、保密性强、抗衰落、码分多址等优点。

(1) 抗干扰性强。跳频通信抗干扰的机理是"打一枪换一个地方"的游击策略，敌方搞不清跳频规律，因而具有较强的抗干扰能力。一方面，我方的跳频指令是个伪随机码，其周期可长达十年甚至更长的时间。另一方面，跳变的频率可以达到成千上万个。因此，敌方若在某一频率上或某几个频率上施放长时间的干扰也无济于事。

(2) 跳频图案的伪随机性和跳频图案的密钥量使跳频系统具有保密性。即使是模拟话音的跳频通信，只要敌方不知道所使用的跳频图案就具有一定的保密能力。当跳频图案的密钥足够大时，具有抗截获的能力。

(3) 分集接收技术是克服信号衰落的有效措施，利用载波频率的快速跳变，具有频率分集的作用，从而使系统具有抗多径衰落的能力。分集接收实现的条件是跳变的频率间隔要大于衰落信道的相关带宽，这个条件通常是能满足的。

(4) 跳频扩频易于实现码分多址、频谱利用率高。跳频通信可以利用不同的跳频图案(正交性)或时钟，构成跳频码分多址系统，在一定带宽内容纳多个跳频通信系统同时工作，达到频谱资源共享的目的，从而大大提高其频谱利用率。

(5) 兼容性。跳频通信系统可以与不跳频的窄带通信系统在定频上建立通信。可与常规的定频电台互通，将常规电台加装跳频模块即可变成跳频电台。

(6) 抗“远-近”效应。所谓“远-近”效应是指大功率的信号(近处的电台)抑制小功率信号(远端的电台)的现象。对此，需要在系统中采用自动功率控制以保证远端和近端电台到达接收机的有用信号是同等功率的。这一点，增加了直接扩展频谱系统在移动通信环境中应用的复杂性，对直扩系统的影响很大。对跳频系统来说，这种影响就小得多，甚至可以完全克服。这是因为当大功率信号只在某个频率上产生“远-近”效应，当载波频率跳变至另一个频率时则不再受其影响。

采用快跳频和纠错编码系统用的伪随机码速率比直扩系统低得多，同步要求比直扩低，因而时间短、入网快。

3) 时间跳变扩频

时间跳变扩频(Time Hopping Spread Spectrum，THSS)系统简称跳时系统，THSS系统是用码序列控制发射时间。与跳频相似，只是跳时系统是使发射信号在时间轴上跳变。如图2-33所示，时间跳变扩频把时间轴分成许多时片(Time Slice，TS)，在一个时帧(Time Frame，TF)内哪个时片发射信号由扩频码序列去控制，即用一定码序列进行选择的多时片的时移键控。由于采用很窄的时片发送信号，相对来说，信号的频谱也就展宽了。

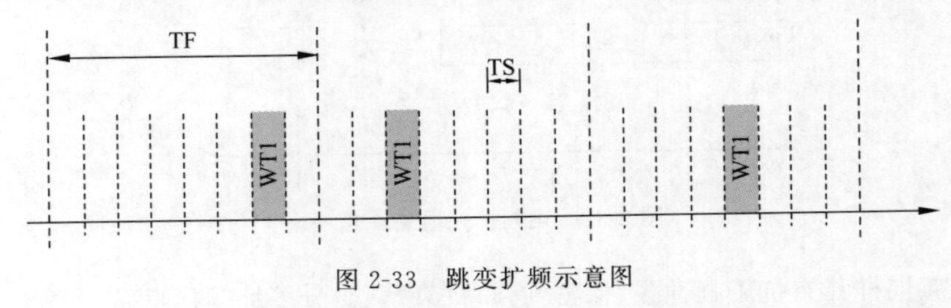

图2-33 跳变扩频示意图

图2-34所示为时间跳变扩频电路原理图，PN码发生器直接控制PA的启动开关，只有当到达发射时片时，导通PA，这时调制好的射频信号通过天线发射出去，其他时间关闭PA，没有信号发出。

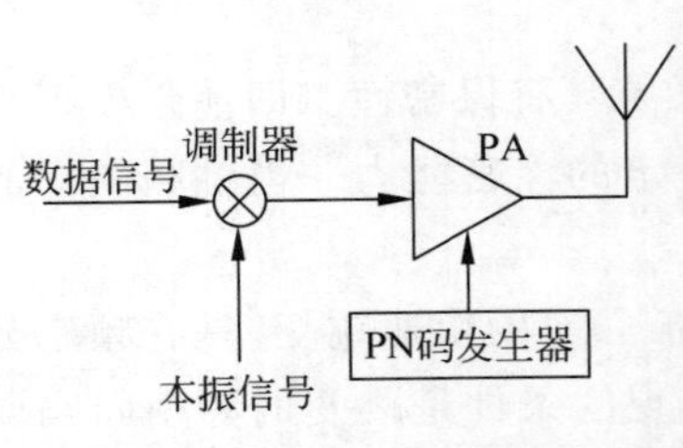

图2-34 时间跳变扩频电路原理图

在发端，输入的数据先存储起来，由扩频码发生器的扩频码序列去控制通-断开关，经二相或四相调制后再经射频调制后发射。在收端，由射频接收机输出的中频信号经本地产生的与发端相同的扩频码序列控制通-断开关，再经二相或四相解调器，送到数据存储器和再定时后输出数据。只要收发两端在时间上严格同步进行，就能正确地恢复原始数据。

THSS 的处理增益等于一帧中所分的时片数。THSS 抗干扰是指降低信号被敌方发现、识别的概率,以及时间上与敌方脉冲干扰重合的概率。这种概率越小,抗干扰能力越强。由于简单的跳时抗干扰性不强,很少单独使用。跳时通常都与其他方式结合使用,组成各种混合方式。UWB 就是一种特殊的时间跳变扩频系统。

4) 宽带线性调频扩频

宽带线性调频扩频(Chirp Modulation),简称 Chirp。如果发射的射频脉冲信号在一个周期内,其载频的频率做线性变化,则称为线性调频。因为其频率在较宽的频带内变化,信号的频带也被展宽了。这种扩频调制方式主要用在雷达中,也是 LoRa 调制的基础,2.3 节会详细介绍。

5) 混合方式

上述几种基本扩频系统各有优缺点,单独使用一种系统有时难以满足要求,将以上几种扩频方法结合就构成了混合扩频系统,常见的有 FH/DS、TH/DS、FH/TH 等。

表 2-2 所示为常见的三种扩频技术 DS、FH、TH 的优缺点总结对比。

表 2-2 不同混合扩频方式优缺点对比

扩频方式	优 点	缺 点
DS	通信隐蔽性好; 信号易产生,易实现数字加密; 能达到 1～100MHz 带宽	同步要求严格; “远-近”特性不好
FH	可达到非常宽的通信带宽; 有良好的“远-近”特性; 快跳可避免瞄准干扰; 模拟或数字调制灵活性大	快跳时设备复杂; 多址时对脉冲波形要求高; 慢跳隐蔽性差,快跳频率合成器实现困难
TH	与 TDMA 自然衔接,各路信号按时隙排列; 良好的“远-近”特性; 数字、模拟兼容	需要高峰值功率; 需要准确的时间同步; 对连续波干扰无抵抗能力

3. 扩频通信中的重要参数

1) 频谱效率

频谱效率(Spectral Efficiency)是传输的码率(单位:b/s)与数字信号所占的频谱(单位:Hz)之比,即单位频谱内的码元速率称为频谱效率。

例如,GSM 标准规定 200kHz 信道的传输码率 280kb/s,其频谱效率为 1.4b/s/Hz。在 2.1 节中介绍的常用二进制调制技术中,BPSK 和 OOK 的频谱效率等于 1,而 2FSK 的频谱效率小于 1。在扩频通信系统中,经常遇到频谱效率远小于 1 的情况。

【例 2-1】 计算 LoRa 系统采用扩频因子 SF=5 和 SF=12 时的频谱效率是多少?

解:在 LoRa 系统中,频谱效率与自身选择的带宽无关,只是与扩频因子相关。

SF=5 时的频谱效率 $=5/2^5=0.156\text{b}\cdot\text{s}^{-1}\cdot\text{Hz}^{-1}$。

SF=12 时的频谱效率$=12/2^{12}=0.0029\text{b}\cdot\text{s}^{-1}\cdot\text{Hz}^{-1}$。

可以看到 LoRa 系统中最高的频谱效率为 $0.156\text{b}\cdot\text{s}^{-1}\cdot\text{Hz}^{-1}$，最低的频谱效率为 $0.0029\text{b}\cdot\text{s}^{-1}\cdot\text{Hz}^{-1}$。

2）处理增益

处理增益又叫扩频增益(Spreading Gain)，扩频增益 G_p 为频谱扩展后的信号带宽 B 与频谱扩展前的信息带宽ΔF 之比：

$$G_p = B/\Delta F \tag{2-16}$$

在扩频通信系统中，接收机做扩频解调后，只提取伪随机编码相关处理后的带宽为ΔF的信息，而排除宽频带 B 中的外部干扰、噪声和其他用户的通信影响。

处理增益 G_p 反映了扩频通信系统信噪比改善的程度，因此也可定义为接收相关处理器输出与输入信噪比的比值，即

$$G_p = \frac{输出信噪比}{输入信噪比} = \frac{S_o/N_o}{S_i/N_i} \tag{2-17}$$

这里须注意一点，处理增益只有在解扩之后才能获得。

下面举两个例子，分别针对 LoRa 和 NB-IoT 计算一下它们的处理增益是多少。

【例 2-2】 一个 LoRa 系统在传输一组数据，其占用带宽为 125kHz，采用 SF7 扩频传输的数据流速率约为 5.5kb/s，计算这个 LoRa 系统的处理增益。

解：已知 LoRa 系统的$\Delta F=5.5\text{kb/s}$，带宽 $B=125\text{kHz}$，根据式(2-16)，这个 LoRa 系统的处理增益为

$$G_p = 125\text{kHz}/5.5\text{kb/s} = 25 \approx 13.7\text{dB}$$

这 13.7dB 的处理增益可以认为是通过带宽换信噪比。简单理解为通过 SF7 扩频后，LoRa 的灵敏度提高了 13.7dB。

【例 2-3】 已知 NB-IoT 最大可支持下行 2048 次重传，上行 128 次重传，求 NB-IoT 上、下行信道最大处理增益是多少？LoRa 的最大处理增益是多少？

解：根据式(2-16)，NB-IoT 的上行处理增益 G_{pup} 和下行处理增益 G_{pdown} 为：

$$G_{\text{pup}} = 128/1 = 21\text{dB}$$

$$G_{\text{pdown}} = 2048/1 = 30\text{dB}$$

LoRa 最大处理增益发生在 SF=12 时，如采用 125kHz 带宽，速率为 293b/s，根据式(2-16)，LoRa 的最大处理增益 $G_{\text{pLoRa}}=125\text{kHz}/293\text{b/s}\approx 26.3\text{dB}$。

在上述的计算中，并不是处理增益 G_p 可以百分百地转化为解调灵敏度，处理增益与系统灵敏度的关系与系统的扩频解扩和调制解调方法相关，设计最优时可以实现处理增益的增加等于灵敏度的提升。例如，单纯地重复用时间换信噪比的方式虽然处理增益高，但是带来的实际灵敏度增加并不会那么高，3.1.1 小节中有关于灵敏度和处理增益的讨论。

3）干扰容限

干扰容限是扩频通信系统能在多大干扰环境下正常工作的能力，定义为

$$M_j = G_p - \left[L_s + \left(\frac{S}{N}\right)_o\right] \tag{2-18}$$

式中，L_s 为系统内部损耗；$\left(\frac{S}{N}\right)_o$ 为系统正常工作时要求的(解扩器)最小输出信噪比(解调前要求的对应于一定误码率的 S/N)，3.1.1 小节中有关于 $\left(\frac{S}{N}\right)_o$ 的详细讨论。

扩频通信系统的抗干扰能力用干扰容限来衡量，一旦系统中的干扰大于 M_j，系统将受到干扰。从现有的扩频通信系统干扰来看，扩频通信系统的抗干扰能力是有一定限度的。

2.2.3 香农定理

视频讲解

俗话说："有线的资源是无限的，而无线的资源却是有限的"。无线信道并不是可以任意增加传送信息的速率，它受其固有规律的制约，就像城市道路上的车一样不能想开多快就开多快，还受到道路宽度、其他车辆数量等因素的影响。这个规律就是香农定理(Shannon Theorem)。

1. 香农定理意义

香农定理给出了信道信息传送速率的上限和信道信噪比及带宽的关系。香农定理可以解释现代各种无线制式由于带宽不同，所支持的单载波最大吞吐量的不同。

在有随机热噪声的信道上传输数据信号时，信道容量最大值与信道带宽、S/N 关系为

$$C=B\log_2\left(1+\frac{S}{N}\right) \tag{2-19}$$

式中，C 为信道支持的最大速度或者叫信道容量(b/s)；B 为信道的带宽(Hz)；S 为平均信号功率(W)；N 为平均噪声功率(W)；S/N 为信噪比(dB)。

式(2-19)为香农定理，它给出的是单位时间 $T=1$ 时的信道容量，当考虑限时 T 的因素后，香农定理可以变形为

$$C=FT\log_2\left(1+\frac{P_s}{P_N}\right)=FT\log_2\left(1+\frac{S}{\sigma^2}\right) \tag{2-20}$$

式中，C 是信道支持的最大速度或者叫信道容量(b/s)；为了区别香农定理，这里用 F 替代 B，同样是信道的带宽(Hz)；P_s 为信号功率(W)；P_N 为噪声功率(W)；S 是平均信号功率(W)；σ^2 代表高斯白噪声功率(W)。

图 2-35 展示了香农定理的物理意义，它给出了决定信道容量 C 的是三个信号物理参量 F、T、$\log_2\left(1+\frac{S}{\sigma^2}\right)$ 之间的辩证关系。三者的乘积是一个"可塑"性体积(三维)，三者间可以互换。

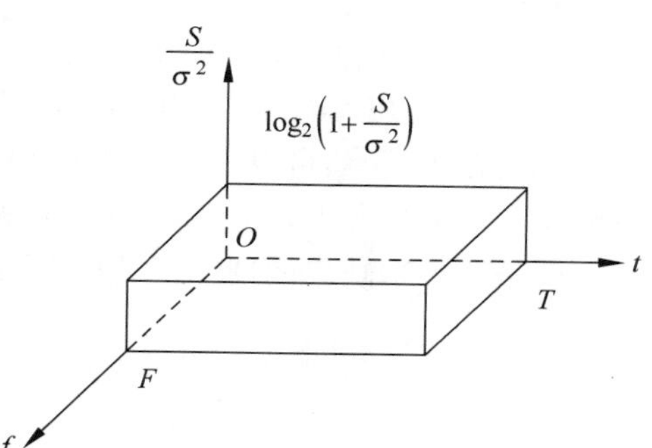

图 2-35 香农定理的物理意义示意图

2. 香农定理用途

根据香农定理，在一个系统内频带、时间、信噪比三者可以互换，可以用公式表示为

$$F_1T_1\log_2(1+\gamma_1)=F_2T_2\log_2(1+\gamma_2) \tag{2-21}$$

式中，F_1 为系统变化前的频带宽度(Hz)；F_2 为系统变化后的频带宽度(Hz)；T_1 为系统变化前的时间(s)；T_2 为系统变化后的时间(s)；γ_1 为系统变化前的信噪比(dB)；γ_2 为系统变化后的信噪比(dB)。

通过上述公式可以引出如下变化。

1）频带换取信噪比

用频带换取信噪比是扩频通信原理中最常用的方法。根据式(2-21)：

$$\begin{aligned} T_1=T_2&\Rightarrow F_1\log_2(1+\gamma_1)=F_2\log_2(1+\gamma_2)\\ &\Rightarrow\gamma_1=(1+\gamma_2)^{\frac{F_2}{F_1}}-1 \end{aligned} \tag{2-22}$$

当 $\gamma_2\gg1\Rightarrow\gamma_1=\gamma_2^{\frac{F_2}{F_1}}$，其中$\frac{F_2}{F_1}$称为扩频因子或扩频系数。

频带换取信噪比的应用：

- LoRa 技术就是使用频带换取信噪比的方式实现高灵敏度的。
- 雷达信号设计中的线性调频脉冲，模拟通信中的调频优于调幅，且频带越宽，抗干扰性就越强。
- 数字通信中，伪码(PN)直扩与时频编码等，带宽越宽，扩频增益越大，抗干扰性就越强。这在 ZigBee 技术物理层是采用伪码(PN)直接扩频实现的。
- 深空通信中(功率受能源限制，频谱资源相对丰富)，采用两电平数字通信方式有效利用信道容量。

2）信噪比换取频带

用信噪比换取频带为多进制、多电平、多维星座调制方式的基本原理。它利用高质量信道中富裕的信噪比换取频带，以提高传输有效性。

在生活中经常遇到如 QAM、MASK、MPSK 等都是采用信噪比换频带的方式实现的。人们熟悉的 Wi-Fi 技术就是采用 QPSK、16QAM、64QAM，现在的 Wi-Fi 6 已经采用 1024QAM 将信噪比换带宽用到了极致。人们熟悉的蓝牙 4、蓝牙 5、ZigBee 等都是用了该策略提升带宽和速率。

图 2-36 中有 4 种 MQAM 方式，包括 4QAM、16QAM、64QAM 和 256QAM，原来 1b 的能量分别分配到 2b、4b、6b、8b 中，其传输速率大幅增加。

许多人在想，既然可以实现 1024QAM，那么是否可以实现更高的信道容量呢？事实上在信噪比一定的情况下，其信道容量是有限度的。根据式(2-21)，在增加信道通带的宽度而不改变信号的平均功率的情况下其增大信道容量的极限为

$$C_t=F\log_2\left(1+\frac{P_{\mathrm{s}}}{P_{\mathrm{N}}}\right)=F\log_2\left(1+\frac{P_{\mathrm{s}}}{N_0F}\right)$$

$$\lim_{F\to\infty}C_t=\lim_{F\to\infty}\frac{P_{\mathrm{s}}}{N_0}\log_2\left(1+\frac{P_{\mathrm{s}}}{N_0F}\right)^{\frac{N_0F}{P_{\mathrm{s}}}}=\frac{P_{\mathrm{s}}}{N_0}\log_2e\approx1.44\frac{P_{\mathrm{s}}}{N_0}$$

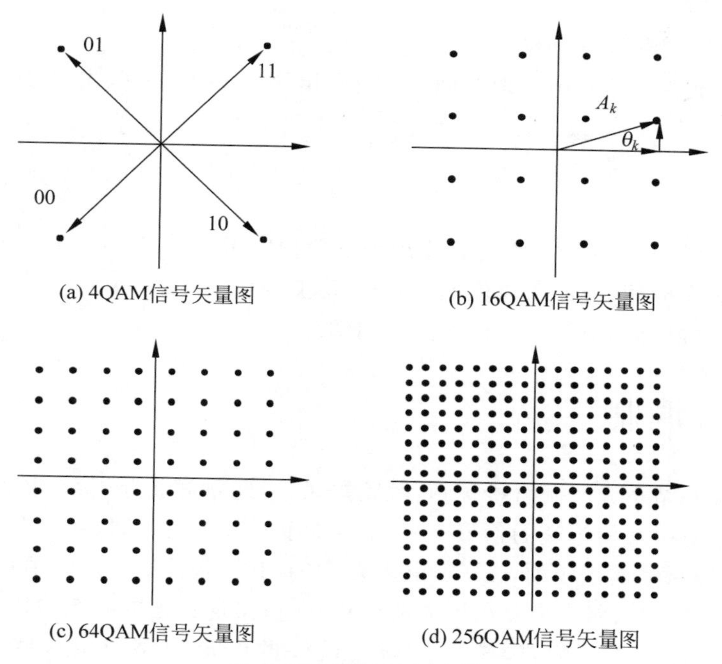

图 2-36　MQAM 星座图

如图 2-37 所示，不改变信号平均功率的情况下，香农定理的信道极限为 $1.44P_s/N_0$，无论 F 如何增大，信道容量 C_t 不变。

3）用时间换取信噪比

用时间换取信噪比：带宽固定则有 $F_1=F_2$，根据式(2-21)可得：

$$T_1\log_2(1+\gamma_1)=T_2\log_2(1+\gamma_2)$$

$$\gamma_1=(1+\gamma_2)^{\frac{T_2}{T_1}}-1 \tag{2-23}$$

若 $T_2>T_1$，则 $\gamma_1>\gamma_2$。

重传、弱信号累积接收基于这一原理。如图 2-38 所示，$t=T_0$ 为分界线，信号功率 S 有规律随时间线性增长，噪声功率 σ^2 无规律，随时间呈均方根增长。NB-IoT 技术就是利用此方法多次重传用时间换取信噪比。

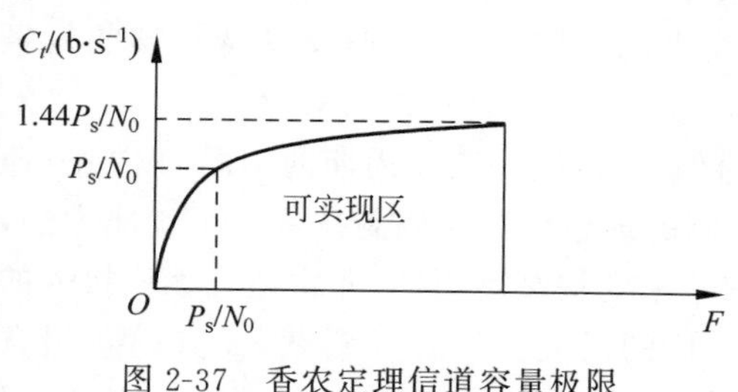

图 2-37　香农定理信道容量极限

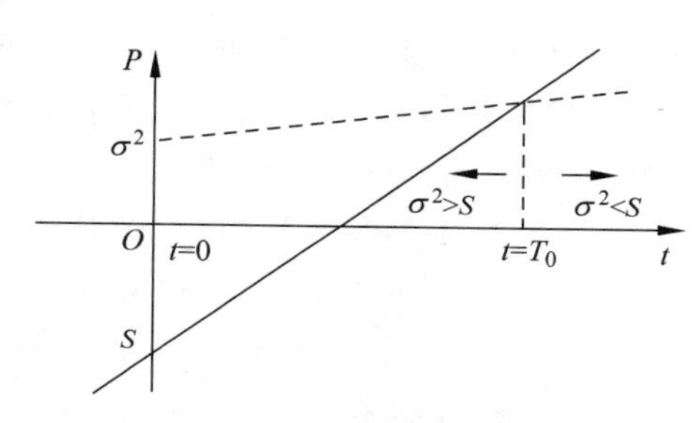

图 2-38　用时间换信噪比示意图

4）时间换频带、频带换时间

用时间换取频带或用频带换取时间：信噪比相同 $\gamma_1=\gamma_2$，根据式(2-21)可得：

$$F_1T_1=F_2T_2$$

$$T_2=\frac{F_1}{F_2}T_1 \tag{2-24}$$

时间换频带、频带换时间可以分别实现如下两种应用：

- 扩频：缩短时间，应用于通信电子对抗、潜艇通信。
- 窄带：增加时间，应用于电话线路传图像。

视频讲解

2.3 Chirp调制

本书2.2.2小节也介绍了直接扩频、跳频扩频、时间跳频扩频、混合扩频等多种扩频技术。其中DSSS采用互相正交的伪噪声序列(PN序列)，在发送端，将待发送数据与PN序列相乘，生成扩频后的送信序列，在扩大频率范围的同时，降低信号的峰值；在接收端，通过与相同的PN序列相关，将会恢复出原先的信号峰值，实现数据的有效检出。FHSS是将总的通信带宽分成若干窄的频带，然后按预先设好的固定顺序使用这些频带进行通信。FHSS在各种低速通信，特别是利用公用频段的通信中有广泛的应用。但是，无论是DSSS、还是FHSS都需要保证发送和接收双方的设备严格的时间同步，同时在扩频序列或跳频序列的使用上预先取得一致。在高速复杂的系统中，为此增加的开销不是问题，但对于低速、低功耗的系统中，保持时间同步的开销就会显得突出，在这个时候Chirp扩频调制的优势就显现出来了。这也是物联网的低速长距离需求下LoRa技术选择Chirp技术的原因。

2.3.1 线性调频信号的表征与特性

线性调频(Linear Frequency Modulation，LFM)是一种不需要伪随机编码序列的扩展频谱调制技术。因为线性调频信号占用的频带宽度远大于信息带宽，所以也可以获得很大的系统处理增益。线性调频信号也称为鸟声(Chirp)信号，因为其频谱带宽落于可听范围，听着像鸟声(英文单词Chirp为鸟叫的意思)，所以又称Chirp扩展频谱(Chirp Spread Spectrum，CSS)技术。LFM技术在雷达、声呐技术中有广泛应用，例如在雷达定位技术中，它可用来增大射频脉冲宽度、加大通信距离、提高平均发射功率，同时又保持足够的信号频谱宽度，不降低雷达的距离分辨率。

1962年，M. R. Wiorkler将CSS技术用于通信，它以同一码元周期内不同的Chirp速率表达符号信息。研究表明，这种以Chirp速率调制的恒包络数字调制技术抗干扰能力强，能显著减少多径干扰的影响，有效地降低移动通信带来的快衰落影响，非常适合无线接入的应用。进入21世纪以来，将CSS技术用于扩频通信的研究发展日益活跃，尤其随着超宽带(UWB)技术的发展，将CSS技术与UWB的宽带低功率谱相结合形成的Chirp-UWB通信，它利用 Chirp 技术产生超宽带宽，具备二者优势，增强了抗干扰与抗噪声的能力。CSS 技术已成为传感网络通信标准 IEEE 802.15 中物理层候选标准。

图 2-39 所示为 FM、FSK 和 CSS 的传送信号、时域信号和频率信号的对比。从图中可以看出虽然同样是数字调制，CSS 信号与 FSK 无论是频域还是时域差别都很大，反而与模拟调制的 FM 有几分相似之处。

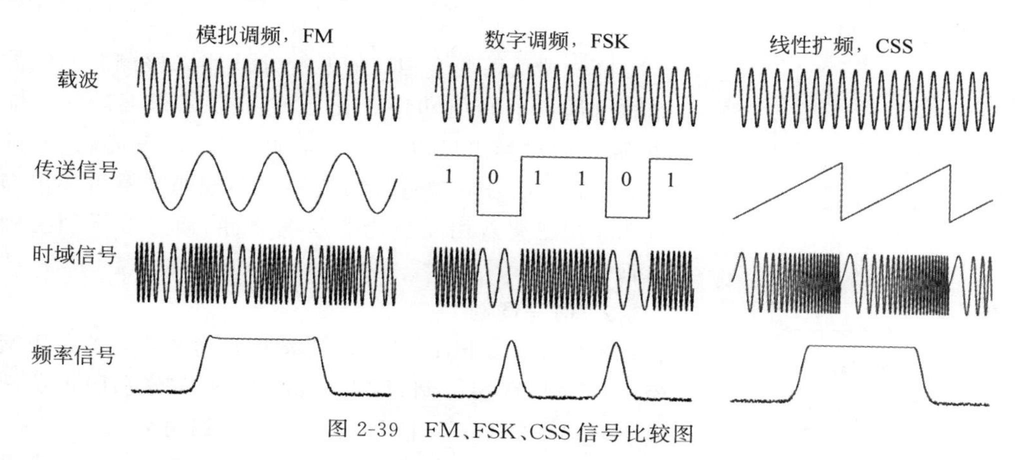

图 2-39 FM、FSK、CSS 信号比较图

线性调频(LFM)信号是指瞬时频率随时间呈线性变化的信号。LFM 信号的时域表达式可以写为(设振幅归一化，初始相位为零)

$$f(t)=\cos\theta(t)=\cos\left(\omega_0 t+\frac{\pi F}{T}t^2\right),\quad -\frac{T}{2}\leqslant t\leqslant\frac{T}{2} \tag{2-25}$$

式(2-25)的波形如图 2-40 所示，其中图 2-40(a)为频域信号图，图 2-40(b)为时域波形。

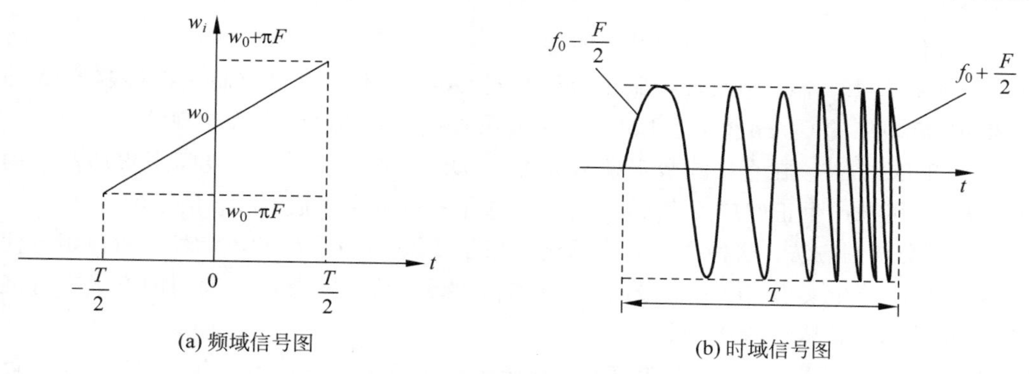

图 2-40 线性跳频信号图

按照处理增益的定义，信号的高频带宽近似等于 F，信息带宽为 $1/T$，故频谱扩展带来的处理增益等于 $F/(1/T)=FT$，此即时间带宽积，通常选用 $FT\gg1$。在信号匹配滤波检测的分析中可以看到，FT 就是匹配滤波器输出的最大峰值。

2.3.2 Chirp 信号调制技术的产生与检测

1. Chirp 通信信号一般形式

通信的二元数据也可用 LFM 信号，常称用 Chirp 信号来传输。最常用的做法是用围绕着中心频率 f_0 的正向和负向频率斜升变化来代表二元信码“1”与“0”。$f(t)$随频率变化的时频关系如图 2-41 所示。

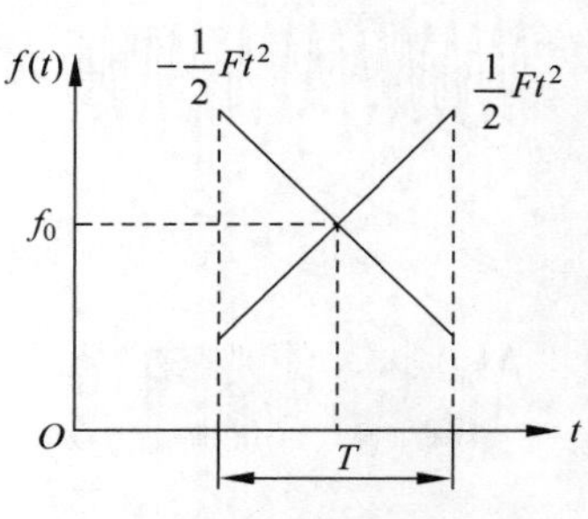

图 2-41 二元数据 Chirp 调制频谱示意图

接收端采用两个相应的匹配滤波器来检测。匹配滤波器输出是一个峰值功率正比于时间带宽积 FT 的压缩脉冲，通过取样判决可以恢复出信码“1”。代表信码“0”的负斜率 Chirp 信号通过对应的负斜率匹配滤波器可得出与正斜率匹配滤波器相同结论的压缩脉冲，通过取样判决确定信码“0”。

2. 信号调制

通信用的 Chirp 信号调制通常分为两类：二元正交键控(BOK)与直接调制(DM)。式(2-25)中分别用正负斜率或不同斜率值 Chirp 信号代表二元数据符号“1”与“0”，就等于 BOK 调制。这种方式正是简单地利用了不同斜率 Chirp 信号脉冲之间的正交性来实现的。802.15.4a 定义的 Chirp 扩频就是采用了 DM 的方式。

在直接调制中，将 Chirp 脉冲的展宽和压缩过程直接看成一种扩频调制与解调，而与数据调制基本无关。这一概念如同直接序列扩频调制一样，只是把扩频序列换成 Chirp 脉冲信号。直接调制方式还有利于利用 Chirp 信号所具有的多维正交性实施 Chirp 信号的多维调制与多址应用。

Chirp 信号的产生方法大致归结为四种。

(1) 直接频率调制：用纹波控制正、反向线性锯齿波电压直接控制压控振荡器(VCO)来产生正、反斜率的 Chirp 信号。LoRa 就是采用直接频率调制的方式实现的。

(2) CDDS 方式：在直接式数字频率合成 CDDS 的结构中加入一级频率累加器就构成了 CDDS，可用来产生正向或反向 Chirp 信号，这是一种数字生成 Chirp 信号的方法。

(3) 正交调制方法：这种产生方式的优点在于 I、Q 分量产生的灵活性。可以很方便地通过改变 I、Q 分量实现 Chirp 信号的直接调制。当然，这种需要混频调制的方式有可能带来杂散、谐波与相位噪声等影响。

(4) 声表面(SAM)色散延迟线方式：这是一种无源 Chirp 信号产生方法。SAW 色散延迟线方式的优点在于应用方便，可靠性高，但是 SAW 器件存在 20～30dB 的接入损耗，为得到足够的输出 Chirp 信号幅度，要求驱动冲激信号幅度很高。

3. Chirp 信号解调和检测

Chirp 信号的接收检测时经天线接收的信号通过低噪声放大(LNA)后送入匹配滤波器实现 Chirp 信号波形压缩，通过包络检波提取压缩脉冲，再经采样判决等处理恢复出数据。

显然，Chirp信号的匹配滤波压缩是关键技术。

实现Chirp信号匹配压缩主要有以下三种方式：

(1) 时域数字脉冲压缩：采用IQ正交双通道处理，优点在于可以避免接收信号的随机相位影响。

(2) 频域数字脉冲压缩：使用流水线工作方式，用批处理方式完成数据采集、FFT、复相乘、IFFT等，这种方式处理速度高，工作稳定，重复性好，具有较大的工作灵活性。

(3) 声表面波色散压缩线实现方式：可以实现Chirp色散压缩线的SAW器件主要有两种方式：叉指器件(IDT)和反射阵压缩器(RAC)。叉指器件换能器结构也有两种，一种是不做加权的线性Chirp换能器；另一种是采用切指加权的加权线性Chirp换能器。RAC利用沟槽阵列对声表面波的反射来实现色散，能达到很高的带宽响应，但制造工艺复杂。

2.3.3 LoRa调制

LoRa调制的核心思想是使用这种频率的变化的模式来调制基带信号，Chirp变化的速率也就是所谓的"Chirpness"，我们称为扩频因子(Spread Factor)。扩频因子越大，传输的距离越远，代价就是数据速率降低。因为要用更长的码片(Subchirp)来表示一个码元(Symbol)，而一个码元代表的信息量只有几或者十几比特。比如SF7(扩频因子为7的情况)就有128种不同的码片，每个码元共由128个码片组成，不过只能承载7b的信息量；如果采用SF10，则有1024种不同的码片，每个码元共由1024个码片组成，能承载10b的信息量。

LoRa调制中的每一个码元都可以表示为正弦信号，频率在时间周期内的变化如图2-42所示，f_c为中心信号扫过频率范围的中心频率，BW为工作带宽，频带范围为$[f_c-\mathrm{BW}/2, f_c+\mathrm{BW}/2]$。LoRa码元持续时间为$T_s$，从频率范围内的某一个初始频率开始上升，到达最高频率$f_c+\mathrm{BW}/2$，然后回落到最低频率$f_c-\mathrm{BW}/2$，继续开始上升，直到码元的持续时间T_s。所以在一个T_s时间内，LoRa码元的频率一定会扫过整个频带范围。

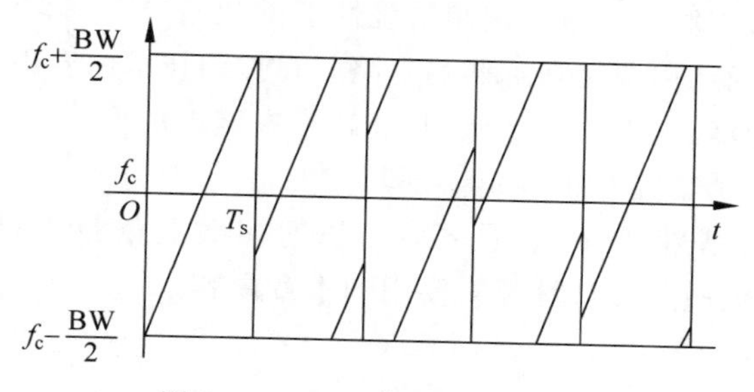

图2-42 LoRa信号频率变化图

T_s时间内共有2^{SF}个码片，每个码片带宽为$\mathrm{BW}/2^{\mathrm{SF}}$，且码片的构成方式一定是频率连续增加的方式(上升频率)，当频率增加到最大值后，码片会从频率最小值继续增加。一个周期T_s内的初始码片频率比结束码片频率大一个码片宽度$\mathrm{BW}/2^{\mathrm{SF}}$(初始码片频率为$f_c-$

BW/2 时，结束码片为 f_c+BW/2)。我们定义初始码片的编号为 S_0，则结束码片的编号为 $S_{2^{SF}-1}$，所以码元的种类为 2^{SF} 种。初始码片的编号，代表该码元的数据信息。LoRa 的正常载荷都为上升频率码元，只有一些特殊标记使用下降频率码元。

图 2-43 为一个 LoRa 信号的频率时间展开图。图中下半部分为 LoRa 信号随时间变化图，水平方向为频率轴，垂直方向为时间轴。LoRa 信号在 BW 内随时间发射频率不断连续变化，变化速率的绝对值保持不变(图中的倾斜角度)，等于 $BW/2^{SF}$。

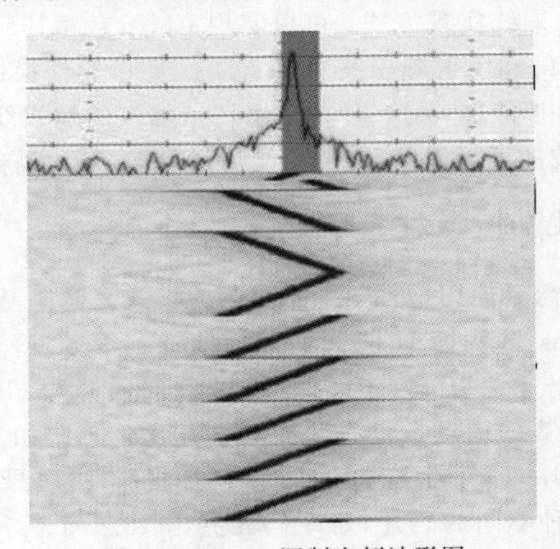

图 2-43 LoRa 调制实例波形图

小结

本章介绍了各种二进制数字调制解调原理及数字调制系统抗噪声性能；各种二进制调制的波形、带宽、调制信号的产生和解调方法及误码率性能分析的结论和公式；二进制误码率分析推导的思路。通过对各种数字调制系统性能的比较，能掌握各种调制系统性能的优劣，能根据实际情况正确选用调制和解调的电路。在扩频技术内容中，详细介绍了扩频技术的种类和特点，尤其是香农定理需要掌握，并理解香农定理的变形和用途。LoRa、NB-IoT、ZigBee 等技术都是利用香农定理的变形实现其功能特点的。

本章为无线通信的基础课程，掌握之后可以对多数通信技术进行分析和计算，包括 LoRa 的各种特性以及灵敏度等计算都需要用到本章内容。

第3章

LoRa扩频技术

LoRa调制属于扩频调制，它将低数据速率比特流编码调制到相对较宽的调制带宽上。调制宽度与实际数据速率之间没有直接关系，在不改变频谱形状的情况下，数据速率可以在很宽的范围内改变。不同于传统的直接扩频调制（使用BPSK或QAM调制作为基本调制），LoRa调制逻辑上是恒定包络，所以可以令放大器工作在饱和状态（高效率状态），使放大器的工作效率最高，而不像其他非恒包络调制，放大器要工作在线性区域。对比传统电子设备使用中频信号与锁相环混频后的高频信号接入功率放大器的架构，LoRa的硬件结构简单很多。

本章介绍LoRa扩频调制理论和LoRa的调制参数，LoRa信号从数据流变为LoRa扩频信号，再从射频信号通过解调变为需要数据的全过程。本章还介绍LoRa计算工具以及在应用中如何计算LoRa的关键参数。最后的小节是LoRa发射数据的一个编码过程实例，对LoRa调制有兴趣的读者不要错过。

3.1 LoRa调制解调原理

LoRa的优势是由自身的调制解调特性决定的，其难点和专利所在为接收机的解调过程，再准确一点说，LoRa的数字解调算法是最核心的部分。2.2节介绍了多种扩频方法，但并非使用了扩频技术其灵敏度就会大幅增加，也不是处理增益越高的系统灵敏度越高，而是与系统的调制解调机制相关。这也是LoRa调制技术区别于其他扩频技术的优势体现。

3.1.1 LoRa调制理论

视频讲解

在研究LoRa调制理论前需要对一些基础参数的概念进行解释：

- SF：扩频因子，对码片数量取对数后的数字；
- CR：编码速率，有效编码率为4/(4+CR)；
- BW：调制带宽，当前LoRa物理层支持的带宽范围为7.8～500kHz；
- NF：无线电噪声系数(单位：dB)。

1. LoRa 调制链路

图 3-1 中的 LoRa 调制链路由五部分组成，分别是纠错编码机、交织器、扩频序列产生器、笛卡儿极坐标转换器、Delta-sigma 调制器。

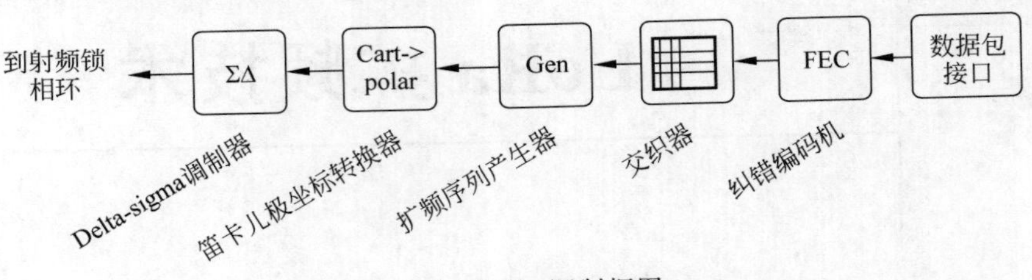

图 3-1 LoRa 调制框图

1）纠错编码机

如图 3-1 所示，当一组数据[用户的有效载荷(Payload)]被推入数据包接口(Packet Interface)时，调制过程开始。调制器通过纠错编码机将前向纠错编码(Forward Error Correction，FEC)添加到这些字节中。

这些有效载荷数据每一字节首先分成半字节(4 位一组)。然后，根据编码速率配置，在 1～4 冗余纠错位之间选择并追加到每个半字节。调制器编码速率通过 CR 寄存器进行设置，表 3-1 为前向纠错编码配置表。

表 3-1 前向纠错编码配置表

编 码 率	循环编码的 CR（有用位数/总位数）	开 销 率
1	4/5	1.25
2	4/6	1.5
3	4/7	1.75
4	4/8	2

2）交织器

通过纠错编码后，产生的(4＋CR)比特段，随后被存储到交织器的存储阵列中。交织器(Interleaver)有(4＋CR)列和 SF 行。一旦交织器满了，它的内容将编码到码元上。每个码元都带有 SF 位。因此，交织器内有(4＋CR)×SF 比特，独立于扩频因子 SF 被编码到 4＋CR 码元上。

这里举一个例子帮助读者理解交织器。假设此时 CR＝1，SF＝7，其交织器为 7 行、5 列。需要传输的数据流为：00000001001000110100010101100111。先将这些比特流分为 4b 一组($b_1/b_2/b_3/b_4$)：0000；0001；0010；0011；0100；0101；0110；0111；对上述数据增加 1b 校验位($b_1/b_2/b_3/b_4/C$)后为：00000；00011；00101；00110；01001；01010；01100；01111；再将上述数字填入交织器的存储列阵中。表 3-2 所示为交织器存储列阵数据模拟表，表中共有 7 行、5 列，可以放置 35b 的数据。

表 3-2　交织器存储列阵数据模拟表

(4+CR)×SF	Symbol 1	Symbol 2	Symbol 3	Symbol 4	Symbol 5
	1	2	3	4	CR
1	X	X	X	X	X
2	X	X	X	X	X
3	X	X	X	X	X
4	X	X	X	X	X
5	X	X	X	X	X
6	X	X	X	X	X
7	X	X	X	X	X

交织器存储列阵中的数据放置是通过一定的映射关系实现的。如图 3-2 所示，为数据与码元的交织映射关系示意图，可以看到 35 位的数据按照一定的映射关系被塞入 5 个码元中。

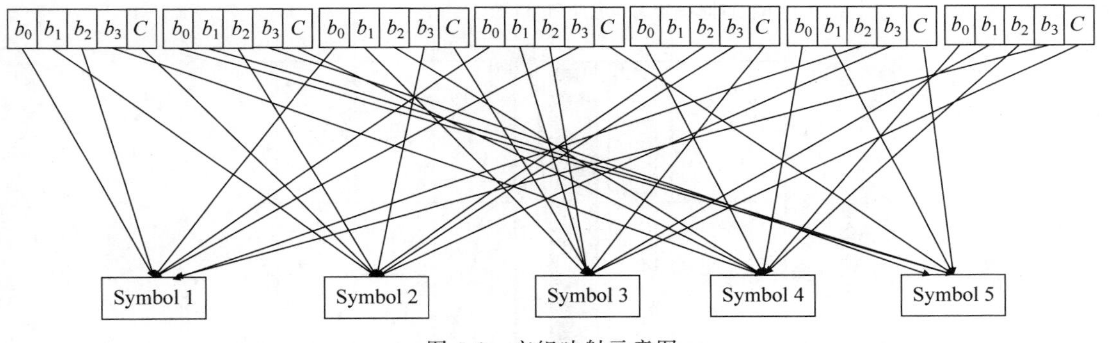

图 3-2　交织映射示意图

当 35b 数据进入交织器的存储列阵后，交织器存储满了，下一组数据($b_1/b_2/b_3/b_4/C$)需要填入下一个交织器中。

3）扩频序列产生器

每个码元都由 2^{SF} 个码片组成。码片速率 chip-rate 等于调制带宽 BW。因此，码元(symbol)的持续时间为

$$T_{\mathrm{symb}}=\frac{2^{\mathrm{SF}}}{\mathrm{BW}} \tag{3-1}$$

则无限长有效载荷(Payload)的有效数据速率

$$\mathrm{DR}=\frac{4\mathrm{SF}\cdot\mathrm{BW}}{(4+\mathrm{CR})2^{\mathrm{SF}}} \tag{3-2}$$

每个包前面都有一个前导码。前导码的目的是向无线链路另一端的接收器提供具有特性的可检测序列，以确定频率和定时同步。

前导码由一系列未经调制的码元组成，其后是特定结束标记。前导码结束标记是一种

不会在正常载荷数据扩频调制中出现的特殊标记(特殊标记为下降频率码元)。前导码结束标记的长度为4.25个码元。初始未调制码元序列必须至少有6个码元,但可以任意延长而不影响其性能。

因此,前导码长度为$(N+4.25)$个T_{symb}(码元周期时长),其中N是未调制码元的数目,最小前导码长度为$10.25T_{symb}$。

4) 坐标转换、Delta-sigma调制输出

图3-1所示扩频序列发生器(Spreading Sequence Generator)的输出是一个具有恒定包络的复杂采样流。利用笛卡儿极坐标变换器提取这些复频率的相位信息。相位分量被区分,从而产生瞬时频率调制,该瞬时频率调制被送到Delta-sigma调制器。

调制器的数字输出驱动锁相环的反馈分频器。LoRa调制器相干调制无线电载波的相位,而不是幅度。最后连接功率放大器和天线将LoRa信号发送出去。

由此产生的无线电调制频谱看起来非常像平顶OFDM频谱。图3-3显示125kHz调制带宽的无线电发射频谱,该LoRa信号在邻道的抑制为−33.9dB,隔道的抑制为−49.3dB。

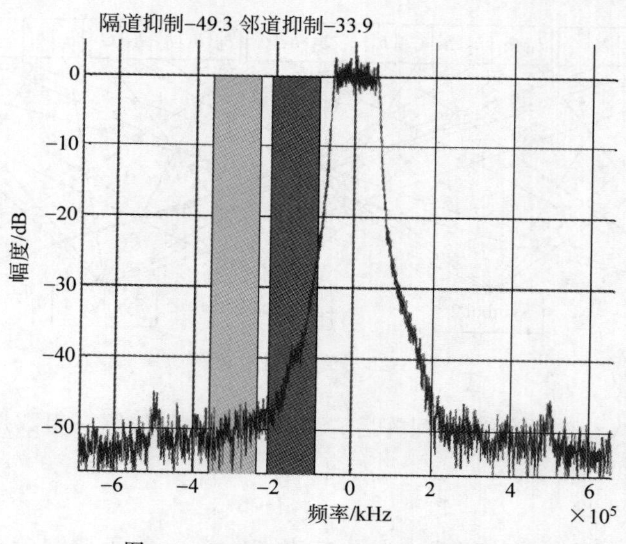

图3-3 LoRa 125kHz调制带宽信号

2. LoRa解调链路

图3-4中的LoRa解调链路由多部分组成,分别是前向数字抽取滤波器、中频混频器、信道滤波器、软解映射器、解交织器、纠错解码器、扩频序列产生器。

经过下变频的LoRa射频信号,再经过I/Q采样后进入解调路径。解调路径与传统的解调电路一样从数字抽取滤波器开始,将来自ADC的高采样率流转换为高精度、低速率的样本流。中频混频器通过将样本流乘以复指数信号来执行复频率转换。这样做的目的是使系统能够利用可编程的低中频频率,避免出现通用无线电接收机中的直流偏置问题。

信道滤波器是64抽头的FIR滤波器,负责消除多余的带外信号。在频率偏移为±BW

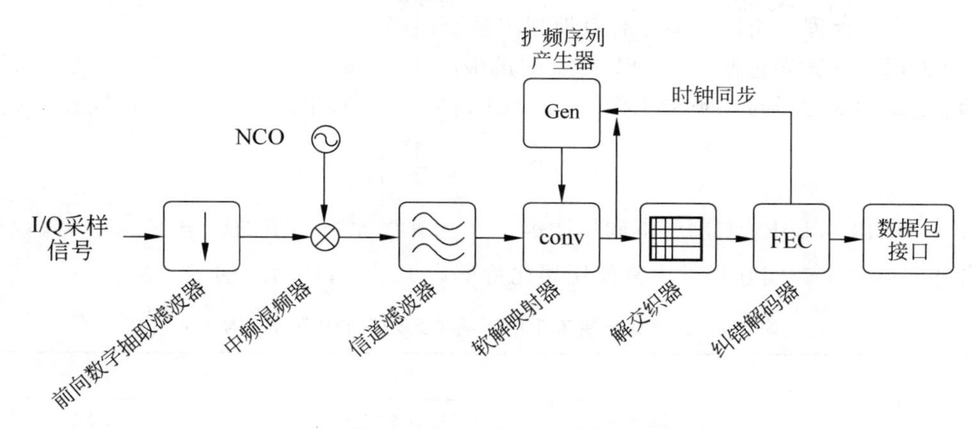

图 3-4 LoRa 解调链路框图

时,滤波器衰减大于 70dB。

信道滤波器的输出与发射机中使用的扩频序列做复共轭卷积。软解映射器解调的数据被推入解交织器,其顺序与发送器在编码期间读取的顺序完全相同。

一旦解交织器内数据填满,纠错解码器将对其进行处理。所使用的分组错误码是一种广义的软汉明码。

纠错解码器完成数据纠错后,将所有数据重新拼接发向数据包接口。

LoRa 解调链路中使用了软解码器配合 FEC 编码特点可以实现很好的纠错能力,解调中的数据处理采用与原有扩频序列复共轭卷积的方式,从而实现滤除非相干的干扰信号。

3. LoRa 信噪比 E_b/N_0 分析

表 3-3 给出了实现不同 LoRa 扩频因子解调所需的带内信号与干扰和噪声比(Signal to Noise+Interferer Ratio,SNIR),测试条件为编码率 4/5,包长度 32B,误包率 10%。

表 3-3 LoRa 扩频信号与干扰和噪声比关系表

SF	2^{SF} 码片数量	SNIR/dB	SF	2^{SF} 码片数量	SNIR/dB
5	32	−4	9	512	−14.0
6	64	−6.5	10	1024	−16.5
7	128	−9.0	11	2048	−19.0
8	256	−11.5	12	4096	−21.5

通过表 3-3 可以导出不同扩频因子在固定误包率下的 E_b/N_0(每比特信噪比)。根据 2.2.3 小节中香农定理公式变形,用频带换取信噪比,将扩频和冗余因素去除,只考虑 1b 信号强度与噪声的关系。在不考虑纠错校验位时,对于给定的 SF,相应的 E_b/N_0 为

$$\frac{E_b}{N_0}=\text{SNIR}-10\lg\left(\frac{\text{SF}}{2^{\text{SF}}}\right) \tag{3-3}$$

上述计算中只是对 LoRa 调制特性进行分析,未对纠错码的编码增益进行计算。在一

定的信噪比下，合理的纠错码能够有效地减小系统误码率。

【例 3-1】 计算误包率 10%，SF=12 时的极限 1b 信噪比 E_b/N_0。

解： 查表 3-3，SF=12 时 SNIR=−21.5dB，将 SF=12，SNIR=−21.5 代入式(3-3)，得

$$\frac{E_b}{N_0}=-21.5\text{dB}-10\lg\left(\frac{12}{2^{12}}\right)=3.8\text{dB}$$

表 3-4 给出了 LoRa 调制中不同扩频因子在几种误比特率下的极限 E_b/N_0，该数据源于笔者的实际测试。实际场景中常使用误比特率为 10^{-4} 时所对应的 E_b/N_0。

表 3-4 几种误比特率下的不同扩频因子的极限 E_b/N_0

SF	(E_b/N_0)/dB		
	误比特率 $=10^{-3}$	误比特率 $=10^{-4}$	误比特率 $=10^{-5}$
12	2.8	3.6	4.5
11	2.9	3.8	4.7
10	3.1	4.0	4.9
9	3.4	4.2	5.2
8	3.7	4.5	5.5
7	4.0	4.8	5.9
6	4.3	5.4	6.4
5	4.9	6.0	6.9

如表 3-4 所示，在相同的 E_b/N_0 条件下，采用更高的扩频因子可以获得更好的误码率表现。当采用前向纠错编码后，表 3-4 中所需的极限 E_b/N_0 可以再降低(编码增益可以降低系统误码率)。

细心的读者可能注意到表 3-3 中，每当扩频因子加 1，所需的 LoRa 调制 SNIR 只提高了 2.5dB，而不是通常预期的 3.0dB。这是因为当从 SF 切换到 SF+1 时，有效数据率不是减半而是乘以 $\frac{SF+1}{2SF}$。因此，相邻两个扩频因子的灵敏度差为

$$\text{sensi}_{SF+1}=\text{sensi}_{SF}+10\lg\left(\frac{SF+1}{2SF}\right) \tag{3-4}$$

通常，当从 SF7 到 SF8 时，根据式(3-4)，我们期望最佳扩频系统将其灵敏度提高为

$$\text{sensi}_{SF7}\sim\text{sensi}_{SF8}=-10\lg\left(\frac{7+1}{2\times 7}\right)=2.4\text{dB}$$

这个结果确实也是实际测量值。

4. LoRa 的接收灵敏度

1) 白噪声下的 LoRa 灵敏度

根据表 3-3，如果知道 LoRa 接收机的噪声系数(NF)，可以很容易地预测 LoRa 系统的灵敏度。

无线电噪声系数(通常以分贝表示)对应于无线电接收器在不可避免的热噪声之上所加

的噪声量。理想的射频噪声系数为0dB。在50Ω的负载下，热噪声密度为−174dBm/Hz。因此等效无线电噪声为−174dBm/Hz+NF。

在这种情况下，对于给定的SF，LoRa接收器的灵敏度为

$$\text{sensi}_{\text{SF}} = -174 + \text{NF} + 10\lg\text{BW} + \text{SNIR}_{\text{SF}} \tag{3-5}$$

例如，优化后的LoRa网关接收机的噪声系数为2dB。对于125kHz的调制带宽，使用SF=12，代入式(3-5)后的灵敏度为

$$\text{sensi}_{12} = -174 + 2 + 10\lg 125000 - 21.5 = -142.5$$

这确实是在SF=12下测得的灵敏度！

图3-5为SX1302网关工作在474.8MHz，载荷=32B情况下的灵敏度曲线。可以看出1%误包率比10%误包率要求严格，其灵敏度约相差1.5dB。不同的SF曲线之间灵敏度相差约2.5dB。

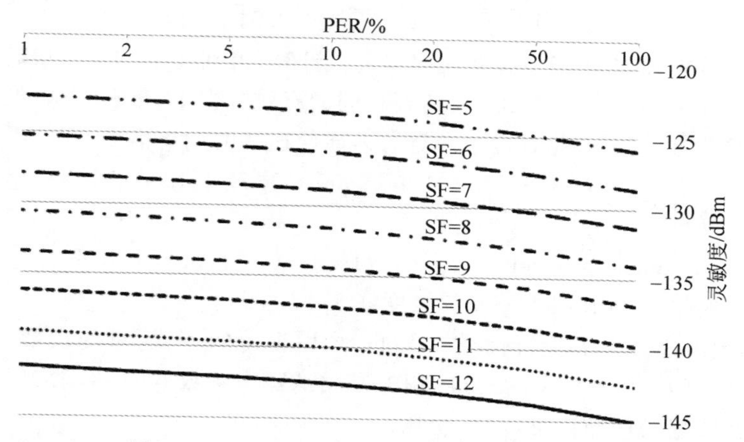

图3-5 SX1302网关在不同误包率下的灵敏度

上述测试中如果采用更大载荷进行测试，如选择载荷=64B，则所有灵敏度都会略微变差。实际应用中选择1%的误包率或10%的误包率下的灵敏度作为系统的灵敏度。因为LoRa数据调制的特色，无法孤立地看误码率或误比特率，因此使用误包率的概念。

在实际应用中，像SX1272这样的低功耗终端芯片，外部匹配滤波电路和内部解调电路会引入4～7dB的系统噪声。

我们已知LoRa的调制方式已经接近物理极限，如果想要进一步提升LoRa的性能，只能在降低接收信道的噪声系数上下功夫了。

【例3-2】 FSK系统与LoRa系统灵敏度对比。若两个系统工作在同样的传输速率下，其灵敏度差别为多少？LoRa的前向纠错为4/5。假设FSK系统与LoRa系统前端噪声系数相同，都为7dB。灵敏的定义为1%误包率环境中的灵敏度，假设LoRa与FSK包长度一样。

解： 假定LoRa工作在SF7，BW=125kHz，表3-5中LoRa终端节点在1%误包率(包

长度 32B)下的 SNR 极限为−7.5dB。

$$DR_{LoRa}=\frac{4SF\times BW}{(4+CR)2^{SF}}=\frac{4\times 7\times 125kHz}{5\times 2^7}=5.47kb/s$$

LoRa 工作在 SF=7,BW=125kHz 时 1%误包率情况下的 LoRa 解调器的 SNR=−7.5dB。

$$sensi_{LoRa}=-174+7+10lg125000-7.5=-123.5$$

FSK 的误包率需要转换为误码率,假设 FSK 数据包内含有 $n=32B\times 8=256b$。

根据比特误码率和包误码率公式

$$P_b=1-(1-P_e)^n \tag{3-6}$$

式中,P_b 为误包率;P_e 为比特误码率,n 为每包长度中的比特个数。

可得

$$P_e=1-\sqrt[n]{1-P_b}=1-\sqrt[256]{1-0.01}=3.9\times 10^{-5}$$

代入 2.1.4 小节 FSK 相干及解调误码率公式计算,得到 3.9×10^{-5} 误码率时的信噪比要求约为 12dB,则 $SNIR_{FSK}=12dB$。要达到相同的有效数据率,带有冗余(帧头、校验等)的 FSK 通信速率约为 6.5kb/s,此时检测带宽约为通信速率的 1.5 倍。

$$sensi_{FSK}=-174+7+10lg(6500\times 1.5)+12=-115.1$$

从上述比较可得

$$sensi_{FSK}-sensi_{LoRa}=-115.1-(-123.5)=8.4$$

在同样数据速率下 LoRa 比 FSK 灵敏度好 8.4dB。

【例 3-3】 已知 NB-IoT 上行信道 15kHz,采用重传的方式,重传次数 N 的最大值为 128,此时对应基站的极限 SNIR 为−11.8dB,基站的噪声系数 NF=3,求 NB-IoT 基站的灵敏度以及每比特数据的信噪比 E_b/N_0 极限。

解:根据式(3-5),NB-IoT 灵敏度为

$$\begin{aligned}sensi_{NB\_min}&=-174+NF+10lgBW+SNIR_{NB}\\&=-174+3+10lg15000-11.8=-141dBm\end{aligned}$$

根据式(3-3)可得 1b 数据的信噪比 E_b/N_0 极限为

$$\left(\frac{E_b}{N_0}\right)_{NB}=SNIR_{NB}-10lg\left(\frac{1}{N}\right)=-11.8-10lg\left(\frac{1}{128}\right)=9.3dB$$

分析:从 E_b/N_0 极限对比可知 LoRa 调制(例 3-1 中的 LoRa 在 SF=12 时,E_b/N_0 极限为 3.8dB)比 NB-IoT 好 5.5dB(9.3dB−3.8dB)左右。从终端设备分析,在不考虑 NB-IoT 与 LoRa 工作频率不同的前提下,NB-IoT 设备需要发射 LoRa 设备的约 3 倍(5.5dB)功率才能实现同样的工作距离。实际上也是如此,NB-IoT 设备输出功率为 23dBm,LoRa 设备输出功率为 17dBm,两者相差 5dB 左右。

2) 干扰噪声下的 LoRa 灵敏度

上述讨论的灵敏度均为只考虑白噪声而没有外界干扰的情况。当附近存在一定强度噪声时,LoRa 接收机可以解调的最小信号强度与接收的信噪比相关。根据 LoRa 信号 SNIR

的表格所示，如果此时接收机附近的带内噪声强度为 P_N（$P_N>\text{sensi}_{\text{LoRa}}+\text{SNIR}$），则此时的接收机可以解调的最小信号为

$$P_{\min}=P_N+\text{SNIR} \tag{3-7}$$

式中不同扩频因子对应的 SNIR 不同。

当 $P_N<\text{sensi}_{\text{LoRa}}-\text{SNIR}$ 时，接收机可以解调的最小信号为 $P_{\min}=\text{sensi}_{\text{LoRa}}$。

因此 LoRa 接收机会输出两个接收参数，分别是信号强度（RSSI）和信噪比（SNR）来说明接收信号的质量情况。RSSI 说明接收到信号的强度，而 SNR 说明信号的质量。LoRa 接收机可以解调的最小信号强度是由 RSSI 和 SNR 中相对较差的一个决定的。

【例 3-4】 一个 LoRa 系统接收机附近有 -100dBm 的带内噪声干扰，计算此时接收机可解调的最小信号强度是多少。

解：由于 LoRa 信号在 SF=12 时有最好的抗噪特性，查表 3-5 得到 SF=12 时的 SNIR 为 -20dB，已知此时接收机的灵敏度为 -142.5dBm。

那么系统总噪声要求最大不能超过 $-142.5-(-20)=-122.5\text{dBm}$。

而此时的带内噪声由两部分组成，分别是干扰噪声和热噪声。$P_N=P_i+P_n$，其中 $P_i=-100\text{dBm}$，$P_n=-174+10\lg125000=-123\text{dBm}$，$P_i\gg P_n$。

$$P_N=P_i+P_n=10\lg(10^{-\frac{100}{10}}+10^{-\frac{123}{10}})=-99.98\text{dBm}$$

由于 $P_N>-122.5\text{dBm}$，则系统可解调的最小信号 $P_{\min}$ 为

$$P_{\min}=P_N+\text{SNIR}=-99.98-20=-119.98\text{dBm}$$

本例题中，干扰噪声比热噪声大得多，可以近似认为 $P_N=P_i$；当干扰噪声与热噪声相当时，必须通过 $P_N=P_i+P_n$ 计算。

3.1.2 LoRa 调制解调器模块详解

视频讲解

1. 调制参数

对于一个给定的应用，在 LoRa 调制方式下，可以通过给出的 4 个参数对其性能进行优化，以便在链路预算，抗干扰性能，频谱占用和传输速率之间做出平衡。这 4 个参数为调制带宽（BW）、扩频因子（SF）、编码率（CR）和低速率优化（LDRO）。

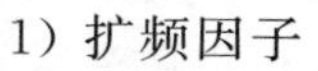

1）扩频因子

LoRa 扩频调制是通过把有效载荷信息中每比特数据用多位码片信息表示来实现的。由于不同的扩频因子之间两两正交，所以在一组收发链路中，扩频因子必须提前预知。除此之外，还要注意在接收机输入端所需的信噪比（SNR）。表 3-5 为 1% 误包率下，LoRa 终端节点芯片解调所需的最小信噪比。

表 3-5　SX1262 扩频因子范围及 SNR

扩频因子（SF）	5	6	7	8	9	10	11	12
2^{SF}（码片/码元）	32	64	128	256	512	1024	2048	4096
典型的 LoRa 解调器的 SNR/dB	−2.5	−5	−7.5	−10	−12.5	−15	−17.5	−20

在 LoRa 接收机中，由于能够接收负信噪比的信号，因此增加了接收机灵敏度，链路预算以及覆盖距离。较高的扩频因子提供更好的接收机灵敏度，但是以更长的空中传输时间为代价。

2）带宽

增加信号带宽可以提高有效载荷的传输速率，但是在减小发射时间的同时也带来了接收机灵敏度的下降。

如图 3-6 所示，在 LoRa 模式下，带宽(BW) 可以用软件设置，位于中心频率(f_{RF})附近。

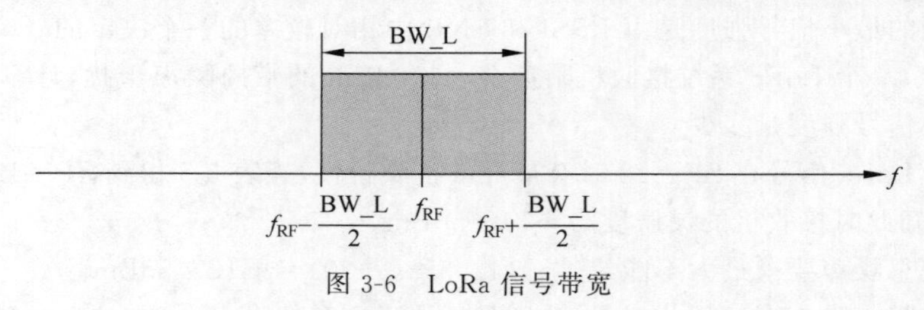

图 3-6 LoRa 信号带宽

很多国家对占用带宽都有限制。LoRa 调制带宽指的是双边带带宽。如表 3-6 所示，LoRa 可选的带宽范围非常广，共有 10 种不同的带宽可选。

表 3-6 LoRa 模式下的信号带宽设置

信号带宽	0	1	2	3	4	5	6	7	8	9
BW/kHz	7.81	10.42	15.63	20.83	31.25	41.67	62.5	125	250	500

对于小于或等于 250kHz 的带宽(BW)，接收机需要做二次变频。第一次变频为高频变到低中频，第二次变频为中低频变到基带频率，以便基带用作解调。当使用 500kHz 带宽时，在 RF 链路内一次性直接变频至零中频(zero-IF)。

3）前向纠错编码率

为了进一步提高链路的鲁棒性，LoRa 调制解调器采用循环误差编码来执行前向误差检测和校正。

前向纠错(FEC)对于提高存在干扰的链路的可靠性特别有效。因此，可以改变编码速率和抗干扰的鲁棒性来应对不同的信道条件。在发射机端选择的编码速率通过包头(当存在时)传递给接收机。

更高的编码率提供了更好的抗扰性，但需要更长的传输时间。如表 3-1 所示为前向纠错编码率表。在正常情况下，4/5 的因子提供了最佳的折中；在强干扰的情况下，可以使用更高的编码率。错误校正码不需要被接收器预先知道，因为它被编码在包头部分。

4）低数据率优化

对于低的数据率(通常是高的扩频因子或低的带宽)和一个需要在空中持续传输几秒的有效载荷，此时可以打开低速率优化(LDRO)。这样每个码元对应的比特数减少为 SF＝2

(详见3.1.2小节的LoRa空中时间),以便接收机更好地追踪LoRa信号。根据有效载荷大小,当LoRa的码元时间等于或大于16.38ms时推荐使用低数据率优化功能。

在LoRa调制模式下应该使包传输时间内的频率漂移降至最小并且低于Freq_drift_max。

$$\text{Freq\_drift\_max}=\frac{\text{BW}}{3\times 2^{\text{SF}}} \tag{3-8}$$

在低速模式下LowDataRateOptimize配置为0x01,则可以使包传输时间内的频率漂移的要求放松至16×Freq_drift_max。

$$\text{Freq\_drift\_max}=\frac{\text{BW}}{3\times 2^{\text{SF}}}16 \tag{3-9}$$

5) LoRa发射的参数关系

根据所知的关键参数,LoRa码元率被定义为

$$R_{\text{s}}=\frac{\text{BW}}{2^{\text{SF}}} \tag{3-10}$$

式中,BW为带宽;SF为扩频因子。传输的信号是一个恒定包络的信号,等效于每1Hz带宽上每秒发送一个码片。

2. LoRa帧结构

LoRa调制解调器使用显性和隐性两种类型的数据包格式。显性包包含一个短消息头,其包含了字节数、编码率和包中是否使用了CRC的信息,其包结构的格式如图3-7所示。

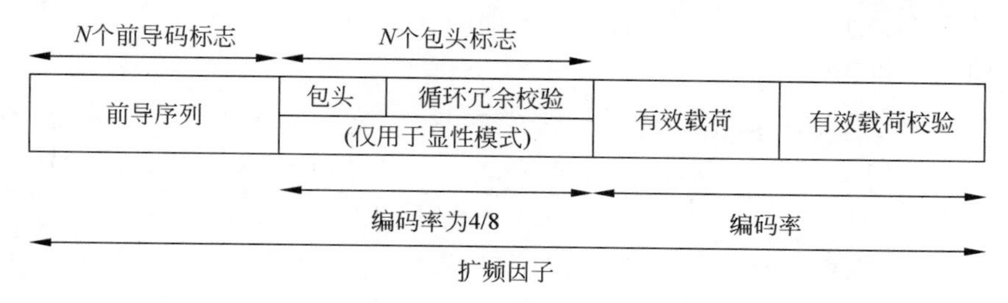

图3-7　LoRa包格式

LoRa数据包开始于一个前导序列,该序列用于使接收机与输入信号同步。默认情况下,该前导通常被配置为一个包含12个码元长的序列。这是一个可变量,因此可以扩展前导码长度,例如为了减少接收密集型应用中的接收机占空比。一旦考虑了固定的前导码元(4.25个码元,为了方便计作4个码元),所传输的前导码长度可以为10～65535个码元数。

接收机会周期性地重启前导检测操作。出于这个原因,前导序列长度应该配置为与发射机前导序列相同的长度。如果不知道前导序列长度或者其是可变的情况下,应该在接收端将前导序列的长度设置为最大。

前导序列后面是一个包头,其包含了后续的有效载荷的信息。有效载荷字段长度可变,最后可以选择附加CRC校验。

根据所选的操作模式,可以使用两种类型的包头。

1）显性包头模式

显性包头是默认的操作模式。这时包头提供了如下有效载荷的信息：

- 以字节计算的有效载荷长度；
- 前向纠错编码率；
- 对有效载荷进行校验的可选的16位CRC。

包头以最大纠错码(4/8)传输。同时它也有自己的校验码，以便允许接收器丢弃无效的包头。

2）隐性包头模式

在某些情况下，有效载荷、编码率和CRC是固定的或预先知道的，这时可以通过使用隐性包头模式来减少传输时间。该模式中包头被删除。此时在收发两端中，有效载荷的长度、错误编码率和有效载荷校验CRC需要手动配置成相同的参数。在大量相同终端设备的应用中经常使用隐性包头，如大量数据格式相同的表计定时上报数据可以采用隐性包头。

3. LoRa空中时间

空中时间(ToA)可以通过以下的方程式获得：

$$\mathrm{ToA}=\frac{2^{\mathrm{SF}}}{\mathrm{BW}}N_{\mathrm{symbol}} \tag{3-11}$$

式中，SF为扩频因子(5～12)；BW为带宽(kHz)；ToA为空中时间(ms)；N_{symbol}为码元数。

由于调制参数的不同，码元数的计算是不同的。

对于SF=5和SF=6：

$$N_{\mathrm{symbol}}=N_{\mathrm{symbol\_preamble}}+6.25+8+\mathrm{ceil}\left(\frac{\max(8\times N_{\mathrm{byte\_payload}}+N_{\mathrm{bit\_CRC}}-4\times\mathrm{SF}+N_{\mathrm{symbol\_header}},0)}{4\times\mathrm{SF}}\right)\times(\mathrm{CR}+4) \tag{3-12}$$

对于其他的SF：

$$N_{\mathrm{symbol}}=N_{\mathrm{symbol\_preamble}}+4.25+8+\mathrm{ceil}\left(\frac{\max(8\times N_{\mathrm{byte\_payload}}+N_{\mathrm{bit\_CRC}}-4\times\mathrm{SF}+8+N_{\mathrm{symbol\_header}},0)}{4\times\mathrm{SF}}\right)\times(\mathrm{CR}+4) \tag{3-13}$$

对低速率优化开启模式下的其他SF：

$$N_{\mathrm{symbol}}=N_{\mathrm{symbol\_preamble}}+4.25+8+\mathrm{ceil}\left(\frac{\max(8\times N_{\mathrm{byte\_payload}}+N_{\mathrm{bit\_CRC}}-4\times\mathrm{SF}+8+N_{\mathrm{symbol\_header}},0)}{4\times(\mathrm{SF}-2)}\right)\times(\mathrm{CR}+4) \tag{3-14}$$

上述式中参数设置如下：

- CRC开启时，$N_{\mathrm{bit\_CRC}}=16$，反之为0；

- 显性包头模式时 $N_{\text{symbol\_header}}=20$，隐性包头模式时为 0；
- CR 为 1、2、3 或 4，分别对应于编码率 4/5、4/6、4/7 或 4/8。

关于空中飞行时间的详细计算会在第 8 章讲述。Semtech 网站上针对不同芯片有相应的 LoRa 计算器，读者可以下载使用，3.2.1 小节有 LoRa 计算器工具的使用讲解。

4. LoRa 信道状态检测(CAD)

对于扩频调制技术的应用，由于有用信号可能位于接收机的噪声之下，使得很难确定信道是否被占用。在这种情况下使用接收信号强度指示(RSSI)显然是行不通的。为了达到有效监测信道占用情况，信道状态检测(CAD)功能被发明出来用于检测信道中是否有 LoRa 信号。

在芯片 SX126X 中，信道状态检测是通过检测 LoRa 的前导或数据码元来实现的，而前一代 SX127X 产品仅能通过检测 LoRa 的前导来实现该功能。

在 CAD 模式中，芯片 SX1261/2 通过在用户选择的时间(由码元的数量确定)内扫描整个带宽，通过返回的信道状态检测 IRQ 来判断通道内是否有 LoRa 信号。

信道状态检测所需要的时间取决于 LoRa 调制的参数设置。对于给定的配置(SF/BW)，典型的 CAD 检测时间可以选择为 1、2、4、8 或 16 个码元。一旦完成对指定码元数的监听持续时间，接收机将在 RX 中再保持半个码元时间用于后续的测量和处理。

3.2 LoRa 计算器工具

视频讲解

在 3.1 节的学习中，我们了解到了很多关于 LoRa 的核心参数，以及如何配置一个 LoRa 包，及码元长度，空中飞行时间等参数。为了方便大家了解和使用 LoRa 技术并计算上述的参数，Semtech 公司开发了一套 LoRa 计算器。根据芯片类型不同分别是 SX126X、SX127X 和 SX128X 三款 LoRa 计算器。计算器内容大同小异，都是基于芯片可以配置的参数进行选择，从而自动计算出需要的参数。本计算器工具主要针对发射参数配置情况，对于接收参数和功耗参数等，计算工具中就没有涉及，可以参考产品说明书。

3.2.1 LoRa 计算器讲解

图 3-8 所示为 SX1261 芯片配套使用的 LoRa 计算器工具。该 SX1261 LoRa 计算器有两个操作界面，分别是 LoRa 模式和 GFSK 模式，是因为该芯片同时支持这两种制式。现在的展示是 LoRa 操作界面，单击 GFSK 可以切换到 GFSK 界面。本小节内容的重点是 LoRa 模式。

界面的左侧是 LoRa 参数输入部分。参数分为三组主要类型，分别是 LoRa 模式设置(LoRa Modem Settings)、数据包配置(Packet Configuration)、射频设置(RF Settings)。这三组参数基本包含了 LoRa 发射数据包需要的主要参数。

1. LoRa 调制参数

Spreading Factor(SF，扩频因子)：可以设置 5～12 这几种配置(如果使用 SX127X 计算器只支持 6～12 的配置，因为 SX127X 芯片不支持 SF=5)。

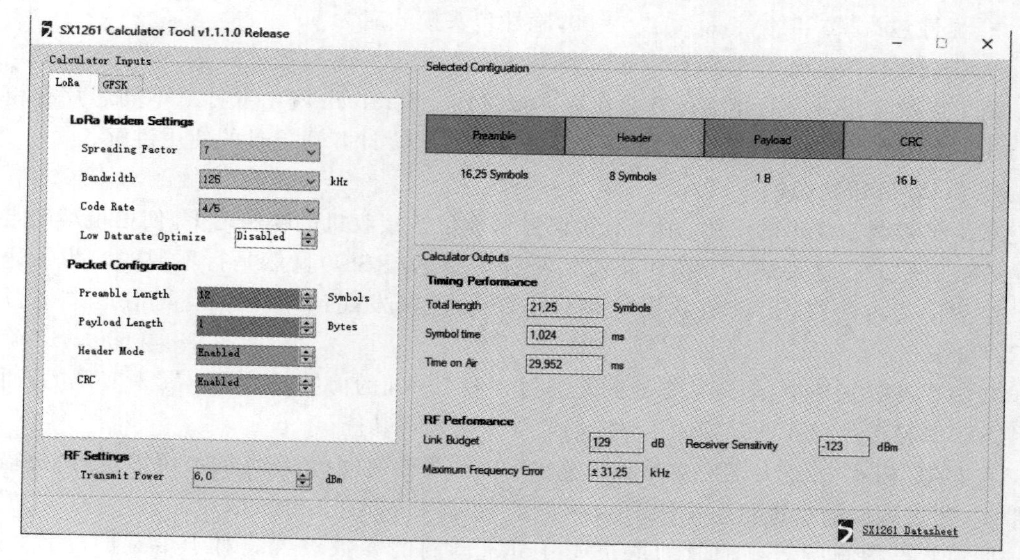

图 3-8　SX1261 LoRa 计算器截图

Bandwidth(BW,带宽)：支持 7.81,10.42,15.63,20.83,31.25,41.67,62.5,125,250,500kHz 这些带宽参数配置。一般常使用 125kHz,这是 LoRaWAN 中默认信道带宽配置。

Code Rate(CR,编码率)：纠错编码的使用有四种配置,分别为 4/5、4/6、4/7、4/8。其意义是每 4b 载荷数据需要在通信纠错编码中使用多比特表示,如 4/5 表示需要 5b 表示原来的 4b,说明额外增加了 1b 纠错编码信息。在 LoRa 芯片配置中常使用额外 1b 的纠错编码。一条通信数据中使用的纠错编码比例越高,这条数据在传输中的误包率就越低。在传输中,由于噪声影响,每一比特数据都有可能被解调错误,当有少量数据解调错误时有一定概率可以通过纠错码还原。LoRa 解调是根据整个码元来解调的,如果出错会使整个码元出错,不过数据调制发射前采用了交织编码,纠错码与数据信息已经被分配到不同的码元中传输,不会因为一个码元错误而导致这一组数据无法还原。使用纠错码比率越高,纠错能力越强,与此同时其包内冗余数据就越多,占用了空中飞行时间。在实际的 LoRa 应用中,4/5 的配置方式是纠错能力和包长度平衡的最佳选择,也是 LoRaWAN 标准中的常用配置。

Low Datarate Optimize(低速率优化)：采用低速率优化后可以使低速率的数据传输鲁棒性增强,但是带来的缺点是增加了信号的飞行时间。3.1.2 小节的公式计算中有专门针对低速率优化的计算。低速率优化还可以增强对抗多普勒频移,以及增强长包信号在一次通信数据包内由于多径衰落等影响引起的频率漂移等。只有在低速率的 SF=11 和 SF=12 情况下才需要打开频率偏移功能。

上述的配置的 LoRa 调制模式为物理层配置,是发射一个 LoRa 数据包最基本的设置。对应的接收机必须开启与发射机参数完全一致的配置才可以进行数据接收和解调。数据包配置部分的参数属于链路层配置。

2. 数据包配置

Preamble Length(前导长度)：前导码的长度具有多样性，针对一些异步唤醒的应用，需要超长的前导码，有的前导码长接近 1s 或更长。一般应用中经常配置的前导码长度为 8 个码元。

Payload Length(载荷长度)：此长度是根据客户需求而定的，最小是 1B，最大长度需要满足各国家/地区无线电规范，太长会导致空中飞行时间过长而违反规范。需要注意的是，每增加 1B 长度的载荷，其空中飞行时间不会连续增加，而是增加一定数量的载荷后一次性地增加飞行时间。这是因为载荷数据需要先经过交织器的交织编码处理，而交织器有一定的数据容量。比如在 SF=10 的配置下，增加 1～5B 的载荷，需要发送的码元都需要额外增加 5 个。在纠错编码为 4/5 的配置下，交织器为 SF=10 行、CR+1=5 列，交织内有 50b 数据，其中 40b 为有效载荷，10b 为前向纠错编码。所以每 5B 的载荷数据需要 5 个码元来携带。

Header Mode(帧头模式)和 CRC(循环冗余校验)可以通过软件设置开启和关闭。

3. 射频参数配置

射频参数中可以设置其发射功率(Transmit Power)，针对 SX126x 系列芯片，其输出功率在 −6～22dBm 可调，步进为 1dB。

4. 输出栏显示

在调整界面左侧的计算输入数据后，计数器工具右侧的数据会发生变化。右侧共有如下输出栏：

选定配置(Selected Configuration)：是根据左侧的数据包配置决定的。在配置好左侧的包结构参数后，右侧会自动生成实际可以发送的帧结构组合。

Calculator Outputs(计算输出)中有两部分，分别是 Timing Performance(时间性能参数)和 RF Performance(射频性能参数)。

1) 时间性能参数

Total length(整体包长度)：单位是码元，表示当前参数的数据包一共需要多少码元来调制发送。这个码元的数据是根据数据包配置和选择的扩频因子共同计算的结果。

Symbol time(码元时长)：码元的长度是由 LoRa 调制的特性决定的，由带宽和扩频因子参数决定。带宽越大，其码元时长越短；扩频因子越小，码元时长越短。LoRaWAN 的应用中常见的参数为 SF=7～SF=12，BW=125kHz，此时的码元时长为 1～32ms。为了工程中方便记忆，SF=7 的码元时长记为 1ms，其他扩频因子的时长都为 2 的指数关系。如 SF=12 比 SF=7 大 5，则时长为 2 的 5 次幂 32ms。通过码元时长还可以计算出一个非常关键的参数，等效数据速率(Data Rate，DR)可以采用式(3-2)计算。也可以通过码元时长计算出 DR，其中 DR 与 T_{symb} 关系公式为

$$\mathrm{DR}=\frac{4\mathrm{SF}}{T_{\text{symb}}(\mathrm{CR}+4)} \tag{3-15}$$

如常用的 SF=7、BW=125kHz 的传输数据速率为 5.5kb/s，将参数代入式(3-15)和式(3-2)都可以计算得出同样的结果 5.5kb/s。

Time on Air(空中时间)：整个包在空中飞行的时间，是由码元的时长及总共码元的数量决定的。在开启低速率优化模式下，其飞行时间会变长。请参照3.1.2小节中式(3-12)～式(3-14)。

2) 射频性能

Receiver Sensitivity(接收灵敏度)：芯片在当前的LoRa调制参数设置下的最小可以解调信号的强度(保证一定误码率)，由扩频因子和带宽决定，是LoRa物理层解调参数。带宽越小、扩频因子越大，其灵敏度越好，表现为负数绝对值越大。比如常见的SF＝7、BW＝125kHz时的灵敏度为－123dBm。当使用超窄带，超远距离(如卫星通信)时，配置为SF＝12、BW＝7.81kHz，此时的灵敏度已经达到了惊人的－149.1dBm。在这种超窄带环境中有非常好的灵敏度，但是代价是通信速率很低，就算发短数据包也要至少十几秒的时间。

Link Budget(链路预算)：收发链路之间可以保证稳定通信的最大传输损耗，链路预算等于发射功率减去灵敏度。电磁波在传输的过程中会有损耗，传输距离越远损耗就越大。增加链路预算有两种方法，分别是增大发射功率和提高灵敏度。在一般的系统中，由于各国家和地区对无线电的发射功率有严格要求(发射功率过大会占用带宽及覆盖干扰区域增大，影响他人使用)，剩下提升传输距离的方式就只剩下提高灵敏度了。所以远距离应用可以选择更低的带宽和更大的扩频因子来影响接收灵敏度，从而影响链路预算增加通信距离。在8.1.2小节中，有关于设置不同灵敏度和工作距离的计算。

Maximum Frequency Error(最大频率误差)：LoRa由于采用扩频通信，对频率的敏感度很低，即使发射机和接收机之间带宽偏差25%，依然可以实现通信。此参数是由LoRa调制参数带宽决定的。

3.2.2 LoRa飞行时间计算

LoRa计算器工具中飞行时间可以根据公式计算来验证。

【例3-5】 采用SF＝7，BW＝125kHz，Code rate＝4/5；关闭包头和CRC，前导长度为12个码元长度，载荷为2B。

解：由于关闭包头和CRC，所以$N_{\text{bit_CRC}}=0$，$N_{\text{symbol\_hander}}=0$。此时根据式(3-1)计算：

$$T_{\text{symb}}=\frac{2^{\text{SF}}}{\text{BW}}=\frac{2^7}{125\text{kHz}}=1.024\text{ms}$$

根据式(3-13)可得：

$$\begin{aligned}N_{\text{symbol}}&=N_{\text{symbol\_preamble}}+4.25+8+\text{ceil}\\&\quad\left(\frac{\max(8\times N_{\text{byte\_payload}}+N_{\text{bit\_CRC}}-4\times\text{SF}+8+N_{\text{symbol\_hander}},0)}{4\text{SF}}\right)\times(\text{CR}+4)\\&=12+4.25+8+\text{ceil}\left(\frac{\max(8\times2+0-4\times7+8+0,0)}{4\times7}\right)\times(1+4)\\&=12+4.25+8+\text{ceil}\left(\frac{\max(-4,0)}{7}\right)\times5=12+4.25+8+0=24.25\end{aligned}$$

$$\text{ToA}=T_{\text{symb}}\times N_{\text{symbol}}=1.024\text{ms}\times 24.25=24.832\text{ms}$$

LoRa 计算器工具的计算结果与上述数据相同，计算正确。

为了熟悉 LoRa 的主要参数，读者可以多动手操作此计算器工具。2.4GHz LoRa 128X 系列中还增加了 Fast LoRa 调制模式的工具，读者可以下载尝试。对于 LoRa 的深入理解最好通过手工计算的方式进行验证和学习。

3.3 LoRa 空口实际案例分析

在 3.1 节中，我们讲解了 LoRa 的调制解调原理，本节将通过实际的案例和图形使读者深入了解 LoRa 参数以及调制过程。

3.3.1 LoRa 码元调制编码

图 3-9 是一个 SF=7 的 LoRa 调制编码图，从图中可以看出码元、码片、数据速率、载荷数据之间的关系。

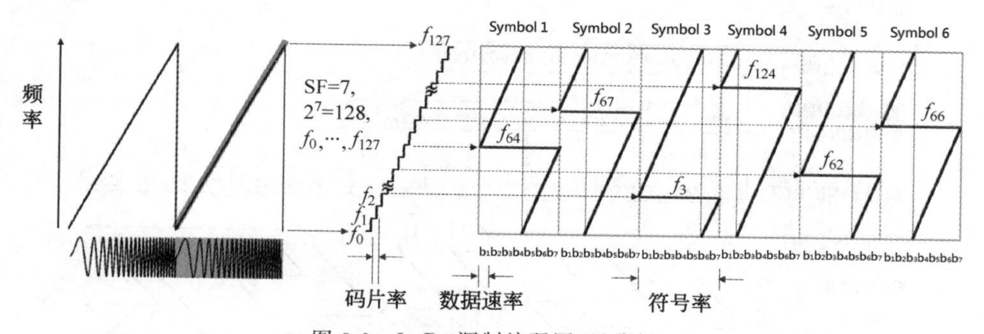

图 3-9　LoRa 调制编码图(见彩插)

图 3-9 中 SF=7，所以发送信号带宽切分为 128(即 $2^7=128$)个频率段的码片。假设该系统工作频率为 470MHz，BW=250kHz，相邻码片间隔为 250kHz/128=1.95kHz，此时 $f_0=470\text{MHz}$，$f_1=470.00195\text{MHz}$，$f_2=470.0039\text{MHz}$，…，$f_{127}=470.24805\text{MHz}$。

从图 3-9 中可以看出每 128 个码片代表一个码元，一个码元承载 7b 数据($b_1/b_2/b_3/b_4/b_5/b_6/b_7$)，不同的码片连接方式代表不同的码元。由于每个码元最多承载 7b 数据，所以只要有 128 种码元即可表达 7b 的所有状态。

图 3-9 中有三个时间长度分别是码片率(Chip Rate)、数据速率(Data Rate)、码元率(Symbol Rate)，可以清楚地看出它们的对应关系。3.1 节有关于这三个参数的详细分析。

关于码片如何组合成码元来代表 7b 数据，可以简单地认为一个码元在其周期内的起始频率(第一个码片对应的 f_n)决定了该码元代表的数据。由于 LoRa 调制是通过 Delta-Sigma 调制器的数字输出驱动锁相环的反馈分频器，那么只能实现连续的频率调节，符合这种初始值连续的方案。

不同的 SF 对应带宽 BW 除以时间的斜率,SF 越大,倾斜角度越小。SF 和 BW 对应一种 LoRa 调制方式,只有接收机也采用对应的 SF 和 BW 值才能正常解调,否则信号在相干解调中会淹没在噪声中。在实际的相干解调中,LoRa 调制在不同的 SF 信号或不同的 BW 下都是正交的,频带可以充分利用。比如在 BW=125kHz 的同频段内,一个 SF=7 信号 P_{SF7} 和一个 SF=8 信号 P_{SF8} 都在发射,频段内的噪声为 N_0,当两个信号都满足解调信噪比要求时($SNR_{SF7} \geqslant -7.5dB$; $SNR_{SF8} \geqslant -10dB$),两个信号都可以正常解调。这里需要注意,当计算 SNR_{SF7} 时,SF=8 的信号表现为此系统噪声,$SNR_{SF7} = P_{SF7}/(N_0 + P_{SF8})$;同理当计算 SNR_{SF8} 时,SF=7 的信号表现为此系统噪声,$SNR_{SF8} = P_{SF8}/(N_0 + P_{SF7})$

3.3.2 LoRa 数据发送实例

下面根据一个实际的 LoRa 数据发送案例,帮助读者了解 LoRa 发生数据的全过程。

图 3-10 所示为一次 LoRa 数据标志变化发送的全过程。其中要发送的数据内容为英文字符“LoRa”,发射参数为 SF=8,BW=125kHz,CR=4/5,中心频率为 470MHz。

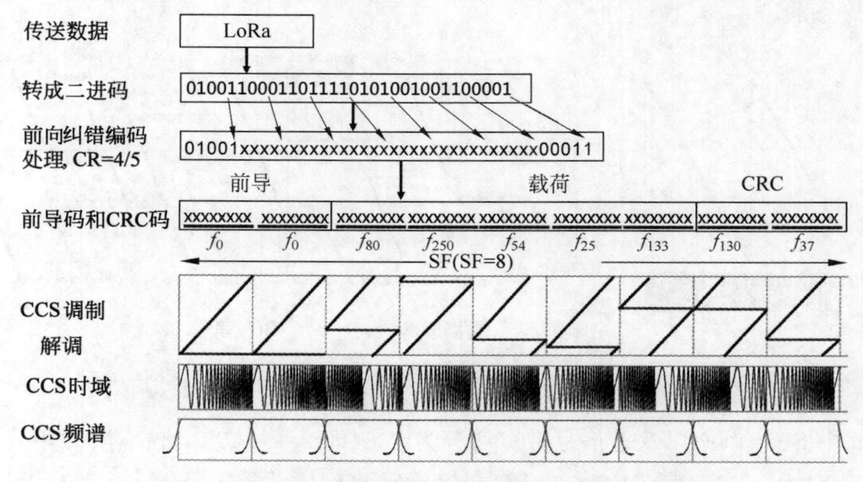

图 3-10 LoRa 调制封包及数据传输意图(见彩插)

首先需要将“LoRa”字符通过 ASCII 码转换为二进制数据。通过查表得到:“L”=01001100;“o”=01101111;“R”=01010010;“a”=01100001。如图 3-10 中转换为二进制数据串:“01001100011011110101001001100001”,共 32b。

下一步为前向纠错编码处理,每 4b 后面增加 1b 的纠错位,如图 3-10 中纠错位加入后的数据流为:“0100111000011001111001010001010110000011”,共 40b。

完成前向纠错编码后的数据需要进入交织器,由于采用 SF=8 编码,交织器的大小为 8 行 5 列。将前向纠错编码处理后的 40b 数据通过映射放入交织器中。此时有效载荷数据通过 5 个 SF=8 的码元携带。

负载(Payload)数据配置好后,增加前导和 CRC 校验,为一个标准的 LoRa 数据包,可以发送到数字输出驱动锁相环的反馈分频器。图 3-10 中 2 个前导(Preamble)都是 f_0 的码元,而要发送的载荷数据为 f_{80}、f_{250}、f_{54}、f_{25}、f_{133},CRC 校验的两个码元为 f_{130} 和 f_{37}。此时 LoRa 功率放大器输出的信号频率随时间变化的状态如图 3-10 中 CCS 调制部分所示,同时可以观察到其时域图形的变化规律。

如果需要解调本案例中的信号,只需要解调图中 CCS 调制中的横线代表的频率 f_n 即可获得每个码元的数据,具体解调流程比较复杂,请参照 3.1.1 小节的讨论。

小结

本章内容虽然不多,但是关于 LoRa 调制方法和解调路径的资料外界几乎没有。尤其是本书中的实际 LoRa 案例,读者应仔细学习。本章介绍的 LoRa 调制参数,后续章节都会用到,需要完全掌握。LoRa 计算器工具也希望读者从 Semtech 官网下载,反复操作熟练。

第 4 章

LoRa 核心芯片

众所周知，LoRa 技术是 Semtech 公司的专利技术，而 Semtech 公司是一家 60 年的老牌半导体公司，具有丰富的半导体开发和生态发展经验。为了 LoRa 的生态发展，Semtech 公司开发了全系列的 LoRa 芯片，并将这些芯片通过直销或知识产权授权的方式推广到市场上，所以现在市场上的所有 LoRa 芯片都是源于 Semtech。

芯片是 LoRa 无线网技术的根本，是一个行业能否发展壮大的基础，在前面的章节中我们知道经过 5 年多的发展，LoRa 芯片已经累计出货超过 1 亿颗。那么，LoRa 的核心芯片到底有多少种类？它们分别有什么特点？未来的 LoRa 芯片的发展趋势是什么？本章会针对这些问题展开讲述。

视频讲解

4.1 LoRa 芯片的分类

LoRa 的芯片分为两大类：一类是 LoRa 射频收发芯片，我们称其为 transceiver，也叫节点芯片或终端芯片；另一类是 LoRa 网关芯片，我们称其为 gateway，有时也叫基站芯片。

LoRa 射频收发芯片是一颗简单的小型单芯片，具有 LoRa 所有的物理层和控制命令，现在市场上所有的 LoRa 终端都是基于这类芯片实现的。LoRa 射频收发芯片可以用来制作简单应用的网关，比如单通道或者双通道网关。智能家居和一些简单的抄表应用中经常使用这类节点芯片来实现网关的功能。

LoRa 网关芯片是为 LoRaWAN 协议定制的专用网关芯片，该芯片处理能力强大。这里用 Wi-Fi 作类比：手机或者笔记本计算机里面的 Wi-Fi 模块芯片对应于 LoRa 的节点芯片，而工业级的 Wi-Fi AP 里面的 Wi-Fi 模块芯片对应于 LoRa 的网关芯片。手机 Wi-Fi 在多数情况下只能作为 Wi-Fi 终端使用，有需要的时候手机 Wi-Fi 还能作为一个小型路由器 Wi-Fi 热点，这点与 LoRa 节点芯片非常类似。LoRa 节点多数情况下是作为 LoRa 终端使用，有需要时可以作为网关使用，这是因为这颗 LoRa 节点芯片内部具有完整的 LoRa 通信功能。工业级的 Wi-Fi AP 要求就非常高了，不仅要更大的吞吐量，还要保证通信距离和通信稳定性，手机和计算机中普通的 Wi-Fi 模块芯片无法满足这个需求，需要专用芯片来支持。同理，LoRaWAN 网络需要更大的区域覆盖、更高的吞吐量和更快的计算能力，就需要一款专用的 LoRa 网关芯片。

LoRa 网关芯片的早期设计目标是成为运营商基站的物联网核心芯片，相当于运营商 4G 或者 5G 基站内的核心基带芯片。由于网关芯片性价比很高，很快得到市场认可，并逐步推广到非运营商网络领域。尤其在中国，几乎所有的网关芯片都应用于私有 LoRaWAN 网络中。

由于 LoRa 在各国工作频率不同，应用需求不同以及芯片的研发迭代，LoRa 芯片种类有很多。网关芯片型号如表 4-1 所示。由于 LoRaWAN 网关功能复杂，网关的核心芯片由两类芯片组成，分别是数字基带芯片（Digital Based-Band IC）和模拟前端芯片（Analog Front-End IC），运营商的 4G、5G 基站内部的核心芯片也是同样的架构。第一代的 LoRaWAN 数字基带芯片为 SX1301 和 SX1308，它们负责 LoRaWAN 网关的多路数字信号的调制解调，SX1301 主要应用于室外网关，SX1308 应用于室内网关。一个 LoRaWAN 网关除了需要数字信号调制解调外还必须搭配射频前端芯片才能工作。由于市场上的网关射频前端芯片多为运营商基站专业芯片价格很高（约 100 美元）不利于 LoRa 物联网的发展，Semtech 公司开发了配套的网关射频前端芯片 SX125X 系列。有一些高性能要求的 LoRaWAN 基站供应商，为了保证更好的性能会选择 ADI 公司的高端基站射频前端芯片。由于全球各地的 LoRa 工作频率不同，为了满足各地的频率要求，射频前端芯片根据不同工作频率划分为：SX1258 工作在 779～787MHz；SX1257 工作在 862～1020MHz；SX1255 工作在 400～510MHz。中国的 LoRaWAN 网关射频前端芯片选择使用 SX1255。

表 4-1 LoRa 网关芯片型号表

网关芯片型号	第一代产品	第二代产品（2019 年更新）
数字带芯片	SX1301 室外网关 SX1308 室内网关	SX1302 网关芯片
射频前端芯片	SX1258（779～787MHz） SX1257（862～1020MHz） SX1255（400～510MHz）	SX1250（全频带 150～960MHz）

2019 年 Semtech 公司推出了第二代的 LoRaWAN 网关芯片，包括数字基带芯片 SX1302 和射频前端芯片 SX1250。它们使用了更先进的工艺，实现了较高的性价比。

表 4-2 所示为 LoRa 的终端节点芯片，根据频段差异分为 Sub-1GHz 和 2.4GHz ISM 两大类，第一类是传统意义上一直提及的 LPWAN 应用（LPWAN 标准中设备都工作在 1GHz 之内的频段）的 LoRa 节点芯片，也是可以跟 LoRaWAN 网关芯片 SX130X 系列匹配通信的芯片。第二类节点芯片是应用于 2.4GHz 的 LoRa 芯片。Sub-1GHz 的芯片是现在市场的主流，也是我们日常讨论 LoRa 应用的节点芯片。

Sub-1GHz 的节点芯片共有两代，第一代是 SX127X 系列，第二代是 SX126X 系列，根据各国频带以及输出功率不同其编号不同。其中，SX1272 最大输出功率为＋20dBm，工作频率为 680～1000MHz；SX1276 最大输出功率为＋20dBm，工作频率为 137～1020MHz；SX1278 最大输出功率为＋20dBm，工作频率为 137～525MHz。

表 4-2 LoRa 节点芯片型号表

节点芯片型号	第一代产品	第二代产品(2018 年更新)
Sub-1GHz 收发芯片	SX1272(+20dBm,860～1000MHz)	SX1261(+15dBm,150～960MHz)
	SX1276(+20dBm,137～1020MHz)	SX1262(+22dBm,150～960MHz)
	SX1278(+20dBm,137～525MHz)	SX1268(+22dBm,410～810MHz)
2.4GHz 收发芯片	—	SX1280(带有测距引擎)
		SX1281(不带有测距引擎)

第二代 SX126X 系统芯片采用 90nm 工艺,性能提升且成本降低,其主要的三款芯片为：SX1261 最大输出功率为+15dBm,工作频率为 150～960MHz；SX1262 最大输出功率为+22dBm,工作频率为 150～960MHz；SX1268 最大输出功率为+22dBm,工作频率为 410～810MHz。

2.4GHz 节点芯片是根据 2.4GHz 频段 LoRa 市场需求而开发的,其内部支持多种协议且内置测距引擎。其中,SX1280 是带有测距功能的 2.4GHz LoRa 节点芯片,SX1281 不带测距功能。2.4GHz 的 LoRaWAN 协议还在制定中,所以配套的网关数字基带和射频前端芯片也没有开发出来。

除了上述的常用芯片外,还有根据市场应用定义的芯片,如针对中国室内应用的 LLCC68 芯片以及针对定位的 LR1110 芯片。

视频讲解

4.2 Sub-1GHz LoRa 收发芯片

2019 年市场销量最大的 LoRa 芯片是这款射频收发芯片 SX126X。本节将从它开始介绍 LoRa 的核心芯片,并通过与 SX127X 系列芯片的对比,对 Sub-1GHz LoRa 芯片进行全面分析。

SX1261 和 SX1262 是 1GHz 以下频段无线 LoRa 收发芯片,非常适合远距离无线应用。这款芯片的最小接收电流只需 4.2mA,非常适合长电池寿命的应用。SX1261 的最大发射功率可达+15dBm(支持欧洲规范要求及小功率市场),SX1262 的最大发射功率可达+22dBm。

这款芯片都支持 LoRa 调制和(G)FSK 调制。它们可以灵活地配置,以满足全球不同的 LoRaWAN 或专有协议的应用需求。

芯片的物理层满足 LoRa 联盟发布的 LoRaWAN 协议规格要求。

芯片满足各国无线电法规要求。这些无线电法规包括但不限于 ETSI EN 300220、FCC CFR 47 Part 15,中国的监管要求同日本的 ARIB T-108。该芯片从 150MHz 到 960MHz 连续的频率覆盖范围支持世界上所有主要的 1GHz 以下的 ISM 频段。

4.2.1 芯片架构

SX1261/2 是半双工收发芯片,能够低功耗地工作在 150～960MHz ISM 频段。如图 4-1

所示，其包括模拟前端、数字调制解调、数字接口和控制、电源部分四个主要功能部分。

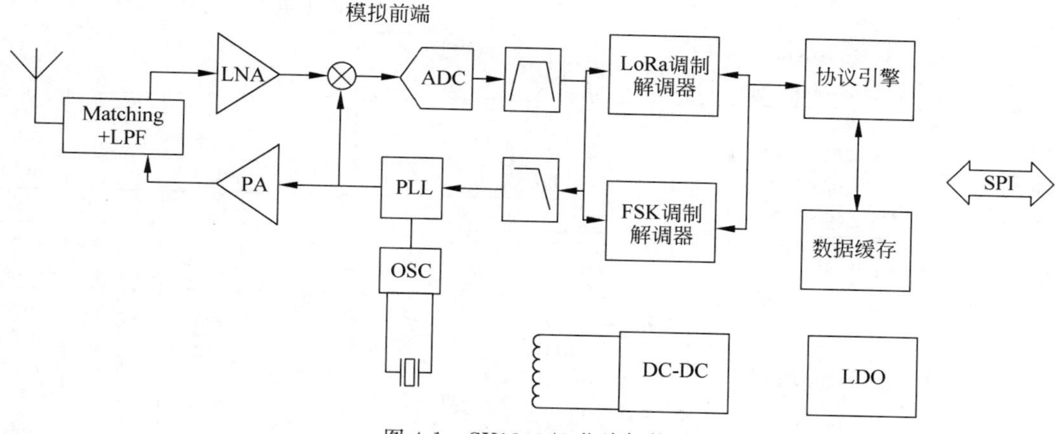

图 4-1 SX1261/2 芯片架构

(1) 模拟前端部分。这部分是发射和接收链路，以及数据转换接口。SX1261 与 SX1262 的发射链路中最后的功率放大电路是不相同的。SX1261 在 DC-DC 或者 LDO 模式下都能够输出最大 +14/15dBm 的功率。SX1262 在电池供电模式下能够输出最大 +22dBm 的功率。

(2) 数字调制解调部分。SX1261/2 能够处理以下调制解调方式：

- LoRa RX/TX，带宽＝7.8～500kHz，扩频因子 SF 为 5～12，比特速率为 0.018～62.5kb/s。
- (G)FSK RX/TX，比特速率为 0.6～300kb/s。

这款芯片是支持两种数字调制模式的，方便客户切换使用。LoRa 的许多应用都是传统的 FSK 技术替代，LoRa 芯片内部具有 FSK 调制解调引擎从而实现对上一代产品兼容。

(3) 数字接口和控制部分。这部分包括所有的有效载荷和协议处理以及通过 SPI 接口对芯片进行配置的功能。

(4) 电源部分。这部分包含 DC-DC 或者 LDO 两种形式的电压转换器。具体使用根据应用要求设计。

4.2.2 SX126X 芯片规格

1. 功耗

表 4-3 所示为芯片静态及接收功耗表，其中关键参数为 IDDSL：热启动休眠 Sleep 模式下电流为 1.2μA，为 LoRa 唤醒应用中休眠功耗；IDDRX 在 LoRa 125kHz 接收电流为 4.6mA。LoRa 接收电流为物联网应用电池寿命关键参数，尤其是带有下行唤醒的物联网设备。

表 4-3 芯片静态及接收功耗

符号	模式	描述	最小值	典型值	最大值	单位
IDDOFF	OFF 模式（冷启动的 Sleep 模式 1）	所有功能块关闭	—	160	—	nA
IDDSL	SLEEP 模式（热启动的 Sleep 模式 2）	保留配置	—	600	—	nA
		保留配置＋RC64K		1.2		μA
IDDSBR	STDBY_RC 模式	RC13M，XOSC 关闭	—	0.6	—	mA
IDDSBX	STDBY_XOSC 模式	XOSC 开启	—	0.8	—	mA
IDDFS	FS 模式	DC-DC 模式	—	2.1	—	mA
		LDO 模式		3.55		mA
IDDRX	用 DC-DC 的接收模式	FSK 4.8kb/s	—	4.2	—	mA
		LoRa 125kHz	—	4.6	—	mA
		Rx Boosted，FSK 4.8kb/s	—	4.8	—	mA
		Rx Boosted，LoRa 125kHz	—	5.3	—	mA
		LoRa 125kHz，VBAT＝1.8V	—	8.2	—	mA
	用 LDO 的接收模式	FSK 4.8kb/s	—	8	—	mA
		LoRa 125kHz	—	8.8	—	mA
		Rx Boosted，FSK 4.8kb/s	—	9.3	—	mA
		Rx Boosted，LoRa 125kHz	—	10.1	—	mA

表 4-4 所示为发射模式功耗表，其中关键参数为 IDDTX。发射功率与无线传输范围紧密相关，功率越大系统覆盖范围越广，同时系统的功耗越大。如果对距离要求不是很远，同时功耗控制比较严格，可以适当选择较小的发射功率。使用大功率设备时，选择 SX1262 效率最高；使用小功率设备时，选择 SX1261 效率更高。

表 4-4 发射模式功耗表

符号	频段	PA 匹配/条件	输出功率	典型值	单位
IDDTX SX1261	868/915MHz	＋14dBm	＋14dBm，VBAT＝3.3V	25.5	mA
			＋10dBm，VBAT＝3.3V	18	mA
			＋14dBm，VBAT＝1.8V	48	mA
			＋10dBm，VBAT＝1.8V	34	mA
		＋14dBm/优化设置	＋15dBm，VBAT＝3.3V	32.5	mA
			＋10dBm VBAT＝3.3V	15	mA
			＋15dBm，VBAT＝1.8V	60	mA
			＋10dBm，VBAT＝1.8V	29	mA
	434/490MHz	＋14dBm	＋15dBm，VBAT＝3.3V	25.5	mA
			＋14dBm，VBAT＝3.3V	21	mA
			＋10dBm，VBAT＝3.3V	14.5	mA
			＋15dBm，VBAT＝1.8V	46.5	mA
			＋14dBm，VBAT＝1.8V	39	mA
			＋10dBm，VBAT＝1.8V	26	mA

续表

符号	频段	PA 匹配/条件	输出功率	典型值	单位
IDDTX SX1262	868/915MHz	+22dBm	+22dBm +20dBm +17dBm +14dBm	118 102 95 90	mA mA mA mA
		+20dBm/优化设置	+20dBm	84	mA
		+17dBm/优化设置	+17dBm	58	mA
		+14dBm/优化设置	+14dBm	45	mA
	434/490MHz	+22dBm	+22dBm +20dBm +17dBm +14dBm	107 90 75 63	mA mA mA mA
		+20dBm/优化设置	+20dBm	65	mA
		+17dBm/优化设置	+17dBm	42	mA
		+14dBm/优化设置	+14dBm	32	mA

2. 通用规格

表 4-5 所示为通用规格表，其中关键参数如下。

- BW_L：通信双方带宽一致，才能正常通信。其他条件一定时，带宽越大，通信速率越快。
- SF：LoRa 技术采用的扩频因子，需要通信双方配置一致才能正常通信。在一定条件下，扩频因子越大，理论上通信距离越远，同时速率越低。

表 4-5 通用规格表

符号	描 述	条 件	最小值	典型值	最大值	单位
FR	合成器频率范围	SX1261	150		960	MHz
FSTEP	合成器频率步进	—	—	0.95	—	Hz
PHN	合成器噪声 (868/915MHz)	偏移 1kHz 偏移 10kHz 偏移 100kHz 偏移 1MHz 偏移 10MHz	—	−75 −95 −100 −120 −135	—	dBc/Hz dBc/Hz dBc/Hz dBc/Hz dBc/Hz
TS_FS	合成器唤醒时间	从 STDBY_XOSC 模式	—	40	—	μs
TS_HOP	合成器跳频时间	10MHz 步进	—	30	—	μs
TS_OSC	晶体振荡器唤醒时间	从 STDBY_RC 模式	—	150	—	μs
OSC_TRM	晶体频率误差补偿的调节范围	最小/最大晶体规格	±15	±30	—	10^{-6}

续表

符号	描　述	条　件	最小值	典型值	最大值	单位
BR_F	比特速率,FSK	可编程 最小调制指数是0.5	0.6	—	300	kb/s
FDA	频偏,FSK	可编程 FDA+BR_F/2≤250kHz	0.6	—	200	kHz
BR_L	比特速率,LoRa	最小：SF=12,BW_L=7.8kHz 最大：SF=5,BW_L=500kHz	0.018	—	62.5	kb/s
BW_L	信号带宽,LoRa	可编程	7.8	—	500	kHz
SF	扩频因子,LoRa	可编程,码片/码元=2^{SF}	5	—	12	—
VTCXO	TCXO电源变换器的电压范围	典型条件下最小/最大值 默认设置下的典型值 VDDop>VTCXO+200mV	1.6	1.7	3.3	V
ILTCXO	TCXO电源变换器的负载电流		—	1.5	4	mA
TSVTCXO	TCXO电源变换器的启动时间	从使能到升至偏离目标电压25mV以内	—	—	100	μs
IDDTCXO	TCXO电源变换器的电流消耗	静态电流 相对于负载电流	— —	— 1	70 2	μA %
ATCXO	外部TCXO加载到XTA引脚的电压幅度	通过220Ω电阻串联10pF电容	0.4	0.6	1.2	V

3. 接收模式规格

表4-6所示为接收模式规格表,其中关键参数如下。

- RXS_LB：LoRa灵敏度,指的是接收机能够正确把有用信号解调出来的最小接收功率。此值负数绝对值越大,接收灵敏度越高,可以提供的传输距离越远。
- TS_RX：接收机PLL锁定到待工作的载波频率所消耗的典型时间。

表4-6　接收模式规格表

符号	描　述	条　件	最小值	典型值	最大值	单位
RXS_2FB	2FSK灵敏度,RX boosted增益,RX和TX的射频通路分离,未考虑射频开关插损	BR_F=0.6kb/s,FDA=0.8kHz,BW_F=4kHz	—	−125	—	dBm
		BR_F=1.2kb/s,FDA=5kHz,BW_F=20kHz	—	−123	—	dBm
		BR_F=4.8kb/s,FDA=5kHz,BW_F=20kHz	—	−118	—	dBm
		BR_F=38.4kb/s,FDA=40kHz,BW_F=160kHz	—	−109	—	dBm
		BR_F=250kb/s,FDA=125kHz,BW_F=500kHz	—	−104	—	dBm

续表

符号	描述	条件	最小值	典型值	最大值	单位
RXS_LB	LoRa 灵敏度，RX boosted 增益，RX 和 TX 的射频通路分离，未考虑射频开关插损	BW_L=10.4kHz,SF=7	—	−134	—	dBm
		BW_L=10.4kHz,SF=12	—	−148	—	dBm
		BW_L=125kHz,SF=7	—	−124	—	dBm
		BW_L=125kHz,SF=12	—	−137	—	dBm
		BW_L=250kHz,SF=7	—	−121	—	dBm
		BW_L=250kHz,SF=12	—	−134	—	dBm
		BW_L=500kHz,SF=7	—	−117	—	dBm
		BW_L=500kHz,SF=12	—	−129	—	dBm
RXS_2F	2FSK 灵敏度，节电模式增益，RX 和 TX 的射频通路直接连接	BR_F=4.8kb/s,FDA=5kHz,BW_F=20kHz	—	−115	—	dBm
RXS_L	LoRa 灵敏度，节电模式增益，RX 和 TX 的射频通路直接连接	BW_L=125kHz,SF=12	—	−133	—	dBm
CCR_F	同信道抑制，FSK		—	−9	—	dB
CCR_L	同信道抑制，LoRa	SF=7	—	5	—	dB
		SF=12	—	19	—	
ACR_F	邻信道抑制，FSK	偏移频率=±50kHz	—	45	—	dB
ACR_L	邻信道抑制，LoRa	偏移频率=±1.5×BW_L				
		BW_L=125kHz,SF=7		60		dB
		BW_L=125kHz,SF=12		72		dB
BI_F	阻塞性，FSK	BR_F=4.8kb/s,FDA=5kHz,BW_F=20kHz				
		偏移频率=±1MHz	—	68	—	dB
		偏移频率=±2MHz	—	70	—	dB
		偏移频率=±10MHz	—	80	—	dB
BI_L	阻塞性，LoRa	BW_L=125kHz,SF=12				
		偏移频率=±1MHz	—	88	—	dB
		偏移频率=±2MHz	—	90	—	dB
		偏移频率=±10MHz	—	99	—	dB
IIP3	三阶输入交调截止点	偏移本振 1MHz 和 1.96MHz 的无用单音信号	—	−5	—	dBm
IMA	镜像衰减	无 IQ 校准	—	35	—	dB
		有 IQ 校准	—	54	—	dB
BW_F	双边带带宽，FSK	可编程，典型值	4.8	—	467	kHz
TS_RX	接收机唤醒时间	FS 到 RX	—	41	—	μs

续表

符号	描述	条件	最小值	典型值	最大值	单位
FERR_L	发射机和接收机之间最大允许的频率偏移量(SF=5~12,灵敏度不恶化)	所有带宽,BW 的±25% 更严格的限制,参看下表		±25%		BW
	发射机和接收机之间最大允许的频率偏移量(SF=10~12,灵敏度不恶化)	SF12 SF11 SF10	−50 −100 −200	— — —	50 100 200	10^{-6} 10^{-6} 10^{-6}

4. 发射模式规格

表 4-7 所示为发射模式规格表,其中关键参数如下。

- TXOP:输出功率越大,理论上可传输的距离越远。
- TXRMP:此值会影响射频连续发射的时间间隔,此值越大,连续发射时等待时间越久。

表 4-7 发射模式规格表

符号	描述	条件	最小值	典型值	最大值	单位
TXOP	最大射频输出功率	最高功率设置 SX1261 SX1262		 +14/15 +22	 — —	 dBm dBm
TXDRP	射频输出功率与电源电压	SX1261, DC-DC 或者 LDO V_{DD} 电压范围为 1.8~3.7V		0.5		dB
		SX1262,+22dBm,VBAT=2.7V SX1262,+22dBm,VBAT=2.4V SX1262,+22dBm,VBAT=1.8V		2 3 6	—	dB dB dB
TXPRNG	射频输出功率范围	31 级步进,可编程,典型值	TXOP-31	—	TXOP	dBm
TXACC	射频输出功率步进精度		—	±2	—	dB
TXRMP	功率放大器启动时间	可编程	10	—	3400	μs
TS_TX	TX 唤醒时间	启用频率合成器	—	36+放大器启动时间	—	μs

5. 芯片规格对比

通过上述SX126X的规格参数介绍，相信读者已对SX126X芯片有了一定了解，下面通过表4-8所示的SX126X与SX127X芯片对比讲解两款芯片的优缺点。

表4-8　SX126X与SX127X芯片对比

	SX126X	SX1276	新版对比优势
频率范围	150～960MHz	137～175MHz 410～525MHz 862～1020MHz	连续频率覆盖
最大链路预算	163dB(SX1261) 170dB(SX1262)	163dB(RFO) 168dB(PA_Boost)	增加30%的工作距离
最大输出功率	15dBm(SX1261) 22dBm(SX1262)	15dBm(RFO) 20dBm(PA_Boost)	增加60%的输出功率
发射电流 ($V_{BAT}=3.3V$)	25.5mA@14dBm 84mA@20dBm	32mA@14dBm 120mA@20dBm	节省32%的发射电流
接收灵敏度 (SF=12/BW=125kHz)	−137dBm	−137dBm	
休眠电流	600nA	200nA	增加3倍休眠电流
扩频因子	SF=5～12	SF=6～12	增加SF=5
带宽	7.8kHz～500kHz	7.8kHz～500kHz	
引脚封装	24脚QFN，4mm×4mm	28脚MLPO，6mm×6mm	减小50%面积
SPI接口	命令控制	寄存器控制	开发简单

从对比表中可以看到，SX126X的几个关键指标较第一代收发芯片有很大提升。

- 工作频率范围：由原来非连续分段频带，变成连续的全频段覆盖。
- 链路预算：两代芯片的灵敏度相同，SX126X比新一代芯片输出功率增大了2dB，所以链路预算增加了2dB。2dB的链路预算约增加了30%的通信距离。链路预算Link budget=最大输出功率(Output Power)−灵敏度(Sensitivity)；链路预算增加与覆盖范围的关系在8.1.2小节有详细计算。
- 输出功率：新一代芯片输出功率增加2dB，对应增加58%的输出功率。
- 发射电流：发射电流比过去降低了很多，这是因为新一代芯片采用DC-DC供电，在大功率发射时其供电效率提升32%。功耗这一参数在物联网应用中非常重要，发射电流就是其中重要的参数之一。
- 接收电流：接收电流降低了一半，是由先进的半导体工艺实现的。接收电流的功耗是物联网应用中射频芯片除灵敏度外最重要的参数。
- 休眠电流：由于使用更精细的半导体工艺，其静态漏电流就会加大，这是半导体工艺的特性。休眠电流和接收电流在先进工艺下一个变大、一个变小。由于接收电流相对于休眠电流更重要，再加上原有的休眠电流的确非常小，所以这里即使成为过去的 3 倍，对应用影响也不大。

- 扩频因子：扩频因子增加 SF＝5 模式，支持更快的通信速率。
- 带宽和灵敏度：这两个参数都没有变化。
- 封装引脚：为了应对小型化需求，新一代芯片采用更小的封装，尺寸是上一代的一半，这样在小型化设计在物联网应用中更受欢迎。
- SPI 接口：为了方便客户开发，采用命令控制，对比上一代操作寄存器的方法，软件开发难度降低很多。虽然这样的通信接口方便了新开发者，但是对于已经对 LoRa 有深入研究的老玩家来说，他们也丧失了过去对芯片精细控制的竞争优势。总的来说对 LoRa 生态是有利的。

视频讲解

4.2.3 关键电路描述

1. 功率放大器

SX1261 和 SX1262 供电方式为 DC-DC 或 LDO，从表 4-3 中可知使用 DC-DC 供电效率会更高，系统的供电电流会更小。图 4-2 为 DC-DC 模式下的功率放大器供电原理图。

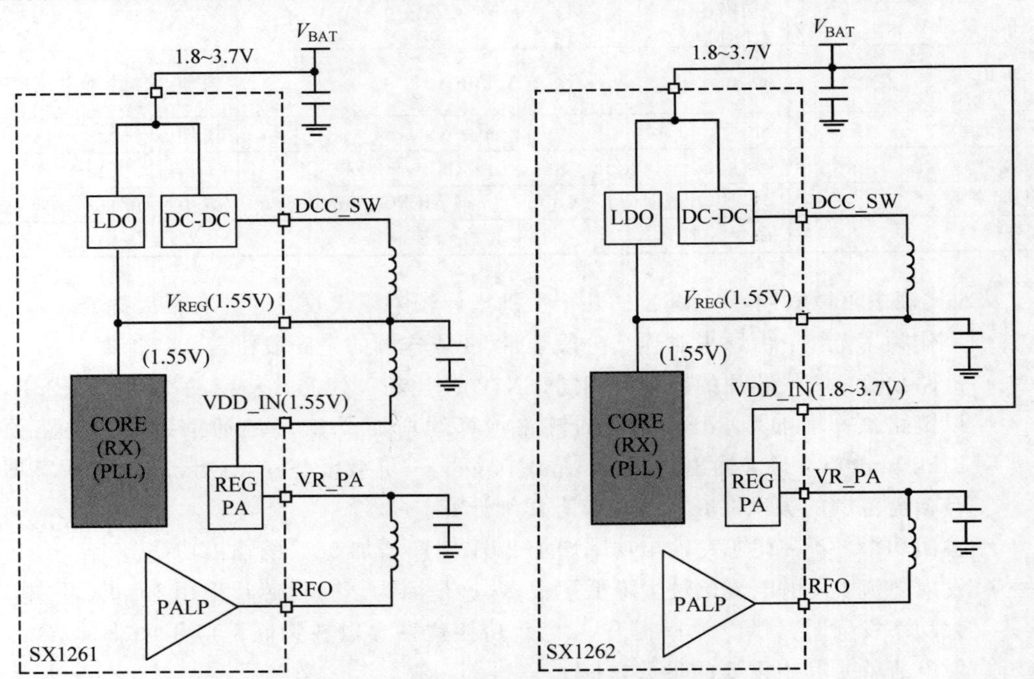

图 4-2 DC-DC 模式下的功率放大器供电原理

1）SX1261 功率放大器特性

对于 SX1261 芯片，当采用内部 DC-DC 供电时，发射机的功率效率将会达到最高。其 VR_PA 端口的电压会依据软件配置的输出功率在 20mV～1.35V 内变化。

如图 4-3 所示，当电源电压在 1.8～3.7V 范围内变化时，输出功率几乎保持恒定。

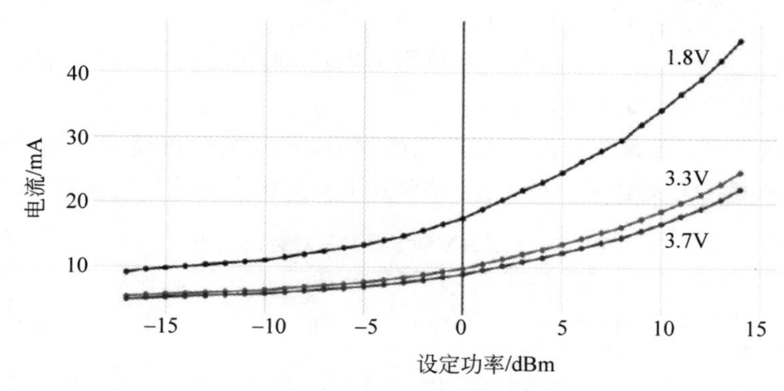

图 4-3 SX1261 在 DC-DC 模式下的电流与输出功率

在 DC-DC 模式下，总功耗将直接受供电电压的影响。例如，供电电压为 3.7V 时，10dBm 的输出功率需要消耗电流 17mA；同样输出功率的情况下，供电电压在 1.8V 时，需要消耗电流 34mA。

2）SX1262 功率放大器特性

SX1262 工作在 DC-DC 模式时，DC-DC 只负责为内核供电。对于 SX1262，功率放大器优化了最大输出功率，同时最大限度地提高了效率，这导致如果要使 SX1262 保持较高的输出功率，就必须为其功率放大器提供相当高的电压。当输出功率最大时，功率放大器的电流效率最高，其输出功率受限于供电电压。

芯片内部的 VR_PA 电压变换器有一个小于 200mV 的压降，这意味着供电电压必须比 VR_PA 的输出电压至少高出 200mV 才能满足相应的输出功率要求。例如，设置输出功率为＋20dBm 时，需要的 VR_PA 输出电压为 2.5V，那么此时的供电电压必须在 2.7V～3.7V 的范围内，才能保证 SX1262 输出＋20dBm 的功率。当电压低于 2.7V 时，输出功率将随着供电电压的降低而降低。

如图 4-4 所示，当供电电压在 1.8V 时，VR_PA 可以提供 1.7V 的输出电压，功率设置超过 17dBm 后电流恒定不会增加，此时的输出功率稳定在＋17dBm。但是在 3.3V 和

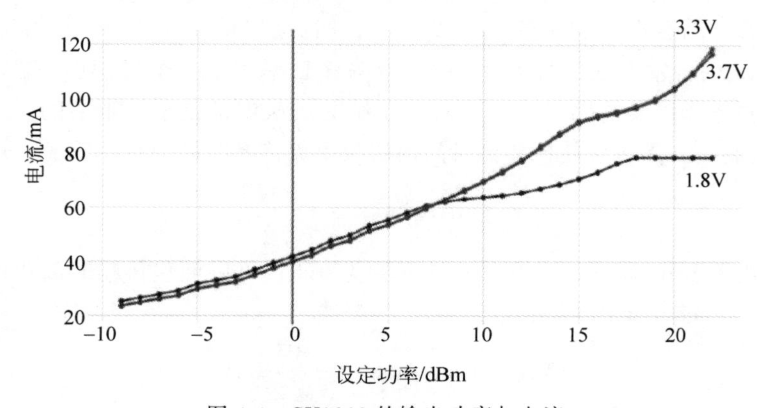

图 4-4 SX1262 的输出功率与电流

3.7V 供电环境下可以到达最大的 22dBm 功率输出。

只要供电电压足够高以满足 VR_PA 所需的电压，则输出功率是线性的。

3）SX126X 和 SX127X 功耗对比

SX126X 对比 SX127X 最大的提升是功耗的提升，尤其是接收模式下与发射模式下的功耗。表 4-9 为详细的功耗对比，包含所有关键模式下不同供电方式的功耗对比，非常详细。

表 4-9　SX126X 和 SX127X 功耗对比表

规格	条件	SX1261 DC-DC	SX1261 LDO	SX1262 DC-DC	SX1262 LDO	SX127X	单位
休眠模式	冷启动	160	160	160	160	200	nA
	热启动	600	600	600	600		
	热启动＋RTC	1200	1200	1200	1200		
待命模式	*RC* 模式	600	600	600	600	1500	μA
	晶振模式	800	800	800	800	1600	
频率综合		2.1	3.55	2.1	3.55	5.8	mA
接收模式	省电模式	4.6	8.8	4.6	8.8	10.8	mA
	Boost 模式	5.3	10.1	5.3	10.1	11.5	
发射模式	14dBm	25.5	48	45	45	32	mA
	20dBm	X	X	84	84	120	
	22dBm	X	X	118	118		

在实际应用中，芯片的状态是不断切换的，其各个部分耗电的情况也是不断变化的，上面的表格把 LoRa 芯片内部所有与功耗相关的部分都已罗列出来。从表格中可以看到 SX126X 系列几乎在每一个模块的耗电都有了大幅下降。如果读者希望把一个项目应用做到极致，或者说做同样的 LoRa 项目其功耗优于竞争对手，就需要抠每一个细节，对于每一个耗电模块，每一个状态转换都充分考虑和详细计算。

2. 发热对频率偏移的影响

由于 LoRa 芯片大功率发射时会发出大量热量，这个热量会热传导到外围晶振上，当未使用温补晶振（TCXO）时，晶振由于温度升高导致频率发生变化。普通晶振的振动频率随温度升高而降低。晶振提供的振荡频率发生偏移时，会影响整个 LoRa 射频芯片的锁相环频率，导致 LoRa 设备发射的信号频率偏移，当偏移频率大于一个极限时，就会发生丢包现象。所以晶振的选择以及电路板的设计对于系统的灵敏度都是至关重要的。

在 LoRa 调制模式下应该使包传输时间内的频率漂移降至最小并且低于 Freq_drift_max：

$$\text{Freq\_drift\_max} = \frac{\text{BW}}{3 \times 2^{\text{SF}}}$$

在低速模式下 LowDataRateOptimize 配置为 0x01，可以使包传输时间内的频率漂移的要求放松至 16×Freq_drift_max：

$$\text{Freq\_drift\_max} = \frac{\text{BW}}{3 \times 2^{\text{SF}}} 16$$

BW=125kHz/SF=12 时，上式表达为

$$\text{Freq\_drift\_max} = \frac{BW}{3 \times 2^{SF}} 16 = \frac{125\text{kHz}}{3 \times 2^{12}} 16 = 163\text{Hz}$$

图 4-5 为 SX1261 芯片在不同供电模式下的功耗和发热情况。SX1261 在 LDO 模式 160mW 功耗时发热 135mW，SX1261 在 DC-DC 模式 85mW 功耗时发热 60mW。

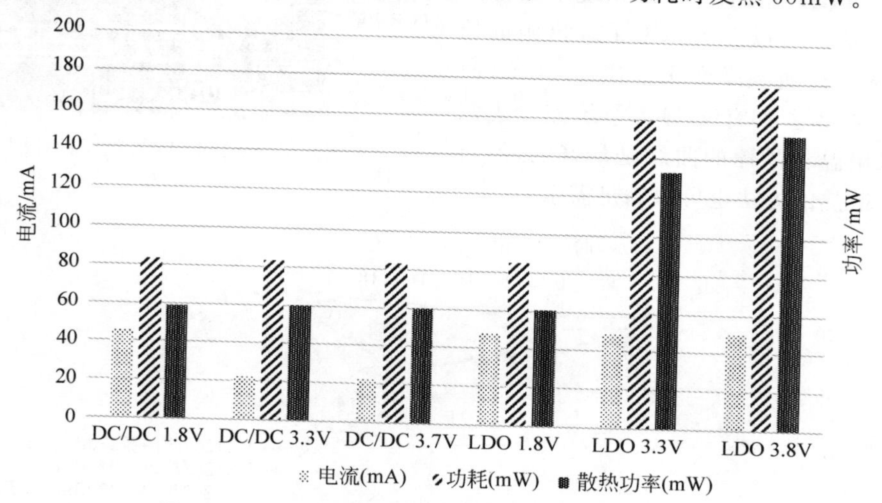

图 4-5 SX1261 芯片在不同模式下的功耗和发热情况

再考虑不同扩频因子和不同载荷情况下发射 LoRa 信号需要的时间，如表 4-10 所示，可以通过发射功率和飞行时间计算出发热量。

表 4-10 各地区包长时间计算表

型号	输出功率	频带	DR	SF	最大 MAC 载荷/字节	最大 PHY 载荷/字节	码元时间/ms	最大包飞行时间/ms
SX1261	14/15	EU_863-870 CN_779-787 AS_923 KR_920-923	0	12	59	64	32.77	2793.5
			1	11	59	64	16.38	1560.6
			2	10	59	64	8.19	698.4
			3	9	123	128	4.10	676.9
SX1262	22	US_902-928	0	10	19	24	8.19	370.7
			1	9	61	66	4.10	390.1
			2	8	133	138	2.05	399.9
			3	7	250	255	1.02	399.6
		AS_915-928 CN_470-510 IN_865-867	0	12	59	64	32.77	2793.5
			1	11	59	64	16.38	1560.6
			2	10	59	64	8.19	698.4
			3	9	123	128	4.10	676.9

针对发热引起频偏的问题，可以通过使用温补晶体或电路板开槽的方案解决，前者晶体成本较高，后者成本几乎没有增加，只是需要布板优化设计。图 4-6 给出了 SX1262 散热设计方法，将晶振靠近芯片部分的 PCB 挖空即可，图中空白部分为挖空的 PCB。

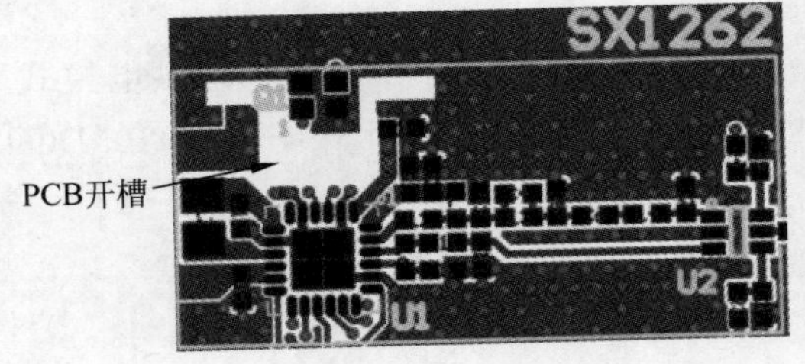

图 4-6 SX1262 PCB 版图设计图

图 4-7 所示为三种 LoRa 系统下的频率偏移情况，从中可以看到在未采取措施的情况下，频率偏移随温度变化很快，在 1.5s 时频率偏移会超过 163Hz，导致系统完全无法通信。采用温补晶体的曲线是最好的，不过采用挖空散热的方法也可以满足需求。

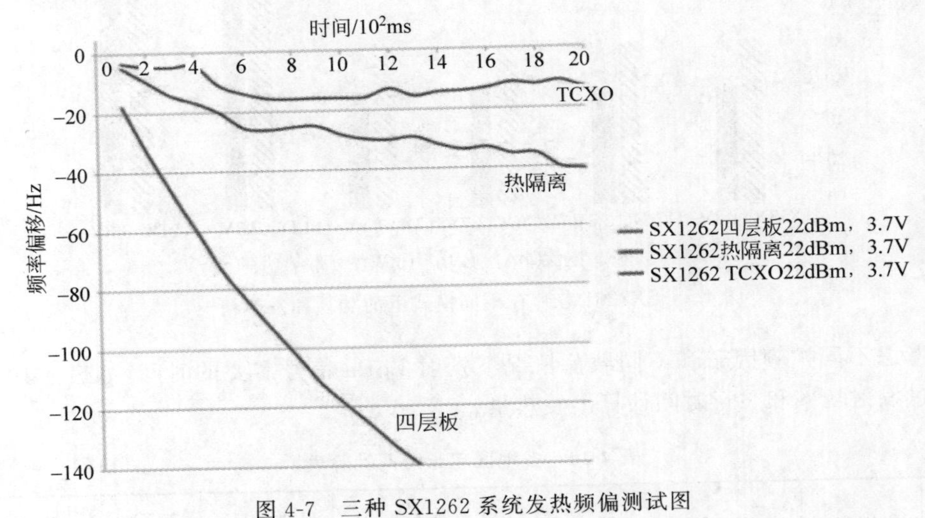

图 4-7 三种 SX1262 系统发热频偏测试图

4.3 网关芯片

提到 LoRa 网关，很多读者脑中没有实物的认识，我们可以通过图 4-8 的三种常见 LoRa 网关来了解。第一种网关叫作大型网关（Macro Gateway），其特点是工业设计的外壳和巨大的体型，主要作为运营商网络使用；第二种叫作小型网关（Micro Gateway），与我们家里的路由器大小相当；第三个叫作微型网关（Pico Gateway），尺寸与 U 盘大小相当。虽然这三种网关的尺寸和外观差距很大，但它们的核心都是采用 SX130X 系列芯片作为数字基带，绝大多数采用 SX125X 系列芯片作为射频前端（极少数的大型网关使用 ADI 等公司射频前端芯片）。

视频讲解

4.3.1 SX1301 芯片

SX1301 数字基带芯片是一个大型的数字信号处理引擎，集成了 LoRa 网关 IP，专门为

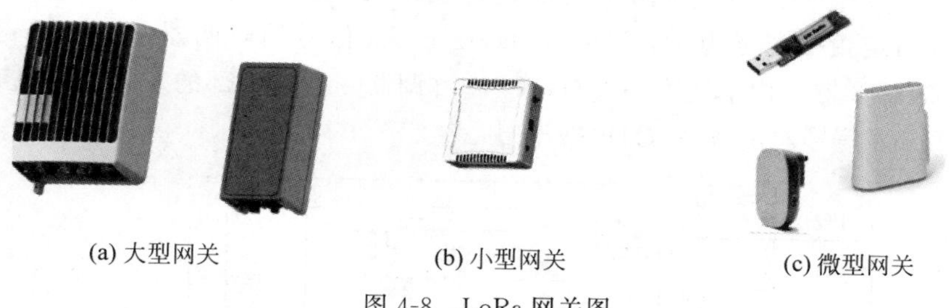

(a) 大型网关　(b) 小型网关　(c) 微型网关

图 4-8　LoRa 网关图

全球 ISM 频段提供物联网应运而生。

1. SX1301 芯片规格

LoRa 网关是一种多信道、高性能收发设备，可以在随机信道上同时接收多个随机扩频因子的 LoRa 数据包。它的目标是建立一个可以稳定接收大量不同终端数据的星状网络。在第 3 章 LoRa 调制中讲到，如果要解调一个 LoRa 信号必须事先知道这个信号的扩频因子和发射频率及带宽，否则在正交相干解调的时候会变成噪声，而 LoRa 网关芯片就解决了这个问题，可以针对随机信道的随机扩频因子的 LoRa 数据包进行解调。可以说 SX1301 是一个强大的数字基带芯片，其主要产品指标如下。

- SX1257/5 作为网关射频前端时，SX1301 网关最高灵敏度达到 −142dBm，对于主流的 LoRaWAN 应用该灵敏度非常充分。
- SX1301 在 1MHz 偏移处，有 70dB 载波干扰抑制，大大抑制外干扰。
- SX1301 能够在负信噪比下工作。
- SX1301 具有 49 路 LoRa 解调器和 1 路(G)FSK 解调器。
- SX1301 具有 10 条可编程并行解调通道。此处的 10 条通道与上文的 49 路 LoRa 解调器和 1 路(G)FSK 解调器相关。虽然 SX1301 内部有 50 路解调器(49 路 LoRa+1 路 FSK)，但最多只能 10 个同时工作。这里做一个类比，一个工厂有 10 条生产线(相当于解调通道)、50 套模具(相当于解调器)，每条产线上只能选择一个模具进行生产，虽然模具很多，但是最大的产能就是 10 条线路同时生产。模具多的好处在于客户下单种类不同时，不至于没有足够的模具在对应的产线上开工。这里要说明一点，每个解调通道在同一时间只能解调一种信号(一种模具)，若同一时刻有大量的 LoRa 信号进入，10 个解调通道占满后，会丢弃其他多余 LoRa 信号。相当于工厂同时收到大量订单，只留下可以满负荷生产的部分，其他订单退回，等产线空闲了再接订单。
- 动态数据速率自适应(ADR)，这个是 LoRaWAN 非常重要的一个功能，根据当前链路传输的信号质量，对下次通信的输出功率和扩频因子进行动态调节以达到最大的网络容量并降低系统功耗，5.2.2 小节中有详细分析。

2. SX1301 网关构成

从图 4-9 中可以看出，SX1301 内部有 8 路 DDR-LoRa 解调器，这 8 路解调器可以解调扩频因子为 SF=7~12(6 种扩频因子)、带宽固定为 125kHz 的信号,还有一路 LoRa 解调器是专门解调指定频率带宽为 125/250/500kHz LoRa 信号的解调器,这样就一共 6×8+1=49 路 LoRa 解调器。内部还有一路(G)FSK 解调器。不过内部的发射部分只有一路,这一路可以是 LoRa 信号输出或者(G)FSK 输出。

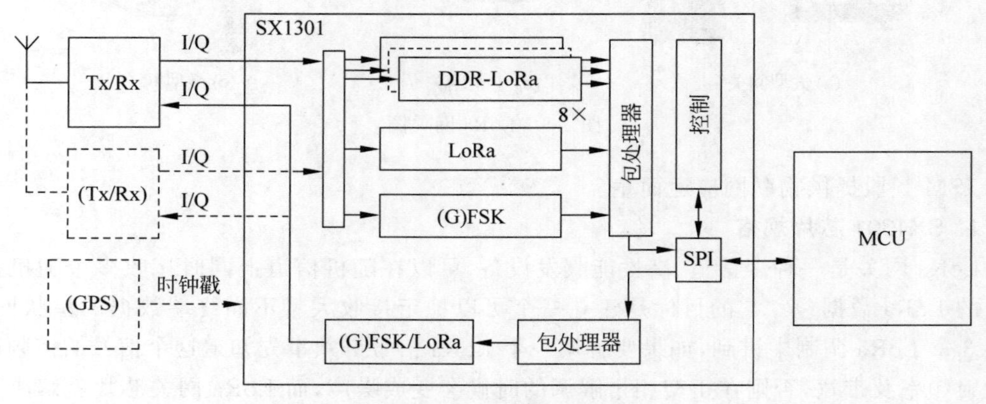

图 4-9 SX1301 网关框图

SX1301 芯片外部需要连接至少一个射频前端芯片和一个 MCU,最多可以连接 2 个射频前端芯片,还可以扩展 GPS 授时模块。其中 MCU 负责控制 SX1301 并交互数据;两个 SX125X 芯片作为射频前端可以支持 LoRaWAN 完整协议的 8 个信道。GPS 授时的作用是下行命令时间控制。如 LoRaWAN 的 Class B 应用中,如果一个系统有超过 1 台的 LoRaWAN 网关,就需要非常精确的时钟。在使用基站 TDOA 定位解决方案时,由于需要精确计算同一个节点的信号到达多个网关的飞行时间,因此需要高精度的时钟,也需要 GPS 授时。

图 4-10 为 SX1301 连接射频前端 SX125X 后的连接框图。从图中可以看到 10 条可编程并行解调通道为 IF0~IF9。SX125X 芯片通过 SPI 与 SX1301 相连接,由 SX1301 的程序控制,MCU 不能直接控制 SX125X。这样带来的好处就是客户不需要对 SX125X 射频前端芯片进行操作,使用简单,缺点是系统的灵活性大幅降低。这是许多高端 LoRa 网关解决方案未使用 Semtech 公司配套的射频前端芯片 SX125X 的原因。这里有一点要注意的就是:当更换了高性能的射频前端芯片后,还需要额外增加一个现场可编程门阵列(Field Programmable Gate Array,FPGA)进行通信协议转换以及数据流处理。集成性的提高会带来灵活度的下降,在电子电路设计时是无法避免的,这与提升工艺后 SX126X 系列的接收电流大幅下降、休眠静态电流增加的原理是一样的。

为了提高 LoRaWAN 网关的性能,尤其是运营商的 LoRa 基站,对灵敏度要求很高,可以使用其他射频前端的方案,如图 4-11 所示。由于选用了外部的高性能射频前端,其原有接口与 SX1301 不匹配,因此必须再增加一块 FPGA 作为数字信号预处理的功能。这种设计的优势是可以通过高性能的射频前端增加灵敏度,缺点是成本大幅提高。

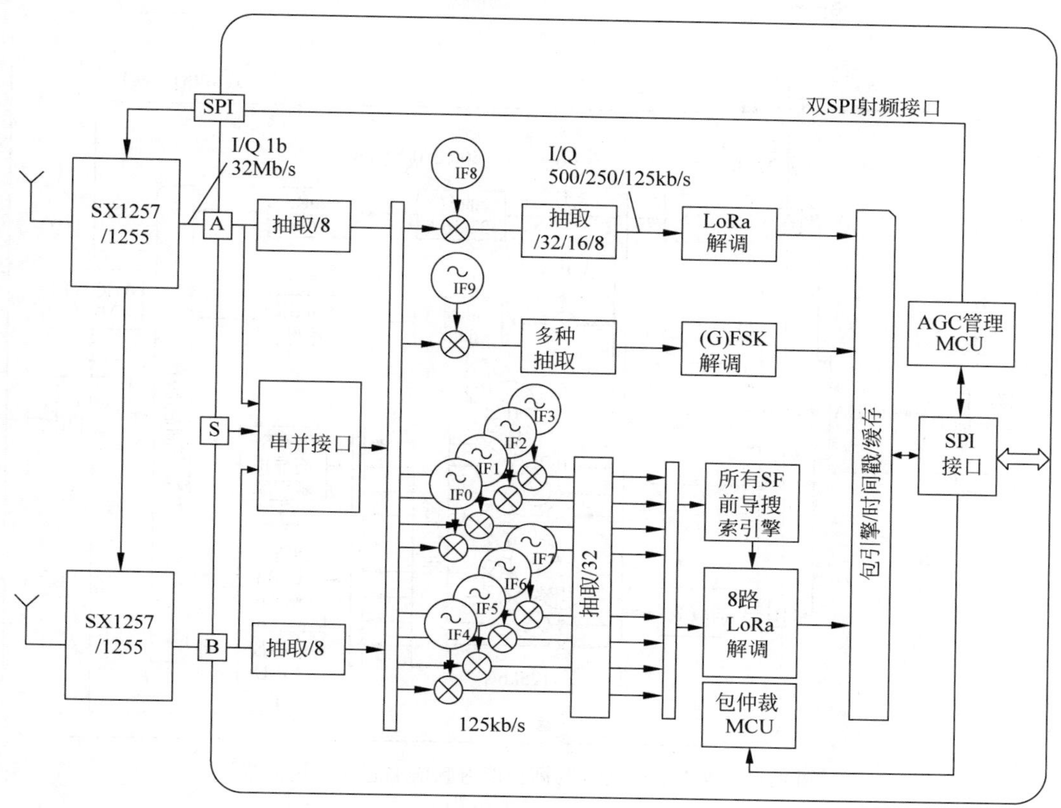

图 4-10 网关基带芯片与射频前端芯片连接框图

3. SX1308 芯片

SX1308 芯片是一款室内应用的网关芯片，其所有功能以及尺寸引脚等参数都与 SX1301 完全相同，只有表 4-11 中的几个参数略有不同。由表 4-11 可知，SX1301 的温度范围更广，用于工业要求的－40～＋85℃；而 SX1308 的温度范围比较差，为 0～＋70℃，只能适用于室内等场景。另外的差别是 SX1301 的灵敏度和功耗略好。从这两个芯片的对比中不难猜测，Semtech 公司应该是在芯片测试时把同样的晶圆芯片分类，根据性能差别分为 SX1301 和 SX1308。芯片生产的时候由于存在工艺偏差，其灵敏度、功耗等参数会有不同，尺寸越大、功能越强大，差异越明显，且不良率越高，许多大尺寸的 FPGA 芯片良率不到 50%。这样的产品策略有利于降低成本，对市场推广和产品利润都是非常有利的。

表 4-11 SX1308 与 SX1301 对比

规 格	SX1308	SX1301	规 格	SX1308	SX1301
温度/℃	0～＋70	－40～＋85	4 路工作模式电流/mA	600	550
灵敏度/dBm	－139	－142	8 路工作模式电流/mA	800	750

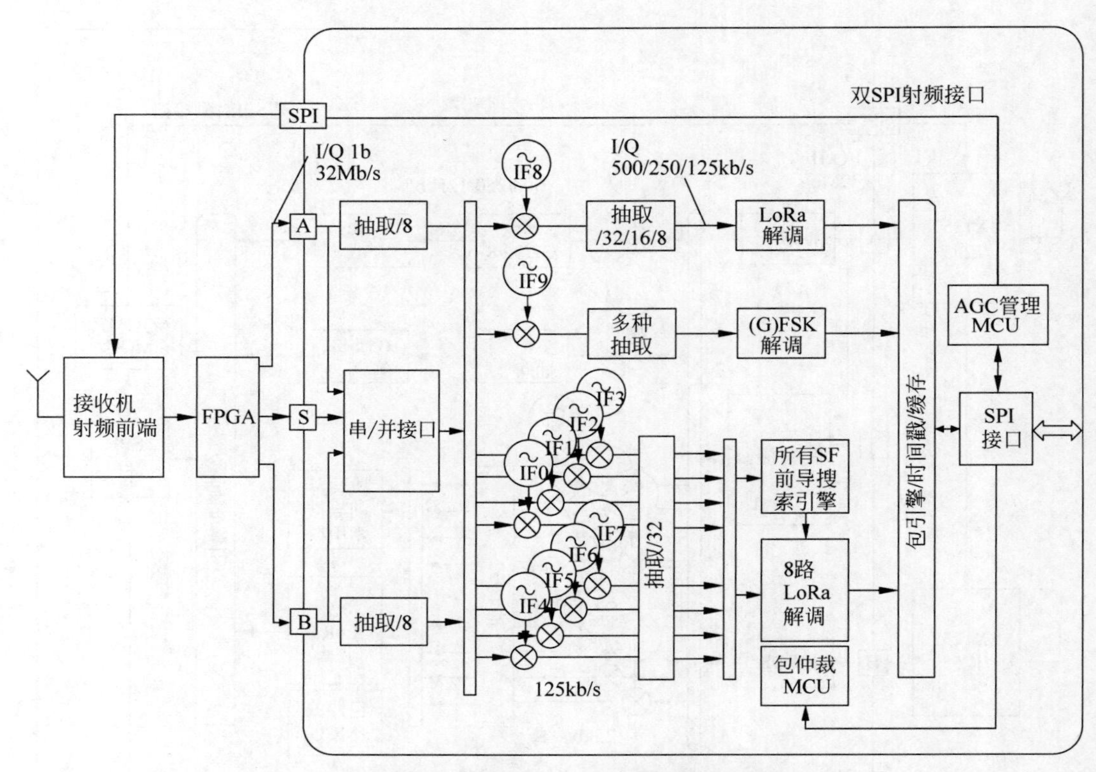

图 4-11 网关基带芯片与高性能射频前端芯片连接框图

4. 常见网关设计

表 4-12 所示是常见的几种网关参数对比，其中 V2.1 就是本节图 4-8 中的大型网关设计；而 V1.0 和 V1.5 的设计就是图 4-8 中的小型网关；Pico 1.0 和 Pico 1.5 是图 4-8 中的微型网关设计。

表 4-12 网关参数对比

参考设计编号	Pico 1.0(E381)	V1.0(E286)	Pico 1.5(E412)	V1.5(E336)	V2.1(E467)
执照许可	否	否	否	否	是
工作环境	室内	室内/室外	室内	室内/室外	室外
接收信道	8	8	8	8	8～64
发射信道	1	1	1	1	2
区域	除了日、韩	除了日、韩	日、韩、欧洲，支持 LBT	日、韩、欧洲，支持 LBT	所有
分组转发	否	否	否	否	否
接口	USB/UART	SPI	USB/UART	SPI	SPI
输出功率	20dBm	27dBm μs，20dBm EU	27dBm	27dBm	30dBm

续表

参考设计编号	Pico 1.0(E381)	V1.0(E286)	Pico 1.5(E412)	V1.5(E336)	V2.1(E467)
接收灵敏度	−140dBm	−140dBm	−140dBm	−140dBm	−140dBm
射频频率	470～928MHz	470～928MHz	470～928MHz	470～928MHz	470～928MHz
LoRa 定位功能	否	否	否	否	是
射频前端	SX125X+FEM	SX125X+FEM	SX125X/SX127X+FEM	SX125X/SX127X+FEM	AD9361
网关芯片数量	1	1	1	1	最多 8
DSP 数量	0	0	0	0	2
MCU/FPGA/DSP 功能	MCU(USB-SPI)	无	MCU	FPGA(EU：TX 过滤，日、韩：LBT)	FPGA 和 DSP(时间戳、频率变化，TX 过滤)
全双工	半双工	半双工	半双工	半双工	全双工/半双工

从表 4-12 可知，微型网关只能用于室内，大型网关只能用于室外，小型网关可以用在室内和室外。在室内应用的网关芯片可以通过 SX1308 替换 SX1301 降低成本(替换过程中软硬件几乎无须做任何改动)。V2.1 的网关信道可以扩充到 16～64 路上行接收和 8～32 路下行发射，且 V2.1 的网关输出功率最大为 30dBm，并采用 AD9361 作为射频前端，具有更好的射频性能。

图 4-12 为 USB 接口的微型网关的设计，主芯片是采用的 SX1308，连接两个 SX1257 芯片实现 8 路的 LoRaWAN 网关的最小系统。由于这个网关为低成本设计，没有加入 GPS 授时系统。

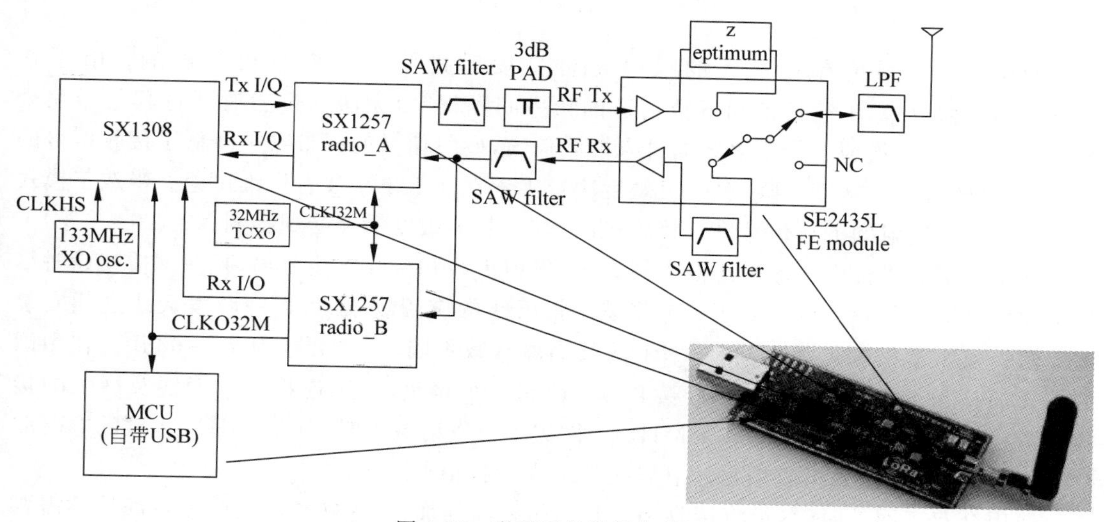

图 4-12 微型网关设计架构图

5. SX1301 全双工网关设计

SX1301 芯片设计之初只支持半双工的工作模式，LoRa 应用中半双工的缺点在于当网关发送下行数据时无法接收上行数据。SX1301 虽然有多路上行解调通道，一旦下行通道启动，则会停止接收。可以理解为一个工厂多条生产线都在生产，当有一条生产线完成一批货物需要出库时，所有产线必须停下来等出库完成才可以重新生产。半双工的网关在绝大多数的 LoRa 应用中都是足够的，对于延迟要求严格的应用中需要全双工网关。全双工网关可以实现同时接收上行数据和发送下行数据互不影响。

市场上有两类 SX1301 全双工网关：一类是通过更改 SX1301 寄存器代码，主要从软件上实现全双工；另一类是增加射频收发芯片 SX126X 或 SX127X 作为专用的下行通道，属于硬件上实现全双工。图 4-13 所示为从硬件实现全双工网关框图。

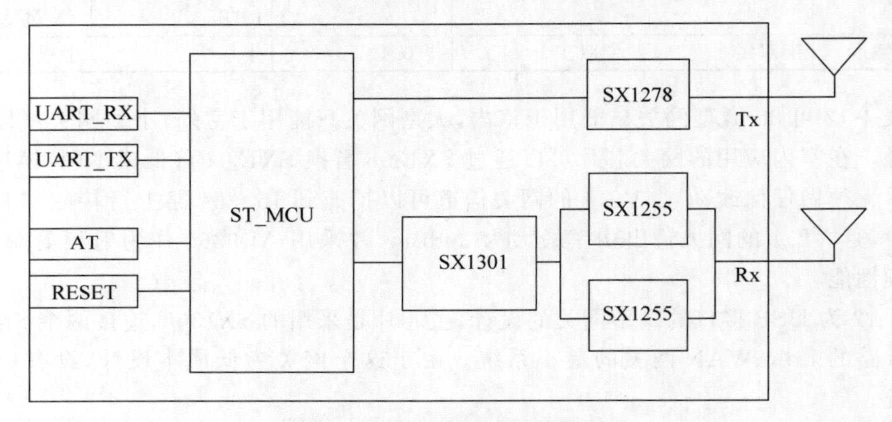

图 4-13　硬件全双工网关框图

使用全双工网关存在最大的风险是自身发射机信号对接收机的影响。由于在 LoRaWAN 协议中，上行信道和下行信道的频率间隔很窄，无法通过滤波器将其信号完全滤掉，因此会有大量的下行发射数据进入接收信道，发射信号的频带噪声降低了接收信号的信噪比，导致网关灵敏度下降，关于灵敏度决定因素在 3.1.1 小节有详细讨论。半双工模式下不存在自身发射的下行信号进入接收机的情况，其灵敏度不会受到影响。

在全双工的设计中一般采用双天线方案，发射天线和接收天线分离，且在网关架设时尽量增加两个天线的隔离度。对于只能安装一根天线的应用场景，可以在收发天线之间安装双工器。双工器根据尺寸不同、频率不同其隔离衰减不同，一般衰减为 40～60dB。在中国的 LoRaWAN 全双工网关应用中，双工器一般有三个接头，分别连接一个天线及网关的接收信道(475MHz)和发射信道(505MHz)。网关下行发射数据时，其 505MHz 主频的电磁波信号衰减 55dB 后进入接收信道。可以大大减少干扰信号。

使用全双工网关时，尽量将接收和发射的频率间隔加大，这样才能更好地过滤掉不需要的信号。当收发信道频率非常接近时，无法使用全双工模式，必须使用半双工模式。

4.3.2 SX1302 芯片介绍

SX1301 是第一代 LoRa 网关数字基带芯片，已经问世 4 年多，在这 4 年中物联网飞速发展，应用层出不穷，需求变化很大，原来的芯片在一些场景中无法满足客户需求。2019 年下半年 Semtech 公司推出了新的 LoRa 网关数字基带芯片 SX1302。这颗芯片无论在性能还是在灵活度上都有很大的提升，且成本有所降低。

1. SX1302 概述

如图 4-14 所示，SX1302 大体的框架与 SX1301 相似，这样有利于客户快速熟悉芯片并投入开发。其内部的结构也没有太多变化，直观看起来只是解调器的数量增加了。LoRa 网关的上下行(节点与集中器或网关通信称为上行，反之为下行)通道数量基本没有变化，还是主要的 8 路上行加 1 路下行模式。但是每个解调通道的解调器数量增加到了 16 个。很多读者会问：为什么 LoRa 网关芯片上下行通道差距这么大？这是因为绝大多数的 LoRa 应用都是节点主动上报的模式，而网关接收到节点上报的数据后只要下行一个简单的应答。经过统计在常见的 LoRa 物联网应用中，上下行的数据包总长度对比约为 5∶1。

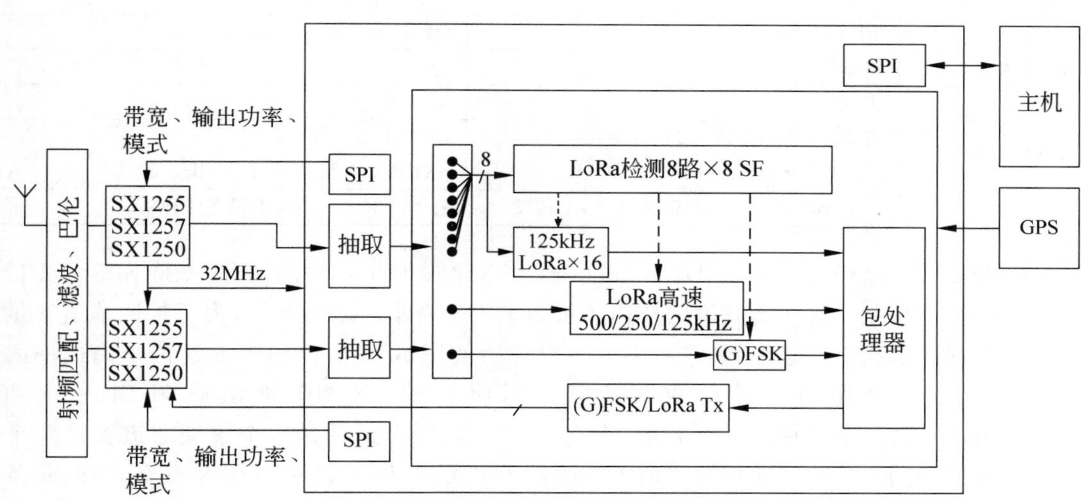

图 4-14 SX1302 框图

2. SX1302 与 SX1301 对比

表 4-13 已经把两颗芯片的关键参数都列出，这里采用 SX1302 与 SX1301 对比的方式，帮助读者理解 SX1302 有哪些变化，这些变化的原因是什么。

对比的主要参数及内容如下。

- 工作电压(Operating Voltage)：由于采用了新的芯片工艺，可以使用更低的供电电压，从而降低功耗。
- 工作温度(Temperature Range)：保证工业级要求，这个参数没有变化。

表 4-13 SX1302 与 SX1301 参数对比表

特　性	SX1301	SX1302
工作电压	双外接电压电源供电 $V_{DDIO}=3.6V$ $V_{DDCORE}=1.8V$	双外接电压电源供电 $V_{CCIO}=3.6V$ $V_{CCCORE}=1.2V$
工作频率范围	−40～85℃	−40～85℃
调制解调器	8×125kHz LoRa 解调器； 1×125/250/500kHz LoRa 解调器； 1×500kHz FSK 解调器。 1×125/250/500kHz LoRa 调制器； 1×(G)FSK 调制器	125kHz LoRa 接收解调器有： 8×8 通道 LoRa 包检测器； 8×SF5-SF12 LoRa 解调器； 8×SF5-SF10 LoRa 解调器。 1×125/250/500kHz LoRa 调制/解调器； 1×(G)FSK 调制/解调器
时钟源	双时钟 XTAL32F=32MHz HSC_F=133MHz	单时钟 RADIO_A_CLK_I=32MHz
功耗	1～2W	33～102mW
接收灵敏度	−142dBm(SX1257)	−141dBm(SX1250)
封装	QFN64(9mm×9mm)	QFN64(7mm×7mm)
缓存大小	1KB	4KB
双工	半双工	全双工
LBT 功能	需要 FBGA 支持 LBT 功能 SX126X→FPGA→Host MCU	LBT 不需要 FPGA SX126X 直接连接主 MCU
SPI 接口	没有 SPI 桥接功能，需要 FPGA 转接	有 SPI 桥接功能，不需要 FPGA

- 调制解调器(Modulator/Demodulator)：SX1302 有了较大的提升，支持 SF5～SF12 的所有调制。许多物联网的应用场景为室内等密集传感器环境，为了扩展信道容量和提升系统响应速度，越来越多的客户开始使用 SF=5 和 SF=6 这两个高速率的 LoRa 调制作为通信的重要手段。而原有的 SX1301 无法解调 SF=5 和 SF=6 这两个扩频因子的 LoRa 信号。另一点较大提升是每个解调通道支持两个解调器同时工作。还按照之前工厂的例子来类比，原来的 SX1301 有 8 条产线，每条产线同时只能生产一种模具的产品；现在的 SX1302 虽然也是 8 条产线，但是每条产线可以同时生产两种模具的产品，且模具的总种类是过去的 2 倍。可以简单地理解 SX1302 是 SX1301 信道容量的 2 倍，但是实际的情况要复杂很多，比如相同 SF 的两个信号同时进入同一个信道，或者多个信号同时进入同一个信道，又或者进入信号的信噪比或能量强度差别很大，这里有许多限制，在 8.2.2 小节有详细分析和计算。
- 时钟源(Clock Source)：原来的 SX1301 需要两个晶振输入时钟，SX1302 只需要一个最常见的 32MHz 晶振即可，降低了成本，提高了稳定性。
- 功耗(Power Consumption)：SX1302 芯片功耗的变化非常明显，只有原来的 10%不到。因为 SX1301 设计之初是作为运营商的基站使用，所以对功耗并不看重

(SX1301 对比蜂窝网基站中的核心数字基带芯片的功耗小很多),对于运营商基站而言散热也非常容易。随着市场的发展,现在越来越多小型化轻量级的应用出现,对功耗、散热等提出了更多要求,许多的网关是用太阳能或电池供电,所以 SX1302 才有了如此大的功耗降低。

- 接收灵敏度(RX Sensitivity):看起来 SX1302 比 SX1301 差了 1dB,这是由于测试方法导致的;这组测试数据是网关的系统灵敏度,而系统灵敏度是由射频前端和数字基带一起工作时测试出来的。由于 SX1301 是和 SX1257 一起作为一个系统测试,而 SX1302 是和 SX1250 一起作为一个系统测试;两个网关系统的射频前端不同,SX1250 的射频前端的噪声系数比 SX1257 差。经过作者团队的测试并与 Semtech 芯片研发团队确认,这两颗数字基带的解调性能是一致的,也就是说,如果它们连接同样的射频前端,其灵敏度相同。
- 封装尺寸(Package):由过去的 QFN64(9mm×9mm)变为现在的 QFN64(7mm×7mm),尺寸减小了 40%。尺寸减小也是为了满足物联网小型化网关的需求。
- 缓存大小(Buffer Size):由过去 SX1301 的 1KB 变为现在的 SX1302 的 4KB。当有大量的 LoRa 信号集中且快速地进入网关后,网关芯片做完数字信号处理后会把处理的结果放在缓存中,可以理解缓存是工厂类比案例中的仓库。在早期的应用中,由于 LoRa 应用刚刚开始,网关覆盖内的 LoRa 节点比较少且发包频率不高,这样"仓库"就够用。随着高速的 LoRa 应用和更密集的应用场景需求,高并发大数据量的情况频发,原有 SX1301 的"仓库"内的数据还没来得及传给网络服务器(NS),又有新的数据塞满了,就会导致数据被丢弃。这就好像工厂生产好的产品没有地方放(因为仓库中的货物还没有拉走)而不得不停工的原理一样。在 SX1302 调制解调器部分的介绍中,SX1302 的"产能"也翻倍了,为了应对这些问题,SX1302 的缓存扩展为原来的 4 倍。
- 双工(Duplex):原来的 SX1301 系统和 SX126X/SX127X 系列一样都是半双工工作。半双工的意思就是系统接收和发射不能同时进行,LoRa 的通信协议非常简单,是基于时分的通信,对于简单的 LoRa 节点半双工是足够使用的,但对于网关的一些应用会存在问题。在 4.3.1 小节全双工网关讨论内容中,我们知道了全双工网关的优势,新一代的 SX1302 可以实现全双工。
- 信道监听(Listen Before Talk,LBT):许多国家和地区的无线电法规要求无线设备在发射射频信号前应监听当前信道是否有其他数据在传输,当信道空闲时才可发送数据。原有的 SX1301 如果要支持此功能就必须增加一块 FPGA 板,由节点芯片进行信道监听,再把监听的数据发给 FPGA,才能传给 MCU。现在的 SX1302 简单很多,节点芯片可以直接把由环境中获得的信号强度 RSSI 数据和 CAD 的 LoRa 数据发给 MCU。
- SPI 控制:SX1301 对射频前端芯片的控制非常死板,如果做一些特殊的操作就需要增加 FPGA,非常麻烦。现在的 SX1302 内部有一个 SPI 桥接功能,MCU 的命令可以直接通过 SX1302 内部的 SPI 桥接连接到射频前端芯片，从而实现 MCU 的直接控制，降低开发难度。

4.3.3 LoRa 网关射频前端芯片

无论是 LoRa 数字基带芯片 SX130X 系列还是节点收发 SX126X/SX127X 芯片，其内部都是有 LoRa 编解码数字引擎的，而 LoRa 射频前端 SX125X 系列芯片内部没有 LoRa 引擎，只具有射频信号与数字信号相互转换的功能。SX125X 是专门为 LoRa 基站定制的射频前端芯片，其集成度更高，成本更低，对 SX130X 系列兼容性更强。

1. 射频前端芯片概述

节点收发芯片 SX126X/SX127X 系列内部由两大部分组成，分别是射频前端和数字基带，刚好等于 SX130X 加上 SX125X 两颗芯片的数字基带和射频前端。对比来看，节点收发芯片的射频前端和数字基带比较简单，只能同时对一个通道的信号进行数字处理和射频收发，可以理解为：网关硬件系统就是多个节点系统的组合。

SX1250 是和 SX1302 同时发布的，跟当年 SX1301 与 SX1255/7 同时发布相似，是一套整体解决方案。前后两代的芯片具有相互兼容性，可以互相搭配使用，不是一定要固定于 SX1250 搭配 SX1302。图 4-15 为第二代射频前端芯片 SX1250 的芯片框图；图 4-16 为第一代射频前端芯片 SX1255/7 的芯片框图。

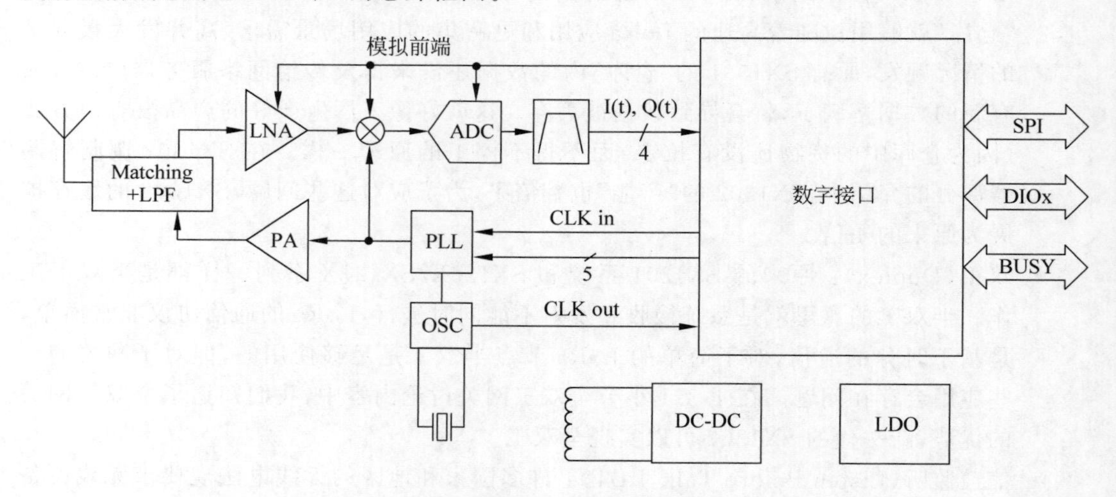

图 4-15 SX1250 芯片框图

对比可知，第一代的 SX1255/7 芯片内部结构非常复杂，射频接收和发射的锁相环都是独立的，这个精益求精的复杂设计是为了性能的提升。在 4.3.1 小节中，介绍了第一代 LoRa 网关芯片应用于早期 LoRa 运营商基站，射频前端的设计相当复杂。SX1250 的芯片框图与 4.2.1 小节中 SX126X 的框图几乎一模一样，只是把 SX126X 的数字基带部分删除了。从下文的指标对比中可以发现 SX1250 芯片是从 SX126X 芯片改造而成的，其功耗、输出功率、频率范围、灵敏度等参数完全相同。

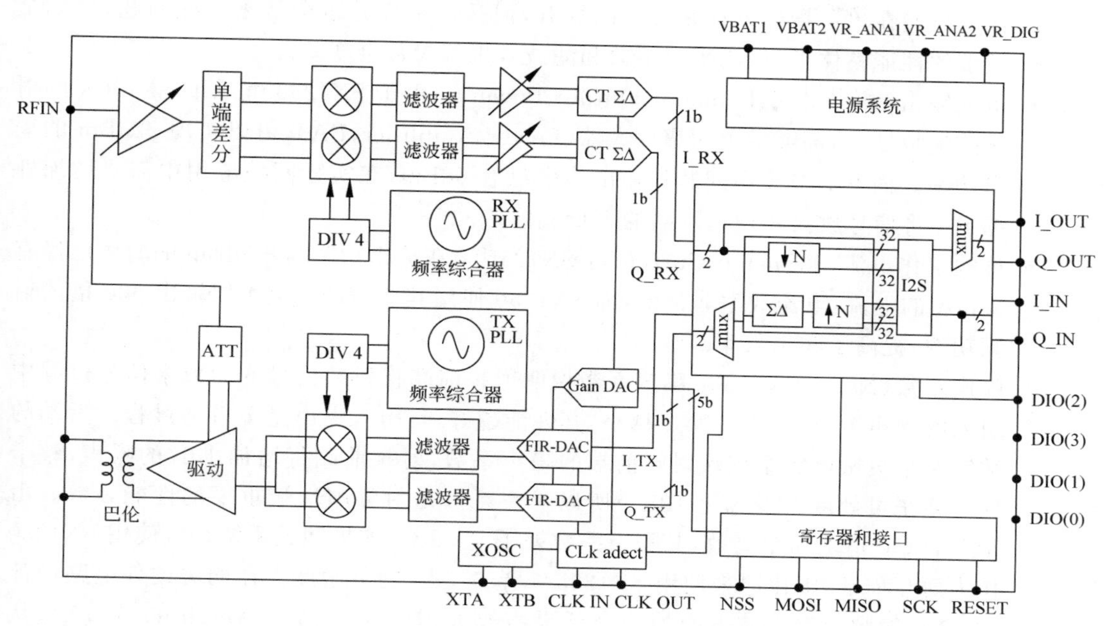

图 4-16 SX1255/7 芯片框图

2. SX1255/7 和 SX1250 芯片对比

两代网关射频前端芯片的设计理念完全不同，其功能参数有很大的不同，其对比如表 4-14 所示。

表 4-14 SX1255/7 与 SX1250 对比表

参 数	SX1255/SX1257	SX1250	SX1250 的对比优势
频率范围/MHz	400～510(SX1255) 862～960(SX1257)	150～960	连续频率覆盖
最大输出功率/dBm	5	22	是过去的 50 倍
发射电流 V_{BAT}=3.3V	58mA @ −5dBm	118mA @ 22dBm	发射能效更高
噪声系数/dB	4.5	10	
功率放大器	高线性 PA	常包络 PA	效率更高
接收电流/mA	20	4.2	电流为原来的五分之一
引脚封装	32 脚 MLPQ,5mm×5mm	24 脚 QFN,4mm×4mm	面积减小 25%
SPI 接口	操作寄存器	命令字控制	简化软件开发
双工	半双工或全双工	半双工	

SX1255/7 与 SX1250 的关键参数对比如下。

• 工作频率范围(Frequency Range)：SX125X 系列每个芯片只有 100MHz 左右带宽，而 SX1250 系列实现了全频带的超宽覆盖，实现 150～960MHz 的任意连续频率工作。虽然在单一指标上有非常大的提升，但是这个提升也会带来一些问题，比如全频带的性能整体下降，或噪声系数和滤波效果等参数会变差。

- 最大输出功率(Max Transmit Output Power)：由于 SX1250 继承了 SX126X 的射频前端特性，内部继承了功率放大器(Power Amplifier，PA)，可以实现 22dBm 的输出功率。而 SX125X 系列芯片输出功率只有 5dBm，在实际网关应用中需要增加外部 PA 将信号放大实现远距离的下行通信。
- 传输工作电流(Transmit Current)：SX1255/7 在输出功率为−5dBm 的时候已经有 58mA 的电流，电流效率非常低，而 SX1250 使用其 2 倍的电流可以输出 500 倍的射频功率，提高了输出效率。
- 噪声系数(Noise Figure)：噪声系数说明射频前端将射频信号变为数字信号过程中引入的噪声大小，引入的噪声越小，其性能越好，且引入噪声是不可逆过程。后端的数字基带灵敏度完全依赖射频前端的噪声系数，射频前端每增加 1dB 的噪声，整个网关系统灵敏度至少恶化 1dB。所以噪声系数是射频前端最重要的性能参数。由于 SX1250 追求简单高效，其噪声系数差了 5.5dB。如果网关系统直接使用 SX1250 作为射频前端，则比原来使用 SX1255/7 差 5.5dB 的灵敏度。在网关硬件电路设计时，会在射频前端之前再增加一个低噪声放大器(Low Noise Amplifier，LNA)，从而降低射频前端噪声对系统的影响。LoRa 网关使用的 LNA 一般噪声系数为 1.5dB，增益 20dB 左右。使用 LNA 后 SX1250 或 SX1257 等射频前端对系统的噪声贡献会大幅减少。通过 4.3.2 小节 SX1302 与 SX1301 灵敏度对比可知，LNA+SX1250 的射频前端比 LNA+SX1255/5 的射频前端噪声系数要大 1dB 左右。
- 功率放大器运行模式(PA Operation)：SX1255/7 使用的高线性放大器，是为了下一级连接外接功率放大器，而 SX1250 选择常包络放大器是一种高效率的功率放大器设计，可以节约功耗。
- 接收电流(Receive Current)：SX1250 完全继承 SX1262，接收电流非常低，因此，对应的噪声系数就会高，这也是噪声系数高的原因之一。
- 引脚封装(Pin and Package)：SX1255/7 是 32 脚 MLPQ，封装 5mm×5mm 大小；而 SX1250 是 24 的 QFN 封装 4mm×4mm 大小，面积节约了 36%。
- SPI 控制(SPI Interface)：第一代的 LoRa 芯片都是使用寄存器控制，而第二代的芯片为了方便开发都使用了命令控制。
- 双工(Duplex)：SX1255/7 芯片支持全双工和半双工两种模式，SX1250 继承了 SX126X 芯片只可以半双工。

综上所述，SX1250 芯片就是一款追求简单、低成本、灵活性强的射频前端芯片。

3. SX1302 网关设计

SX1302 与不同射频前端的组合形成不同的方案，如图 4-17 所示为常见的三大类网关方案。微型网关方案如图 4-17(a)射频前端选择 SX1250；小型网关方案如图 4-17(b)射频前端选择 SX1255/7；大型网关方案如图 4-17(c)采用多组数字基带芯片和射频前端芯片组合。

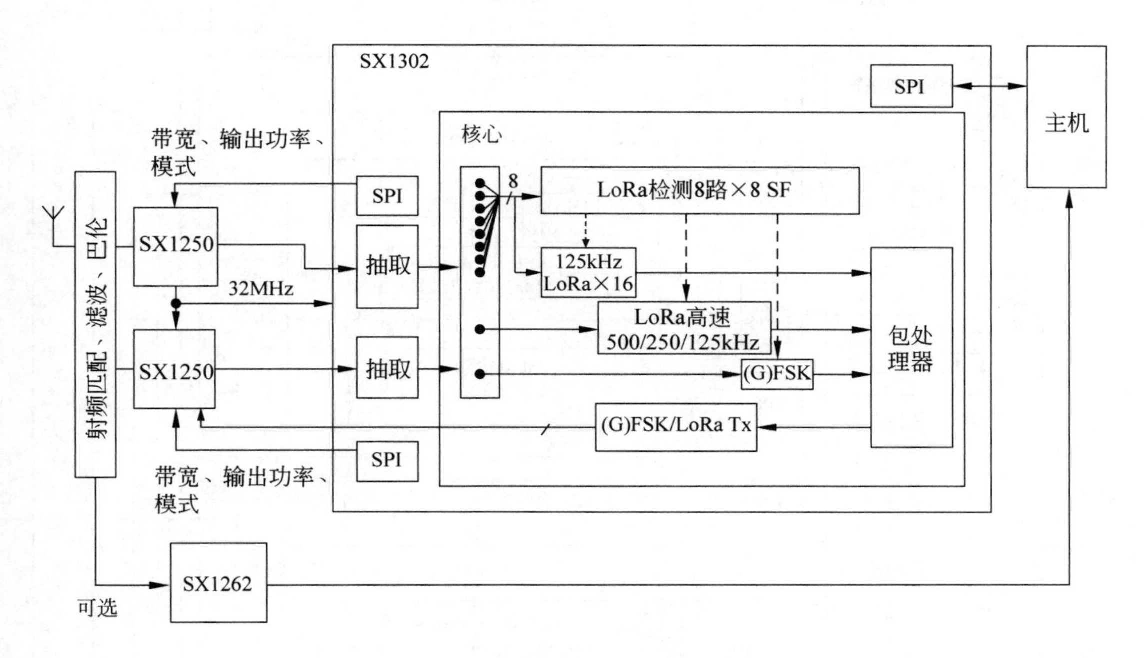

(a) 微型网关设计方案

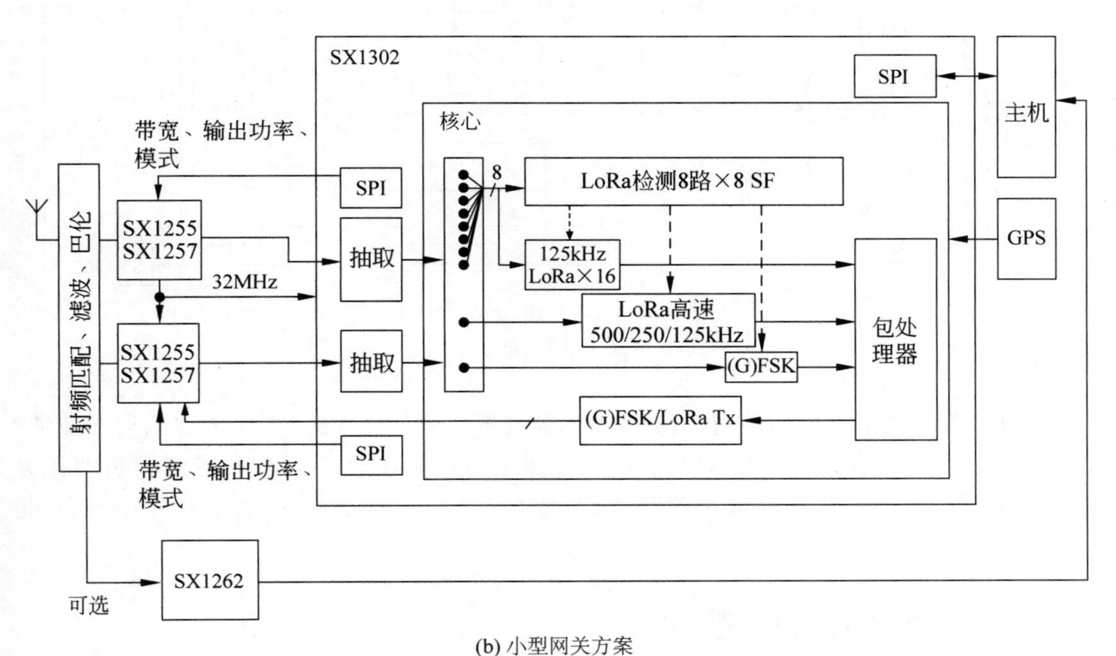

(b) 小型网关方案

图 4-17 SX1302 网关设计方案

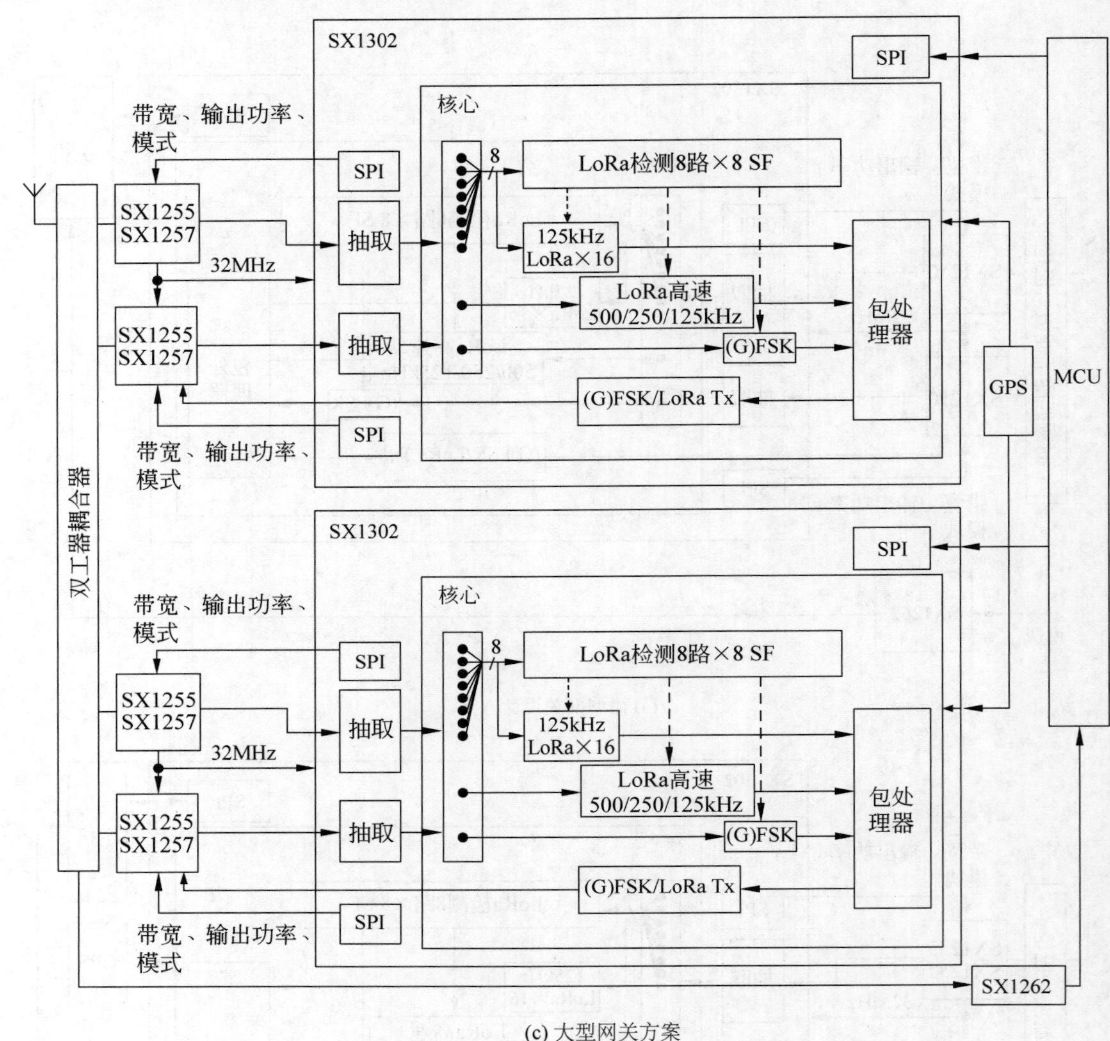

(c) 大型网关方案

图 4-17 （续）

由于射频前端灵敏度的差别，只有微型网关方案使用低成本的 SX1250 作为射频前端。有一些小型网关对 1dB 灵敏度不敏感（10％工作距离减少），也可以采用 SX1250 方案作为射频前端的方案。跨国/区域使用的网关，需要支持不同地区的频率，就必须使用 SX1250 的全频带方案。

视频讲解

4.4 LoRa 2.4GHz 芯片

对于大家所讨论的物联网，普遍认为 LoRa 技术是应用于 LPWAN 的，因而默认 LoRa 都是 Sub-1GHz 的应用。随着 LoRa 调制技术逐渐被市场认可，2.4GHz 频段的高速 LoRa

(此处的高速是对比 LPWAN 中的物联网应用的传输速率)需求出现了。既然 LoRa 的调制技术具有那么多优势,那么在 2.4GHz 频段也会有很好的发挥。各国的 Sub-1GHz 的工业科学医疗频段(Industrial Scientific Medical,ISM)都不一样,使各国的产品无法全球通用,而全球的 2.4GHz ISM 频段都是一样的。在这样的市场环境需求下,Semtech 公司推出了 SX128X 系列芯片。该芯片主要应用领域还是物联网,不过其内部增加了消费类产品的一些特性,应用更广泛。这颗芯片功能强大、性能卓越,反而被物联网市场所忽视,这是因为 Sub-1GHz 的 LoRa 声势过于强大引起的。下面将讲解这颗 2.4GHz 的 LoRa 芯片。

4.4.1 SX128X 芯片介绍

SX1281 是 SX1280 的简化版本,不具备测距功能,其他功能结构完全相同。Semtech 公司通过产品定义差异化从成本上支持更多应用。下面的讨论将以 SX1280 芯片为基础,分析 2.4GHz LoRa 芯片的特点及应用优势。

SX1280 是一颗低功耗、远距离的带有测距功能的 2.4GHz 无线收发芯片,可以理解为 SX126X 系列在 2.4GHz 频段工作的版本,其内部芯片工艺和框架结构与 SX126X 也相同或相似。

SX126X 芯片只有两个调制解调引擎,而 SX1280 内部有 5 种调制解调引擎。

- LoRa 2.4GHz:远距离、低速率的通信,支持带宽 200/400/800/1600kHz 及扩频因子 SF=5~12,应用于智能家居、安防、无人机控制等领域。
- FLRC 2.4GHz:称为快速 LoRa 通信(Fast Long range Communication,也可以叫 Fast LoRa),可以提供一个稳定高速且远距离的通信模式。可应用于音视频传输,也可以用于无人机控制。FLRC 是 Semtech 公司创新的一种类似 LoRa 的调制模式,是基于 MSK 的一种变形技术。FLRC 是一种可以实现高速通信且接近香农公式理论极限的调制技术。
- GFSK 2.4GHz:GFSK(Gauss frequency Shift Keying,高斯频移键控)是最常见的 2.4GHz 通信技术。主要针对传统的 2.4GHz 无线应用,这颗芯片带有 GFSK 功能是为了兼容原有项目。
- 低功耗蓝牙(Bluetooth Low Energy,BLE):该芯片支持低功耗蓝牙的物理层,用户可以在 MCU 中下载蓝牙的数据链路层(MAC),并通过 SX1280 实现蓝牙、LoRa 多协议设备。BLE 的物理层是采用 GFSK 作为调制解调引擎的,SX1280 就是利用该特点通过加载 BLE 数据链路层实现蓝牙通信的。说明:SX1280 只是支持蓝牙的低功耗模式,蓝牙的其他模式采用不同的物理层,SX1280 无法支持;主要应用于可穿戴、Beacon 热点、传感器等。
- 测距引擎(Ranging Engine):具有射频链路安全和点对点的测距功能,应用于物品追踪和工业 4.0。测距引擎是在 LoRa 模式下实现的,读者可以回顾 2.2 节中扩频技术在测距上的优势。

SX1280 芯片具有 5 种调制解调引擎,其内部框图结构如图 4-18 所示。

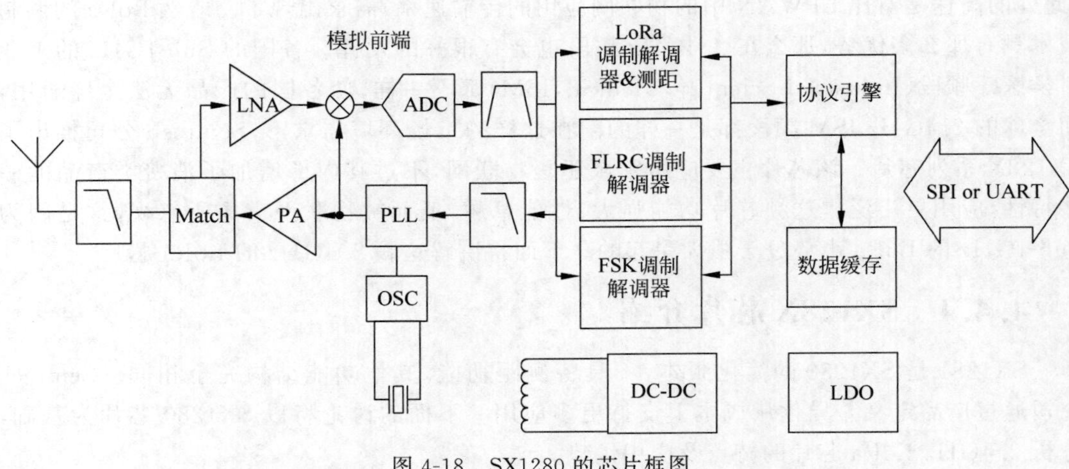

图 4-18　SX1280 的芯片框图

SX1280 芯片的主要特征指标如下。

- 远距离：最高灵敏度为－132dBm；＋12.5dBm 的输出功率；最大链路预算为 144.5dB。
- 低电流：LoRa 模式下接收电流小于 5.5mA；发射功率＋12.5dBm 时，发射电流为 24mA；休眠模式电流为 215nA。
- 调制模式及速率：LoRa：476b/s～200kb/s(远程)；FLRC：260kb/s～1.3Mb/s(快速远程通信)；(G)FSK/MSK：2Mb/s；蓝牙物理层兼容性。
- 测距引擎：飞行时间(Time of Flight，TOF)测距功能，测距精度 1m，最远支持 4km 距离测距；内置测距数据过滤功能。
- 低系统成本：外围器件 BOM 简单、便宜；封装及引脚尺寸小，24 脚 4mm×4mm 封装。
- 符合 2.4GHz 法规：ETSI EN 300 440，FCC CFR47 第 15 部分，ARIB STD-T66；支持全球频段。

对上述的主要指标进行总结，SX1280 的灵敏度远超同类 2.4GHz 射频芯片(蓝牙和 ZigBee 芯片的灵敏度多为－100dBm 左右)；SX1280 的功耗水平也达到了业界同类芯片的领先水平；SX1280 支撑多种调制解调制式，可以同时应对多种应用场景；SX1280 具有测距功能且距离远、精度高、操作方便；SX1280 硬件系统简单外围器件少、成本低，并支持全球 2.4GHz 频段的应用。可以看出，上述的特点都是物联网应用中所需要的。

4.4.2　SX128X 工作距离分析

由于 SX1280 内部有多种调制解调模式，如 LoRa 模式、FLRC 模式、BLE(GFSK)模式等。这些模式的传输速率和工作距离的关系如图 4-19 所示。

图 4-19 中共有 4 种无线技术，分别是 Wi-Fi 技术、BLE 技术、FLRC 技术和 LoRa 技术。通过 2.2.3 小节介绍的香农定理可知，信号传播得越远其信噪比越差，从而信道容量会减

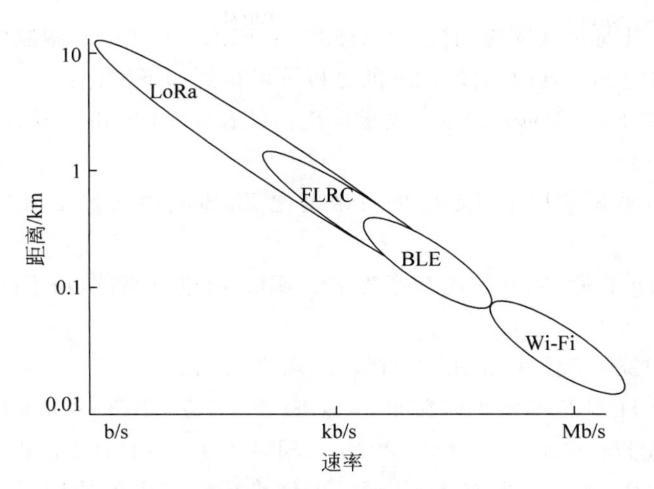

图 4-19 多种技术传输速率与距离示意图

少，所以所有无线技术在数据率和工作距离的对数坐标轴内表达为左高右低的斜线。由此可知这四类常用技术所支持的通信速率和对应的工作距离。工作距离是由该系统在当前速率下的灵敏度决定的。图 4-19 是一种宽泛的理解图，如果需要精确的定量分析，则需要把每一种技术在不同速率下的灵敏度表示出来。图 4-20 所示为常用物联网技术的灵敏度与速率图。

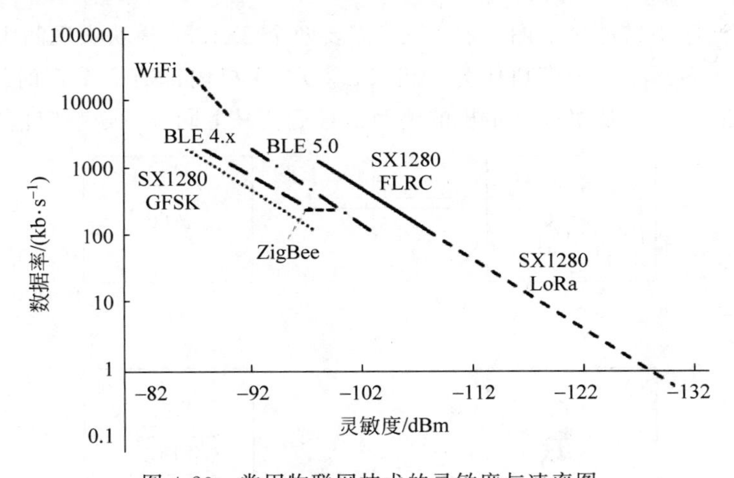

图 4-20 常用物联网技术的灵敏度与速率图

图 4-20 中横坐标是灵敏度，纵坐标为数据率。在此坐标系中，越靠近右上角，其调制解调效率越高，越接近香农定理极限。首先拿 SX1280 FLRC 与 BLE4. x、BLE5. 0 以及 ZigBee 技术进行对比，FLRC 支持绝大多数 BLE 的速率以及 ZigBee(固定 250kb/s)速率，且在相同速率情况下其灵敏度明显优于其他传统技术。图中可见 LoRa 调制和 FLRC 调制相互衔接，可以支持从高速到低速的所有应用，其灵敏度在低速应用中的优势更为明显。SX1280 芯片有诸多优点，因为该芯片是按照物联网的需求设计的，而其他的技术最开始设

计的出发点都不是针对物联网应用的。SX1280 在 FLRC 与 LoRa 调制的灵敏度优势是由自身的物理调制决定的。通过对图 4-20 的分析可以得到如下推论：

- 在相同速率下，LoRa 和 FLRC 灵敏度比传统技术 BLE 和 ZigBee 高 8～12dB，工作距离远 2～3 倍。
- 常用低速物联网应用中，LoRa 的灵敏度比 ZigBee、BLE 高 20dB 以上，工作距离远 10 倍多。

实际场景中的工作距离，在输出功率为 12.5dBm 时进行测试，在不同的调制模式下，可以得出：

- FLRC(SX1280 工作在 260kb/s)覆盖距离为 2.3km。
- LoRa 2.4GHz(SX1280 工作在 476b/s，SF=12)覆盖距离为 3.6km。
- LoRa 868MHz(SX1272 工作在 292b/s，SF=12/125kHz)覆盖距离为 5.8km。

SuB-1GHz LoRa 具有比 2.4GHz LoRa 更优秀覆盖范围的原因是 Sub-1GHz 波长更长。频率越高波长越短，在空间传播的衰减越大。由于 Sub-1GHz 相对于 2.4GHz 频率低，其波长就长，传播距离就远。这也是为什么 LPWAN 技术的通信频率都选择 Sub-1GHz 而没有选择 2.4GHz。Sub-1GHz 的缺点就是频段资源窄，无法传播高速的数据。

4.4.3 测距引擎

SX1280 的测距引擎原理如图 4-21 所示，需要两个 SX1280 模块实现测距。其中一个模块作为主机(Master)，另一个模块作为从机(Slave)。主机内部有一个定时器，当主机发出测距信号时开始计时，当从机收到主机的测距信号后会马上同步发送响应信号，主机接收到

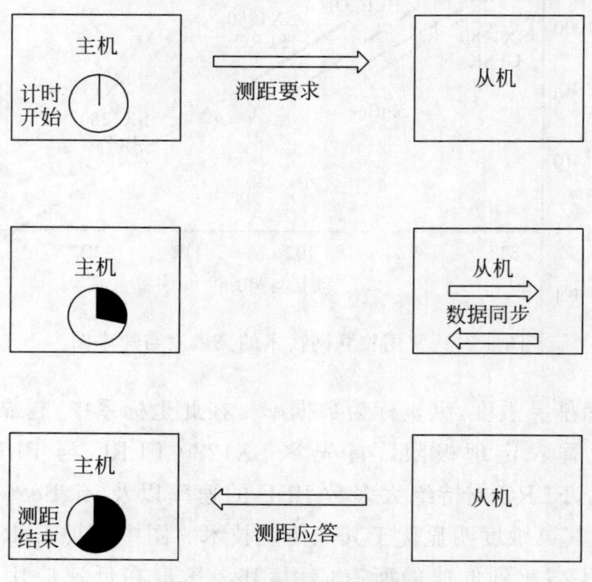

图 4-21 测距引擎原理图

从机发来的响应信号时，计时器记录当前的时间。由于电磁波在空中传播的速度为光速，因此计时器的时间等于电磁波从主机飞到从机的时间加上从机的反应时间再加上信号由从机飞到主机的时间。测距计算公式为

$$距离 = (计时器时间 - 反应时间) \div 2 \times 3 \times 10^8$$

测距的过程会使用不同的频率和不同的扩频因子，从而减小多径影响，保证系统的准确性，在经过多次测距后，这些测得的数据通过内置测距数据过滤器，最终算出准确的距离。图 4-22 为一个多点算法的模型。经过多次测距和过滤后的测距精度为 1m。

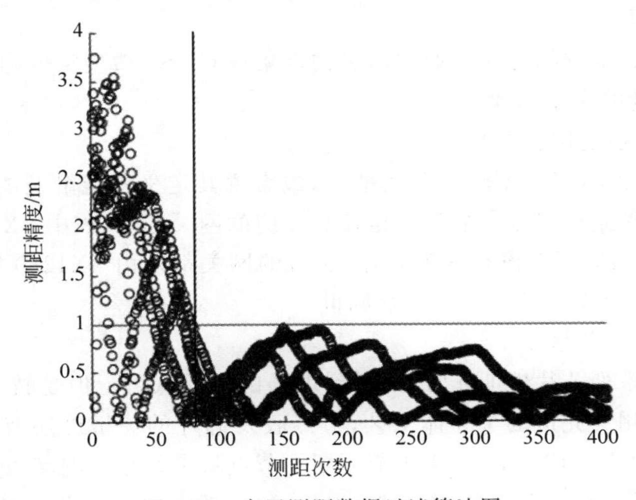

图 4-22 内置测距数据过滤算法图

由图 4-22 可知，测试次数越多，系统的测试精度越高，图中到达 80 次测试时才满足了 1m 的精度，当测试超过 300 次后，其系统的平均精度可以接近 0.5m。在实际应用中，由于环境因素不可控，即使在可视距离，系统误差常会出现 5～20m 不等。

4.5 芯片 Roadmap

本章介绍了所有的 LoRa 内核芯片。LoRa 芯片家族是非常壮大的。表 4-15 为 Semtech 公司 LoRa 产品路线表。

表 4-15 Semtech LoRa 产品路线

类 别	2013	2014	2015	2016	2017	2018	2019	2020	未来
网关芯片			SX1301				SX1302	SX1303	
射频前端芯片			SX1255				SX1250		
Sub-1GHz 收发芯片	SX127X					SX126X	LLCC68	LR1110	高性能
2.4GHz 芯片					SX128X				网关、SX1283

虽然现在的LoRa芯片可以满足市场的主要应用，但是随着应用的扩展和技术的进步，Semtech公司会继续努力研发新的LoRa芯片以满足日益增长的物联网需求。未来芯片的发展方向有如下几大方向。

1）针对特殊应用

(1) 2019年，Semtech公司发布了针对室内应用的LoRa芯片LLCC68，这颗芯片是来自SX126X系列，也是笔者根据中国市场的需求定义的。

(2) SX1280芯片在定位、汽车电子和高速工业领域有许多优势，后续有可能会有针对这些领域的专用芯片。

(3) 针对物流和定位的芯片LR1110，其内部集成GNSS微型定位芯片和Wi-Fi探针芯片，是一款高集成度的应用芯片。

2）针对网络扩展的网关芯片

(1) SX1302依然有很多不够完善的地方，或者说其定义不能触及的地方，比如多路下行场景，比如TDOA定位场景。后续一定还有相应的网关芯片（表中SX1303）。

(2) 2.4GHz LoRa至今没有网关芯片，所有的网关都是由SX1280实现的。我相信这颗2.4GHz LoRa的网关芯片应该不久会问世。

3）更高性能的收发芯片

虽然SX126X系列芯片性能非常好，得到市场的广泛认可。但是技术进步的脚步是不会停止的。如果选用更先进的半导体工艺，节点收发芯片的灵敏度还有2～4dB的提升空间，工作距离提升30%～60%，3.1.1小节介绍了节点噪声系数影响灵敏度关系。在选择更先进的工艺后，功耗也有一定的提升空间。当然，这要看Semtech公司对成本（使用更先进的工艺不一定会降低成本，虽然从半导体工艺和面积进行分析，SX126X系列的成本比SX127X的成本有明显降低）和研发投入的评估。

小结

本章重点介绍了LoRa的全系芯片，包括SX126X系列、SX127X系列、SX130X系列、SX125X系列和SX128X系列，共三大类别、两代产品。所有的产品都通过对比的方式展现其优缺点，在实际项目中核心硬件选型可以参照本章对比数据。由于SX126X和SX1302/SX1250都采用先进工艺，成本低、性能好，建议读者在终端和网关开发时优先选择第二代的这几款芯片。

SX1280芯片有诸多优势，但市场上不为人知，说明有很大的应用市场发展空间，读者可以从其特点入手寻找合适的切入应用，开辟新的领域。

第 5 章

LoRa 的网络系统

本章主要介绍 LoRa 的网络架构。市场上常见的 LoRa 应用中使用的网络架构包括私有协议网络和 LoRaWAN 网络。本章对 LoRaWAN 网络构成做了详尽的讲解，包括 LoRaWAN 网络的优、劣势以及不同应用的网络选择问题。在常见的 LoRa 私有协议网络中，星状网络结构是最常见的，同时也有一些其他形式的网络结构，如一些 LoRa 电表应用采用 Mesh 树状结构，一些 LoRa 水表应用采用网状结构。

LoRaWAN 网络是市场上唯一的 LoRa 生态达成共识的协议，是 LoRa 联盟为了推动 LoRa 应用而开发的标准，虽然在国外有非常高的市场占有率，但在国内的市场占有率较低。这个问题跟中国的市场和国情相关，也与 LoRaWAN 网络架构的特性相关。虽然 LoRaWAN 网络对比运营商 NB-IoT 网络是轻量级的网络，但是依然需要网络服务器(NS)和应用服务器(AS)的支持。对比最简单的小网络，结构复杂很多。通过学习本章，读者可以充分了解常用 LoRa 网络架构，包括它们的对比和特点，对于 LoRa 应用计算以及 LoRaWAN 网络协议理解都有很大的帮助。

好的物理层技术不一定可以实现好的应用，其网络架构和通信协议也是至关重要的。通过分析私有协议网络与 LoRaWAN 网络差别，读者可以理解国内外市场的差异和早期 LoRa 推广策略对今天市场格局的影响。本章还会介绍传统运营商的蜂窝网络系统，通过 LoRaWAN 网络与运营商蜂窝网络技术对比，可以充分了解 LoRaWAN 网络的物联网特性。

5.1 常用的 LoRa 网络结构

视频讲解

经过前面章节的学习，已知道 LoRa 只是一种物理层的调制解调无线通信技术。是无线通信技术就需要组网，那么 LoRa 应用中的常见网络有哪些？这些组网方式各有什么特点，分别支持哪些应用呢？

LoRa 应用中组网方式非常多，且很多供应商根据需求制定了相应的协议(网络层和应用层)，根据是否支持 LoRaWAN 协议可以分为 LoRaWAN 协议网络和私有协议网络两大类。LoRaWAN 是 LoRa 联盟推广的统一协议，也是唯一一个全球达成共识的且联盟成员一致推广的 LoRa 协议。

在中国的 LoRa 生态中有大量的用户使用私有协议，而在欧美等发达国家的 LoRa 市场上绝大多数是 LoRaWAN 协议，这与 LoRa 推广初期不同地区的国情相关。LoRa 技术诞生在欧洲，当市场认识到 LoRa 技术的优势后，发现 LPWAN 会是一个非常大的市场，且 LoRa 技术推动 LPWAN 的应用是绝佳的机会。此时最激动的是欧洲的电信运营商们，这些运营商与 Semtech 一起建立 LoRa 联盟，并且朝着物联网运营商全覆盖的目标努力。所以在 LoRa 联盟建立初期，都是执行运营商先建网，应用和服务逐步增加的策略，这与国内的电信运营商大力投资先架设基站和蜂窝网络，再一步一步地增加手机客户是一个概念。所以 LoRa 联盟建立的标准是针对电信运营商的物联网架构，LoRaWAN 最早的标准和定义就是在这个大环境下完成的。虽然当时也有少数的国内厂商加入联盟之中，但是影响力不足。当 LoRaWAN 技术来到中国后，发现中国的市场情况完全不同，中国只有三家大型的电信运营商，由于政策限制一直走 3GPP 路线，没有一家国内的运营商愿意按照 4G、5G 的模式布 LoRaWAN 网。虽然 Semtech 公司跟其中的一些有不少合作，都是项目和应用的合作，没有像欧洲的运营商那样的全国布网。欧洲的电信运营商 LoRa 策略在中国走不通，此时中国涌现出众多的行业公司对 LoRa 技术青睐有加，因为它们发现 LoRa 调制的诸多优势，可以解决原来无线技术无法实现的功能和应用。这些公司纷纷把 LoRa 技术整合到其系统中，它们纯粹把 LoRa 技术作为一种“更远一些”的无线通信技术，替代原来的 FSK 技术。尤其是过去的无线抄表行业，由于 FSK 技术灵敏度的局限性导致其项目抄表效率差，成功率低，维护成本高。这些无线抄表公司的开发人员充分发挥 LoRa 的技术优势，开发更佳更强的产品，形成了一波浪潮。笔者曾采访过业内的几个公司的创始人，都是当年看到 LoRa 是个好技术就辞职创业进入 LoRa 领域的。所以中国早期的 LoRa 市场就是一场无线技术升级替代的过程，而抄表需求是这波浪潮的浪尖，也是至今 Semtech 公司的 LoRa 芯片内还一直保留 FSK 调制的原因。而国内的这些表计、停车等应用的公司为了方便和快速上线 LoRa 产品，网络结构甚至系统架构都保持原样，只是使用 LoRa 替代原来的通信芯片，只做了物理层的升级。由于原有的这些应用没有统一的行业协议标准，所以至今国内多数的 LoRa 应用依然是私有协议。随后，大家逐渐发现使用统一协议的好处，越来越多的人加入 LoRaWAN 产品的开发中。随着 LoRaWAN 的推广和协议更新，其市场影响力也不断扩大，市场占有率也在不断攀升。

LoRa 私有协议对应的网络结构也不尽相同。大致可以分为如下几种：

- 点对点拓扑结构；
- 星状拓扑结构（运营商的蜂窝网和 LoRaWAN 也是属于星状拓扑结构）；
- 树状拓扑结构；
- 网状拓扑结构；
- 混合拓扑结构。

其中，树状拓扑结构、网状拓扑结构、混合拓扑结构都属于 Mesh 拓扑结构。

5.1.1 点对点的 LoRa 网络

点对点(P2P)的通信方式在无线通信中是最早出现也是最常见的技术之一,如图 5-1 所示,比如早期的无线门铃、无线开关、无线对讲机等。LoRa 技术应用于点对点通信时,规定主机和从机即可,不需要分为网关和节点。一般会由主机主动发起命令和任务,从机响应;主机和从机是可以互换的,LoRa 的节点芯片是支持半双工通信的,可以很好地支持这类应用。

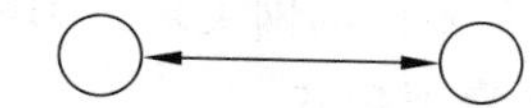

图 5-1 点对点网络拓扑结构

LoRa 点对点通信的优点是架构简单,尤其对于初学者,最好的学习方式就是采用点对点通信的方式,调节扩频因子、带宽等参数观察灵敏度和信噪比的变化。在实际的 LoRa 应用中,点对点通信并不多,主要原因是市场应用都在升级,原有的按键门铃等应用随着智能家居的发展,都可以通过网关联网,变为星状网络结构;而许多对讲机原来的点对点网络也变成了广播式的网状网络结构,有的对讲机应用还增加了 Mesh 结构。当你仅有一对 LoRa 收发机的时候才是真正的 P2P 网络形式。

LoRa 对讲机应用于 P2P 网络最主要利用了远距离、抗干扰、低功耗的优势。许多大尺寸如 5W、10W 输出功率的非标商用对讲机,现在都换成了小功率的 LoRa 对讲机。LoRa 对讲机功耗只有原来的十分之一,且通信距离更远了,信号抗干扰也变强了。从整体成本分析,原有对讲机大电池和大功率发射机的成本大于 LoRa 的通信模组的成本。

除了对讲还有一类常用的 LoRa 点对点应用是测距,SX1280 芯片的测距是在两点之间通信实现的。

点对点网络作为通信网络的基础拓扑结构,为复杂网络拓扑提供系统验证和维护检测支持。

5.1.2 星状拓扑网络

视频讲解

星状拓扑网络是最常见的拓扑网络结构,比如 Wi-Fi 是最典型的星状结构。如图 5-2 所示星状结构的中心为网关,其他的连接都为节点(也叫作终端节点、终端设备或传感器),网关与每个节点通信。LoRa 最常见的应用方式也是采用此种网络,这也是 LoRa 被称为"长 Wi-Fi"的原因之一,其组网方式与 Wi-Fi 相似。

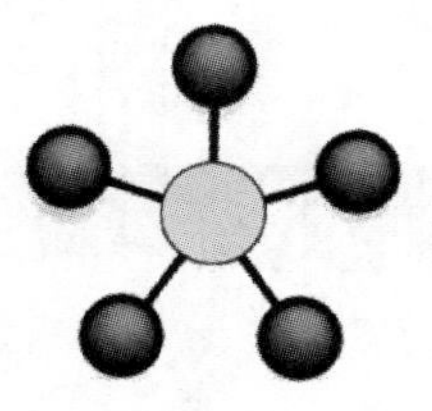

图 5-2 星状网络拓扑结构

采用星状结构的 LoRa 私有协议网络一般不采用 SX130X 系列网关芯片,而是采用节点芯片作为网关。虽然 SX130X 网关芯片有很好的上行容量,但是其灵活性较差,需要配合网络服务器才能工作,且一般的小型应用中上行数据量比较小,节点芯片足够完成数据接收。虽然采用节点芯片开发的网关信道少(对比 SX1301 网关),扩频因子固定,但是对比原有 FSK 技术有大幅提升。在下行控制的应用中,SX1301 网关和单信道网关功能完全相同,SX1301 网关的整体成本远大于单信道网关。大量的小型物联网应用，从性价比考虑最终都选择 SX127X 或 SX126X 芯片为核心的网关。

针对不同的应用，星状网络的 LoRa 网关配置和使用方式不同。由于使用节点芯片，网关的接收只能是一种固定频率、扩频因子、带宽的参数组合，针对多路信道和下行控制，衍生出了多种不同的网关形式和网络应用形态。

1. 普通模式

普通模式常见小型随机主动上报网络，这里用抄表应用作为案例(节点全部为低功耗设备)。网关和节点都是用相同的节点模块，全部设备工作在相同的工作频率、扩频因子、带宽参数。如图 5-3 所示，网关的工作状态是一直打开接收通道，等待节点的 LoRa 数据。节点内部有两种唤醒功能：一种是触发唤醒；另一种是定时唤醒。触发唤醒是当有事件发生时，中断唤醒 MCU；定时唤醒是其内部有一个定时器，每隔一段时间 MCU 自动唤醒。一个节点 MCU 唤醒后会读取传感器的数据，然后将这个数据通过 LoRa 信号发射出，并打开接收窗口等待网关应答。网关收到数据后会下行应答一个确认信号，该节点收到下行确认信号后，继续进入休眠状态，若未收到下行确认信号，则会重发该数据包。网关收到上行信号后还可以在下行确认数据中加入一些控制命令。比如一个带有闸门功能的 LoRa 气表上报的数据显示当前气表在漏气，网关可以在下行命令中加入关闸的指令，该气表收到指令后会关闭闸门。但是这些下行命令不是任何时间发送都有效果的，必须在收到对应节点设备的上行数据后，节点打开接收窗口时间内才有效。对于普通模式的 LoRa 通信存在以下几点风险：

(1) 只有一个信道通信，如果出现同频干扰，则整个系统瘫痪。

(2) 信道容量太小，如果有更多节点接入，则信道会产生冲突和丢包。

(3) 对于低功耗设备的下行控制的实时性差，只能被动等待。

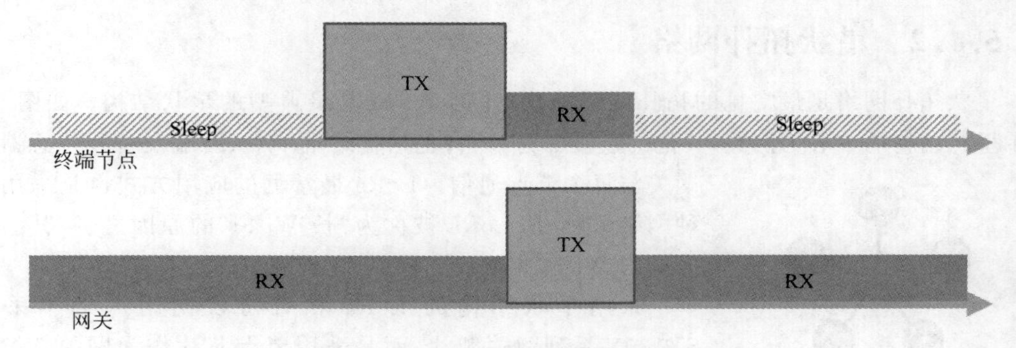

图 5-3 星状网络普通模式通信示意图

2. 定时问询模式

定时问询模式跟普通模式很相似，主要是针对抄表类节点功能类型完全相同的应用。在该系统中，全部设备工作在相同的频率、扩频因子、带宽参数。网络建立时，网关给每个节点都分配一个序号以及当前的系统标准时间(节点时钟保证与网关相同)。入网后节点就会进入休眠状态，其内部计时器启动，计时的长短是由网关管理的。计时器唤醒 MCU 后打开接收窗口，等待网关的命令。定时问询模式下的网关不再像普通模式需要一直打开接收窗口，而是主动发送下行命令，根据其 MCU 内部的时间表，分别在准确的时间与每一个节点进行通信。其通信内容包括被叫节点编号、命令操作、时钟时间校准。当节点收到这些数据后会执行命令操作，并校准自己的时钟进入休眠状态，准备下一次唤醒，如图 5-4 星状网络定时问询模式通信示意图所示。

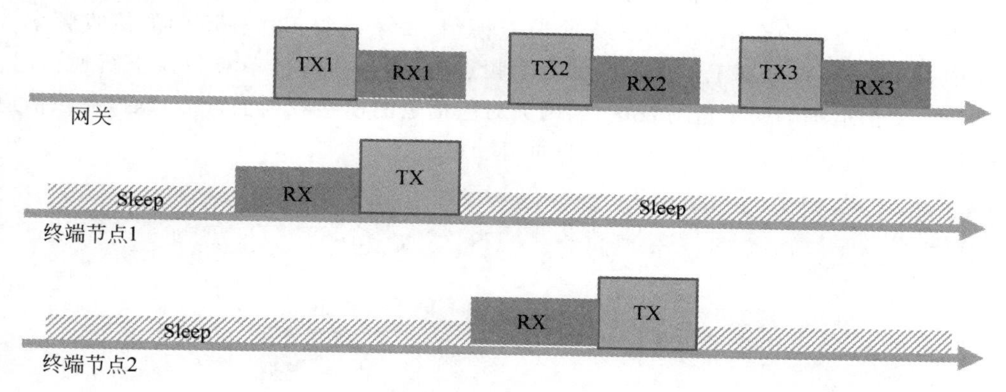

图 5-4　星状网络定时问询模式通信示意图

每隔一次通信都需要校准一下节点的时钟，保证节点的时间和网关的时间同步。如果没有同步将会发生网关的下行命令与节点的接收窗口错开的问题，如图 5-5 星状网络定时问询模式时钟偏差示意图所示。这种现象是由网关和节点中的晶振误差引起的。无论网关还是节点的内部时钟都是由晶振提供的，晶振由于工艺和环境不同存在一定的误差。比如一个晶振的误差是 20×10^{-6}，意思是这个晶振的误差是 0.002%，那么每小时误差为 $3600\text{s}\times0.002\%=72\text{ms}$。一般节点接收窗口打开的时间与下行询问的时间间隔成反比。也就是说，如果经常下行询问，且经常校准时钟，节点与网关的时间误差很小，则接收窗口小也不会漏掉下行数据；反之，下行询问时间间隔长，系统的累计时间差很大，就需要更长的接收窗口。如果该系统不具备时间校准功能，即使使用精度再高的晶振，累计误差终究会导致接收发窗口错开。

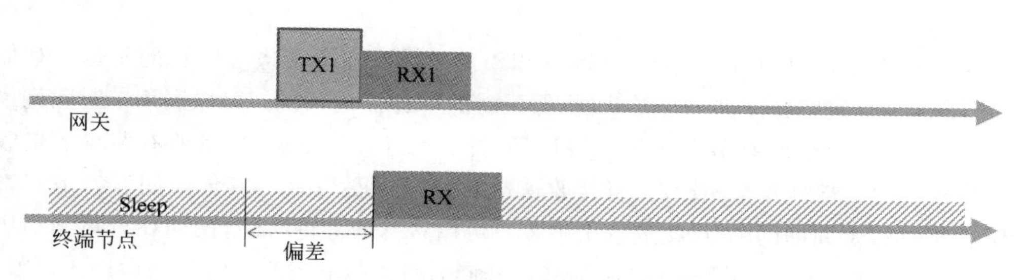

图 5-5　星状网络定时问询模式时钟偏差示意图

这种定时问询模式的优点是时间利用率非常高，由于做了规划，整个系统的通信占用率可以高达80%（考虑信道干扰导致的重传）。但这种模式有一定局限性，只适用于节点类型完全相同的场景。定时问询模式的信道容量有所提升，对于普通模式提出的问题(1)和(3)，都无法解决和改善。

3. 信道升级模式

针对普通模式的问题(1)和问题(2)，信道容量和抗干扰的问题可以通过增加网关的信道来解决。实施方法为在网关中加入多个节点模组，每个模组工作在不同的接收频率。假定网关中有4个模组，分别工作在不同的四个频点（信道），相应的节点每次上行通信时，会随机选择4个信道中的一个进行发送，当网关对应信道的模组收到上行信号后，在该信道发送下行确认命令。图5-6所示为4信道的通信示意图。

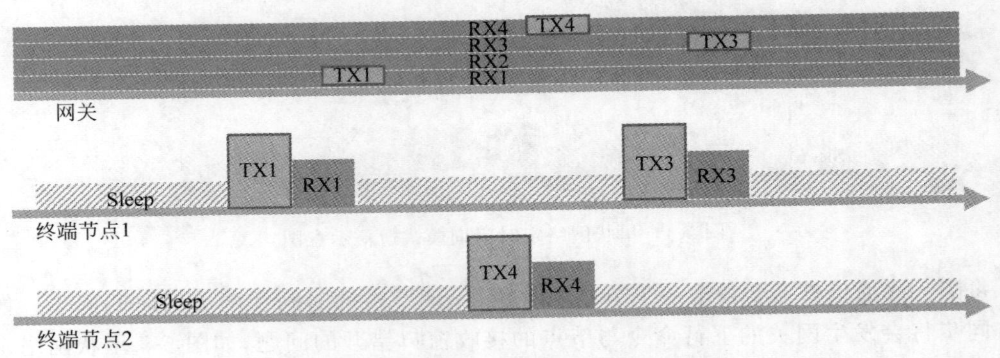

图5-6 星状网络信道升级模式通信示意图

若一个模组上行发送后在接收窗口的时间内未能收到确认信号，则会更改一个信道再次发送。通过这样的方式信道容量变为原来的4倍，抗干扰能力也大幅提升。

4. 同步下行主动模式

同步下行主动模式，针对普通模式中的问题(3)中低功耗的下行控制实时性问题提出解决方案。同步下行主动模式主要的应用场景是水表、气表闸门的开关和智慧酒店的智能门锁管理。智能门锁管理系统比较复杂且具有代表性。下文通过智能门锁管理的案例展开讨论。

酒店管理希望可以通过应用端远程打开指定的门锁，且不希望有较长的延迟。智能门锁是电池供电，因此需要提供一套低功耗、低延时的下行控制系统。可以利用定时问询模式的下行控制特点，要求所有节点每隔一段周期时间 T 打开接收窗口，且所有节点的接收窗口RX打开时间点都是完全相同的，且接收窗口的时间长度均为 t，其他时间所有节点都进入休眠状态。这个周期间隔 T 就是应用中客户可以容忍的等待时间，比如在智慧酒店中设定 $T=1\text{s}$。所有的LoRa门锁每1s同时唤醒，并同时打开接收窗口 t 的时间后进入休眠，下一秒再打开，如此往复。当网关通过应用层收到需要打开智能门锁的命令时，则在时间窗口 t 内发出一条下行指令，指令包括指定的智能门锁编号和操作命令。所有的智能门锁在其打开的接收窗口时间 t 内都收到了网关的命令，通过解析数据后，除了指定编号的智能门锁外其他的智能门锁会丢弃这条指令进入休眠状态，而被叫到编号的智能门锁执行开锁操作命令，如图 5-7 星状网络同步下行主动模式通信示意图所示。

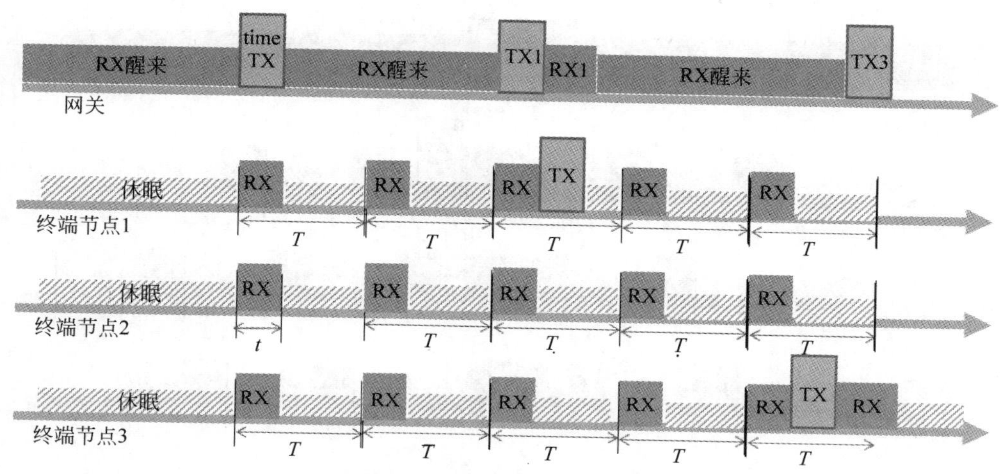

图 5-7 星状网络同步下行主动模式通信示意图

为了保证所有智能门锁与网关时钟同步，需要通过校准命令来实现。如果直接采用定时问询模式的时钟校准方式，会存在很大的问题。如果一个智能门锁很长一段时间没有被询问和操作，那么这个门锁的时钟会不断累积误差最终偏离正常的接收窗口，并再也无法唤醒(若干天后，累积误差积累到一定程度可能又会回到正常的窗口，但是不可控)。同步下行主动模式采用了定时系统校准的策略，每隔一个比较长的时间，比如 $100T$ 的时间，进行一次专门的校准工作，所有的智能门锁都在这一时刻校准，称为校准时间窗口，如图 5-7 所示网关发送的 time TX 为校准同步命令。

在一个区域内智能门锁数量非常多且开关频繁的应用中，可以在网关中增加多 LoRa 模组，并将所有的智能门锁平均分配到指定的通信频道中，网关中的每个模组管理一组智能门锁。为了防止偶然现象引起的智能门锁接收窗口偏离正常状态而无法恢复的状况，可以增加智能门锁的主动上行功能，申请校准时钟。当一个智能门锁在多次的校准时间窗口都未收到校准命令，则在专用频道上行发送申请时间命令戳，网关收到此条命令时下行发送时间戳，如图 5-7 中终端节点 3 所发 TX 为申请时间戳命令。这条专用频道是网关内开辟的专用信道，当网关没有应用层发来的下行发射工作和校准时间工作时会进入专用频道打开接收窗口等待上行需求。

5. 异步下行主动模式

同步下行主动模式需要不断地进行校准来应对累计时间误差，这种系统对于网关和节点都比较复杂。所以异步下行主动模式被发明出来。同样用智能门锁为例子，终端继续按照同步下行主动模式的每秒唤醒监听，但是不做系统对时，只要网关的数据包前导长度大于 T(1s)，所有的终端设备都可以监听到网关的数据，如图 5-8 星状网络异步下行主动模式通信示意图所示。这就是异步下行主动模式,通过超长的异步下行前导唤醒所有网络中的节点,节点唤醒后,网关发下行指令,包括指定的智能门锁编号和操作命令,对应的智能门锁响应命令。

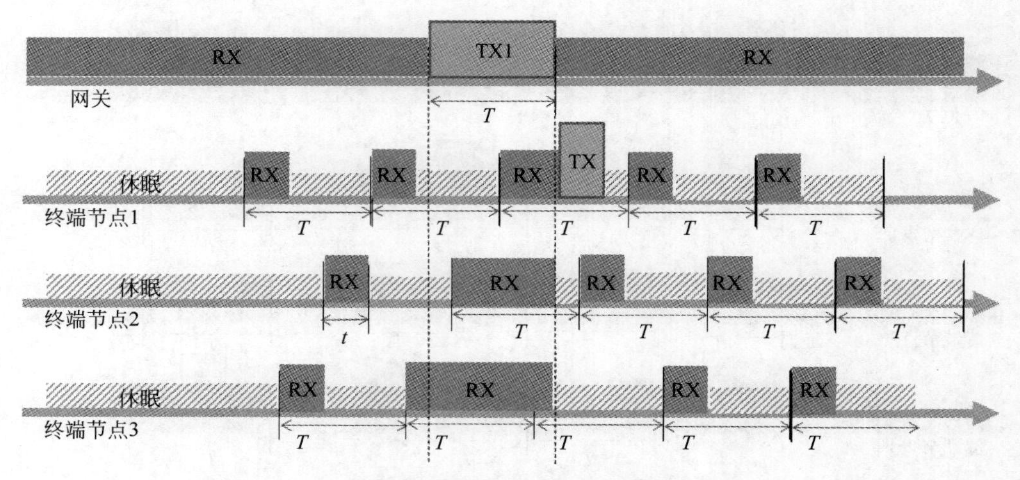

图 5-8 星状网络异步下行主动模式通信示意图

这种方式操作简单,不需要对时,对于小型系统很有优势。其缺点也很明显,每次唤醒目标是操作特定的一个智能门锁,结果所有的智能门锁都醒过来打开接收窗口收完这 1s 的长包,由于每个智能门锁醒过来的时间不同,接收的时间平均为 0.5s。如图 5-8 所示,当操作终端节点 1 时另外的两个设备也被唤醒,并打开 RX 窗口。当下行操作非常频繁时,智能门锁的电池寿命会变差,在下行操作不频繁时,其系统功耗小于同步下行主动模式,具体计算见 8.2.2 小节。

在实际应用中该模式也有很多的改进方法,比如长前导包切片可以将一个长前导切片为多个带有序号的前导,从而符合无线电规范并减少设备等待时间。

6. 星状私有网络的问题

虽然上述的几种模式解决了一部分 LoRa 通信问题,但是仍有一些问题很难解决。

1) 链路预算问题

上述的几种模式都是在小规模且通信链路预算非常充足的环境中使用,当遇到大场景或复杂场景时链路预算问题就会显现出来。由于扩频因子和带宽都是固定的,其链路预算也是固定的。链路预算决定了两个物体之间的通信距离或通信质量,链路预算与传输速率是反比关系,传输速率越慢其工作距离越远。在实际应用中就会出现多节点与网关距离不等的情况,如果在系统中选择较大的链路预算,那么通信速率会降低,信号在空中的飞行时间会增加,从而影响信道容量;如果选择较快的通信速率,系统的链路预算会降低,较远处的节点通信链路容易丢包。由于系统只能有一组传输链路选择,会出现传输速率和传输距离的矛盾,如果有一种不同节点根据其链路情况自主选择通信速率的方法就可以解决上面的问题。

2）多网关频道干扰问题

在小场景中使用时，不需要考虑频道互相干扰问题。当实际应用场景中 LoRa 网络覆盖无处不在，会出现频道干扰问题。此时的解决方案可以按照运营商蜂窝网络（5.2.1 小节有详细介绍）的方式，将频率分组并分隔布局。如果存在一个网络，其内所有设备都使用同样的一组频带，且不互相干扰，也不影响覆盖，这样的网络一定很受欢迎。

3）多网关同步问题

在同步应用的系统里，如果有多个网关存在，该如何进行同步呢？只能在两个网关之间也开辟一条用于同步时钟的通信信道。如果网关数量很大，只从现有的网络架构上考虑，是找不到出路的。

针对上述问题，LoRa 联盟推出了 LoRaWAN 协议，其 LoRaWAN 网络（5.2.2 小节中讲述）可以解决上述的三个问题。

5.1.3 Mesh 拓扑结构

Mesh 网络即“无线网格网络”，是“多跳”（multi-hop）网络，是由 Ad-hoc 网络发展而来的。无线 Mesh 网络凭借多跳互连和网状拓扑特性，已经演变为适用于宽带家庭网络、社区网络、企业网络和城域网络等多种无线接入网络的有效解决方案。使用 Mesh 技术的代表技术就是 ZigBee 技术。

提到 LoRa 也使用 Mesh 技术，大家会很好奇，因为在正常的应用中 LoRa 的覆盖半径是 ZigBee 的 10 倍，根本没有必要使用 Mesh 技术。但一些 LoRa 应用需要在较高通信速率下将数据传输到很远的地方，已知高速率下 LoRa 的灵敏度会降低，所以在这些远距离、高通信速率的 LoRa 应用中，就要使用到 Mesh 技术。

常见的 LoRa Mesh 应用有野外数据传输和智能水表、智能电表。在森林和荒野的数据采集和传输中，由于几十千米甚至上百千米的区域内没有蜂窝网络和有线网络。要把森林和荒野深处的数据传输到有网络的地方，单靠 LoRa 单跳的传输距离是不够的，需要在传输路径上多级中继转发。表计的 Mesh 应用为一些覆盖较差的表计很难直接与网关通信，需要多跳模式通信。图 5-9 所示为表计的常见 Mesh 组网方式。

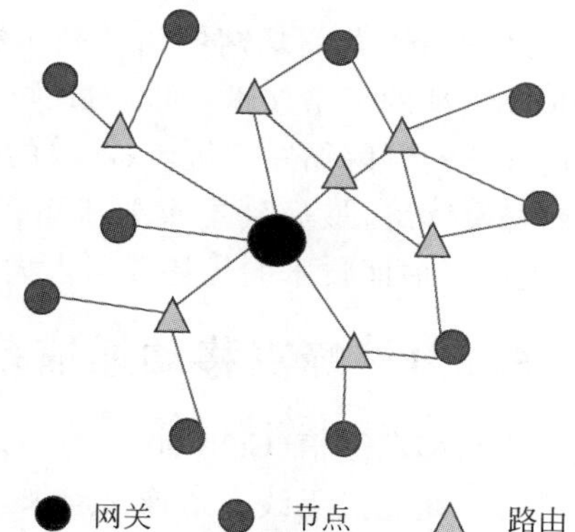

图 5-9 表计 Mesh 组网示意图

图 5-9 中，三角形为路由器，也叫中继转发器；中间的大圆代表网关或集中器；周围的小圆形为终端节点。其内部路由表会在第一次入网时进行计算并保存。这种结构与用于智能水表和智能电表时的解决方案不同。电表由于自身带电，对省电要求不高，但是对于传输的数据量需求很大，需要把大量的数据高速传输出去，由于亚非拉地区的蜂窝网覆盖很差，且电表放置环境恶劣，因此需要 LoRa 把信号传得更远些，从而使用 Mesh 结构。而水表的应用主要是采用下行唤醒

方式叫号问询指定水表的数据信息，也采用相对较快的速率，如SF＝7、BW＝125kHz配置下的5.5kb/s传输速率，以减小通信时间。整个系统都是采用电池供电的低功耗设备，通信时间的减少对于电池寿命非常关键。

对比ZigBee的Mesh，LoRa Mesh具有一种特殊的低功耗用法，异步下行主动模式。在传统的ZigBee系统中，具有转发中继功能的节点都是供电充足的设备，LoRa的中继转发器可以是电池供电的。LoRa系统中可以利用异步长包唤醒的方式省电，牺牲了传输时间换功耗，6.2.1小节中LoRaWAN的Relay功能也是利用了此种方式，重复多次Relay就是多级LoRa Mesh。

随着技术发展，智能抄表形式还可以使用网状Mesh结构。图5-10所示为表计网状Mesh结构示意图所示，增加网络的中继种类和通路。抄表数据采集的方式也可以实现多种，既可以用固定形式网关采集，也可以移动形式的手持设备采集。

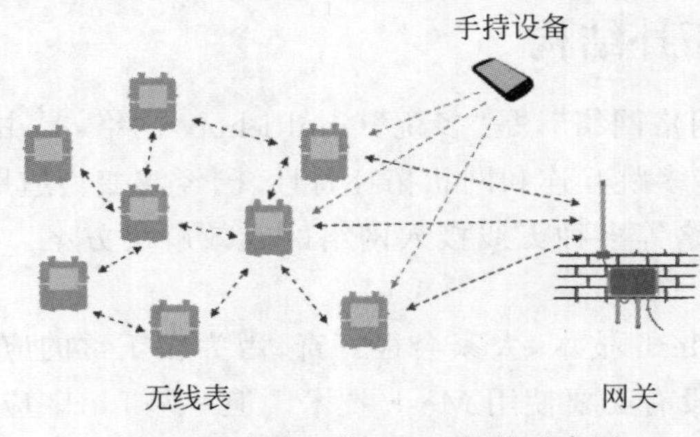

图5-10 表计网状Mesh结构示意图

5.2 LoRaWAN网络结构

5.1节讲述了常见的LoRa网络结构，在星状网络结构中提到了多个问题点，这些问题点在传统的单一拓扑网络结构中很难解决，而LoRaWAN技术可以解决这些问题。我们首先通过学习运营商蜂窝网络的技术特点，了解蜂窝网是如何解决传统网络问题的，再学习LoRaWAN的网络技术，通过对比可以更深刻地了解LoRaWAN的网络优势。本章对网络结构部分的讲解循序渐进，从简单的网络拓扑开始，到实际应用的简单网络，再到复杂的运营商蜂窝网络，最后到本章要讲解的核心LoRaWAN网络。LoRaWAN网络技术出现最晚，吸取了前面技术的优势并引入大量物联网创新。

视频讲解

5.2.1 蜂窝移动通信系统

蜂窝移动通信(Cellular Mobile Communication)采用蜂窝无线组网方式，在终端和网络设备之间通过无线通道连接起来，进而实现用户在活动中相互通信。其主要特征是终端的移动性，并具有越区切换和跨本地网自动漫游功能。

1．移动通信网的基本组成

移动通信无线服务区由许多正六边形蜂窝小区覆盖而成，通过接口与公众通信网(PSTN、PSDN)互连，图 5-11 所示。

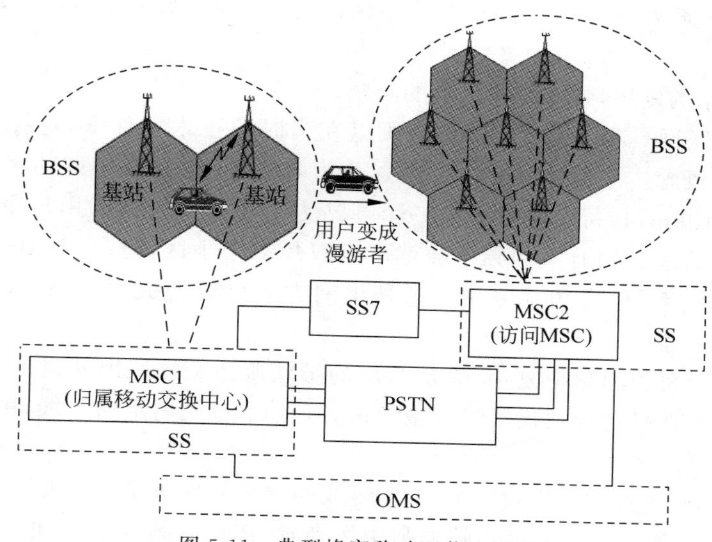

图 5-11 典型蜂窝移动通信系统图

移动通信系统包括移动交换子系统(SS)、操作维护管理子系统(OMS)、基站子系统(BSS)、移动台(MS)，是一个完整的信息传输实体。

BSS 和 SS 共同建立呼叫。BSS 提供并管理移动台和 SS 之间的无线传输通道，SS 负责呼叫控制功能，所有呼叫都经由 SS 建立连接，OMS 负责管理控制整个移动，MS 由移动终端设备和用户数据两部分组成，用户识别卡(SIM)与移动终端设备分离，用于存放用户数据。

从图 5-11 中可以看出一个基站实现一个正六边形蜂窝小区覆盖，而几个 BSS 管理。当用户在同一个 BSS 内移动时，需要切换基站是由本地的移动交换中心(MSC)完成，当跨 BSS 时，需要两个 MSC 通过公众通信网(PSTN)连接协调。数字 TDMA 第二代系统是由 MS 辅助切换(MAHO)。

下面的内容，针对几个关键问题进行分析讨论：容量及覆盖问题、频道分配问题、跨区问题(信道切换)、频道干扰问题、扩容问题。

2．频率复用和蜂窝小区覆盖

无线通信最重要的问题是解决频率资源有限和用户容量问题。针对区域覆盖，有常见的两种方式：

1）小容量的大区制

(1) 一个基站覆盖整个服务区，发射功率要大，利用分集接收等技术来保证上行链路的通信质量。

(2) 虽然覆盖范围大,但是只能适用于小容量的通信网。

2) 大容量的小区制

(1) 采用频率复用方式。

(2) 将覆盖区域划分为若干小区,每个小区设立一个基站服务于本小区,但各小区可重复使用频率。

(3) 由于频率的复用,带来同频干扰的问题。

由于移动互联网具有大容量的要求,所以在当时的技术条件下,选择了小区制覆盖方式。小区制的概念:将所要覆盖的地区划分为若干小区,每个小区的半径可视用户的分布密度在1～10km,在每个小区设立一个基站为本小区范围内的用户服务。从而就出现了频率复用的需求。用有限的频率数就可以服务多个小区,每一个小区和其他小区可再重复使用这些频率,称为频率复用。这种组网方式可以构成大区域、大容量移动通信系统。

为了便于讨论覆盖和频率复用,先从简单的带状服务覆盖区展开讨论,一般应用在铁路、公路、沿海等。按横向排列覆盖整个服务区,基站(BS)使用定向天线,由许多细长的无线小区相连而成。

为了克服同频干扰,常采用双频组、三频组或四频组的频率配置方式。双频组和三频组频率配置如图5-12所示。从造价和频率利用率来看,选择双频组最好,但双频组的抗干扰能力最差。

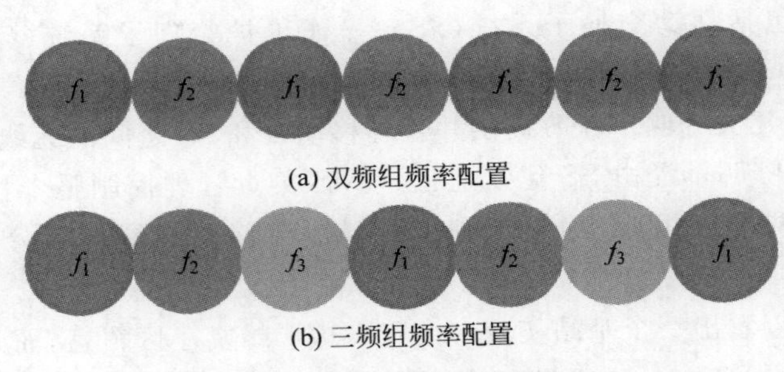

图5-12 多频组频率配置

系统的抗干扰能力是由同频基站之间的距离决定的,当使用三个或者三个以上的频率时,相同频率的基站之间的距离间隔是两个以上的小区空间,其同频干扰大幅下降。但是依然会存在一些位置由于环境影响或者建站的站点位置不理想,引起同频干扰。

而实际应用中的绝大多数的覆盖都是面状服务覆盖区,陆地移动通信大部分是在一个宽广的平面上实现的,由平面服务区内的无线小区组成的实际形状取决于电波传播条件和天线的方向性。如果服务区的地形相同,且基站采用全向天线,其覆盖范围大体是一个圆。为了不留空隙地覆盖整个服务区,无线小区之间会有大量的重叠。在考虑重叠之后,每个小区实际的有效覆盖区是一个圆的内接多边形,这些多边形有正三角形、正方形和正六边形。通过数学家多年来的计算和证明,正六边形小区形状最佳,相互邻接构成蜂窝状网络结构,故称为蜂窝网。

为了实现同频复用，防止同频干扰，要求每个区群中的小区，不得使用相同频率，只有在不同的无线区群中，才可使用相同的频率进行频率复用。这就需要我们对基站的位置以及实际的环境进行分析。如图 5-13 所示，基站发射机位置分为：

- 中心激励小区：安置在小区的中心，如图 5-13(a)所示为全向辐射天线基站。
- 顶点激励小区：安置在六边形顶点之中的三个顶点上，如图 5-13(b)所示为扇形辐射天线基站。

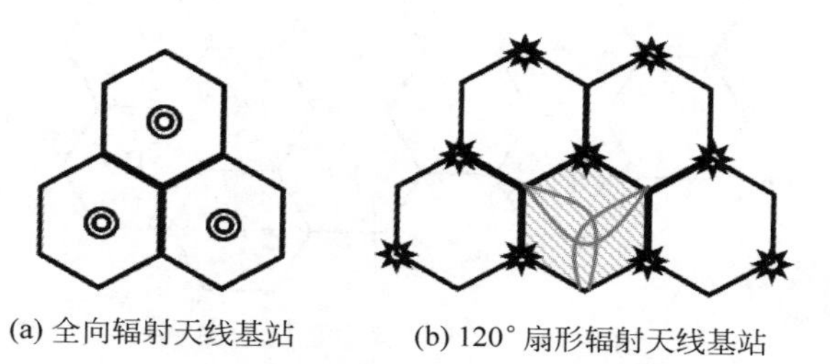

图 5-13 基站发射机位置示意图

应用中激励方式一般为中心激励。

由于地形地貌、传播环境、衰落形式的多样性，小区的实际无线覆盖是一个不规则的形状，如图 5-14 所示。一个小区实际的无线覆盖是不规则的，所以一定要保证同频的区域覆盖之间的间隔足够大。

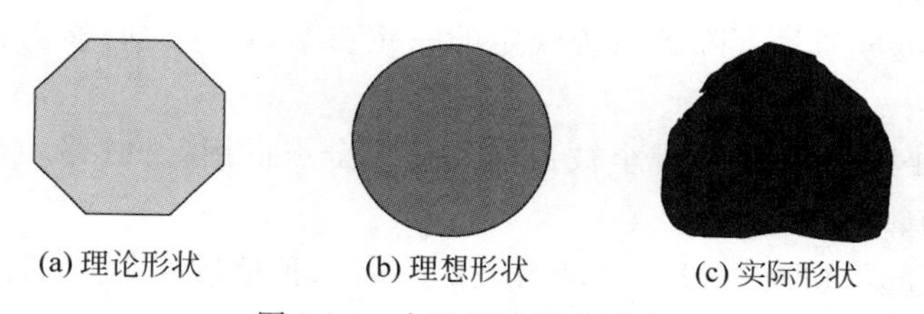

图 5-14 小区无线覆盖形状

蜂窝网络每个区域有相邻的 6 个区域，且考虑频率复用的问题，所以至少有多种不同的频率组才可以满足干扰问题，这个数学家和拓扑学家已经给出了答案，典型值为 4、7 或 12 种。采用 4 组频率的区群方案，同频小区只间隔一个区域，容易引起同频干扰，实际场景一般选择 7 组频率的方案。图 5-15 中共有 A、B、C、D、E、F、G 七组频率组，可以看到同频之间间隔为 2 个区域，其同频干扰问题得到了一定的解决。

3. 信道切换

1）信道切换概念

当移动用户处于通话状态时，如果用户从一个小区移动到另一个小区，为保证通话的连续，系统要对该移动台的连接控制也从一个小区转移到另一小区。将处于正在通话的移动台转移到新的业务信道(新小区)的过程称为切换。

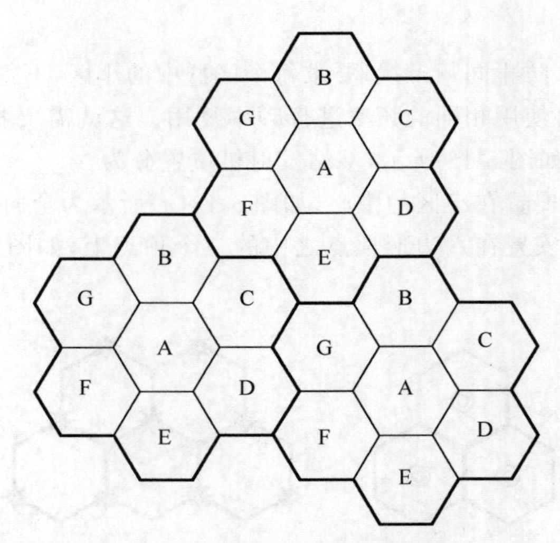

图 5-15　七小区频率复用的图解

2）信道切换目的

实现蜂窝移动通信的“无缝隙”覆盖，即当移动台从一个小区进入另一个小区时，保证通信的连续性。切换的操作不仅包括识别新的小区，而且需要分配给移动台在新小区的语音信道和控制信道。

3）引起切换的常见原因

（1）信号的强度或质量下降到系统规定的一定参数以下，此时移动台被切换到信号强度较强的相邻小区。

（2）由于某小区业务信道容量全被占用或几乎全被占用，这时移动台被切换到业务信道容量较空闲的相邻小区。

第一种原因引起的切换一般由移动台发起；第二种原因引起的切换一般由上级实体发起。

4）频率切换会带来一些问题

（1）当移动速度变化范围较大时，系统设计将遇到许多问题。由于移动速度快，其信号强度变化大，因此检测后容易出现判断错误，或出现还未稳定切换到下一个频率，移动物体已经进入下一个区域的情况。

（2）小区拖尾问题。由于用户以非常慢的速度离开基站，平均信号能量衰减不快，即使当用户远离了小区的预定范围，基站接收的信号仍然可能高于切换门限，因此若不做切换，就会产生潜在的干扰和话务量管理问题，因为用户那时已深入到了相邻小区中。

4. 扩容问题

小区分裂是一种将拥塞的小区分成更小小区的方法，分裂后的每个小区都有自己的基站并相应地降低天线高度和减小发射机功率。假设每个小区都按半径的一半来分裂，如图 5-16 所示。为了用这些更小的小区来覆盖整个服务区域，将需要大约为原来小区数目

4倍的小区。最终整个服务区基站数目增加。

可以看出小区分裂的方法的确可以带来更多的容量，除了需要更多的基站数目外，还需要对新基站的站点位置有一定的要求，如图5-16(b)所示。且为了防止同频干扰，又要做新的频率规划和区域划分，如图5-16(a)所示。小区分裂在实际应用环境中，会遇到大量的工程问题，尤其是早期完成的网络覆盖区域，做小区分裂更加困难。

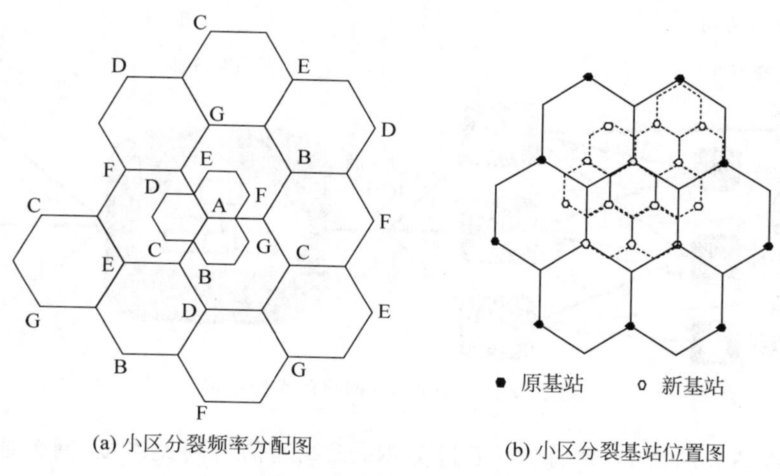

(a) 小区分裂频率分配图

(b) 小区分裂基站位置图

图5-16 小区分裂的图例

5.2.2 LoRaWAN网络

在5.2.1小节的移动通信蜂窝网络介绍中，虽然技术上有多种创新，仍然有一些问题无法解决，比如地形引起的同频干扰，跨基站的快速移动和小区拖尾问题，站点位置选择问题，扩容的网优和新基站选址问题。针对这些困扰蜂窝网多年的问题，LoRa联盟经过大量的研究和讨论，最终推出了LoRaWAN网络。LoRa联盟的早期成员中有不少是运营商，且LoRaWAN协议最初创立的目的也是为运营商蜂窝网所用，可以说LoRaWAN的网络架构是站在巨人的肩膀上设计出来的。

1. LoRaWAN网络系统组成

如图5-17所示，LoRaWAN网络的系统由4部分组成，分别是终端节点(End Nodes)、网关(Gateway)、网络服务器(Network Server)、应用服务器(Application Server)。其中，终端节点也叫终端设备(End Device)、传感器(Sensor)或者节点(Nodes)；网关也可以叫集中器(Concentrator)或者基站(Base Station)。由于LoRaWAN应用于物联网中，所以服务和连接的对象是终端节点，对应于移动通信网络中的用户(也叫移动台)。LoRaWAN网络中的网关对应于移动通信网络中的基站；LoRaWAN网络中的网络服务器对应于移动通信网络中的移动交换中心(MSC)或移动台辅助切换(MAHO)；而LoRaWAN网络中的网关与网络服务器之间的连接方式采用3G/4G等移动通信网络或以太网网线连接的方式，对应于移动通信网络中的公众通信网(PSTN、PSDN)。根据应用和服务不同,LoRaWAN网络系统需要应用服务器的支持,它是LoRaWAN系统组成的必要部分,而移动通信网络中并非必要组成项。这是因为LoRaWAN的节点一定是为了满足某种业务而存在,几乎不存在没有服务业务而挂在网上的情况。这个情况与移动通信网络不同,移动通信服务的目的是让用户一直连接在网络上,对于运行什么业务并不关心。这也是物联网的网络系统与移动通信网系统的重要差别之一。

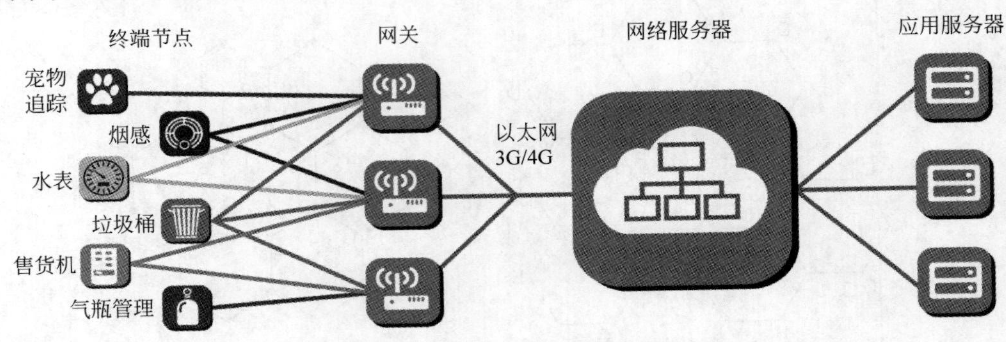

图 5-17 LoRaWAN网络的系统组成

在LoRaWAN网络中,终端节点通过LoRa无线通信与网关连接,网关通过现有的有线/无线网络(以太网/蜂窝网)与网络服务器连接,网络服务器再通过以太网与应用服务器连接。一次通信过程可以是终端节点发起或由应用服务器发起,网关和网络服务器只是实现透传和网络管理的工作,与业务没有直接关系。LoRaWAN网关只是不断接收节点发来的数据并传给网络服务器,而网络服务器会整理数据发往应用服务器;应用服务器收到节点的业务数据后,响应应答指令发往网络服务器,网络服务器管理网关下发命令到达原业务节点。

从LoRaWAN网络的系统与移动通信网系统的类比中,可以发现两个系统的构造非常相似,不过在网络连接上有几点不同:

(1) 终端节点与网关的连接方式不同。从图5-17中可以看出,有的终端节点(图中宠物追踪)与一个LoRaWAN网关的连接,有的终端节点(图中水表)同时连接两个网关,而有的终端节点(图中的垃圾桶)同时连接三个网关。这与移动通信网系统中一个用户连接一个网关的方式完全不同。

(2) 网关与网关间的连接不同。在移动通信网中,每个区域的MSC管理BSS中的多个基站,而LoRaWAN网络系统中所有的网关之间是独立的,没有任何关系,不需要做频率分配,也不需要做跨网管理。

(3) 网关与网络服务器的连接不同。移动通信网中由于系统对于网络的稳定性要求很高,对于上下行通信延迟要求非常高,一般通过光纤交换进行快速数据交互,其延迟在几毫秒;而LoRaWAN网络采用传统的网线或3/4G网络作为连接数据交互手段,这样的网络延迟和稳定性很差,数据交互经常需要上百毫秒。

LoRaWAN 的这些不同特点是由于其物联网属性决定的，通过轻量级的管理和实施方式实现更多的节点稳定接入。LoRaWAN 采用自适应速度、多信道、同频网络规划的方案实现其物联网属性。

2. 自适应数据速率

LoRaWAN 网络标准是根据物联网的需求制定的，LoRa 芯片的定义也是遵循这一最终目标。针对 5.1.2 小节提出的链路预算问题，LoRaWAN 网络协议开发了自适应数据速率(Adaptive Data Rate，ADR)的功能。

在传统的星状结构网络中，由于采用节点芯片作为网关通信部分，该网络系统只能支持一组特定的链路选择(固定的扩频因子 SF、频率 f 和带宽 BW)，而当采用 SX130X 系列的网关芯片作为网关通信核心后，网关可以同时解调不同的链路设置。星状结构网络中无法解决的不同终端传输速率和传输距离需求不同的问题可以通过更换网关和采用 LoRaWAN 协议来实现。

在 LoRaWAN 协议中规定了通信信道带宽为 125kHz，扩频因子从 SF＝7～SF＝12 可选。终端节点的通信速率可以从 SF＝12 的 290b/s 到 SF＝7 的 5.5kb/s 中选择(LoRaWAN V1.1 之前只有 SF＝7～12 这 6 种速率，相信之后会扩展到 SF＝5 和 SF＝6)。

自适应数据速率 ADR 的实现：

(1) LoRaWAN 网关收到终端节点的数据后，可以获得该数据的信噪比和信号强度，通过这两个参数可以估算出节点与网关之间的链路余量是多少，这个链路余量可以理解为网关和节点之间还可以增加多少通信距离。

(2) 当发现链路余量比较大时，网关可以发送命令让终端节点以更高的速率和更小的发射功率工作，依然可以保证系统稳定工作。提高通信速率既可以减少终端节点发射时间从而减小功耗，又可以减少其信道的占用增加信道容量。减小发射功率有两点好处：一是减小终端节点的功耗；二是减小该信号的传输距离，从而减小其对整个服务区的其他网关信道占用。

(3) 当终端节点上行命令未得到应答时，可以自动调节其发射功率和扩频因子，增加其信号传输距离实现与网关通信。在实际应用中自适应数据速率选择是一个可选配置，用户可以根据终端设备的应用不同配置该功能，从而实现信道容量提升，网络干扰降低，设备功耗降低。

图 5-18 为一个 LoRaWAN 系统中距离与扩频因子、功率的仿真图，图的中间是一个 LoRaWAN 网关，通信椭圆长轴表示终端与基站的距离。终端节点距离网关近时，由于链路损耗很小，可以选择很低的功率和 SF＝7 的扩频因子，用最快的通信速率。当终端节点与网关的距离变大后，需要提高功率或使用更大的扩频因子。从仿真图中可以看出，不同的距离使用不同的扩频因子和功率。扩频因子比较大时速率较低，信号的空中飞行时间长，对信道的占用较大。一个 SF＝12 的通信时长大于 10 个 SF＝7 的通信时长。所以，在 LoRaWAN 覆盖时，信道容量主要由距离基站较远的终端节点决定。

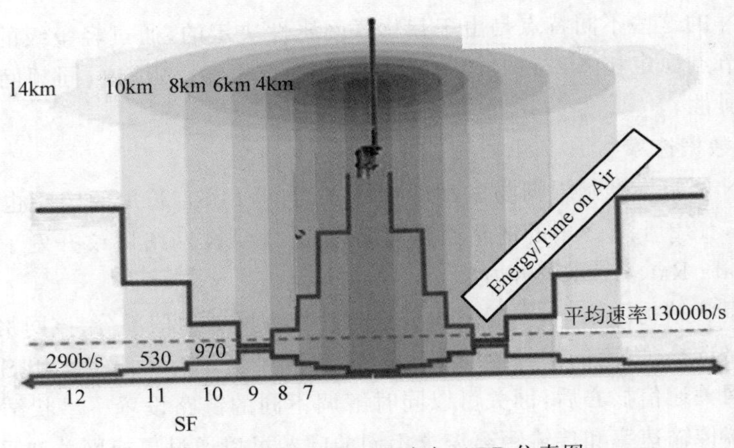

图 5-18 LoRaWAN 距离与 ADR 仿真图

3. LoRaWAN 覆盖及频率规划

1) LoRaWAN 频率使用

LoRaWAN 网络系统中并没有规定其信道数量，应当遵守本地区的无线电管理规范。在星状网络的讨论中已经知道，信道越多其容量会越大，如图 5-19 所示 LoRaWAN 使用 4 信道时的 ADR 覆盖情况。这两幅图为城市中以网关为中心的等距同心圆，同圆环区域内的传输速率是相同的。图 5-19(a)中只有 1 个信道，而图 5-19(b)中有 4 个信道，那么整个网关的信道容量直接变为原来的 4 倍。

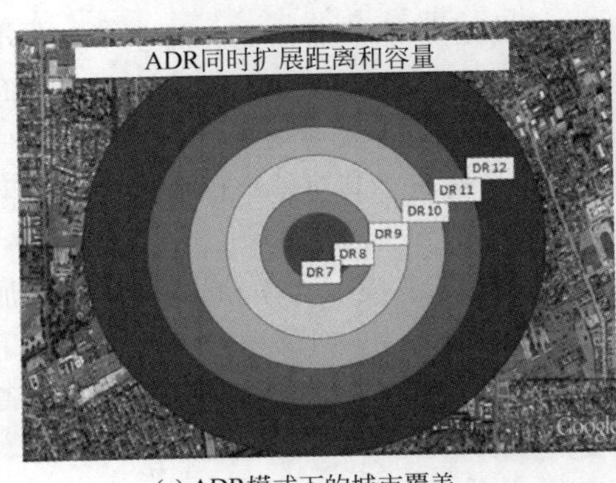

(a) ADR模式下的城市覆盖

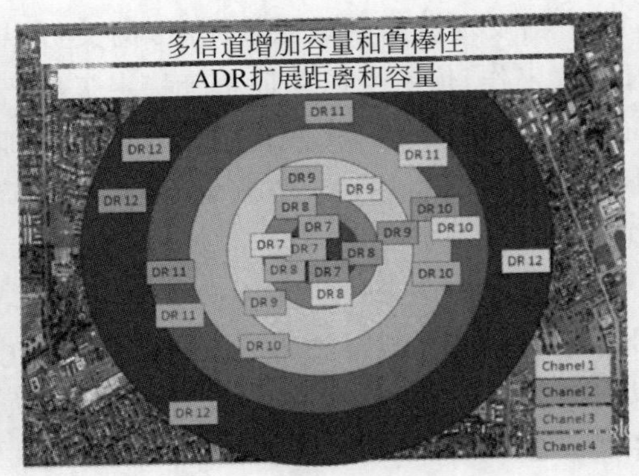

(b) 4信道城市覆盖

图 5-19 LoRaWAN ADR 与城市覆盖

LoRaWAN 的网关设计和频率规划中，一般采用 8 信道模式，这是因为 Semtech 的 SX130X 为 8 信道设计。大容量场景的网络规划可以采用 16 或 64 信道的网关，只要所用的频率符合当地规范。

2) LoRaWAN 的覆盖

吸取了大区制和小区制的优点，采用小区制的覆盖方法，每个小区又使用了相同的频率，反而没有同频干扰的问题。整个网络采用同频信道，这是 LoRaWAN 网络的一大特点，可以理解为基站协作接收，具体内容见 1.2.5 节。当移动通信网络被同频干扰困扰而采用七小区频率复用的方案时，LoRaWAN 网络中网关和节点工作在同样一组信道上（常用为 8 个信道，也可为多个）。通过这种网络规划，跨区、跨基站引起的切换频率问题都可以迎刃而解。那么节点到底是与哪个基站进行通信的呢？在 LoRaWAN 网络的系统组成图中，一个终端节点可以与多个网关通信。如图 5-20 所示，在实际的应用中，一个终端节点发射的上行数据会被一个或多个网关接收，网关只做数据透传，把解调的数据一起传输到网络服务器。假设一个 LoRaWAN 智能设备的数据通过三个网关传到了网络服务器处。网络服务器可以收到三条来自同一个智能设备的上行数据，这三条数据的通信网关不同，其在各个网关处的信噪比和信号强度不同。此时网络服务器会选择信号最好的那组数据对应的网关与该智能设备进行下行通信。如果链路余量充足，网络服务器还可以命令该智能设备进行 ADR 操作。LoRaWAN 上行通道是多路网关共同接收上传，下行通道为指定一个网关下行，这些操作和网络策略都是由 LoRaWAN 网络服务器处理的。刚刚的智能设备经过 ADR 后，也许只有两个网关可以接收到该智能设备的上行 LoRa 数据，第三个网关的接收通道就空余出来，信道容量也就增加了。

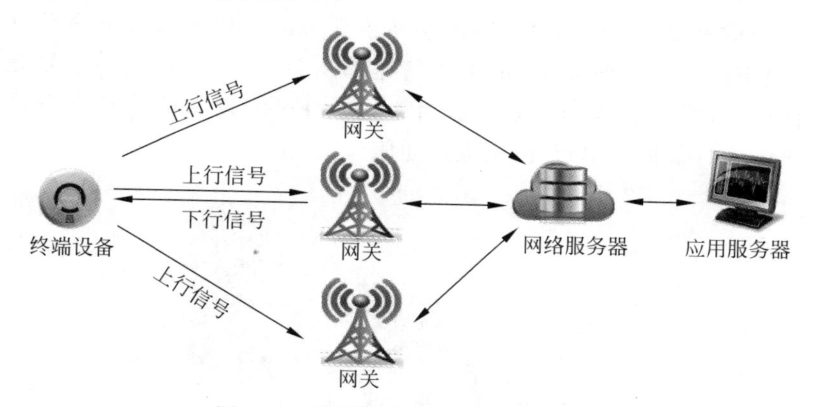

图 5-20 终端设备上下行通信示意图

LoRaWAN 网关在网络规划时相对比较容易，不需要把覆盖区域进行明确尺寸分区，也不需要规划频率和寻找中心的站址。如果可以按照蜂窝移动通信网络的方式分区、分配中心站址，LoRaWAN 网络的效率会更高，即使没有这样的“福利”，其网络通信效率变化不大，稳定性依然很高。

和移动通信网络一样，物联网也面临着网络容量不够用的情况，就需要网络扩容。LoRaWAN 网络扩容有两种方案，分别是增加网关和增加信道数量。

1）增加网关

当一个区域内节点数量或通信频次增加时，尤其是距离周边网关都较远的节点增多时，带来的信道压力会更大。原因是距离所有网关都较远的节点（叫作远节点）只能使用较低的速率上行传输，占用信道时间长。此时如果在这些远节点比较聚集的区域放置新网关，这些远节点 ADR 后变为高速率、低功率的输出模式，信道的容量大幅提升。当使用增加网关的方式进行扩容时，尽量要把扩容网关放置在原有网关连接区域的几何中心。如果知道覆盖区域内的所有节点以及节点对应的数据速率，可以更好地规划网关放置的位置。

2）增加信道数量

增加信道数量可以直接使信道容量增加，但是由于原来的网关早已安装，需要进行网关硬件升级。如果要将原来 8 信道的网关升级到 16 信道，就需要整个服务范围内的所有网关全部更换硬件，然后再通过命令的方式下行设置所有的节点从 8 信道跳频升级为 16 信道跳频。虽然节点升级只是一个简单的命令，但是网关升级必须将所有的已经部署好的网关拆下来更换，成本非常高。

在实际应用中，一般会选用增加网关的方法实现扩容。

4. LoRaWAN 实例分析

物联网应用中最关心的三个因素是网络容量、覆盖范围、节点功耗，它们对应的系统参数分别为数据率、距离和功耗。下文通过多个终端节点的这三个参数在 LoRaWAN 网络中的实例进行分析。

图 5-21 为一个简单的 LoRaWAN 网络，由一个 LoRa 终端设备和一个网关组成。这个终端设备根据其自身传输数据率频次、距离基站距离 range、功耗 power 等不同，ADR 会选择合适的通信速率。为了方便介绍，定义通信速率从最慢到快有 6 挡，分别是 Speed 1～Speed 6，如图中的圆形码表为挡位表示。由于这个 LoRa 设备的位置在深度室内环境，ADR 会选择 Speed 1（最低速率）与网关进行通信。

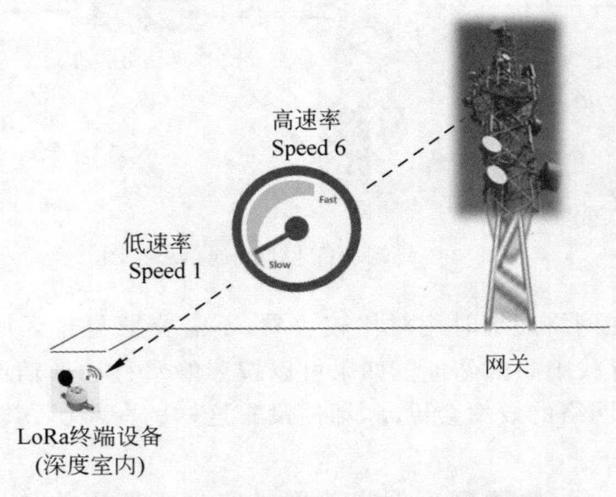

图 5-21 单节点 LoRaWAN 网络实例图

图 5-22 为多终端、单网关的 LoRaWAN 覆盖通信图。图中有多个终端节点，距离网关的距离不同，放置位置分为室内、室外和深度室内。通过 ADR 后，这些节点优化了自身的通信速率：

- 深度室内的终端节点采用最低的速率 Speed 1（深度室内环境衰减是最严重的，一般定义为 Speed 1 和 Speed 2)；

- 室内的终端节点根据其距离网关的不同，速率为 Speed 3 和 Speed 4；
- 室外的终端节点根据其距离网关的不同，速率为 Speed 5 和 Speed 6。

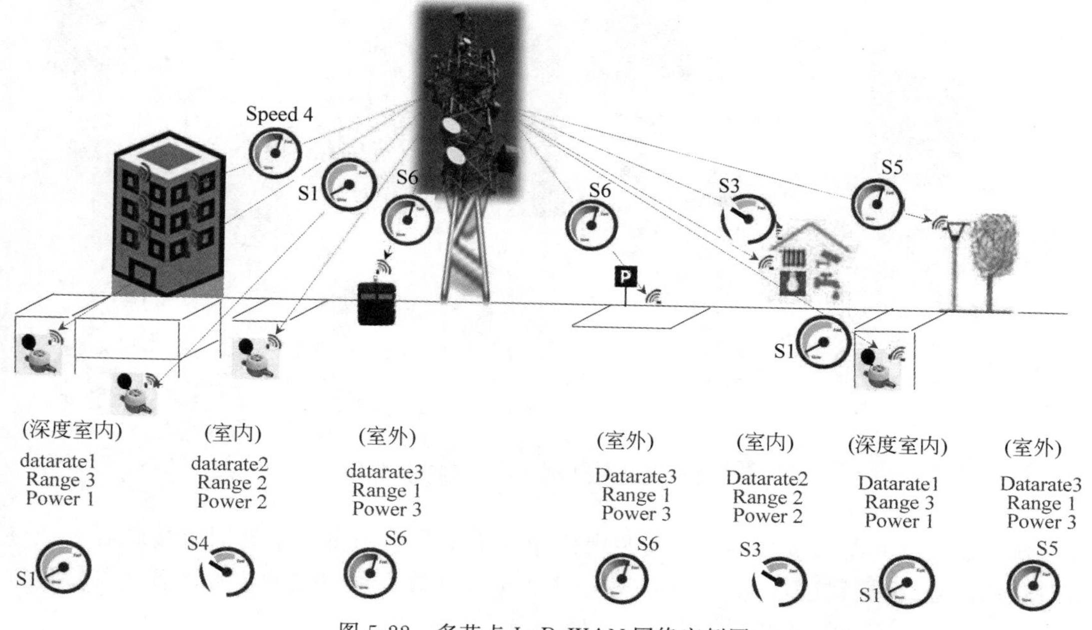

图 5-22 多节点 LoRaWAN 网络实例图

如图 5-22 可知，LoRaWAN 环境中所有的终端节点都自动地选择合适的扩频因子，从而增加信道容量，降低功耗，减小干扰。此时如果信道容量不够用，需要扩容，可以采用如图 5-23 增加网关的方式进行扩容。

在原有的基础上增加了一个新的网关 G2，放置在有原有的网关 G1 右侧。原有终端节点的通信速率进行了新的 ADR 后发生了变化，图中最右侧的三个终端节点由于更靠近 G2，则其链路连接改变为与 G2 的通信，此时其自身的扩频因子会发生变化，其通信速率都增大了，从而减小了 G1 的信道压力。除了图中右侧的三个终端节点外，其他的终端节点保持原有的通信速率不变。由于右侧的三个终端节点速率增加，其通信包飞行时间减少且传输距离变近，G1 收到的信号容量增加，G1 附近可以容纳更多的新节点。G2 增加后，其周围也可以增加更多终端节点，扩充网络容量。

在上述场景中如果有一个移动的物体，从靠近 G1 移动到靠近 G2，网络服务器会自动为其选址合适的网关下行通信，G1 到 G2 的切换非常方便。LoRaWAN 网络是物联网的架构，对于信号的稳定性和延时性要求不高，一个信号发送丢包后可以重发，且延迟几秒对系统的影响不大。一般情况下，对于移动 LoRa 终端节点，建议 ADR 采用较高的功率和较低的速率，移动终端节点的数据可以传到更多基站，这样就不会存在高速运动的终端节点在切

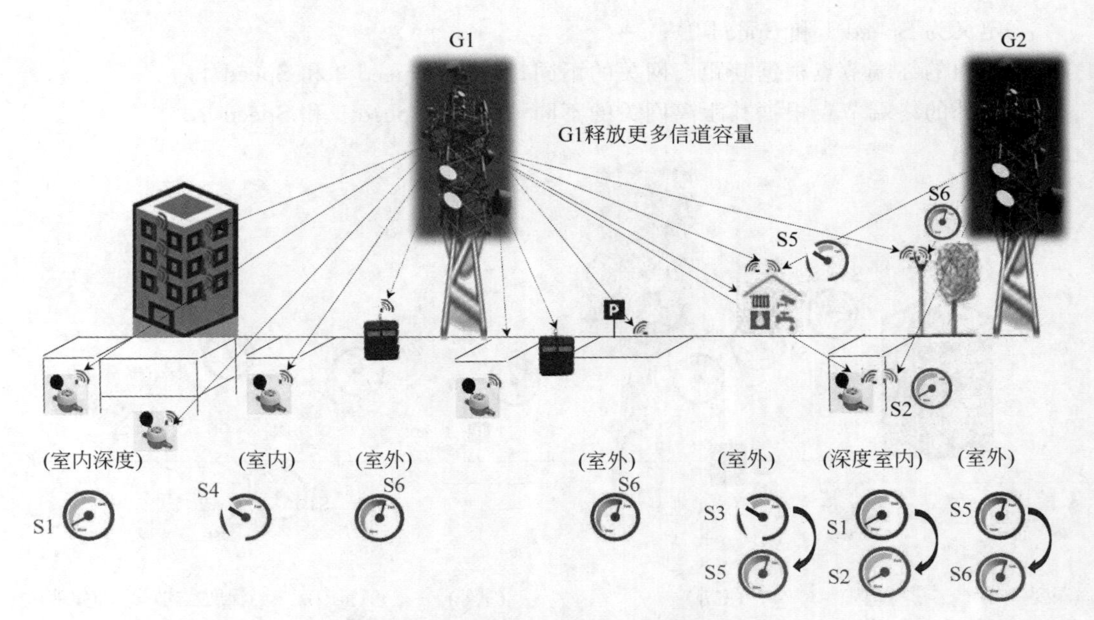

图 5-23　多节点 LoRaWAN 网络实例图

换区域时丢包的问题。LoRaWAN 基站定位的方法就是利用多个基站同时接收到一个终端节点的信号,根据到达时间差(TDOA)的方法可以计算终端节点的位置。具体的定位方法会在 8.3.2 小节详细讲解。

5. LoRaWAN 下行同步网络

LoRaWAN 网络的应用中绝大多数都是采用异步上行通信的方式,不过有一些应用需要下行低功耗控制功能。在 5.1.2 小节中的星状网络分析中已提到多个网关无法实现同步下行校准时钟的功能。主要是有两个原因：一是因为每个网关自身的时间精度有差异；另一个是多个网关的覆盖区域有很多重合,节点同时收到两个授时信号会出现相互干扰的问题。

(1) 针对时间精度的解决方案,是通过 GPS 授时实现的,在 SX130X 芯片的网关设计中室外网关都加入 GPS 模块的,这个 GPS 模块作为网关时钟精度校准器,这样所有的网关的时钟都可以精确到纳秒级。GPS 提供的高精度时钟对于 LoRa 基站定位 TDOA 提供关键时间戳。对于一些室内网关只能通过有线的方式将 GPS 天线引到室外来实现 GPS 授时。在没有办法 GPS 授时的室内下行同步 LoRaWAN 网络中可以通过网关间 LoRa/GFSK 信道广播传输时钟的方法实现所有网关时钟同步。

(2) 针对一个终端节点收到多个网关的下行相互干扰的问题可以从两个思路来解决。第一个思路是 LoRa 芯片的接收电路具有同信道信号抑制功能,如果 LoRa 芯片(节点或网关芯片)在同一信道中收到带宽和扩频因子完全相同的两个信号时,且两个信号强度相差超过 6dB,会解调信号强度大的那一个。信号强度差小于 6dB 时,则无法解调。第二个思路就是将网关分区域分频率下行管理，相当于将终端节点根据区域分配指定的网关管理。一般应用情况下较少出现需要分频下行同步的场景。

6. LoRaWAN 总结

1) LoRaWAN 的优点

对比蜂窝移动通信系统，LoRaWAN 网络具有以下优点：

(1) 快速移动物体的问题和小区拖尾问题都可以解决。LoRaWAN 网络不需要切换小区和频率，相比之下，GSM 系统小区重选与切换所需的最小时间为 5s，WCDMA 系统应考虑在切换带起呼状态，所需时间一般不超过 3s。LoRaWAN 支持快速移动物体的应用，即使高铁 350km/h 的速度在郊外的环境中依然可以保证通信及切换网关时的稳定性，而运营商网络则需要网关有非常大的重叠区域(一般要求 100m 以上)才可以保证切换区域的操作，具体讨论见 8.5.1 小节。

(2) 对抗多普勒。LoRaWAN 协议中，对终端设备的工作频率偏移要求为小于 50×10^{-6}，当工作主频为 490MHz 时，协议允许的最大频率偏移为 24.5kHz。对比常用的蜂窝网技术，如 GSM 制式标准允许的中心频率偏差为±300Hz；WCDMA 制式标准允许的中心频率偏差为±800Hz，LoRaWAN 协议对频偏的要求要低得多。关于对抗多普勒的具体讨论见 8.5.1 小节。

(3) LoRaWAN 网关站点选择布置简单，不需要一定按照六角蜂窝中心布设。

(4) LoRaWAN 网优问题几乎不存在。

(5) LoRaWAN 扩容非常简单，只需要增加网关即可，不需要面临复杂频率与站点问题。

(6) LoRaWAN 建网成本非常低，网关也只需要供电和连接公共网络。安装架设简单，不需要专业人士。

(7) 具有 TDOA 定位技术，比蜂窝网通过信号强度方法的精度大幅提高，具体讨论见 8.3.2 小节。

2) LoRaWAN 的缺点

在具有上述优点的同时，LoRaWAN 的缺点也非常明显：

(1) 无法支持高速率的通信，现在的 LoRaWAN 协议只支持 5.5kb/s 的通信速率，而 Sub 1G LoRa 芯片最高只支持 50kb/s 的速率。

(2) 实时性差，LoRa 终端节点与网关的通信时间一般需要几百毫秒，再加上网关与网络服务器的通信采用普通的公共网络，上下行通信时间最快也要超过 1s(LoRaWAN Class A 协议，节点发射命令后需要等待 1s 打开接收窗口)。无法应对许多低延时的智能家居等需求。

5.2.3 LoRaWAN Server

在 5.2.2 小节的讨论中，已经知道 LoRaWAN 的网络架构是由终端节点、网关、网络服务器和应用服务器组成的。其中对终端节点和网关已经非常熟悉了，下面针对 NS 和 AS

展开分析讲解。

LoRaWAN服务器(LoRaWAN Sever)端框架如图5-24所示，LoRaWAN Server程序可以分为网关服务器(Gateway Server)、网络服务器(Network Server)、应用服务器(Application Server)、接入服务器(Join Server)和认证服务器(Identity Server)五部分。

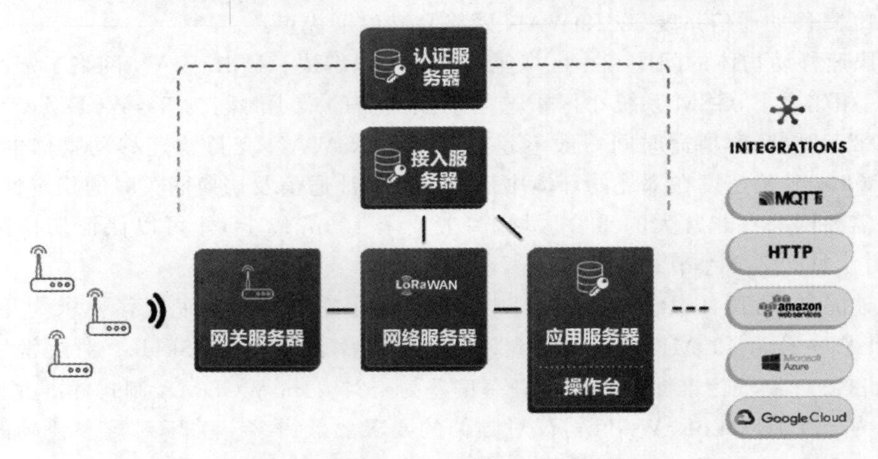

图5-24 LoRaWAN Server 端框架图

各个部分的功能如下：

1）认证服务器

认证服务器提供了存储实体(如应用程序及其最终设备、网关、用户、组织和OAuth客户端)的注册表。它还通过成员身份和API密钥管理访问控制。

2）网关服务器

网关服务器的主要作用是保持与各个网关的连接，它支持基站LNS协议、UDP协议、MQTT协议和GRPC协议。同时，它将上行数据包直接或者间接地转发到网络服务器，同时将网络服务器或应用服务器端的下行数据转发到各个网关端。

3）网络服务器

网络服务器处理LoRaWAN网络层，包括MAC命令、区域参数和自适应数据速率(ADR)。它主要包括以下几部分：

(1) 设备管理：网络服务器为终端设备管理公开NsEndDeviceRegistry服务。此服务的典型客户端是操作台和CLI，网络服务器存储设备MAC配置、MAC状态和网络会话密钥。设备MAC配置的改变可能触发下行链路消息。

(2) 应用下行链路队列管理与连接：网络服务器允许应用服务器通过gRPC API推送、替换和列出应用程序下行链路以及链接应用程序。应用下行链路队列的改变可能触发下行链路消息。一旦建立了链接，网络服务器将通过该链接向客户端发送特定于应用程序的上行链路消息。每个应用程序最多只能有一个活动链接。如果链路未处于活动状态，但网络服务器要发送特定于应用程序的上行消息，则这些消息将在建立链路后排队并发送。

（3）下行调度：网络服务器维护内部下行链路任务队列。每个下行链路任务都有一个与其相关联的执行时间，这些任务按升序排序。每当下行链路任务准备好执行时，它就会尽快执行。

（4）加入接受：如果存在挂起的会话，并且设备的加入接受排队，则会安排该会话。

（5）数据下行链路：如果挂起的会话不存在或已发送了加入接受，则网络服务器将尝试在活动会话中生成和调度数据下行链路。

（6）上行链路处理：网络服务器通过 gRPC 从网关服务器接收上行链路。网络服务器对接收到的上行链路进行相应的处理。第一步是将上行链路与设备匹配。如果上行链路无法与存储在网络服务器中的设备匹配，则将其丢弃。

（7）设备加入请求：如果收到加入请求，则设备使用连接请求中的 DevEUI 和 JoinEUI 对进行匹配，后者唯一标识设备。为设备分配新的 DevAddr，并为设备派生新的 MAC 状态。如果群集中存在连接服务器，则网络服务器会向群集本地连接服务器发送连接请求消息。如果群集中不存在连接服务器，或者群集本地连接服务器中未配置设备，则网络服务器将向通过互操作性配置发现的连接服务器发送连接请求消息。如果加入服务器接受了加入请求，则可以将加入接受消息排队等待设备，并将带有加入接受相关信息的特定于应用程序的上行链路消息发送到链接的应用程序服务器。

（8）数据上行链路：如果接收到数据上行链路，则设备使用数据上行链路中的 DevAddr 进行匹配。通过比较会话上下文和 MAC 状态以及执行 MIC 检查来执行匹配。由于多个设备可能具有相同的 DevAddr，因此网络服务器在匹配设备之前可能需要遍历多个存储设备。如果 MAC 命令存在于帧中，则网络服务器处理 MAC 命令，并相应地更新 MAC 状态。如果在数据上行链路中设置了 ADR 位，则网络服务器运行 ADR 算法并相应地更新 MAC 状态。如果成功地处理了数据上行链路，则下行链路可以排队等待该设备，并且向链接的应用服务器发送一个或多个带有加入接受的相关信息的特定于应用程序的上行链路消息。

4）应用服务器

应用服务器处理 LoRaWAN 应用层，包括上行数据解密解码、下行排队和下行数据编码加密。它托管用于流式应用程序数据的 MQTT 服务器，支持 HTTP webhook 以及 pub/sub 集成。它主要完成以下职责：

（1）连接到网络服务器：应用服务器链接到网络服务器以接收上游流量并写入下游流量。大多数事物堆栈集群包含一个应用服务器，但也可以将外部应用服务器连接到网络服务器。这将确保应用程序会话密钥（AppSKey）不可用于网络层以实现端到端的安全性。一次只能将一个应用程序服务器实例连接到网络服务器。

（2）互连性：应用程序可以通过多个协议和机制连接到应用服务器。

（3）MQTT 协议：应用程序可以通过 MQTT 交换 JSON 消息来连接到应用程序服务器。MQTT 通过 TLS 提供，为应用程序和应用服务器之间交换的消息提供机密性。上行消息不仅包含数据上行消息，还包含连接接受和下行事件，主题不同。

(4) HTTP 网络挂钩：应用程序可以通过 HTTP webhook 获取流式 JSON 消息，并通过向应用服务器发出 HTTP 请求来调度下行消息。与 MQTT 一样，可以配置所有上游消息，包括上行链路消息、连接接收和下行链路事件，每一个都是独立的 URL 路径。

(5) 公共/子集成：应用程序还可以使用 PUB/SUB 集成来处理流数据，包括连接到外部 MQTT 服务器和 NATS 服务器。

(6) 消息处理：应用服务器可以对终端设备发送和接收的二进制数据中的有效载荷进行解码和编码。这允许使用结构化流数据，例如使用 MQTT 和 HTTP webhook 的 JSON 对象，但使用通过空中传输的压缩二进制数据。消息处理器可以是众所周知的格式或自定义脚本，并且可以在设备级别或整个应用程序中进行设置。

5) 接入服务器

接入服务器处理 LoRaWAN 连接流，包括网络和应用服务器身份验证和会话密钥生成。

LoRaWAN 服务器是 LoRaWAN 协议运行的必要组成部分，承载着大量的数据、网络、安全、管理的工作。LoRaWAN 的应用中高效、合理的 NS 和 AS 是保证节点与应用的关键。尤其是在大型智慧城市、智慧社区的应用中，有海量的 LoRa 终端接入网络，需要面对百万级的高并发场景，需要超强能力的 NS。

小结

本章的重点是 LoRa 的网络结构，针对 LoRa 技术的特点详细介绍了多种网络结构的优缺点和适用场景。许多私有协议网络利用这些简单高效的网络拓扑结构，因此读者需要详细理解每一种网络的特点。LoRaWAN 网络吸收了移动通信蜂窝网的优点，具有大量的创新，尤其是面对物联网的复杂场景时展现出的兼容性和扩展性，是一个低成本、简单高效的网络架构，读者一定要认真掌握，为第 6 章和第 8 章的学习打下基础。

第6章

LoRa的标准及规范

本章针对LoRa应用的一些标准和规范展开介绍，其中LoRaWAN协议标准是重点部分。由于LoRaWAN协议在一些高速响应或节点间通信应用中仍然存在一些问题，因而出现了一些协议的更新和创新，其中包括中继Relay协议，阿里巴巴推广的LoRa D2D协议等。这些协议都是基于LoRaWAN协议的创新，都是在兼容原有LoRaWAN协议的前提下的协议创新。Yosmart公司开发的YoLink协议是一个吸收了LoRaWAN、Dash 7等多种协议优点的智能家居协议，既具有LoRaWAN的网络优势，又具有智能家居的快速响应的优势。

本章还会总结全球主要区域的LoRa频率及使用规范，最后讲解中国无线电委员会发布的关于LoRa频率使用的规范说明。

6.1 LoRaWAN网络协议

视频讲解

LoRaWAN网络通常采用星状拓扑结构，其中网关(Gateway)转发终端设备(End-devices)和后台网络服务器之间的消息。网关通过标准IP连接来接入网络服务器，而终端则通过单跳的LoRa或FSK和一个或多个网关通信。虽然主要传输方式是终端上行传输给网络服务器，但所有的传输通常都是双向的。网关也被称作集中器或基站；终端设备又称为节点(Nodes)或传感器(Sensor)。

终端和网关间的通信被分散到不同的信道频点和数据速率上。数据速率的选择需要权衡通信距离和消息时长两个因素，使用不同数据速率的设备互不影响。LoRaWAN的数据速率范围可以为0.3～50kb/s。为了最大限度地延长终端的电池寿命和扩大网络容量，LoRaWAN网络使用自适应数据速率(ADR)机制来独立管理每个终端的速率和RF输出。

每个设备可以在任意可用的信道，任意时间，使用任意数据速率发送数据，只要符合如下规定。

(1) 跳频规定：终端的每次传输都使用伪随机方式来改变信道。频率的多变使得系统具有更强的抗干扰能力。

(2) 占空比规定：终端要遵守相应频段和本地区的无线电规定中的最大发射占空比要

求。例如，欧洲规范中要求所有的终端设备最大发射占空比为1%；又如某终端发送某数据时的发射时长为 1s，则该终端需要等候 99s 才能进行下一次的发射。

（3）发射时长规定：终端要遵守相应频段和本地区的无线电规定中的最大发射时长要求，如中国规范要求单次发射的时长不能超过 1s。

（4）发射功率规定：终端要遵守相应频段和本地区的无线电规定中的最大发射功率要求，如中国规范要求 E. R. P<50mW。

6.1.1 LoRaWAN 类型

如图 6-1 所示，LoRaWAN 协议分为基础类别 Class A 和可选功能类别 Class B、Class C。

图 6-1 LoRaWAN 协议 OSI 架构

（1）Class A（双向传输终端）：Class A 的终端在每次上行后都会紧跟两个短暂的下行接收窗口，以此实现双向传输。终端基于自身通信需求来安排传输时隙，在随机时间的基础上具有较小的变化（属于随机多址 ALOHA 协议）。这种 Class A 操作为应用提供了最低功耗的终端系统，只要求应用在终端上行传输后的很短时间内进行服务器的下行传输。服务器在其他任何时间进行的下行传输都需要等待终端的下一次上行。通常用于低功耗的物联网设备，如水表、气表、烟感、门磁等多种传感器。

（2）Class B（划定接收时隙的双向传输终端）：Class B 的终端会有更多的接收时隙。除了 Class A 的随机接收窗口，Class B 设备还会在指定时间打开另外的接收窗口。为了让终端可以在指定时间打开接收窗口，终端需要从网关接收时间同步的信标（Beacon）。这使得服务器可以知道终端何时处于监听状态。一般应用于下行控制且有低功耗需求的场景，如水闸、气闸、门锁等。

（3）Class C（最大化接收时隙的双向传输终端）：Class C 的终端一直打开着接收窗口，只在发送时短暂关闭。Class C 的终端会比 Class A 和 Class B 更加耗电，但同时从服务器下发给终端的时延也是最短的。一般 Class C 用于长带电的场景，比如电表、路灯等。

学习 Class A/B/C 的时候经常忘记其特征，这里的 A 代表英文单词“All”，意思就是所有的 LoRaWAN 终端都必须满足 Class A 的规定；B 代表英文单词“Beacon”；C 代表英文单词“Continuous”。

6.1.2 帧结构

图 6-2 所示为 MAC 层帧结构。LoRa 所有上下行链路消息都会携带 PHY 载荷。PHY 载荷以 1B 的 MAC 头(MHDR)开始，紧接着是 MAC 载荷(MACPayload)，最后是 4B 的 MAC 校验码(MIC)。

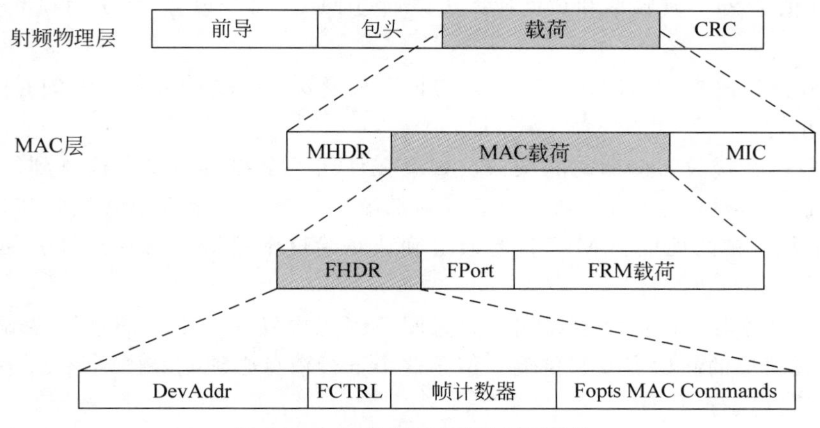

图 6-2 LoRaWAN MAC 层帧结构

MAC 载荷，也就是所谓的“数据帧”，包含帧头(FHDR)、端口(FPort)以及帧载荷(FRMPayload)，其中端口和帧载荷是可选的。

帧头(FHDR)是由终端短地址(DevAddr)、1B 帧控制字节(FCtrl)、2B 帧计数器(FCnt)和用来传输 MAC 命令的帧选项(FOpts，最多 15B)组成。其中自适应数据速率的控制 ADR 就在 FCTRL 中。

6.1.3 Class A

图 6-3 所示为一个 Class A 终端的通信过程。

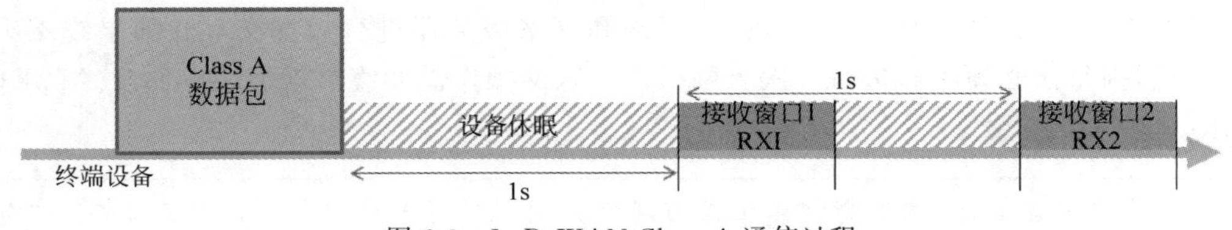

图 6-3 LoRaWAN Class A 通信过程

Class A 上行消息由终端发出，经过一个或多个网关转发给网络服务器。下行消息由网络服务器发出，经过一个网关转发给某个终端。终端每次上行传输后都要打开两个短的接收窗口。接收窗口开启的时间以上行结束时间为参考。

(1) 第一个接收窗口 RX1 的数据速率和启动。第一个接收窗口 RX1 使用的频率和上行频率有关,使用的速率和上行速率有关。RX1 是在上行数据发送结束 1s±20μs 后打开(这个 1s 可以通过参数调节,常用默认值为 1)。一般情况下,RX1 的速率和上行信道的关系是按区域规定的,一般默认 RX1 下行速率和最后一次上行信道的速率相关。

(2) 第二个接收窗口 RX2 的数据速率和启动。第二个接收窗口 RX2 使用一个固定可配置的频率和数据速率,在上行数据发送结束 2s±20μs 后打开(这个 2s 可以通过参数调节,常用默认值为 2)。其频率和数据速率可以通过 MAC 命令设置,默认的频率和速率是按区域规定。

(3) 接收窗口的持续时间。接收窗口的长度至少要让终端设备有足够的时间来检测到下行数据的前导码。

(4) 接收端在接收窗口期间的操作。如果在任何一个接收窗口中检测到前导码,终端设备(接收端)需要继续激活,直到整个下行帧都解调完毕。如果在第一接收窗口检测到数据帧,且这个数据帧的地址和 MIC 校验通过确认是给这个终端,那么终端就不必开启第二个接收窗口。

(5) 网络服务器发送消息给终端。如果服务器想要发一个下行消息给终端,它会精确地在两个接收窗口的起始点发起传输。但是这个下行消息必须先等待到该 Class A 设备上行消息后才可以执行。

(6) 接收窗口的重要事项。终端在 RX1 或 RX2 接收下行消息,或者在 RX2 失效之后(第一或第二窗口均未收到下行消息),才能再发起另一个上行消息。

6.1.4 终端激活

为了加入 LoRaWAN 网络,每个终端需要初始化及激活。终端的激活有两种方式：一种是空中激活(Over The Air Activation,OTAA),当设备部署和重置时使用；另一种是独立激活(Activation By Personalization,ABP),此时初始化和激活这两步就在一个步骤内完成。

1. 空中激活

空中激活的步骤如图 6-4 所示。

针对空中激活,终端必须按照入网流程来和网络服务器进行数据交互。如果终端丢失会话消息,则每次必须重新进行一次入网操作。入网操作需要终端设置 DevEUI、AppEUI、AppKey 这三个参数。

注意：对于空中激活,终端不会初始化任何网络密钥。只有当终端加入网络后,才会被分配一个网络会话密钥,用来加密和校验网络层的传输信息,以此使得终端在不同网络间的漫游处理变得方便。同时使用网络和应用会话密钥,使得网络服务器中的应用数据,不会被网络提供者读取或者篡改。

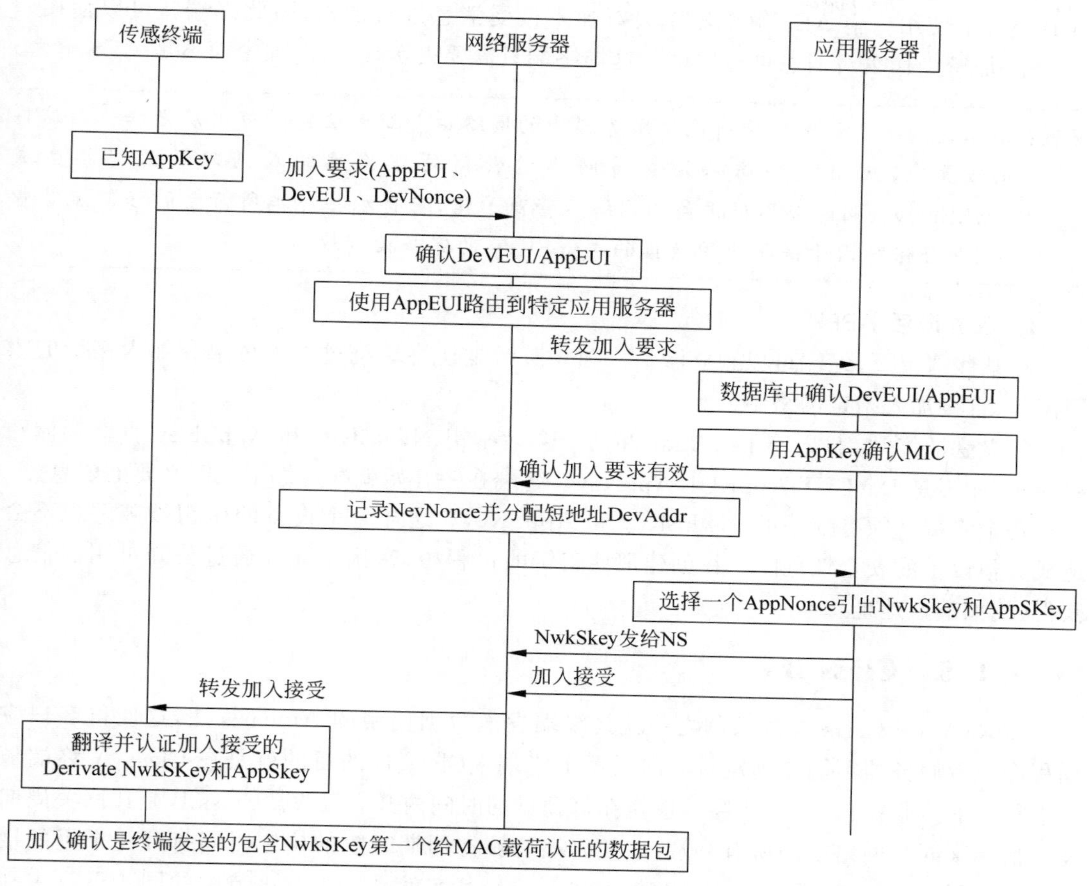

图 6-4 LoRaWAN 空中激活步骤

(1) DevEUI(终端 ID)。DevEUI 是一个类似 IEEE EUI64 的全球唯一 ID,标识唯一的终端设备。

(2) AppEUI(应用 ID)。AppEUI 是一个类似 IEEE EUI64 的全球唯一 ID,标识终端的应用提供者。AppEUI 在激活流程开始前就存储在终端中。

(3) AppKey(应用密钥)。AppKey 由应用程序拥有者分配给终端,很可能是由应用程序指定的根密钥来衍生的,并且受提供者控制。当终端通过空中激活方式加入网络,AppKey 用来产生会话密钥 NwkSKey 和 AppSKey。会话密钥分别用来加密和校验网络层和应用层数据。

(4) 入网流程。从终端角度看,入网流程是由终端和服务器的两个 MAC 命令交互组成的,分别是加入要求(Join Request)和加入接受(Join Accept)。

(5) 加入接受消息:如果网络服务器准许终端加入网络,就会用加入接受对加入请求进行应答。如果加入请求不被接受,则终端不会收到回应。需要注意的是,网络服务器在

ECB模式下使用一个AES解密操作去对加入接受消息进行加密，因此终端就可以使用一个AES加密操作去对消息进行解密。这样终端只需要去实现AES加密而不是AES解密。

注意：建立这两个会话密钥使得网络服务器中的网络运营商无法窃听应用层数据。在这样的设置中，应用提供商必须支持网络运营商处理终端的入网以及为终端生成NwkSKey。同时应用提供商向网络运营商承诺，它将承担终端所产生的任何流量费用，并且保持用于保护应用数据的AppSKey的完全控制权。

2. 独立激活 ABP

在某些情况下，终端可以独立激活。独立激活是让终端绕过加入请求和加入接受的入网流程，直接加入指定网络中。

独立激活终端，意味着DevAddr和两个会话密钥NwkSKey和AppSKey直接存储在终端中，而不是DevEUI、AppEUI、AppKey。终端在一开始就配置好了入网必要的信息。

每个终端必须有唯一的NwkSKey和AppSKey。这样一个设备的密钥被破解也不会造成其他设备的安全性危险。在创建那些密钥的过程中，密钥不允许通过公开可用的信息获得(例如节点地址)。

6.1.5 Class B

LoRaWAN Class A的限制之一就是终端发送数据使用的Aloha算法，这使得客户应用程序或者服务器不能在确定时间内联系上终端。Class B的目的就是在Class A终端随机上行后的接收窗口之外，让终端也能在可预见的时间内开启接收。Class B是让网关周期发送信标来同步网络中的所有终端，以便终端能够在周期时隙的确定时间打开一个短的接收窗口(叫作“ping slot”)。LoRaWAN的Class B其实就是5.1.2小节中的同步下行主动模式，并进行了细化。

注意：是否要从Class A切换到Class B，这个要在终端的应用层进行处理。如果打算从网络端将Class A切换到Class B，客户程序只能利用终端Class A的上行包来反馈一个下行包给节点。

对于一个支持Class B的网络，所有网关必须同步广播一个信标，以给所有终端提供一个参考时间。基于这个时间参考，终端可以周期性地打开接收窗口，下文称为“ping slot”，这个“ping slot”被网络建设者用于发起下行通信。网络使用ping slots其中之一来发起下行通信的行为，称之为“ping”。用来发起下行通信的网关，是网络服务器根据终端最近一次上行包的信号传输质量来选择的。基于此，如果终端根据广播的信标帧发现网络发生了切换(通信的网关发生了变化)，它必须发出上行帧给网络服务器，以使服务器端更新下行路径的数据库。

所有终端启动后，以Class A来加入网络。之后终端应用层可以切换到Class B。通过

以下步骤来实现:

(1) 终端应用层请求 LoRaWAN 层切换到 Class B 模式。

(2) 基于信标的强度和电池寿命,终端的应用层选择 ping slot 所需的数据速率和周期。

(3) 移动的终端,必须周期性地通知网络服务器其位置信息,以便确定下行路径。

(4) 如果在指定周期内没有接收到 beacon,则意味着网络同步丢失。MAC 层必须通知应用层切换回 Class A。随后终端在上行帧的 LoRaWAN 层中将不再设置 Class B 的位域,用以通知网络服务器终端不再处于 Class B 模式。终端的应用程序可以周期性地尝试切换回 Class B。在做这个处理时要先探寻 beacon。

图 6-5 展示了 beacon 接收时隙和 ping 时隙。

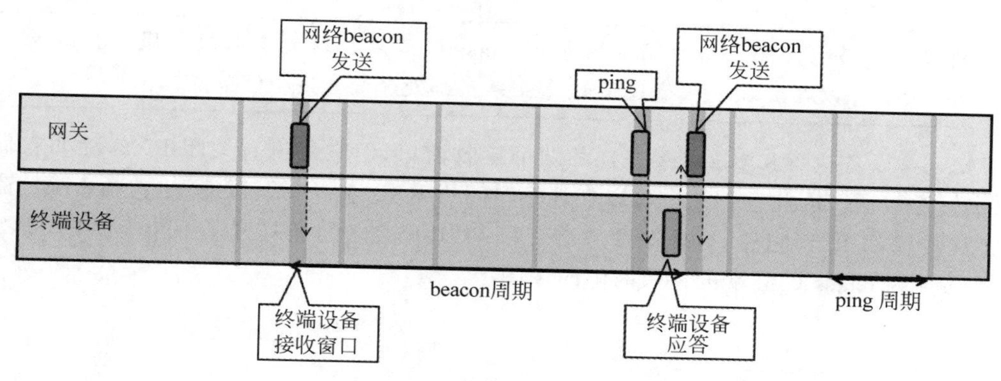

图 6-5 LoRaWAN Class B 时隙图

在图 6-5 这个示例中,指定 beacon 周期是 128s,ping 接收时隙的周期是 32s。大部分时候服务器并没有使用 ping 时隙,因此终端可以在接入信道时监听是否有前导码,如果没有,则立即关闭接收窗口。如果监测到前导码,终端则会持续接收,直到下行帧解调完毕。MAC 层随后处理数据帧,检查确认地址域匹配和 MIC 校验有效之后再转发给应用层。

信息的传播方式可以是"单播"或者"多播"。单播是指将信息传递给一个指定的终端,多播是指将信息传递给多个终端。多播组内的所有终端都必须共享一个相同的多播地址和相关的加密密钥。LoRaWAN Class B 协议中并没有明确规定如何去建立这样的多播组,以及如何安全地分配多播密钥。这必须通过节点个性化设置或应用层实现,8.2.3 小节中有关于 Class B 多组播的策略讨论。

在从 Class A 切换到 Class B 之前,终端必须首先接收一个网络的信标来将它自身的时间基准与网络时间进行校准。一旦处于 Class B 模式,终端必须定期地去搜索并且接收网络信标,以消除自身内部基准时间相对于时间的漂移。Class B 模式下的设备也许会短暂性地无法接收信标(超出与网关的通信范围,存在干扰等),这种情况之下,终端必须考虑它内部时钟可能产生的漂移,逐步地加大信标和 ping 时隙的接收窗口时间。例如,一个设备精度为 10×10^{-6} 的内部时钟,每个信标周期(128s)就会有±1.3ms 的漂移。

终端可以使用信标的准确周期(当信标可用时)去校准其初始化时钟,这样可以减少初始化时钟频率的不准确性。由于温补晶振具有较好的温度漂移特性,因此使用温补晶振可以尽可能地减小时间漂移。

6.1.6 Class C

具备 Class C 能力的终端,通常应用于供电充足的场景,因此不必精简接收时间。Class C 的终端不能执行 Class B。Class C 终端会尽可能地使用 RX2 窗口来监听。按照 Class A 的规定,终端是在 RX1 无数据收发才进行 RX2 接收。为了满足这个规定,终端会在上行发送结束和 RX1 接收窗口开启之间,打开一个短暂的 RX2 窗口,一旦 RX1 接收窗口关闭,终端会立即切换到 RX2 接收状态;RX2 接收窗口会持续打开,除非终端需要发送其他消息。

注意:没有规定节点必须要告诉服务器它是 Class C 节点。这完全取决于服务器的应用程序,它们可以在加入流程通过协议交互来获知是不是 Class C 节点。

Class C 设备执行和 Class A 一样的两个接收窗口,但它们没有关闭 RX2,除非它们需要再次发送数据。因此它们几乎可以在任意时间用 RX2 来接收下行消息,包括 MAC 命令和 ACK 传输的下行消息。另外在发送结束和 RX1 开启之间还打开了一个短暂的 RX2 窗口。图 6-6 为 Class C 终端的接收时隙时序图。

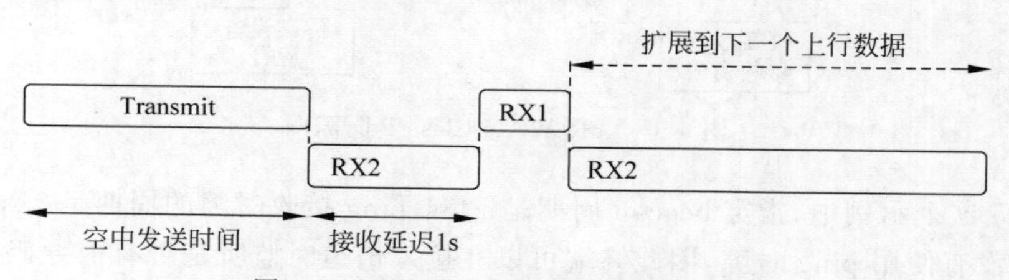

图 6-6 Class C 终端的接收时隙时序图

和 Class B 类似,Class C 设备也可以接收多播下行帧。多播地址和相关的 NwkSKey 及 AppSKey 都需要从应用层获取。

6.2 LoRaWAN 协议的扩展与衍生

在 6.1 节讲述后,我们知道 LoRaWAN 协议虽然有诸多优点,但是也存在一定的不足,需要不断地更新和发展。本节针对 LoRaWAN 协议的一些受限应用而展开讲述。由于 LoRa 是一个非常优秀的底层调制技术,许多低延迟或点对点应用都希望通过 LoRa 调制来实现,而 LoRaWAN 协议使用在这类方案中不合适,但是使用私有协议又太封闭而无法把行业和市场做大。因为上述原因,许多 LoRa 联盟企业着手开发 LoRaWAN 的扩展协议,在得到广大 LoRa 联盟会员认可后,可以变为正式标准。而有的公司针对一些特殊应用,利用 LoRa 的调制特点和 LoRaWAN 的网络优势衍生自己的协议,并努力推广为 LoRa 联盟的分支协议。扩展标准的优势是可以在 LoRaWAN 协议上直接增加,向下兼容,而衍生标准的特点是无法与 LoRaWAN 兼容,形成独立的一支标准流派。

本节根据 LoRaWAN 的几个局限点展开讲解:

(1) LoRaWAN 单跳结构限制了 LoRa 传输的距离,在极端环境下需要中继的方式将信号从深度室内覆盖的区域传出来。从而引出了 LoRaWAN Relay 协议。

(2) 如果 LoRaWAN 的两个终端设备需要完成通信和互控,由一个终端设备发起,通过网关到网络服务器和应用服务器,再下行到网络服务器、网关,最后到达被控终端设备。即使这两个设备非常靠近,在 LoRaWAN 标准中也需要按照此流程,即使网络状况良好,其通信时长也要 0.5s。一旦上行通道遇到丢包,下次重传需要 2s 之后,实时性和效率太差。为此,阿里巴巴开发了基于 LoRaWAN 协议的终端设备与终端设备通信的协议,命名为 LoRaWAN D2D。

(3) 智能家居等应用,对节点有高稳定性及高实时性要求,还需要具备群组广播功能。甚至当系统断网后,依然可以实现自动化互控智能家居的需求,同时还需要满足低成本、小尺寸等要求。根据如上需求,Yosmart 公司开发了 YoLink 智能家居协议。

6.2.1 LoRaWAN 中继 Relay 协议

视频讲解

在许多的 LoRa 应用中,都存在由于墙太厚,终端设备无法与网关通信的问题。而为此额外增加多个网关,无论是在施工难度还是整体成本上都是很麻烦的一件事。如果有一个中继器,那么这个问题就可以解决了,如图 6-7 所示。在许多水表和气表的 LoRa 私有协议应用中,都采用电池供电的中继器方案。采用中继器的方案可以节省网关和施工,在表计行业很常见。在 5.1.3 小节中 LoRa 的 Mesh 网络架构就是使用中继实现抄表的案例。但是 LoRaWAN 协议在建立之初规定了必须单跳的星状网络结构,限制了此类中继的应用。单跳规定限制严格的原因是 LoRaWAN 标准制定时初期,标准制定者对 LoRa 的信心太足,认为再恶劣的环境 LoRa 都能传出信号。主要原因是中国的建筑更密集,且表计放置环境恶劣,国外的标准专家没有意识到。为了弥补这个硬伤,多家 LoRa 联盟会员开发了 Relay 协议。

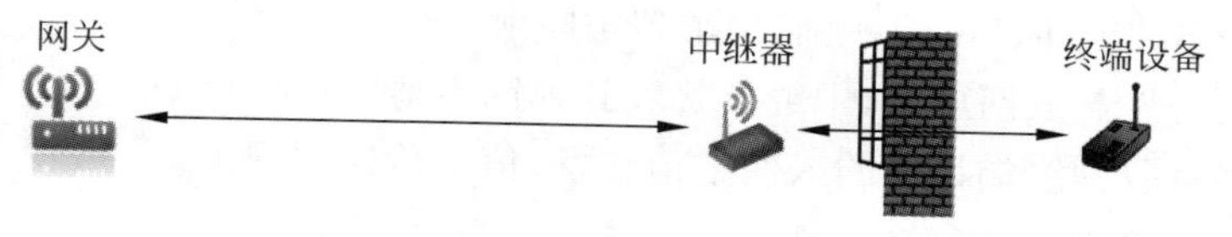

图 6-7 中继方案应用示意图

这个中继器必须具备安装方便(不接外部电源),维护方便(稳定且低功耗),而且协议兼容(所有的 LoRaWAN 用户可以使用),低成本。

1. Relay 协议强制需求

(1) 兼容性:

- 中继器机构应与 LoRaWAN 规范 1.1.X 和 1.0.X 兼容。
- 中继器机构不得影响 NS 和 AS。

- 中继器和终端设备应能从中继模式恢复正常运行。
- 中继设备应支持终端设备连接或重新连接网络。
- 中继器机构应与 OTAA 设备和 ABP 设备兼容。

(2) Class 支持种类：

- 中继器应支持 Class A 和 Class B 操作。
- 中继器应支持在 Class A、Class B 和 Class C 运行的终端设备。

(3) 安全性：

- 中继器应考虑安全方面。
- 中继器不得在两个终端设备之间中继任何信息。

(4) 设计总则：

- 中继器应为电池供电。
- 中继器的电池尺寸应合理，能支持中继器工作 5 年而不更换电池。
- 中继器应最多支持 10 个终端设备。
- 中继设备应最多每天为每个设备转发 10 个数据包。

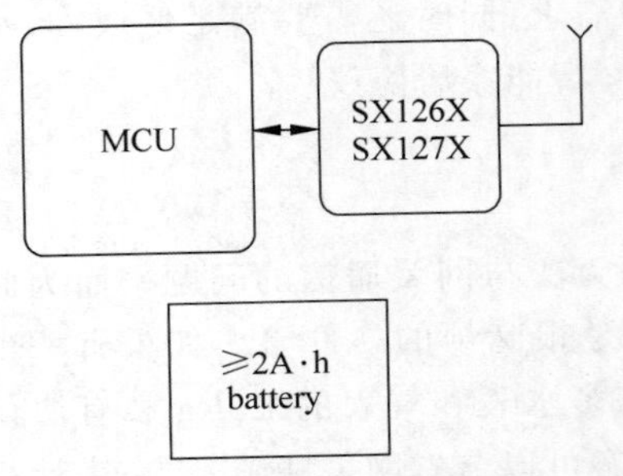

图 6-8 中继器硬件模块图

根据上述中继器的要求，其硬件实现的方式为一个最简单的 LoRa 模组，其带有一个大电池，电池要求大于或等于 2A·h。如图 6-8 所示，此种方案是成本最低，功耗最低，安装也方便的中继器实现方式。

2. Relay 入网及数据交互流程

当中继器架设后，信息流的流程如图 6-9 所示。

(1) 原有的终端设备发起正常的入网申请。

(2) 由于终端节点的信号被厚墙阻挡，信号太弱，网关无法解调，则无法收到入网应答，入网失败。

(3) 终端设备发起 Relay 唤醒帧，中继器被唤醒。

(4) 终端设备发起入网申请，中继器接收到入网申请数据。

(5) 中继器将收到终端设备的入网申请转发，信息传递到网关。

(6) 网关下行接受入网应答信息。

(7) 中继器将网关的下行信息转发给终端设备。

(8) 终端设备发起 Relay 唤醒帧，中继器被唤醒。

(9) 终端设备发送上行信息，中继器接收到上行信息。

(10) 中继器将收到终端设备的上行信息转发，信息传递到网关。

(11) 网关发送下行应答信息。

(12) 中继器将网关的下行信息转发给终端设备。

在上述通信过程中，中继器一直以该终端设备的身份对着网关“传话”，所以 LoRaWAN

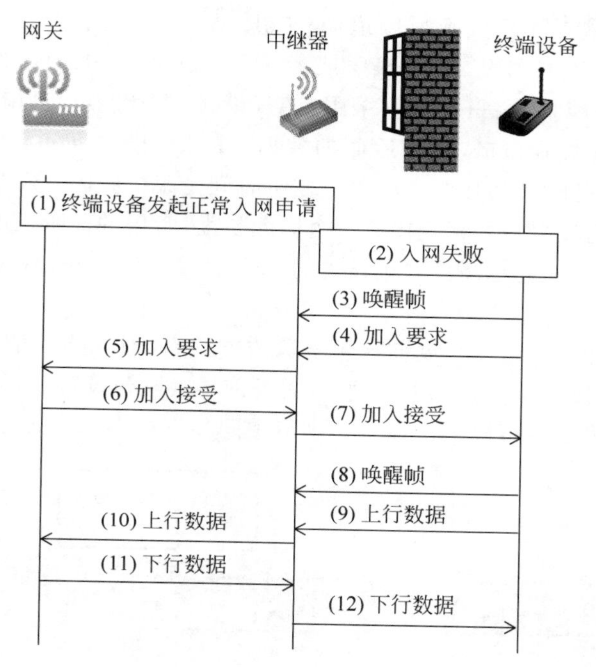

图 6-9 Relay 入网流程图

网关不能解析出收到的数据是 Relay 传来的还是终端设备直接传来的。在 LoRaWAN 网关"眼中",只有一个终端设备按照正常的 LoRaWAN Class A 方式与网关进行通信。这就是 Relay 协议对于 LoRaWAN 兼容的优势。

Relay 还可以代表多个终端设备与网关通信,同样网关收到的数据解析为多个终端设备通信,并不能意识到 Relay 的存在。

3. 唤醒方式

Relay 为了省电,不能一直处于监听状态,只能间歇性地处于监听状态。图 6-10 所示为

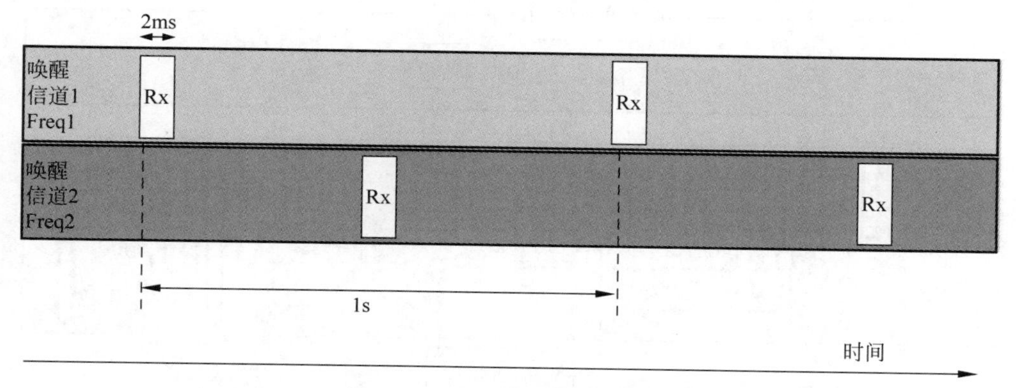

图 6-10 Relay 唤醒信道时序图

一种 Relay 的方案，在两个不同唤醒频道（与 LoRaWAN 的上行与下行通道不同专门开辟的两个信道），采用 SF＝7、BW＝125kHz 或者 SF＝8、BW＝500kHz 作为 LoRa 调制模式。Relay 在每个信道每秒监听 2ms 时间，采用 CAD 模式。中继器一旦检测到有对应扩频因子和带宽的信号会唤醒接收窗口，接收后面的数据。Relay 模式下间隔时间和扩频因子是可以设置的，跟系统的延时和功耗要求相关。监听时间是跟扩频因子和带宽的配合相关的，一般采用 SX126X 系列最少需要完全接收一个码元长度，常用的监听长度为 2 个码元，监听时间越长误唤醒率越低，功耗越高。这里设置的 2ms 就是按照 LoRaWAN SF＝7 模式下 2 个码元长度设置的。

而终端设备唤醒采用可变长度前导包唤醒的方式，针对同步唤醒和异步唤醒采用不同的前导 Preamble 长度唤醒包。图 6-11 所示为长前导唤醒包，应用于异步唤醒模式，而短前导应用于同步唤醒模式。可以类比 5.1.2 小节中同步下行主动模式和异步下行主动模式。

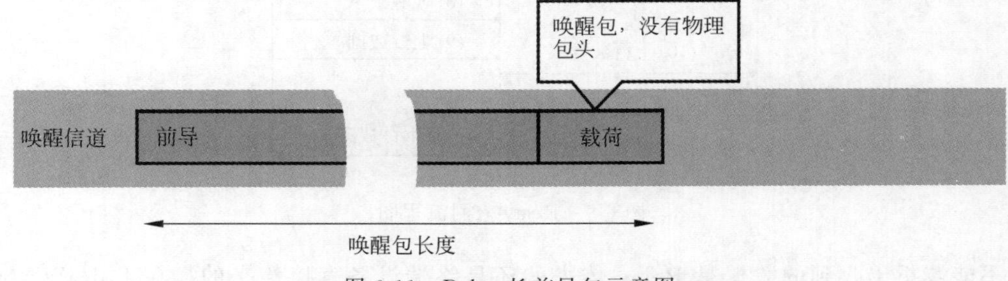

图 6-11 Relay 长前导包示意图

在终端设备第一次入网时，必须使用异步（Unsynchronized）设备 Relay 上行模式。图 6-12 所示为 Relay 异步唤醒的上行链路示意图。终端节点通过一个带有上行数据长前导的唤醒包在唤醒信道 2 唤醒中继器，中继器将上行数据按照标准 LoRaWAN 的通信方式在 LoRaWAN 标准信道与网关通信进行数据交互。中继器完成上行数据传输后，会在刚刚

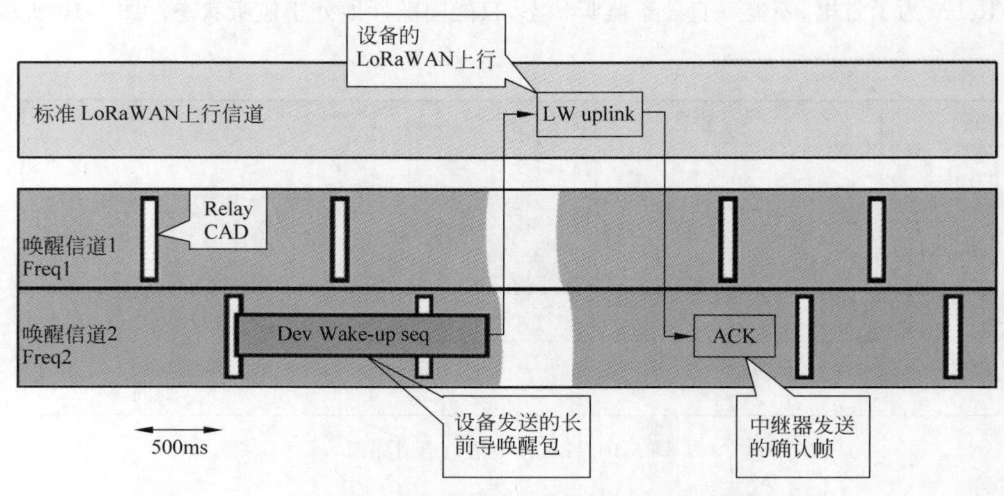

图 6-12 Relay 异步唤醒上行链路示意图

通信的唤醒信道 2 给终端设备一个 ACK，确认数据已经发往网关。

设备还存在同步(Synchronized)唤醒 Relay 的模式。图 6-13 所示为 Relay 同步唤醒的上行链路示意图。终端设备已经与 Relay 建立通信后，可以保持这种同步关系。在下次数据传输时可以采用短前导包唤醒方式。除此之外其信息传递流程都与异步唤醒方案相同。

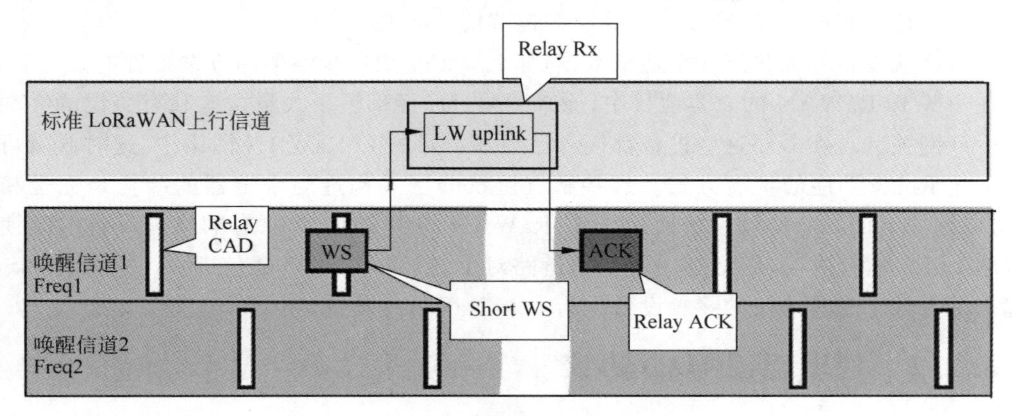

图 6-13 Relay 同步唤醒上行链路示意图

一次完整的 Relay 唤醒通信的传输图如图 6-14 所示，当中继器在 RX1 接收窗口或 RX2 接收窗口收到网关的下行数据后，会回到原来唤醒信道传输网关的下行信息，此时终端设备会在唤醒信道打开一个接收窗口 RX3 用于下行数据的接收。由于 RX1 窗口和 RX2 窗口前的等待时间是可以设定的(系统默认分别为 1s 和 2s)，RX3 前的等待时间为 17s。

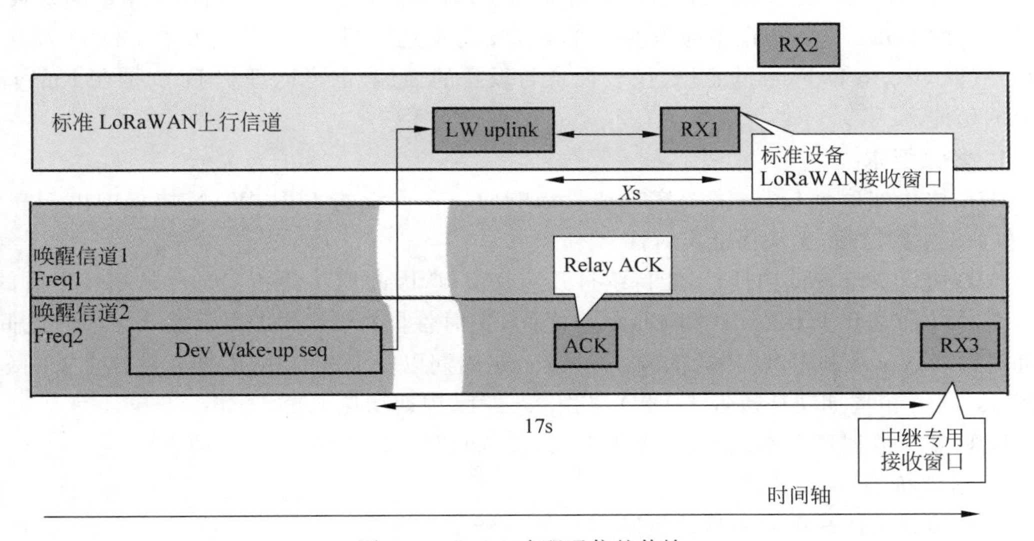

图 6-14 Relay 唤醒通信的传输

在完成终端设备与中继器的连接后，选择同步唤醒方案还是异步唤醒方案主要看该终端设备的发包频次，当发包比较频繁时一般采用同步唤醒方案，采用同步唤醒的特点如下。

(1) 结构简单，且知道终端设备的连接状况。

(2) 省电要求：假定每小时终端设备需要发包一次，则时钟偏移约为200ms(假设设备和Relay晶振的频率偏移都是30×10^{-6}，1h最大的时间偏移为$3600s\times30\times10^{-6}\times2$，乘以2是因为存在网关和终端节点频率偏移方向相反的情况)。那么，采用200ms的唤醒前导即可实现。对比原有的1s的异步长前导唤醒包节约80%的功耗。

如果终端设备每天只发一个通信数据，那么应该采用异步唤醒的方案更省电。

在一些LoRaWAN的兼容项目中，原来的项目已经部署了大量含有私有协议的终端设备和少许网关。现在需要这些设备都接入已经部署好的LoRaWAN网络中，这时候就可以使用上述Relay功能的扩展方式。这些私有协议的网关构造与中继器的结构是完全相同的，可以把原有的私有协议网关改造成LoRaWAN的中继器，对原有的终端设备继续使用原有的LoRa私有协议，而增加一个新的链路对LoRaWAN网关通信即可。这样在NS端看起来是无数个私有协议的终端设备变为了LoRaWAN设备。

视频讲解

6.2.2 阿里巴巴D2D协议

早期LoRaWAN着眼于城域网或大型的运营商场景，大规模的核心网供应商都是与运营商合作，提供服务。随着物联网发展，室内或小场景的应用市场崭露头角，大量的室内小场景应用采用LoRa与ZigBee技术，用在智能单品、家居、园区等。若LoRaWAN可以进入此应用场景，可以带来新的市场影响力。

目前LoRaWAN Class A/B/C三种模式无法很好地覆盖上述使用场景。该场景对功耗和响应时间都有一定要求(功耗低、响应时间快)，同时本地控制也有需求。所以需要设计一种新型的LoRa设备与设备通信的快速模式支持上述场景，推动行业发展。D2D为设备到设备(Device to Device)的意思，代表设备与设备的通信，也可以理解D2D是在Relay协议上的延伸。

1. 场景要求

D2D协议实时性较高，需要实现亚秒级响应。在传统的LoRaWAN协议中由于需要NS和AS数据处理，无法保证实时性。

D2D协议要求较低功耗，不能持续打开接收窗口，因此低功耗和实时性是相互矛盾的。D2D整体功耗是介于Class B和Class C之间，实时性同样介于Class B和Class C之间。功耗说明，Class B和D2D功耗依赖于ping slot周期以及D2D唤醒周期。整体上Class B采用4s/8s开窗周期功耗接近于D2D采用0.5s/1s周期功耗。

D2D要求数据可在本地流转，无须上云，设备间互相通信是D2D的初衷。

2. 协议机制

D2D协议整体采用空中唤醒机制。

无线唤醒也可以理解为空中唤醒(Wake on Radio)，顾名思义，通过无线的手段唤醒处于休眠的节点模块。

其原理为，唤醒方在发射有效数据前加一段较长的前导码；被唤醒方周期性地起来监听空中的无线信号，一旦捕捉到正确的 LoRa 前导码，则进入接收数据状态；若监听时间内未收到正确的 LoRa 前导码，则立即进入休眠，等待下一次的唤醒监听。为了保证每次都能正常唤醒，唤醒方发射前导码的时间应略大于被唤醒方的时间间隔，如图 6-15 所示。

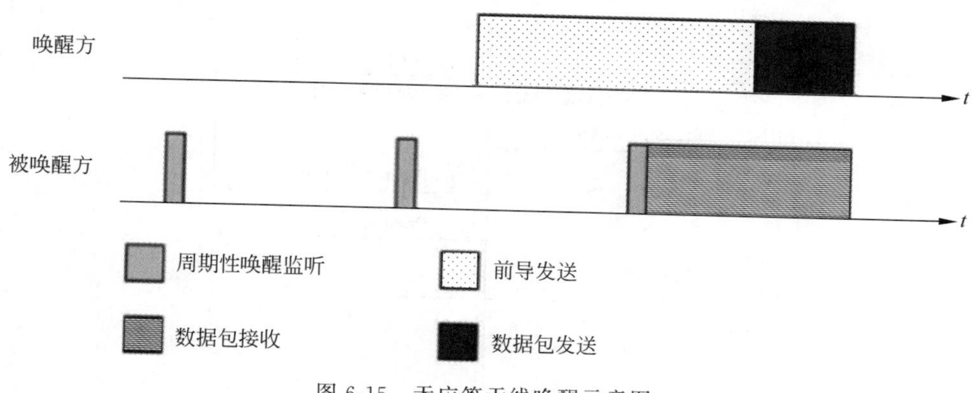

图 6-15 无应答无线唤醒示意图

若被唤醒方需应答数据或确认帧，则在完整地接收数据包后，发射应答数据，如图 6-16 所示。

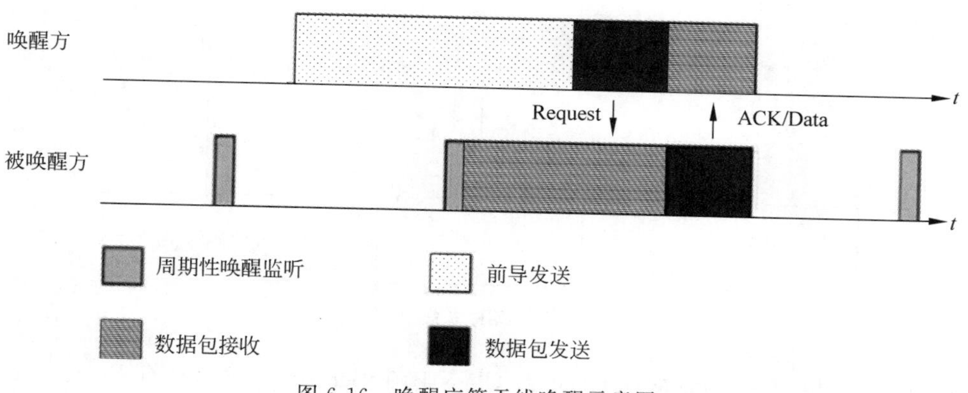

图 6-16 唤醒应答无线唤醒示意图

目前 D2D 模式只使用无应答无线唤醒机制，应答处理仍通过对下行确认回复 ACK。其系统交互图如图 6-17 所示。

D2D 协议是 LoRaWAN 和 Relay 协议的延展，其入网机制与 LoRaWAN Relay 几乎一致。重点在于设备与设备间的主动互控，不需要通过网关。

3. D2D 的特点

D2D 模式具有如下优点：

- D2D 兼容 LoRaWAN，可以与其他 Class A/B/C 设备同时用于 LoRaWAN 网络。
- D2D 对于系统修改量小，LoRaWAN 网关无须修改，支持 D2D 的设备仅需升级节点 SDK。

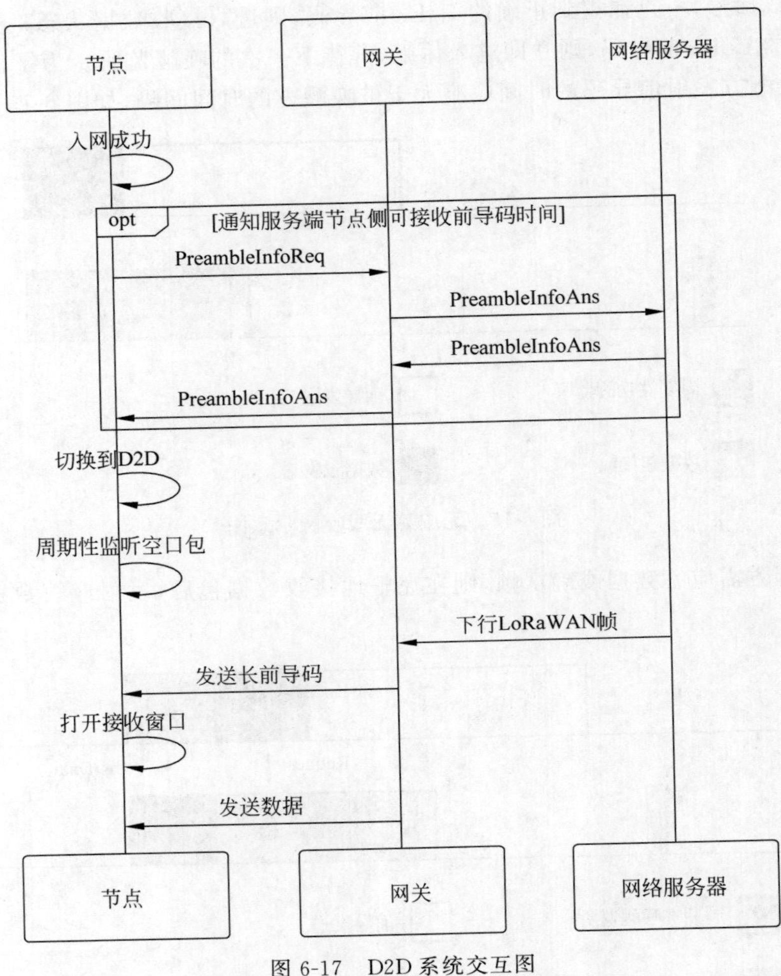

图 6-17　D2D 系统交互图

- D2D 可以在某些场景取代 Class B，Class B 在 Beacon 收发前后有 Beacon reserved ＋Beacon_guard＝5.12s 的时间无法收发下行帧，导致无法使用于对实时性有高要求(亚秒级响应)的锁类场景。另外 Class B 协议自身存在缺陷：Beacon 帧未加密，容易被攻击导致 Class B 无法工作。
- D2D 增加了节点对节点的通信方式，且延时可控。

同样 D2D 存在一些缺点：

- 长前导码唤醒机制会唤醒所有 D2D 设备，虽然各个 D2D 设备唤醒后判断 DevAddr 是否和自身设备匹配，如不匹配则再次进入睡眠，但是当唤醒服务较多时，会出现大范围 D2D 设备不断被唤醒而电量损失过快。
- D2D 下行时间过长，导致系统吞吐率下降。

在 D2D 协议推出之前，LoRa 在室内小场景和智能家居等场景中几乎没有任何声音，虽然有不少使用 LoRa 做智能家居的企业，但是一直没有一套统一的标准。当 D2D 的标准提出后，得到了市场的广泛认可。

从应用场景看，D2D 的场景与 Class B 的场景很相似，只是增加了终端设备间的互控和异步下行唤醒功能。

6.2.3　智能家居 YoLink 协议

视频讲解

YoLink 协议来自一家专注于智能家居的科技公司 Yosmart。Yosmart 公司的几位创始人都有十几年的智能家居领域经验，曾经使用多种无线技术开发智能家居产品。Yosmart 吸收 Z-wave、Dash7、LoRaWAN 等多种协议优势，并利用 LoRa 技术特点开发了 YoLink 协议。

1. YoLink 通信协议架构及特点

图 6-18 所示为 YoLink 的构成框架，包括终端设备、网关、网络服务器、应用服务器，完全与 LoRaWAN 相同。除了终端设备互控部分外，YoLink 协议的通信流程和安全算法与 LoRaWAN 也完全相同。其特点如下：

- 固定链路速率，在智能家居的应用中成本非常重要，使用单信道网关可以大大降低成本，而使用单颗 SX126X 或 SX127X 芯片的网关只能同时支持一种固定的扩频因子和带宽。
- 支持三种类型的设备，A 类(电池供电设备)、C 类(常开设备)、D 类(电池供电无线唤醒设备)。此处的 A 类、B 类和 D 类都是 YoLink 定义的设备类别。A 类和 C 类与 LoRaWAN 中的 Class A 和 Class C 基本类似，D 类与 Alibaba 的 D2D 类似。这里声明一点，YoLink 协议早于 D2D 协议问世。
- 设备间相互控制且无网关设备间快速响应。如果网络中存在网关，则能够向服务器报告并更新设备的状态，没有网关，系统依然可以本地运转。
- 相互控制的类型为设备对设备、设备对多设备(组和广播控制)。
- 相互控制使用 LoRaWAN 一样的加密方式，本地为滚动号和 UUID 的 MD5 加密通信。
- D 类设备唤醒采用唯一频率，接收网关重新发送的唤醒信号和控制信号。特点：每秒打开很短的接收窗口进行 CAD 检查(打开的时间间隔可以设置)；待机电流非常低；反应速度快。
- 设备与网关通信固定频率，上下行频率不同。使用 LoRaWAN 默认加密。

图 6-18 中 YoLink 协议的网络架构与 LoRaWAN 的网络架构完全相同，都是包括终端设备、网关、网络服务器和应用服务器这 4 部分，且其网关的功能和 LoRaWAN 网关功能也完全相同，只是实现 LoRa 数据解析发射的透传。与 LoRaWAN 最大的不同是云讯终端设备内部通信，且增加了终端设备组网的安全性。

2. YoLink 网络通信模式

YoLink 网络设备通信图如图 6-19 所示。

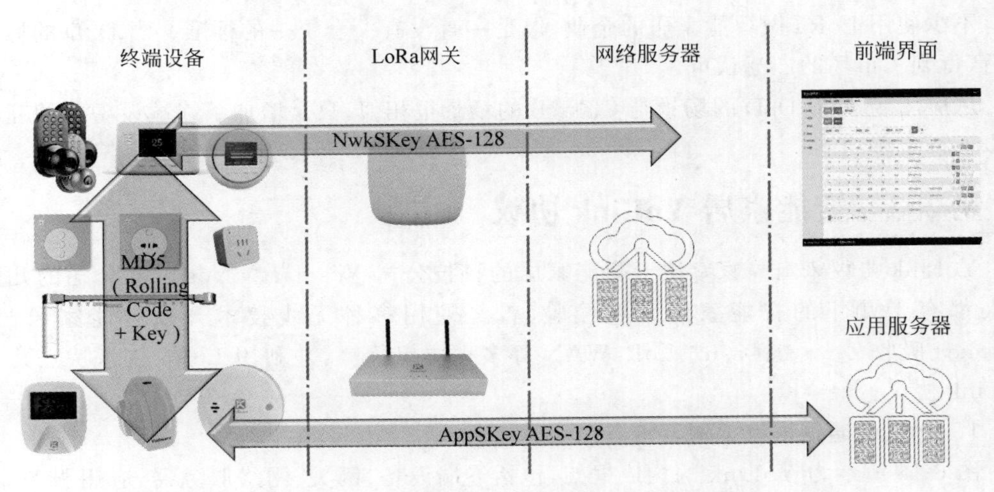

图 6-18　YoLink 协议网络及安全示意图

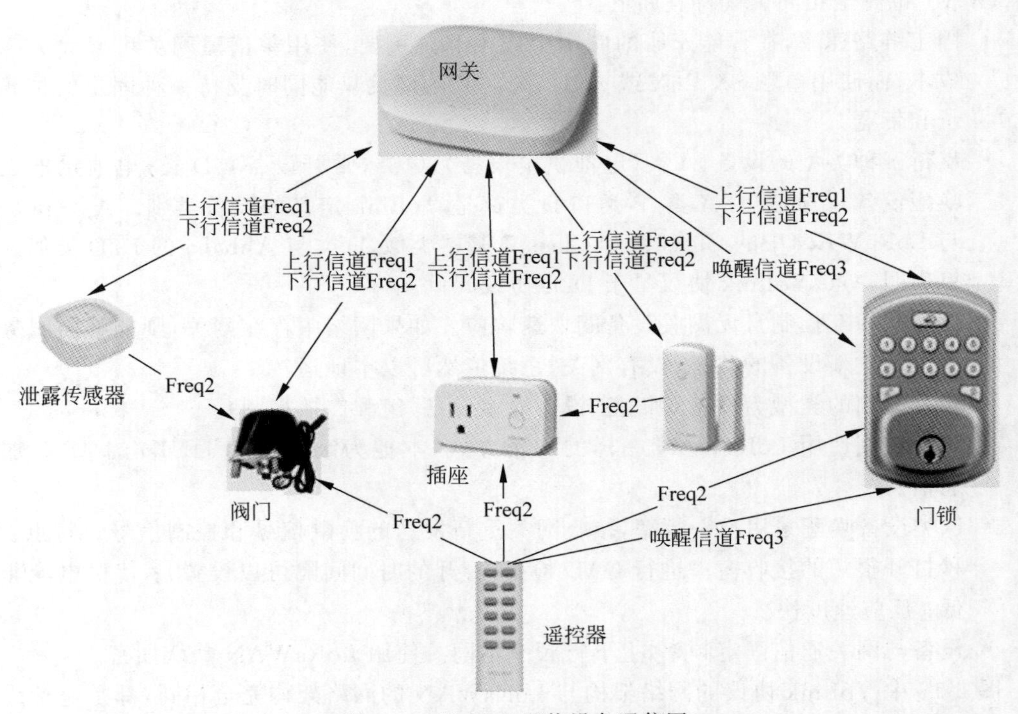

图 6-19　YoLink 网络设备通信图

- 网关和 A/C 类之间的下行通信使用信道频率 Freq2。对于 D 类设备，网关首先使用信道频率 Freq3 唤醒设备，再通过信道频率 Freq2 与设备进行下行链路通信。YoLinK 的信道选择与 Relay 协议非常相似。

- C类设备可以实现本地互控通信。
- A类和D类之间的互控通信为，A类设备一开始在信道频率Freq3上唤醒D类设备。D类设备唤醒后，在信道频率Freq2内启动下行通信。
- 支持的相互控制种类有：A类控制C类，C类控制C类，C类控制D类，A类控制D类。
- 所有设备在与网关通信前必须连接网络，在相互控制之前，设备必须配对。

3. D类设备的唤醒和控制

YoLink的D类设备唤醒采用与LoRaWAN Relay相同的方式，虽然单信道网关只能支持一个通道解调和发送，但是依然将上行、下行、唤醒三个信道分开，如图6-20所示。这样的好处是减小误唤醒和相互干扰。

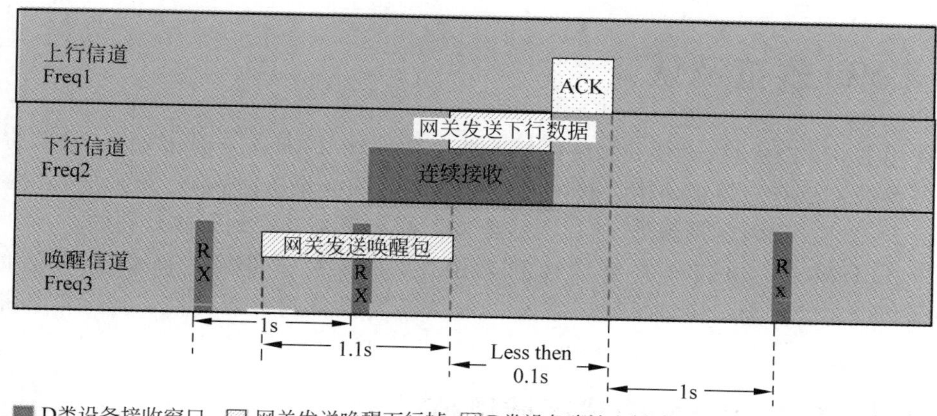

图6-20 YoLink的D类设备唤醒示意图

4. YoLink网关共享功能

从上述YoLink协议中我们看到了YoLink不仅具有智能家居的常见互控特点，而且学习了LoRaWAN的网络管理方案。对于需要快速处理的事件放在本地互控操作，对于应用层下行事件以及本地操作完成的事件通过网络服务器操作。当多家用户都采用YoLink协议后，相当于无数个小型的LoRaWAN网关布置在每家每户，同样的数据可以通过自家和邻居的网关到达网络服务器和应用服务器。

如图6-21所示，当发生火灾等意外情况时，即使自家的网络受损，邻居家的网关依然可以通过家中的以太网将数据传到应用服务器，进行报警。

YoLink的优点非常明显，可以实现没有网关时的互控功能，具有非常好的安全性和网络扩展性。YoLink协议的Class D定义与D2D协议非常相似，都是采用异步下行控制方式。与D2D最大的不同是YoLink协议主要针对智能家居的应用，是一个封闭的LoRa私有协议。

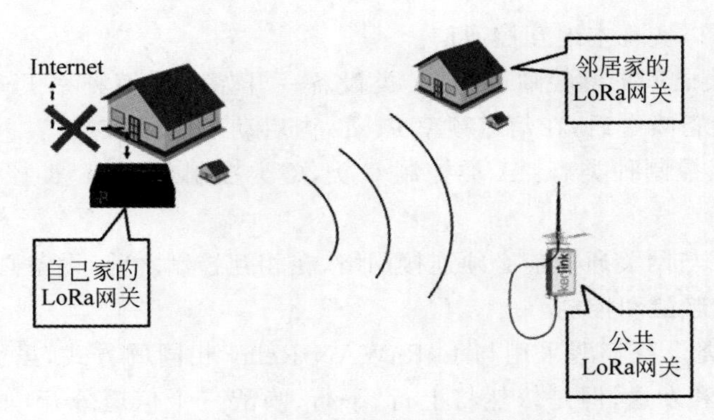

图 6-21 YoLink 网关共享案例

6.3 LoRa 规范及认证

在使用 LoRa 设备时，必须遵循各区域无线电管理规范，尤其是工作频率、输出功率、占空比这些参数。只有当每个使用者都按照规范使用无线电设备时，自己受到他人的影响才是最小的。无论在国内还是国外，违反无线电发射规定都是要受到行政处罚的。

由于 LoRaWAN 协议具有全球性和通用性，许多大项目都是由多个供应商提供 LoRaWAN 设备的。为了保证不同厂家的 LoRaWAN 设备具有兼容性，LoRa 联盟推动了 LoRaWAN 认证。

视频讲解

6.3.1 LoRaWAN 全球区域规范

LoRa 联盟根据全球各区域无线电管理规范及 LoRaWAN 特点，制定了各区域不同的 LoRaWAN 参数。本小节主要针对欧洲、美国和中国的主要参数进行介绍。

1. 欧洲区域规范

1）信道频率

LoRaWAN 欧洲规范中有三个频率信道是所有设备作为入网使用必须具有的，如表 6-1 所示，其他的频率可以在 ISM863～870MHz 中选择 125kHz 带宽的任意信道。

表 6-1 欧洲规范信道频率表

调制方式	带宽/kHz	入网信道频率/MHz	通信速率	入网信道数量	防冲突
LoRa	125	868.10 868.30 868.50	DR0～DR5 0.3～5.5kb/s	3	占空比<1% 或 LBT

在欧洲规范中，对终端设备的发射占空比有严格要求，必须小于 1%，建议采用 LBT 模式监听信道后再发送数据。

2）终端设备通信编码及最大载荷

如表 6-2 所示，LoRaWAN 欧洲规范中有 8 种定义的通信配置参数对应不同的通信速率 DR0～DR7，其中 DR0～DR5 均为带宽 125kHz 的 LoRa 调制，其扩频因子为 SF12～SF7，当终端设备进行 ADR 时会根据其信号强度和信噪比规划 DR0～DR5 中的一个作为下次通信的配置参数。DR6 为带宽 250kHz 的 LoRa 调制，DR7 为数据率为 50kb/s 的 FSK 调制。

表 6-2　欧洲规范通信编码及最大载荷表

通信速率 DR	配置参数	数据率 /(b·s^{-1})	最大 MAC 载荷 M/B	最大 App 载荷 N/B
0	LoRa：SF12/125kHz	250	59	51
1	LoRa：SF11/125kHz	440	59	51
2	LoRa：SF10/125kHz	980	59	51
3	LoRa：SF9/125kHz	1760	123	115
4	LoRa：SF8/125kHz	3125	250	242
5	LoRa：SF7/125kHz	5470	250	242
6	LoRa：SF7/250kHz	11000	250	242
7	FSK	50000	250	242
8～14	RFU	RFU	未定义	未定义

不同 DR 对应的数据率不同，所以其每包数据的最大载荷不同，表 6-2 中的最大载荷均为不兼容 repeater 模式下在 MACPayload 中和 Application Load 中的最大载荷 M 和 N。

3）设备的输出功率

欧洲规范中对终端设备的输出功率共有 8 挡可选，如表 6-3 所示，也是针对终端设备进行 ADR 时不同的输出功率选择挡位。欧盟无线电管理较为严格，其最大输出功率很小，仅为 EIRP＝16dBm。等效全向辐射功率（Equivalent Isotropic Radiated Power，EIRP），或叫有效全向辐射功率，16dBm 可以理解为 16dBm 输出功率连接 0dBi 的天线。

表 6-3　欧洲规范输出功率表

输出功率	输出功率最大值(EIRP)/dBm	输出功率	输出功率最大值(EIRP)/dBm
0	16	5	6
1	14	6	4
2	12	7	2
3	10	8～14	RFU（预留，未定义）
4	8		

2. 美国规范

1）信道频段

LoRaWAN 美国规范中频道规范如图 6-22 所示，上行 64 路 125kHz 带宽的 LoRa 信道，其速率选择为 DR0～DR3，采用 4/5 的前向纠错算法，其工作频率为 902.3～914.9MHz，每隔 200kHz 一个信道。同时美国规范中还有 8 条 500kHz 带宽的 LoRa 上行信道，速率选择为 DR4，频率为 903～914.2MHz，每隔 1.6MHz 一个信道。可以看到这两种上行信道的频率是重叠的，由于 LoRa 具有不同扩频因子正交特性，在相同频段内，不会互相干扰。美国规范中下行信道为 500kHz 带宽的 LoRa 调制，其速率为 DR8～DR13，其频率为 923.3～927.5MHz，每隔 600kHz 一个信道。

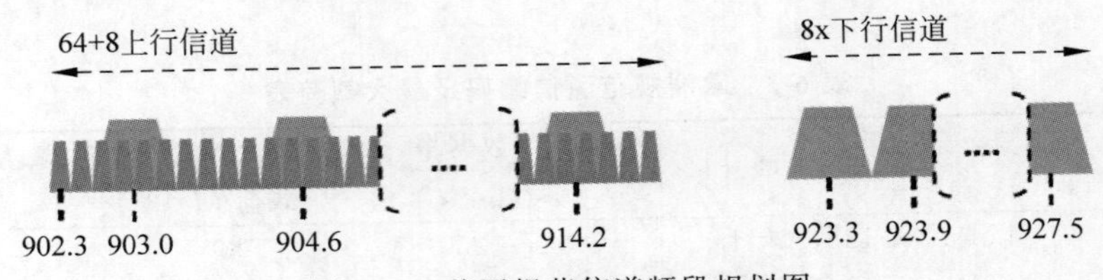

图 6-22　美国规范信道频段规划图

2）终端设备通信编码及最大载荷

如表 6-4 所示，LoRaWAN 美国规范中有 11 种定义的通信配置参数对应不同的通信速率，其中 DR0～DR3 均为带宽 125kHz 的 LoRa 调制，其扩频因子为 SF10～SF7，用于上行信道。其中 DR4 为带宽 500kHz 的 LoRa 调制，其扩频因子为 SF＝8，用于高速上行信道。DR8～DR13 为带宽 500kHz 的 LoRa 调制，扩频因子为 SF＝12～SF＝7。

表 6-4　美国规范通信编码及最大载荷表

链路编号	配置参数	数据率 /(b·s^{-1})	MAC 最大载荷 M/B	APP 最大载荷 N/B
0	LoRa：SF10/125kHz	980	19	11
1	LoRa：SF9/125kHz	1760	61	53
2	LoRa：SF8/125kHz	3125	133	125
3	LoRa：SF7/125kHz	5470	250	242
4	LoRa：SF8/500kHz	12500	250	242
5～7	RFU	RFU	未定义	未定义
8	LoRa：SF12/500kHz	980	61	53
9	LoRa：SF11/500kHz	1760	137	129
10	LoRa：SF10/500kHz	3900	250	242
11	LoRa：SF9/500kHz	7000	250	242
12	LoRa：SF8/500kHz	12500	250	242
13	LoRa：SF7/500kHz	21900	250	242
14	RFU	RFU	未定义	未定义

3）设备的输出功率

如表 6-5 所示，美国规范对输出功率管理比较放松，最大输出功率为 EIPR 为 30dBm，其 ADR 调整的输出功率挡位有 15 挡。

表 6-5 美国规范输出功率表

输出功率	输出功率最大值(EIRP)/dBm	输出功率	输出功率最大值(EIRP)/dBm
0	30	3～13	24～4
1	28	14	2
2	26		

美国 LoRaWAN 规范中给的带宽和输出功率都非常富裕，所以可以使用 500kHz 的带宽完成下行通信，欧洲频段无法使用 500kHz 频段很大原因是其最大输出功率很小，必须选择较低的通信速率换取灵敏度。

3. 中国规范

中国的 LoRaWAN 频率有过多次尝试，最终确定为 470～510MHz 频段。

1) 信道频段

中国的 LoRaWAN 信道频段也发生过调整，根据 2019 年的调整，分为 20MHz 天线方案和 26MHz 天线方案，每种方案都有 A、B 两类。所有的频率规划和类别中上下行信道都为 125kHz 的 SF=7～SF=12 调制方式，前向纠错编码都选择 4/5 编码，且相邻信道频率间隔均为 200kHz。

图 6-23(a)为 20MHz 天线 A 类，其具有两组上下行通道。第一组上行信道 32 个，频率为 470.3～476.5MHz；下行信道为 32 个，频率为 483.9～490.1MHz。第二组上行信道 32 个，频率为 503.5～509.7MHz；下行信道为 32 个，频率为 490.3～496.5MHz。

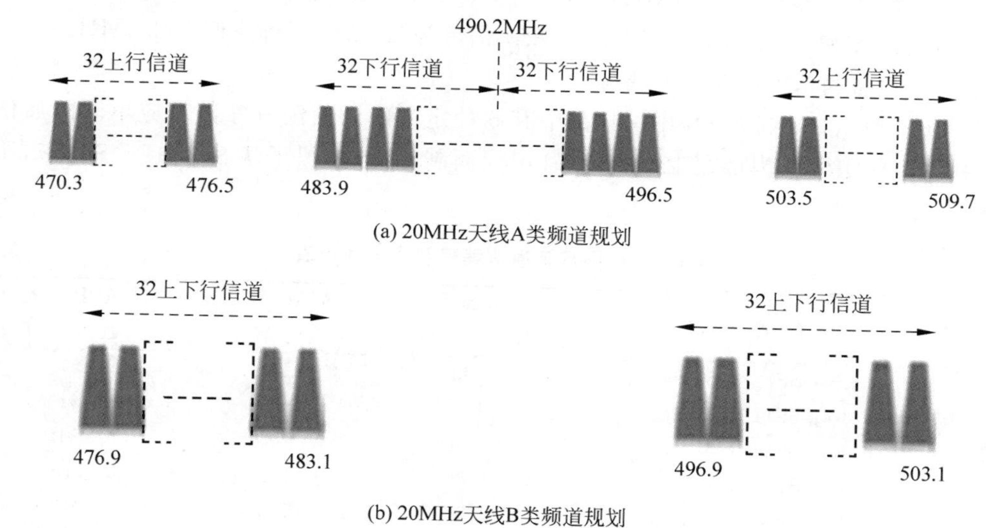

图 6-23 中国频段 LoRaWAN 信道规划(20MHz 天线)

图 6-23(b)为 20MHz 天线 B 类，其具有两组上下行通道。第一组上行信道 32 个，频率为 476.9～483.1MHz；下行信道为 32 个，频率为 476.9～483.1MHz。第二组上行信道 32 个，频率为 496.9～503.1MHz；下行信道为 32 个，频率为 496.9～503.1MHz。此方案的上

下行信道功用相同频率。

图 6-24(a)为 26MHz 天线 A 类，上行信道 48 个，频率为 470.3～479.7MHz；下行信道为 24 个，频率为 490.1～494.7MHz。494.9～495.9MHz 规划为下行信道参数使用，如 beacon、ping-slot 和 RX2 频率使用。RX2 默认信道为第 12 个下行信道 492.5MHz。

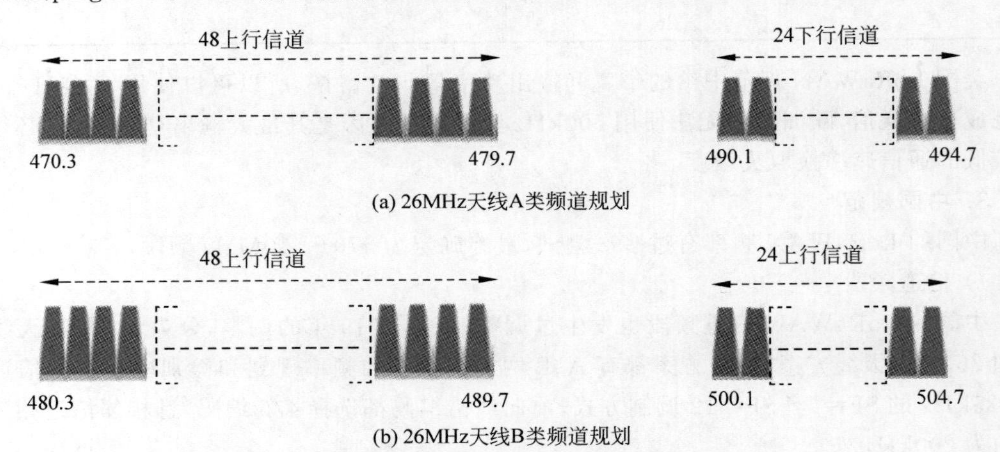

(a) 26MHz天线A类频道规划

(b) 26MHz天线B类频道规划

图 6-24　中国频段 LoRaWAN 信道规划(26MHz 天线)

图 6-24(b)为 26MHz 天线 B 类，上行信道 48 个，频率为 480.3～489.7MHz；下行信道为 24 个，频率为 500.1～504.7MHz。504.9～505.9MHz 规划为下行信道参数使用，如 beacon、ping-slot 和 RX2 频率使用。RX2 默认信道为第 12 个下行信道 502.5MHz。

2）终端设备通信编码及最大载荷

如表 6-6 所示，LoRaWAN 中国规范中有 6 种定义的通信配置参数对应不同的通信速率，其中 DR0～DR5 均为带宽 125kHz 的 LoRa 调制，其扩频因子从 SF＝12～SF＝7，用于上下行信道。

表 6-6　中国规范通信编码及最大载荷表

链路编号	配置参数	数据率 /($b \cdot s^{-1}$)	MAC 最大载荷 M/B	APP 最大载荷 N/B
0	LoRa：SF12/125kHz	250	59	51
1	LoRa：SF11/125kHz	440	59	51
2	LoRa：SF10/125kHz	980	59	51
3	LoRa：SF9/125kHz	1760	123	115
4	LoRa：SF8/125kHz	3125	250	242
5	LoRa：SF7/125kHz	5470	250	242
8～15	RFU(预留，未定义)	RFU(预留，未定义)	未定义	未定义

3）设备的输出功率

如表 6-7 所示，中国规范的输出功率在美国规范和欧洲规范之间，设备的射频输出要求小于 E. R. P 17dBm 相当于 EIRP 19.15dBm，其 ADR 调整的输出功率挡位有 8 挡。

表 6-7 输出功率表

输出功率	输出功率最大值(EIRP)/dBm	输出功率	输出功率最大值(EIRP)/dBm
0	19	7	5
1	17	8～14	RFU
2～6	15～7		

从欧洲、美国、中国三个区域的 LoRaWAN 规范可以看出，美国 ISM 频段管理最宽，欧洲是管理最严格的。

6.3.2 LoRaWAN 认证

视频讲解

LoRaWAN 认证项目为最终用户提供了保证，使应用终端设备将能够在任何 LoRaWAN 网络里工作。认证项目的范围确认终端设备满足 LoRaWAN 协议规范的功能要求。

1. 认证项目

认证项目包括在以下文档里列出的一系列地区性测试。

- LoRa 联盟欧洲 863～870MHz 区域终端设备认证。
- LoRa 联盟美国、加拿大 US902～928MHz 区域终端设备认证。
- LoRa 联盟亚洲 923MHz 区域终端设备认证。
- LoRa 联盟韩国 920～923MHz 区域终端设备认证。
- LoRa 联盟印度 865～867MHz 区域终端设备认证。

扩展性能测试：

设备的射频性能对于成功部署 LoRaWAN 网络以及最大限度地使用设备可用的无线电频谱是至关重要的。联盟认证新的可选扩展 RF 测试将提供完整的 3D 辐射功率扫描，以及设备接收 LoRaWAN 数据包的灵敏度图。这里注意，中国的 LoRa 联盟频率还没有列入测试中，LoRa 联盟(中国)也正在筹备此工作。

设备厂家在提交其产品来通过 LoRa 联盟认证之前必须成为 LoRa 联盟的成员。它们也必须使用授权认可的 LoRa 联盟认证实验室来进行功能协议测试。在测试成功完成之后，产品将被列入 LoRa 联盟网站上的认证产品目录，并获得 LoRa 联盟颁发的 LoRa 联盟认证证书。此外，在依照 LoRa 联盟标志使用政策与指导意见的情况下，成功通过联盟认证项目的产品可以在其产品与包装上使用 LoRa 联盟认证标志。

2. LoRaWAN 认证流程

如图 6-25 所示，LoRaWAN 的认证流程如下。

(1) 联系 LoRa 联盟授权测试实验室(ATH)进行询价。

(2) 完成认证调查问卷(LoRa 联盟网站会员区或从 ATH 处)。

(3) 准备认证样品。

(4) 产品必须满足最新的 LoRaWAN 规范与地区性参数文档。

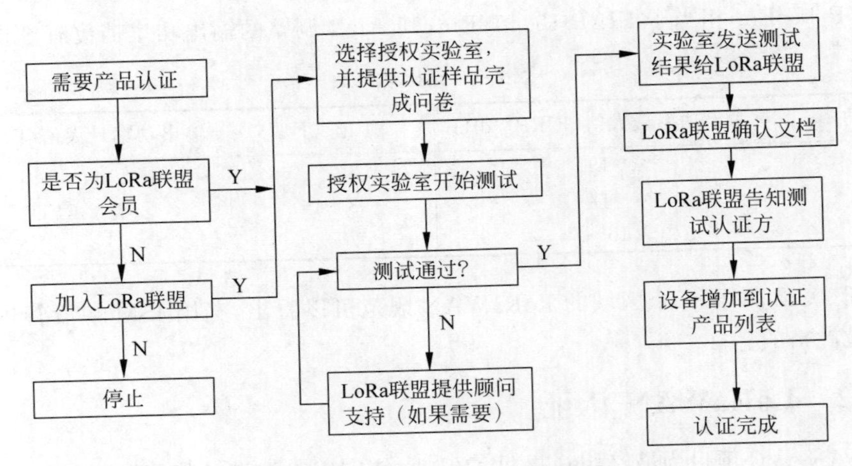

图 6-25 LoRaWAN 认证流程图

(5) 产品必须满足相关区域 LoRa 联盟终端设备认证要求的文件。

(6) 发送你的产品到 ATH,设备应准备好空中激活或已经被独立激活。

(7) ATH 将执行认证测试并把结果提交给厂商和(或)联盟。

(8) 测试通过则将结果提交给厂商或 LoRa 联盟。

(9) LoRa 联盟将审核测试结果并颁发 LoRaWAN Certified 证书。

认证结果和基本产品信息会在 LoRa Alliance 网站上发布。如果需要,可以自定义发布日期以保持与产品发布日期一致。调查问卷中不想展现在网站上的数据可以申请保密。

3. LoRaWAN 认证常见问题

LoRaWAN 认证中的常见问题如下。

1) 为什么要认证我的产品?

答:LoRaWAN 认证可确保任何 LoRaWAN 网络的互操作性和合规性。通过认证来确保终端设备符合 LoRaWAN 协议规范的功能要求。通过认证还使您的产品可以使用 LoRaWAN Certified 徽标。您还将在 LoRa Alliance 网站上收到认证过的产品列表,以及其他 LoRa Alliance 附带中的产品推广。销售到欧美的 LoRaWAN 设备,客户基本都要求通过 LoRaWAN 认证。

2) 为了认证我的产品是否要先成为 LoRaAlliance 会员?

答:是的,设备制造商必须是 LoRa Alliance 的成员才能将其产品提交为 LoRaWAN Certified,并且只有 LoRa Alliance 会员才有权使用 LoRaWAN 认证徽标。

3) 什么样的产品可以进行 LoRaWAN 认证?

答:目前,认证计划适用于以下方面的 A 类设备:

EU 863-870; EU 433; US 902-928; AU 915-928; KR 920-923; AS 923;

网关设备的认证计划尚未开通。不使用上述频段的地区的认证计划正在制定中。如果您对尚未拥有认证计划的设备进行预认证测试,您可以联系 LoRa Alliance 授权的测试服务提供商。

4）LoRaWAN 认证主要测试什么？

答：LoRaWAN 认证测试终端节点功能，它测试节点的 LoRaWAN 协议栈和应用程序是否符合 LoRaWAN 规范。该认证可选择涵盖无线电性能。无线电性能包括辐射功率、无线电灵敏度等。

5）LoRaWAN 认证是否会对法规认证（CE/FCC）有要求？

答：没有要求。法规认证与测试可以在 LoRaWAN 认证测试之前、之后或同时进行。

6.3.3 中国 LoRa 无线电规范

视频讲解

2019 年 11 月 28 日中华人民共和国工业和信息化部（以下简称工信部）公告《微功率短距离无线电发射设备管理要求》。标志着中国针对 LoRa 的无线电管理规范尘埃落定。

经过 2017 年 12 月，工信部无线电管理局发布《微功率短距离无线电发射设备技术要求（征求意见稿）》。到 2018 年 11 月 28 日，事情有了进一步的进展，工信部无线电管理局在认真梳理分析反馈意见建议，并与相关单位协调和沟通基础上，参考微功率短距离无线电发射设备国际使用和管理情况，依据我国无线电管理法律法规和相关行业管理规定，对征求意见稿进行了完善和修改。在工信部和 LoRa 行业生态伙伴的共同努力下历经三年多的权衡和讨论，最终确定下来。

LoRa 属于微功率短距离的第四部分民用计量仪表：

限在建筑楼宇、住宅小区及村庄等小范围内组网应用，任意时刻限单个信道发射。民用计量仪表设备应当具备“发射前搜寻”等干扰规避功能，且不能被用户调整或关闭。若使用频率与当地声音、电视广播电台频率相同时，不得在当地使用；若对当地声音、电视广播接收产生干扰时，应立即停止使用，待消除干扰或调整到无干扰频率后方可重新使用。

（1）使用频率：470～510MHz。

（2）发射功率限值：50mW(E.R.P)。

（3）发射功率谱密度限值：占用带宽小于或等于 200kHz 的，为 50mW/200kHz(E.R.P)。占用带宽 200～500kHz 的，为 10mW/100kHz(E.R.P)。

（4）单次发射持续时间：不超过 1s。

（5）占用带宽：不大于 500kHz。

（6）频率容限：100×10^{-6}。

规范解读：

（1）干扰规避功能。如果使用 LoRaWAN 协议，其上下行通道都是采用 8 路跳频模式，具备干扰规避功能。若使用于单信道应用中，需要软件增加 SX126X 或 SX127X 的 CAD 侦听功能。在发包前，检测是否有干扰在信道中以实现 LBT(Listen Before Talk)。欧洲和日本的设备都有 LBT 的要求。

（2）发射持续时长不超过 1s。LoRaWAN 协议中，原本 SF＝12 参数下的最大包长度为 59B，但是由于新规范要求发射持续时长不超过 1s 的，此时只能发送带有 15B 的短数据包，如表 6-8 所示。同理，SF＝11 由原来 LoRaWAN 协议中最大包长的 59B 变为现在的 46B。其他的扩频因子受影响。

注意： 在实际应用中，应优先遵循当地的政策法规，再遵从行业的协议标准。这个 1s 的限制对于 LoRa 在智慧城市的超远距离应用有一定的影响，但总体来看，影响不大，采用 Relay 的手段可以大幅降低 SF＝12 的使用。

表 6-8　8 路 LoRaWAN 扩频因子与载荷规范表

SF	载荷/B		
	中国 1s 规范限制	LoRaWAN 协议规范限制	最终可选
12	15	59	15
11	46	59	46
10	102	59	59
9	199	123	123
8	255	230	230
7	255	230	230
6	255	255	255
5	255	255	255

小结

本章介绍了多种 LoRa 协议，其中最关键的是 LoRaWAN 协议，也是市场上应用最多的协议。随着多个新的协议出现，也预示着 LoRa 有了新的应用扩展，在这些新的协议中，Relay 协议是其他几个协议的基础技术。通过学习这些协议，在遇到应用时可以触类旁通，创造新的协议才是最重要的目的。说不定不久的将来，LoRaWAN 协议的新一代版本中就有来自你的贡献。LoRa 各地区和行业规范，是一定要严格遵从的。随着 LoRa 应用的扩展，原有协议的局限性就越明显，就好像我们用今天蓝牙 5 的眼光看待蓝牙 2 一样。看到协议的问题，说明技术在进步，下一代的产品会更好，只有掌握好了过去的协议，才能设计出更好的协议，从而带动产业链的产品开发和应用推广。

第 7 章

LoRa 行业及生态

一种无线技术的发展不仅与技术本身相关，而且与整个市场以及行业的推动也有着至关重要的关系。无数优秀的技术和产品由于缺乏生态链的支持，无法形成合力最终黯然退场。LoRa 行业能发展到今天的影响力与 LoRa 联盟的推广有非常重要的关系，也与广大 LoRa 生态伙伴的支持息息相关。

本章首先介绍 LoRa 联盟的发起到最近的现状，让读者了解 LoRa 联盟是如何推动行业发展，以及其在 LoRa 生态圈的影响力；再深入中国 LoRa 产业链的具体情况，根据产业链特点进行分析；最后详细介绍产业链内不同角色的典型企业，让读者了解产业链中的不同公司以及我们最关心的阿里巴巴和腾讯等互联网巨头企业是如何布局 LoRa 市场的。

7.1 LoRa 联盟

视频讲解

2012 年 Semtech 收购一家创业公司 Cycleo，将其专利拥有的一种可以远距离通信的线性调频扩频的物理层调制技术实现到芯片中，并取名 LoRa。Semtech 公司基于 LoRa 技术开发出一整套 LoRa 通信解决方案，包括用于网关和终端上不同款的 LoRa 芯片，开启了 LoRa 芯片产品化之路。

不过，仅有基于 LoRa 调制技术的芯片还远不足以撬动广阔的物联网市场，在此后的发展历程中，Semtech 公司为促进其他公司共同参与到 LoRa 生态中，于 2015 年 3 月联合 Actility、Cisco 和 IBM 等多家厂商共同发起创立 LoRa 联盟，以及推出不断迭代的 LoRaWAN 规范，催生出一个全球数近千家厂商支持的广域组网标准体系，从而形成广泛的产业生态。

LoRa 联盟是一个开放的、非营利性组织，它是由业内领先厂商发起，其目的在于将低功耗广域网络(LPWAN)推向全球，以实现物联网、M2M、智慧城市的应用，联盟成员将通力合作将 LoRaWAN 协议成功推向全球标准。LoRa 联盟成立之初就注重生态系统建设，与产业链各环节企业共同合理推动这一技术的商用。

目前，联盟成员包括跨国电信运营商、设备制造商、系统集成商、传感器厂商、芯片厂商和创新创业企业等。这些成员跨欧洲、北美、亚洲、非洲等地域。LoRa 联盟成员分四类：发起成员（Sponsor Members），贡献成员（Contributor Members），应用成员（Adopter Members），机构成员（Institutional Members）。LoRa 联盟现在有超过 500 会员，是成长最快的全球技术联盟。图 7-1 所示为 LoRa 联盟成员公司 Logo 及分类。

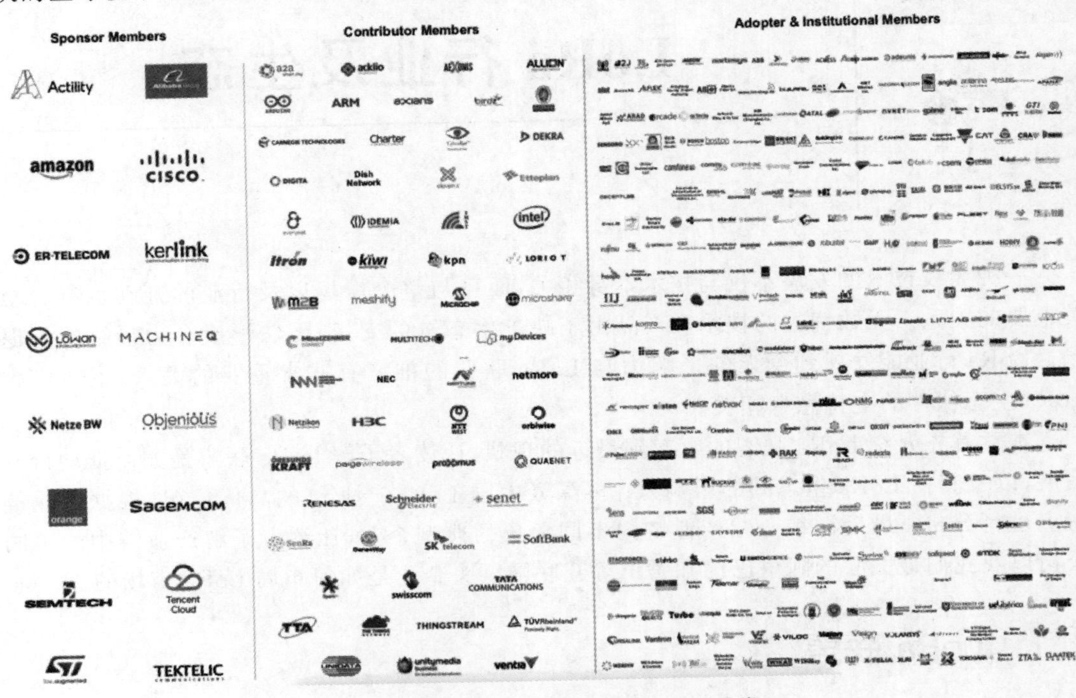

图 7-1 LoRa 联盟成员公司 Logo 及分类

LoRaWAN 发展需要全生态的推动，包括芯片、模组、传感器、网关（基站）、网络服务器和应用服务器等行业公司支持。图 7-2 所示为 LoRa 生态构成。

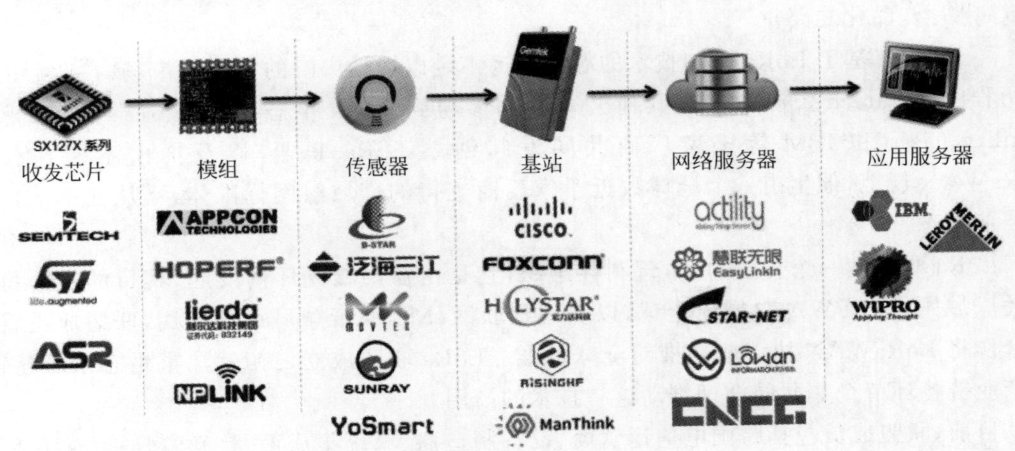

图 7-2 LoRa 生态构成

要实现基于LoRa技术搭建广域网，与现有电信运营商合作是一条捷径，借用电信运营商已有的基站、无线电频谱等资源，能够快速、低成本实现LoRaWAN的广域覆盖和商用。多家跨国电信运营商加盟LoRa联盟，包括：

(1) KPN：荷兰皇家KPN电信集团，是荷兰第一家电信公司，在荷兰、德国、比利时等国拥有移动网络，被评为全球最值得投资的十大电信运营商之一。

(2) Bouygues：法国布依格电信公司，目前已成为法国三大移动网络运营商之一该公司已经推出使用LoRa技术的商用网络。

(3) Swisscom：瑞士电信，是瑞士大型电信运营公司。

(4) Belgacom：比利时最大的电信运营商。

在物联网系统方案领域，有多年物联网系统方案提供经验的厂商也加盟LoRa联盟，典型的厂商包括：

(1) Actility：M2M领域大规模基础设施行业的领导者，基于LoRa技术开发的ThingPark®为新一代标准化M2M通信平台。ThingPark®可提供对源于Actility及其合作伙伴的增值应用的访问。

(2) KERLINK：德国的一家M2M解决方案提供商，不仅提供LoRa基站、网关等设备，更在电力、交通等领域有多年解决方案经验。

在软件领域，IBM作为LoRa联盟的核心创始成员，在LoRa技术上已投入多年，为LoRa商用化提供强大基础研究、软件、云计算、大数据的支撑；另外，如Stream、Insigma等软件类企业也在细分领域以软件能力加速LoRa商用化。

硬件终端厂商非常丰富，有思科、Adeunis等国外公司。当然中国的硬件厂商数量非常多且产品也很有竞争力，如华普微、利尔达等。

多家应用终端厂商也纷纷加入联盟：

(1) HOMERIDER：位于法国，是全球最大无线计量表具供应商，水表、电表、燃气表是其主要产品。

(2) Sagemcom：法国领先的宽带和移动终端供应商，包括适用于M2M的网关产品，已在供水、供电、供气等领域广泛应用。

LoRa联盟建立至今，其市场影响力逐步增强，Wi-Fi联盟与LoRa联盟也签署了合作协议，一同扩展物联网的新应用。从现在的市场影响力角度看，LoRa联盟全力推广的LoRaWAN已经成为全球物联网的事实标准。

7.2 中国LoRa产业链分析

视频讲解

相比于其他多数的无线通信技术，LoRa技术除了技术层面上的优势，丰富健康的产业生态也是其优势之一，尤其是产业链中下游有大量的企业加入。

LoRa自2013年进入中国市场，目前LoRa产业生态已覆盖了大中小微型的企业，形成了一个从 LoRa 芯片、模组、网关、终端、平台、系统集成商到解决方案提供商以及互联网企业、电信运营商等共同参与的格局。

7.2.1 中国 LoRa 产业链现状介绍

1. 产业链概况

1）产业链企业数量及组成结构

总体来看，这几年 LoRa 在国内的发展速度很快，加入产业链的企业数量逐年上涨。截至目前，LoRa 产业链上的企业已经近 1500 家。图 7-3 是这几年中国 LoRa 企业的增长情况。

图 7-3 中国 LoRa 企业数量走势图（来源：物联传媒）

2）产业链特点

纵观这几年 LoRa 产业的发展，呈现出了如下三大特点：

（1）LoRa 产业生态圈组成多元化，生态日益强大。行业头部玩家，如互联网巨头、电信运营商等的加入对于整个生态链的扩大发挥了极其重要的作用，使得生态发展更为迅速，促进 LoRa 在各行业应用的落地。

（2）LoRa 应用场景多样化，应用拓展至更多细分领域。业界早期有一种说法："LoRa 是为表计而生的技术"。的确，在 LoRa 发展的早期阶段，主要的应用领域是集中在水表、燃气表、电表等抄表类应用。但是近几年，LoRa 的"势力"也伸向智慧城市、智慧农业、智慧安防、消防烟感、智能家居等众多的应用领域，形成了成百上千的落地案例。"LoRa 是物联网的 DNA"这个观念深入人心。

（3）LoRa 产业生态更加开放化，芯片和平台两个环节最为突出。芯片方面，LoRa 芯片垄断性一直被视为是制约 LoRa 在中国快速发展的重要原因，对整个产业的发展而言是一个不好的兆头。基于此，LoRa 芯片制造商也开启了芯片知识产权授权之路。平台方面，平台级的厂商也努力推进产业链的开放进程。一些 IoT 平台开始向第三方网关和接入网开放，更多的网关、模组、传感器可以快速接入形成规模化。

2. 产业链上游

LoRa 芯片是整个 LoRa 产业链的起点和核心。纵观整个产业链，芯片是整个链条上门槛最高的环节，需要企业在芯片及通信系统方面有强大的技术背景及积累，再加上避开技术专利困难重重等原因，LoRa 芯片底层技术的核心专利掌握在 Semtech 公司手里。

但是目前企业可通过 Semtech 授权进行 LoRa SoC(System on Chip)芯片开发或者直接采用 Semtech 晶圆做 SIP(System In a Package)级芯片开发。LoRa 芯片的授权分为两种形式，一种是 LoRa IP 授权，全球仅有两家获得 LoRa 的知识产权授权；另一种是通过获取 Semtech LoRa 晶圆的方式推出 SIP 级芯片或模块。

随着企业级应用市场开拓难度的增大，从芯片厂商这个环节开始就为开拓新的应用领域而努力，在不断迭代产品的同时，面向消费级市场推出适合全新应用领域的新款芯片产品(砍掉芯片部分功能，比如超远距离、低功率的特点，以便降低成本)。

3. 产业链中游

LoRa 产业链中游主要由模组、网关、平台等厂商组成。随着 LoRa 产业的发展，原本每个细分业务已经没有明确的边界，一家 LoRa 企业可能同时承担整个产业链中游上多个业务类型，甚至也会涉及下游相关业务。

相比产业链上游，这个环节进入门槛相对低一点，但是这个环节在技术及市场两个层面起着重要的承上启下的作用，一方面经过该环节实现了将 LoRa 技术从芯片完善成产品与方案，另一方面需要深入理解各个细分应用领域，以便更好地满足客户的需求。

模组方面：这是一个竞争最为激烈、价格战最为明显、进入门槛较低的环节。区分 LoRa 模组有不同的方法：从协议角度区分，可分为 LoRa 模组及 LoRaWAN 模组；从功能方面区分，可分为纯数据模组及自带数据处理功能的模组。市面上，纯数据 LoRa 模组的应用更多。图 7-4 所示为 LoRa 各类型模组应用量占比。

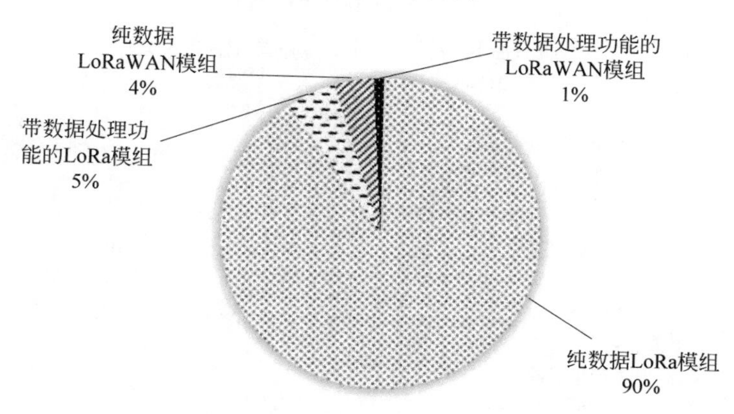

图 7-4 LoRa 各类型模组应用量占比(来源：物联传媒)

网关方面：区分 LoRa 网关同样也有不同的方法。从协议角度区分：可分为 LoRa 私有协议网关及 LoRaWAN 网关；从通道数区分：可分为 8 通道、16 通道及 64 通道网关。市面上，LoRaWAN、8 通道网关应用居多。

4. 产业链下游

LoRa 产业链的下游指的是 LoRa 技术方案的终端厂商、集成商及最终用户。

(1) 终端方面。就终端这个环节来讲，无论是涉及哪个应用领域(三表、路灯、井盖、垃圾桶等)，基本都是传统行业企业，LoRa 对于它们来说是一项新技术。就整个行业来看，现有的应用终端类型还不够丰富，无法完全满足市场需求。

(2) 集成商方面。目前做 LoRa 方案的集成商发展还处于比较早期阶段，暂未形成行业寡头的形势，仍然比较零散。不过集成商是未来技术供应商与最终用户的一个必不可少的中间环节，因为要承接政府或国企项目，需要一定的资质以及商业关系，这些是多数技术供应商所难以具备的能力。因此，集成商的作用在未来的应用中也将会扮演越来越重要的角色。

(3) 最终用户方面。目前 LoRa 技术的应用可分为企业级应用方向及消费级应用方向两大应用方向。其中，前者在政府支持、产业链企业积极推动的前提下，相关领域的应用已经相对成熟，其主要应用领域包括智慧城市、智慧社区、智慧表计等。而后者则是一个刚要开拓的市场，至今已经逐步进入智能家居、手机、对讲、飞控、音视频远传等应用领域。

7.2.2 中国 LoRa 产业链特点分析

1. 产业链企业分类分析

正如上节所提，截至目前，国内 LoRa 产业链上的企业已经近 1500 家。而这些企业大体可以划分成 LoRa 初创新型企业、硬件终端厂商、系统集成商、互联网企业等，各类企业的比例见图 7-5。

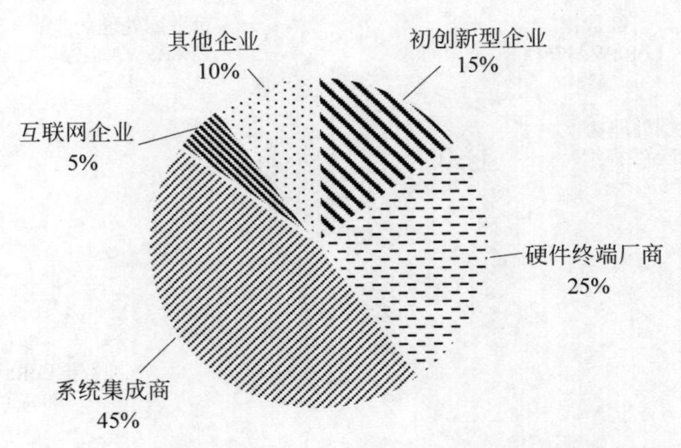

图 7-5 LoRa 产业链企业组成占比情况(来源：物联传媒)

目前,LoRa 产业链上的企业具有如下几个特征:

(1) 成立时间短,这一点从图 7-3 也可以看出,LoRa 产业链上的企业数量在近两年增长迅速。

(2) LoRa 企业/团队的研发人员占比大部分为 60%~70%,少数以模组销售为主的企业占比较低,在 30%以上。

(3) 80%以上的企业直接拥有海外业务,其余 20%企业也有少部分间接涉及海外业务。

(4) 在地域分布方面,接近 90%的 LoRa 企业分布在华南、华东及华北三个地区,尤其是以长三角、珠三角、京津冀为核心辐射到周边地区。LoRa 企业地域分布比例如图 7-6 所示。

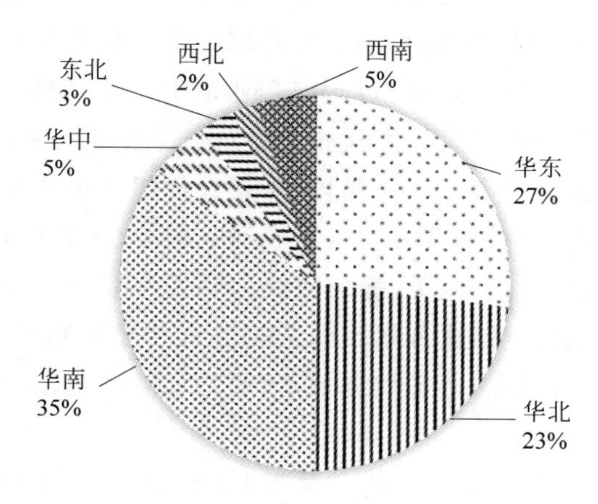

图 7-6 LoRa 企业地域分布比例(来源:物联传媒)

2. 产业链丰富度分析

在 LoRa 技术进入中国市场的这几年中,加入该产业链的企业逐年增多,其产业链企业的丰富度也随着行业的发展逐渐上升,这一点可以从纵向和横向两个维度来分析。

1) 纵向

产业链每个环节的企业数量不断增多:

- 上游芯片环节由 Semtech 公司独家垄断,到现在通过知识产权/晶圆授权发展了多家 LoRa 芯片企业。
- 模组环节由于进入门槛相对较低也涌入不少的企业。
- 随着 LoRa 技术应用到更多的细分行业中,终端及应用方面的企业数量也得到了迅速增长。
- 而在网关及平台两个环节,由于进入门槛相对高于模组,因此这类企业数量的增长不如模组企业。

2) 横向

LoRa 的应用领域越来越多。从一开始主要集中在智慧表计、智慧社区、智慧消防等部分应用领域，拓展至智慧物流、智慧楼宇、智能家居、环境监测、智慧农业、人员/资产定位等多种多样的细分领域。应用领域越多也意味着有更多的企业涌入 LoRa 产业链。

7.2.3 中国 LoRa 产业链发展趋势分析

基于前面对于 LoRa 产业链的梳理，对于中国 LoRa 产业链的发展趋势从产业链层面、生态企业层面、应用层面、产品层面、技术层面做了以下几点总结。

(1) 中国 LoRa 产业链会朝着产业化、标准化的方向发展。通过企业主导需求、为客户提供建议的方式，有利于物联网相关产品实现标准化。定制化方案虽有市场前景，但相对来说只是一个小众市场，且就目前的发展情况看来，接受度还不够，仍需一定的市场培育。所以由 LoRa 联盟主导的物联网标准 LoRaWAN 协议的普及是大势所趋。

(2) 国内 LoRa 企业趋于全产业链布局，向产业链上下游延伸发展、整合的趋势日益明显，希望通过整合全产业链资源以强化盈利能力和对资源要素的控制能力，以此发挥各产业环节的协同效应、增强市场竞争力。这一趋势，尤其在模组方面更加突出，因为模组的附加值比较低，对于一个小企业来说，只有将模组集成到终端中，才能提高其附加值。大量 LoRa 企业的发展路径将从单纯做模组、网关(通信协议)，到做终端产品、网络服务，再到提供完整的行业解决方案，甚至是提供定制化方案。而企业的这种发展路径一定程度上是市场导向的结果，市场先有对新的通信解决方案的需求，转向对具体终端、应用的需求，最后转到对定制化服务的需求。

(3) 企业开始专注于特定领域的发展。对于 LoRa 企业来说，“广撒网”的策略行不通，产业链上的企业开始慢慢回归理性，利用企业自身优势去聚焦某些细分行业，把行业做深。事实上，两年前一些方案厂商就已经意识到专注于特定领域的重要性，接下来整个 LoRa 产业链会以最短的时间沉淀出专业性高、对行业应用有深入理解的企业。

(4) LoRa 产品的组合化应用。虽说 LoRa 产品的丰富性仍然赶不上高速增长的市场需求，但经过多年的努力，LoRa 生态中已经出现了一大批稳定可靠、多样的 LoRa 产品。可以通过组合的形式提供一个服务包给客户，这样的形式一定程度上能够帮助 LoRa 实现真正的落地，尤其适用于开拓新的市场。

消费级物联网/室内应用场景会是未来 3 年 LoRa 发展的方向，其庞大的接入节点，或将是下一个有爆发可能的 LoRa 应用领域。

视频讲解

7.2.4 中国 LoRa 技术应用介绍

1. 应用概况

关于 LoRa 技术的应用情况，可以从以下几组来自物联传媒调研报告的相关数据去理解。

(1) 网络建设方面。根据国际 LoRa 联盟(LoRa Alliance)官网的信息，目前全球约有 100 多家网络运营商在超过 100 个国家进行了 LoRa 网络的部署。在中国市场上，杭州、宁波、贵州、上海、深圳、广州、北京、南京、苏州、武汉和内蒙古等地某些区域 LoRaWAN 网络已经开始部署。

(2) 终端节点方面。2019 年,在全球范围内部署的、用于专用网络和公用网络的基于 LoRa 的终端节点数量已累计超过 1 亿个;国内市场占 40%～50%,这意味着在国内市场上网终端节点累计约有 5000 万个。

(3) 网关方面。2018 年初,在全球范围内部署的基于 LoRa 的网关数量超过 7 万个,2019 年,该数量达到 20 万个,可以提供可支持 10 亿个以上终端节点的能力。相比终端节点国内外市场占比,网关的占比更高,约为 80%,因此在中国这个市场上网关约有 16 万个,可支持 8 亿个的终端节点接入。

2. 企业级应用领域分析

在前面的章节中我们了解到,LoRa 应用的领域非常多。以下内容将对 LoRa 技术具有优势的应用场景体量进行分析。

在 LoRa 技术的众多应用领域中,如图 7-7 所示,表计领域的产品占所有 LoRa 产品的 70%,其应用量级与其他领域的应用量级相比差距巨大。除智能表计以外,LoRa 技术在国内其他应用领域有智慧楼宇、智慧酒店、智慧园区、安全、智慧城市、农业、环境监测等。未来,如果消费级领域得到成功开拓,则目前的出货领域结构将会发生较大的变化。

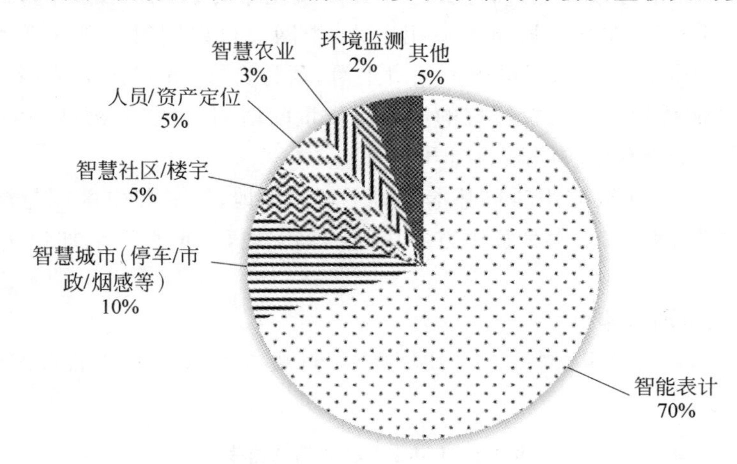

图 7-7 LoRa 细分领域应用分布情况占比(来源:物联传媒)

7.2.5 中国 LoRa 行业市场情况

1. 出货情况介绍

LoRa 产品的出货量无法像消费类应用一样大规模爆发,从芯片出货量看,LoRa 芯片目前全球市场出货量超过 1 亿颗,国内市场约占 50%。如图 7-8 所示,中国芯片的出货量一直保持 40%～50%的高速增长。这也是物联网的特点,保持高速增长,持续长期发力,生命周期较长。

图 7-8　2017—2023 年终端节点芯片及网关芯片出货量情况预估(来源：物联传媒)

数据说明由于功能方面的差异,终端及网关对于芯片有不同的需求,因此 LoRa 芯片可分为终端节点芯片及网关芯片。市面上,两者的出货量数量级差异较大,终端节点芯片近两年的出货量均保持在千万级以上,而网关芯片最多就是十万级别的出货量。主要是因为网关芯片的信道容量很大,在智慧城市等应用中,一个网关可以同时管理上千个 LoRa 终端。2017—2019 年,LoRa 芯片的出货量增长相对平滑,预计自 2020 年开始,随着室内消费级应用的拓展,以及其他得到知识产权授权的厂商出货量的增加,再加上物联网渐入佳境,LoRa 芯片出货量的增长率会有比较明显的提升。

目前国内 LoRa 企业级应用项目基本覆盖了全国各地,主要集中区域是珠三角、长三角及京津冀地区,华东、华北、华南是解决方案厂商的集中地,一定程度上加快了 LoRa 应用在这些区域的落地。

2. LoRa 行业市场价格分析

在国内 LoRa 芯片、模组、网关、核心网、终端、解决方案这六种产品形态的价格进行了调研,如表 7-1 所示。

表 7-1　LoRa 生态产品总结表

产业链环节	价格现状	未来趋势	原　因	市场透明度
芯片	当前 LoRa 芯片售价在 1.5 美元左右,与采购量级相关	持续降低	产业成熟度进一步提高,新的竞争者入局,随着新的应用领域的开发出货量得到增长等都将进一步推动芯片价格的降低,预计未来将降至 1 美元	高

续表

产业链环节	价格现状	未来趋势	原因	市场透明度
模组	模组的价格可总结为以下两点： 1. LoRa 模组的售价跨度比较大，售价主要介于 20～30 元/片之间，特殊情况下会跳出该价格区间，如不带协议的模组可低于 20 元/片或者某些厂商针对特定领域推出模组售价甚至可能高于 40 元/片； 2. LoRaWAN 模组售价范围为 30～35 元/片	价格会持续往下滑，这是不可阻挡的趋势	1. 同质化现象严重； 2. 市场发展相对成熟，成本与售价也会更加实在一点	高
网关	网关的价格可以总结为以下几点： 1. 总体上 LoRaWAN 网关价格高于 LoRa 网关，但市面上后者仅占极少数； 2. 价格跨度较大，几百元到几千元不等，部分性能高的网关售价甚至可超过 1 万； 3. 室外网关价格相对分散，但主要分布在 6000～8000 元之间； 4. 室内网关价格集中度相对较高，主要为 1000～3000 元； 5. 家庭应用场景下，厂商已推出 200 元以内的网关	持续降低，但下降速度低于模组下降速度，相比对价格的关注度，客户会更加注重产品性能	网关功能、架构、工艺等各方面的差异化比较大，直接导致网关价格跨度大。从协议这个维度看，LoRaWAN 网关及 LoRa 网关的售价差异主要受网关主控的复杂程度影响；从网关应用场景这个维度看，室外的网关在性能上要求比较高，需要实现诸如防雷、防水、增加 4G 通信等各方面的要求	较低，基于解决方案与模组之间
终端	价格差异较大。 常规终端，如烟感、门磁等出货量比较大的终端价格相对较低；特殊应用场景下使用的终端，如隧道，水务监测等应用终端价格高	持续降低，但相比模组的下降情况会缓慢一些	特殊应用场景的终端，因为需求少，提高单个产品的利润	一般
解决方案	差异较大	持续降低，但相比模组的下降情况会缓慢一些	企业一般会基于现有技术方案做一些拓展、延伸，同质化的现场不像模组那么严重，因此仍然能够保持一个相对较好的趋势往前发展	低

7.3 国内生态链企业分析

在前面的几节,我们知道只有完整的生态系统才可以推动行业发展。在中国整个LoRa的生态各环境都有大量企业支持,包括LoRa核心硬件的芯片、模组、传感器终端、网关,以及提供平台服务的网络服务商,还有许多外围伙伴,如天线和测试设备供应商等。

视频讲解

7.3.1 LoRa核心硬件分析

LoRa的核心硬件包括芯片、模组、终端设备、网关(基站),这些都是一个LoRa项目中的必备组成部分。

1. LoRa芯片厂商

1) SoC芯片厂商

前面几节已经介绍了目前企业可通过Semtech授权进行LoRa芯片开发或者直接采用Semtech晶圆做SIP级芯片开发。截至2020年初,全球只有意法半导体(ST)和阿里云IoT两家公司拿到了芯片授权,其中阿里云IoT将LoRa芯片委托翱捷科技ASR实现。Semtech公司至今只授权了一款芯片SX1262给上述两家公司,并没有授权网关芯片和其他系列芯片。其中ST公司经过多年技术开发,其LoRa产品于2020年初发布;翱捷科技由于拿到IP授权较晚,于2020年下半年发布其LoRa芯片。

Semtech公司的终端节点芯片只是一个单纯的射频收发芯片,并不具有MCU的主控功能,使用时必须配合MCU主控才可以工作。产品定位主要突出LoRa的特性,客户可以根据应用的不同选择合适的MCU,由于市场上的MCU种类非常齐全,Semtech公司只需要完善几种LoRa射频收发芯片就足以支持绝大多数的LoRa应用。SoC(System on Chip这里指MCU+LoRa)芯片的定义则不同,需要针对多个场景定义不同的存储配置等,由于物联网的应用是多样性的,其存储配置要求千差万别,SoC的产品定义就复杂很多。

Semtech公司的优势是LoRa芯片,就利用其特长把LoRa芯片做好。针对小型化一体化的需求,把这个重任交给了知识产权授权的两家公司。针对不同的市场定位,ST公司和ASR公司的芯片都会采用SoC的形式。ST公司的低功耗MCU在全球物联网领域具有统治地位,且一直致力于物联网SoC领域发展。ASR公司是中国半导体公司中的后起之秀,具有大量的资金支持和几百位优秀的半导体工程师,同时背靠阿里巴巴,针对国内物联网市场设计自身的SoC。ASR坚信他们最懂中国LoRa市场,可以设计出最符合中国需求的LoRa SoC。

图7-9所示为ST公司的LoRa芯片STM32WL框架图。这是一个资源丰富、功能强大的SoC,采用Arm Cortex-M4为核心,支持最大256KB Flash存储和最大64KB的SRAM;同时支持LoRa、(G)FSK、(G)MSK、BPSK四种调制方式;其安全加密也进行了升级,提供256位AES/PKA。

ST公司为了差异化定价和考虑成本,根据Flash和RAM大小不同制定了3种型号,

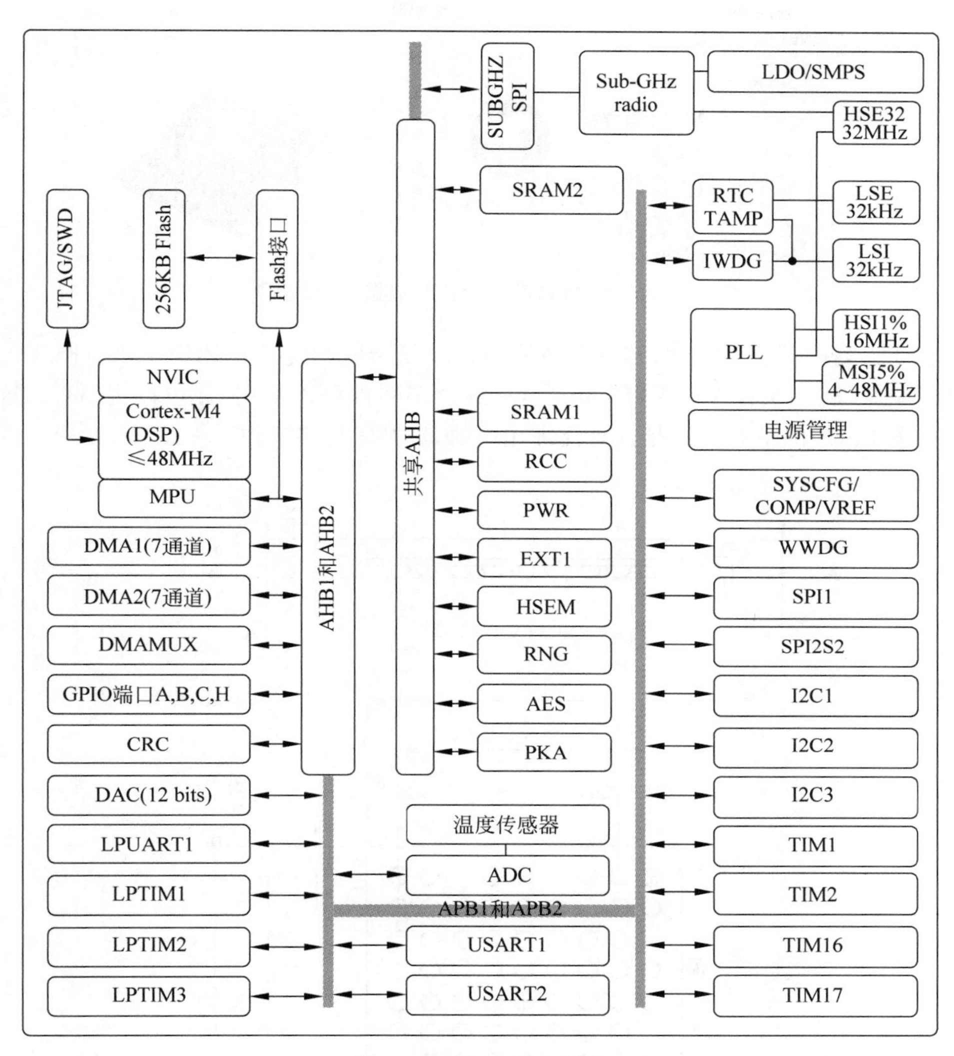

图 7-9 STM32WL 框图

如图 7-10 所示，分别为 STM32WLE5JC、STM32WLE5JB、STM32WLE5J8，对应的 Flash/RAM 大小分别为 256KB/64KB，128KB/48KB，64KB/20KB。运行 LoRaWAN 协议的终端建议选择 STM32WLE5JC、STM32WLE5JB，低成本私有协议终端建议选择 STM32WLE5J8。

如图 7-11(a)所示，ST 公司的这颗 LoRa 的 SoC 采用 5×5 的 UFBGA 封装；如图 7-11(b)所示，Semtech 公司的 SX1262 芯片的封装是 4mm×4mm QFN 封装。ST 的芯片在增加如此多功能和配置后，其芯片边长只增加了 1mm，ST 公司芯片开发能力可见一斑。

STM32WL 这款芯片可以说是一款集成度非常高的芯片。其优点不言而喻，首先整个电路占用 PCB 的面积减小 50%以上。尤其是在智能家居等小型化应用中，原来无法解决的尺寸问题得到解决；其次是芯片管理上，由于采用 SoC 模式，原有 MCU 对 LoRa 芯片的

图 7-10 STM32WL 轮廓图(数据手册截图)

控制部分变为其内部控制管理,其指令精简和管理复杂度的优势也体现出来。同样外围器件也可以减少很多(原有 MCU 和 LoRa 芯片的许多器件可以复用)。可以说 ST 的这款芯片对于中国 LoRa 的生态发展是具有促进作用的,填补了许多空白。

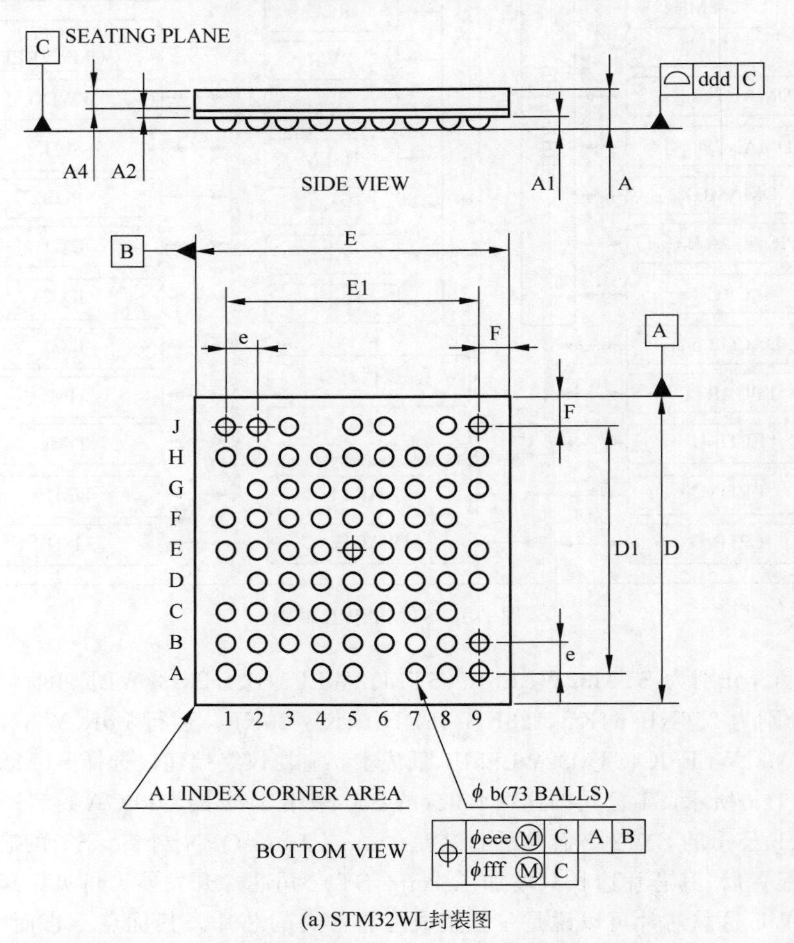

(a) STM32WL封装图

图 7-11 STM32WL 与 SX1262 封装对比图

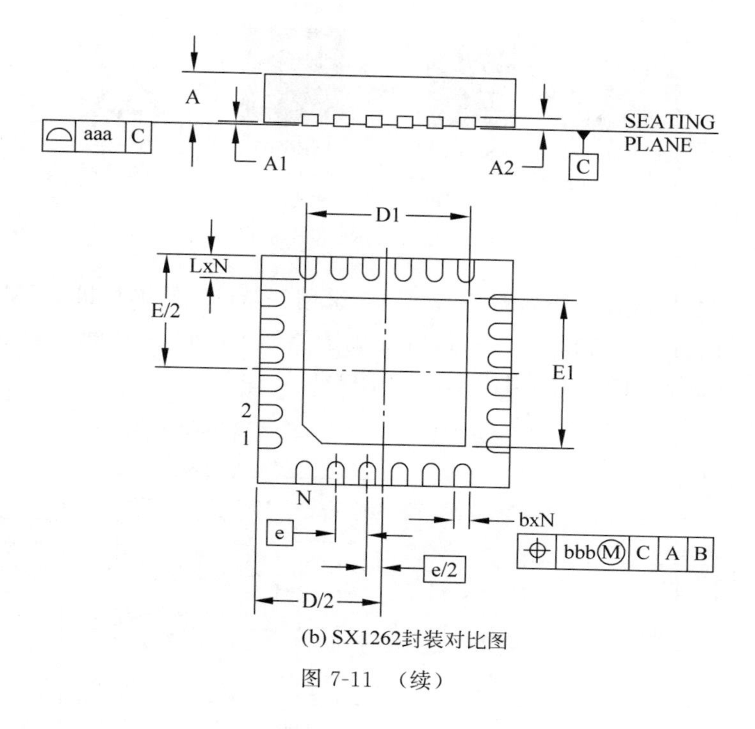

(b) SX1262封装对比图

图 7-11 （续）

2）SIP 芯片厂商

SoC 的另外一种实现方式，是将 MCU 和 LoRa 芯片的裸片封装在同一个芯片外壳内。从外部看就是一颗芯片，这种技术叫作 SIP 封装技术。SIP 封装（System in a Package，系统级封装）是将多种功能芯片，包括处理器、存储器等功能芯片集成在一个封装内，从而实现一个基本完整的功能，与 SoC（System on a Chip，系统级芯片）相对应。它们的不同点在于 SIP 是多个晶圆采用并排或堆叠的方式封装成的芯片，而 SoC 则是高度集成的单晶圆芯片产品。

虽然 SIP 的方法不如标准 SoC 的方案集成度高，但是依然可以达到小型化、安全性等目的，且投入远远小于动辄需要几百万美元开发费用的 SoC。中国市场的各种订制需求：比如有的客户需要保护自己的协议或算法，封装 MCU 和加密芯片在 SIP 中；又如有的客户把整个电路器件都封装在 SIP 中来实现尺寸的最小化（采用全器件 SIP 方案的尺寸要小于 STM32WL 和外围电路板的尺寸），针对这些需求使用 SIP 芯片是一种高性价比的解决方案。

ASR 公司拿到 LoRa 授权后，在大力研发设计 SoC 的同时也在开发 SIP。一款芯片设计一般需要 18 个月，在 LoRa 高速发展时期，对于 ASR 公司来讲时间的确有点长。因此，ASR 公司在开发 SoC 的同时为了同步打开市场，开发了多款 SIP 产品，当自己的 SoC 完成后可以直接替换。图 7-12 所示为 ASR 公司多款 SIP 产品 ASR650X 系列。

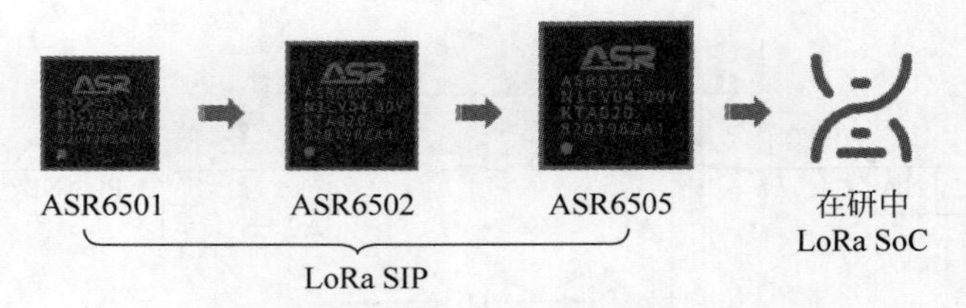

图 7-12 ASR LoRa 芯片家族图

其 ASR6505 芯片内部结构如图 7-13 所示，采用一款 ST 的单片机 STM8L152 裸片和 SX1262 的裸片封装在同一颗芯片内。这就变成了类似 STM32WL 的一颗 SIP 芯片，其内部配置为 64KB Flash、4KB SRAM，2KB E^2PROM。

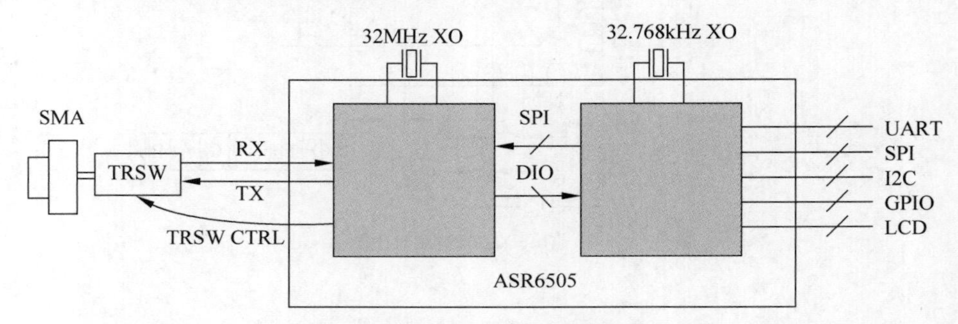

图 7-13 ASR6505 电路框图

从外观看，并不能区分是一颗 SoC 还是 SIP 芯片。从用户的角度来看，不在乎是 SoC 还是 SIP，而主要关心的是其内置、性能以及价格。

来自中国台湾省的群登公司同样采用 SIP 的方式，提供了多款无须外围器件的 LoRa 芯片，如图 7-14 所示。一个 LoRa 模组所需要的所有外围器件都在芯片中，除了 MCU 和 LoRa 射频收发芯片外，还包含两颗晶振，以及射频开关和阻容器件等。这颗 S76G 芯片内部集成了 GNSS 卫星定位芯片。从外部看这就是一颗带有定位功能的 LoRa 芯片了。

群登公司有多款 LoRa SIP 产品，如根据不同工作频率范围（中国、欧美），或是否带有定位功能分类。如图 7-15 所示，其中 S76S 是这款 SIP 产品与市场上常用的 SX1276 芯片开发的 LoRa 模组功能完全相同，且尺寸非常小。当然 SIP 的成本是要远高于 PCB 成本的，其灵活度对比 SoC 虽然高，但是对比传统的 LoRa 模组开发成本高几十倍。

2. 模组厂商

先做一个 LoRa 模组定义，其内部不带有解决方案的终端硬件最小系统称之为 LoRa 模组。在 LoRa 中国市场的生态中，最活跃且数量最多的是模组厂商，甚至可以在淘宝上买到多家模组厂商的产品。图 7-16 为淘宝上的 LoRa 卖家和产品。由于国内早期有大量的模组厂商（GPRS 模组、小无线模组供应商），当其发现 LoRa 模组有需求后就蜂拥而至。他们的产品也都是大同小异，尤其是数传模组，只有一颗 LoRa 芯片和一些外围器件，竞争非常激烈。LoRaWAN 模组的门槛虽然略高，但同样竞争激烈。

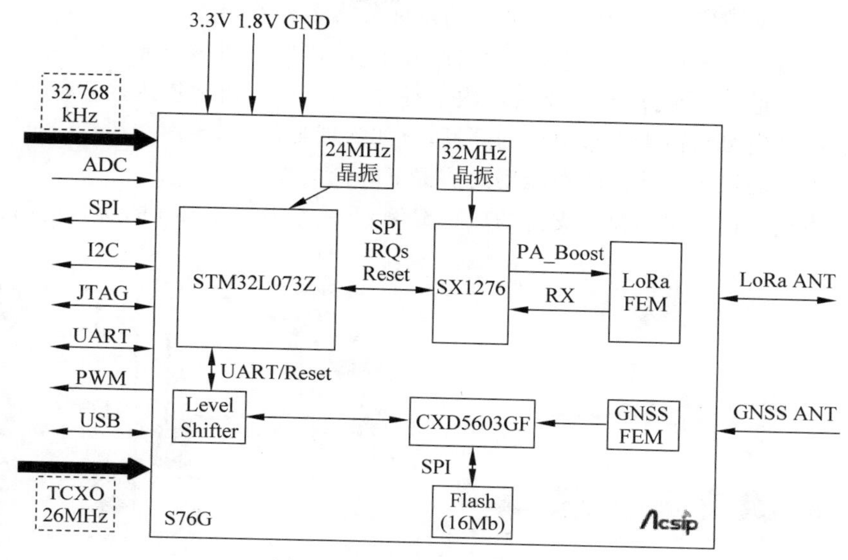

图 7-14　群登 S76G 电路框图

图 7-15　群登 LoRa 芯片家族图

图 7-16　淘宝 LoRa 卖家和产品

在传统的 LoRa 模组生态中，各家公司的发展策略多有不同。

- 有的公司一心一意把模组做好，卖向海外市场，比如深圳华普微。
- 有的公司把产品系列丰富，支持国内多种客户，比如杭州利尔达。
- 有的通过模组的销售带来项目的开发，比如深圳唯传。
- 当然也有的想尽一切办法在能用的前提下降低成本。

图 7-17 为利尔达公司的模组支持的成功案例，几乎涉及了 LoRa 的所有应用方案。

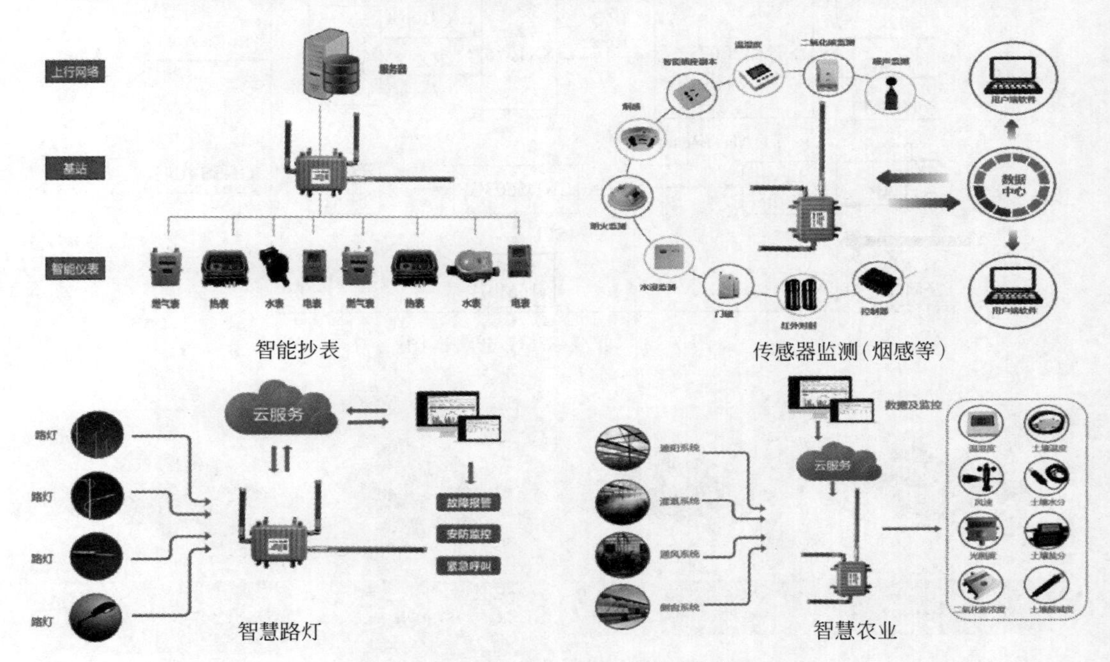

图 7-17 利尔达 LoRa 模组及案例

利尔达公司根据 LoRa 的最终需求反向定义模组，从而可以支持更多的客户。当积累到了一定阶段后，其模组的种类会增多，从而覆盖绝大多数的 LoRa 应用，相当于变成了一个“百货商店”。LoRa 客户的需求多种多样，只要有 LoRa 需求，都可以去“百货商店”逛一逛。

3. 终端厂商和网关厂商

终端厂商和网关厂商的产品差异化相对模组厂商大幅提高，其同质化竞争也没有那么激烈。这些厂商中有一些过去就是从事物联网终端的，只是通信方式现在改换成了 LoRa；有的曾经做集成项目的公司，根据自己的需求而定制 LoRa 产品；不过大多数都是新成立的看好 LoRa 发展的创业公司。

针对开发者最友好的 LoRa 开发者终端或网关公司有 Seeed 和 RAK。图 7-18 为 Seeed 公司的树莓派开发套件。

图 7-19 所示为擅长电力领域的 LoRa 公司杭州罗万的产品。LoRa 公司根据电网管理应用，开发了大量的 LoRa 网关和终端设备，其网络覆盖了多个地区。

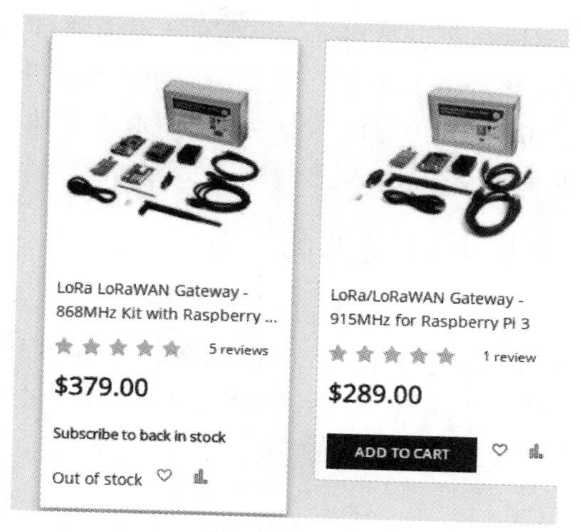

图 7-18 Seeed 公司的树莓派开发套件

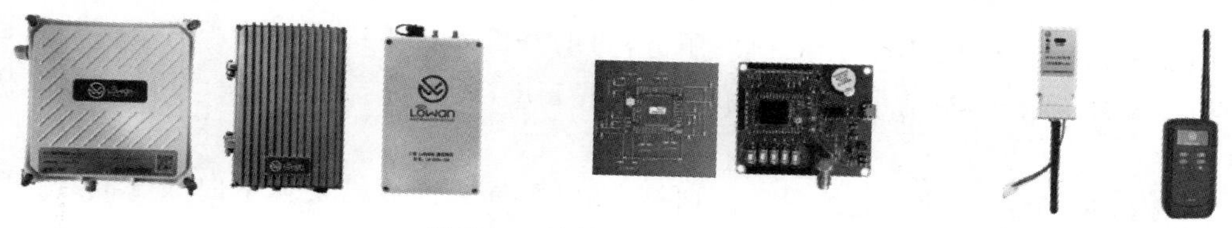

图 7-19 杭州罗万 LoRa 产品

图 7-20 所示为具有 12 大类上百种 LoRa 终端设备的北京博大光通公司的产品目录。该公司针对智慧城市应用开发大量的 LoRa 终端设备和网关。在遇到智慧城市项目时，可

图 7-20 博大光通公司产品目录

以从容应对各种需求。其实该公司也是在过去多年的 LoRa 项目和产品开发中不断积累，才有了今天这样品种繁多的产品，同时积累了大量的应用和解决方案经验。

总的来说，LoRa 的这些硬件公司都在一步一个脚印地提升和扩展自己的技术和产品，支持更多的客户和应用，从而推动 LoRa 生态的高速发展。

视频讲解

7.3.2 应用方案及平台提供商

1. 大型平台公司

国内有多家知名企业，希望能够通过 LoRa 的机会进入 LPWAN 市场，甚至有成为运营商的构想。例如，腾讯、阿里巴巴、新华三、中国铁塔、中国广电等企业都做了大量的尝试，其中最主要的要数阿里云和腾讯云的 LoRa 推广。

1）腾讯云

2018 年，腾讯宣布在最高层面加入了 LoRa 联盟，并将支持 LoRaWAN 生态系统的进一步发展。2019 年，腾讯联合唯传科技成立合资公司腾传，该合资公司主要是配合腾讯的物联网业务需求，为腾讯提供产品研发服务，协助腾讯完成签约项目的产品交付及项目供应。通过该合资公司，目前市面上已有贴着腾讯 Logo 的产品，包括终端、基站、模组、接入平台等。

腾讯 LoRa 网络目前已连续覆盖深圳核心城区，局部区域已实现室内深度覆盖。后续将逐步扩大到其他城市或区域。深圳南山、龙岗两区覆盖完成，覆盖规划指标为上行 SF10，95%覆盖率，并且已经开放终端和网关接入。

腾讯是国内最早的 LoRa 城域网络运营商之一：

- 覆盖深圳南山、龙岗两区，共计 571.5km^2；
- 建设网关近千个；
- 稳定运行超一年；
- 已规模化商用。

腾讯云不仅架设运营商网络，还推出了 IoT 接入网络管理平台（LoRa NS），如图 7-21 所示，其 NS 平台支持超过亿级的节点接入，且稳定可靠，达到 99.99%可用性。

2）阿里云

阿里巴巴从 2018 年就开始在 LoRa 领域投入重兵，推出了包括达尔文计划、天空物联网等 LoRa 项目。2018 年，LoRa 正在开启 1.0 时代。2019 年，阿里云提出将进入“LoRa2.0 时代”，继续加大在 LoRa 芯片、知识产权、支撑平台上的投入，同时未来还将全力打造百亿级 LoRa 连接，尽快实现 LoRa 的全面普及。图 7-22 所示为阿里巴巴云栖大会时的 LoRa 飞艇。

目前，阿里关于 LoRa 的布局主要有以下三个方面。

（1）阿里获得 Semtech 的 LoRa 芯片的知识产权授权，在此基础上联合翱捷科技开发 LoRa 芯片。

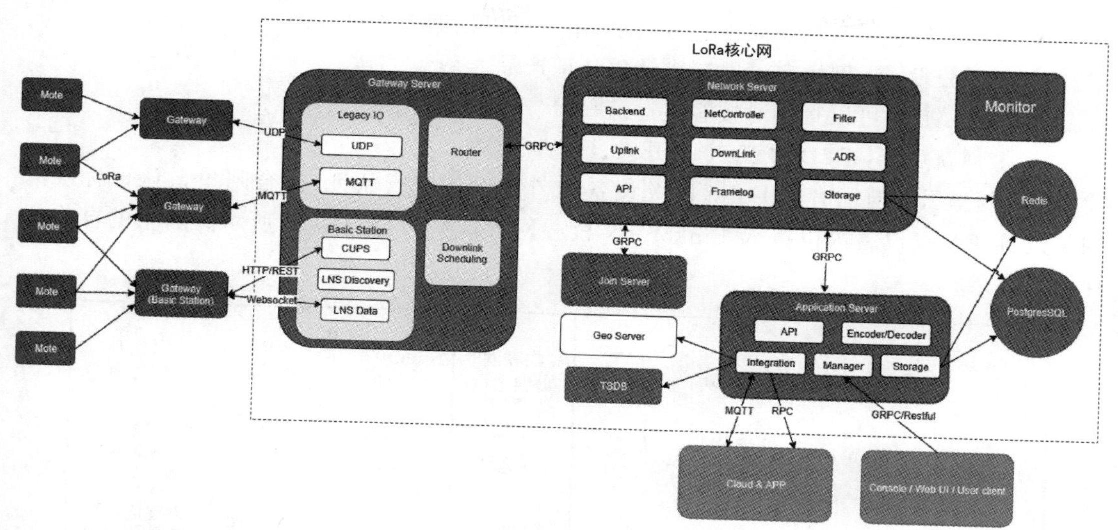

图 7-21 腾讯 LoRa 核心网框架

(2) 阿里云开发 LinkWAN 核心网管理平台。该平台是对整个 LoRa 的网关和节点设备进行有效管理的核心网平台。如图 7-23 所示为 Alibaba 的 LinkWAN 服务。该平台具有如下特点：

图 7-22 Alibaba 天空物联网飞艇

- 海量接入：可以应对亿级终端接入和百万终端并发的场景。

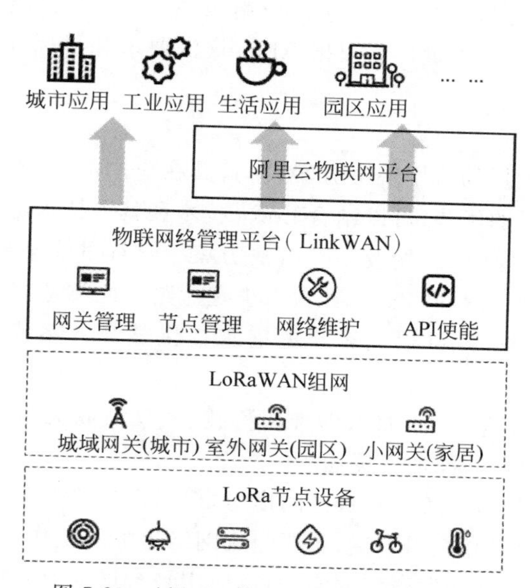

图 7-23 Alibaba 的 LinkWAN 服务平台

- 按需组网：入网只需三步非常简单，用户可以根据需求自组网。
- 凭证分发：入网用户可以二次销售认证产品。
- 平台 API：可以直接对接客户运营平台。
- 多种新功能：D2D 协议、空中升级、OTA 网关。

(3) 阿里云针对已有的 LoRa 网关设备和节点设备进行认证，符合阿里云认证标准的网关设备和节点设备可以接入 LinkWAN 核心网管理平台。图 7-24 所示为阿里的合作伙伴认证方案。

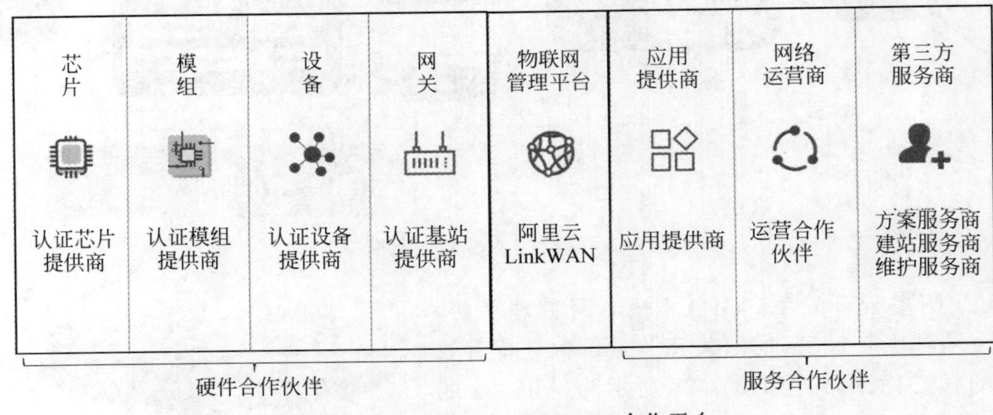

图 7-24 Alibaba 的 LinkWAN 合作平台

通过该认证的产品相当于进入 Alibaba 的生态中，所有需要该技术和产品的客户都可以从 Alibaba 的平台上找到你的产品。这个策略跟 Alibaba 做智能硬件的策略完全相同，由 Alibaba 指定标准和认证，大量厂商根据 Alibaba 的要求和目标开发产品，最后在阿里的渠道进行售卖。

2. 应用解决方案公司

在 LoRa 生态中有大量的应用解决方案公司，其在应用的一线，最了解客户的需求，而且也非常了解 LoRa 技术的优势，可以结合 LoRa 技术和其他技术协同解决客户问题。其产品包括核心网 NS、网关、模组、终端及整套解决方案。这样的企业经常是一个一个攻克难关，并把行业经验分享到 LoRa 生态中，让大家少走弯路。此类型的公司基本上都可以提供全面的 LoRa 产品及服务，并可根据客户的需求提供整套方案或者方案中某部分产品/服务。

具有这些特点的企业有不少，如深圳唯传科技、武汉慧联无限、北京门思科技、中兴克拉、杭州罗万、深圳瑞兴恒方、深圳安美通等。

这些应用解决方案公司一般都有自己的模组，根据客户的需求，将自己的模组导入原有设备，并协助客户架设网络和应用对接，还要完成网络运维的工作。这些 LoRa 核心的应用解决方案公司扮演着从硬件开发商到网络平台、应用平台提供商的角色，有时候还需要扮演运营商，完成网络架设和运维工作。

图 7-25 所示为一个 LoRa 项目的核心内容。

- 首先具备 LoRa 模组、终端和网关，并且有自己的 LoRa 的网络管理平台和应用平台，还需要具有对软硬件的深入理解，可以根据需求完成软硬件的改造。
- 具有根据需求的模组导入功能，理解客户应用，将自身 LoRa 模组与客户传感器和设备连接。
- 协助客户完成网络架设施工，并调试网络覆盖和系统稳定。
- 对接客户应用及软件数据，完成网络维护。

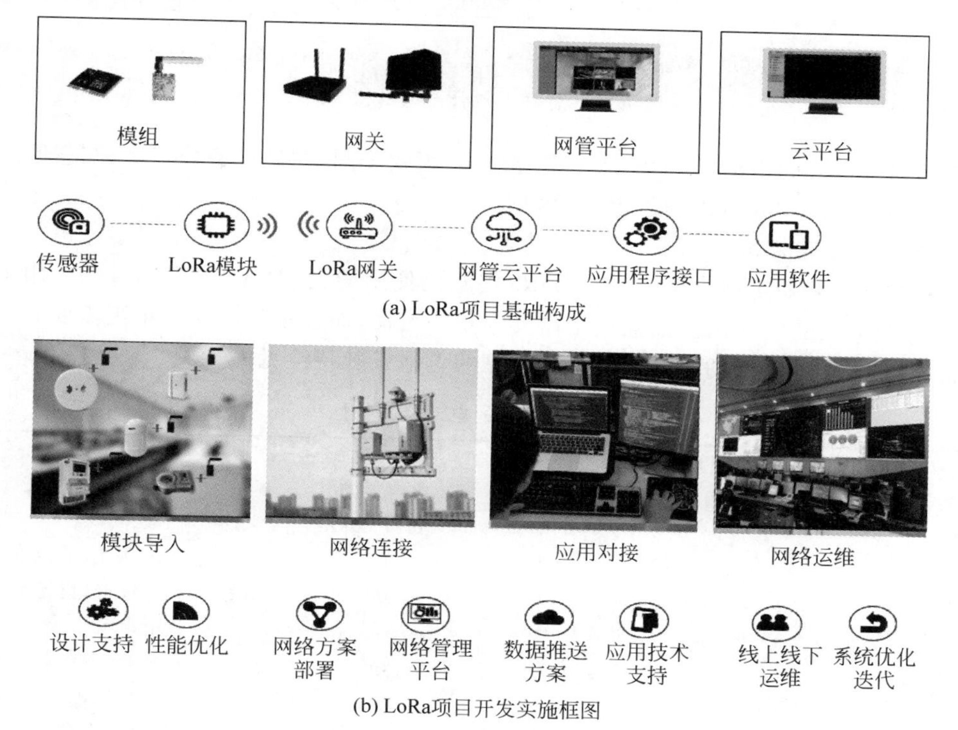

图 7-25　LoRa 项目的核心内容

图 7-26 所示为慧联无限公司完成的一些项目和案例。从图中可以看到，几乎主流的 LoRa 应用该公司都完成过，包括智能抄表、公共安全、环境监测、农业物联网和工业自动化控制等。

可以说，每一个 LoRa 应用解决方案公司都是一个多面手的公司，都在无数的项目中历练和成长。正是它们的坚持和能力，解决了客户的问题，创造了 LoRa 的价值，它们是 LoRa 生态链中的中流砥柱。

7.3.3　LoRa 生态外围伙伴

在 LoRa 生态中有一类公司，它们并不从事 LoRa 的产品开发和应用，但是它们对 LoRa

图 7-26　慧联无限公司项目和案例

的发展起到了很大的帮助，比如电池及电容公司、天线公司、测试设备公司等，在它们的一同努力下，LoRa 的应用才可以满足市场的需求。

1. 电池及电容公司

电池的选型和稳定性决定了一个 LoRa 终端的使用情况，尤其现在 LoRa 的应用中需要数年稳定工作。比如，在烟感的应用中需要 3 年的寿命，而在水表的应用中则需要 8～10 年的电池寿命，它们对电池的要求非常高。常见的电池及其特性见表 7-2。

表 7-2　常见的电池及其特性

类　型	平台电压/V	安全性	持续大电流放电能力	脉冲大电流放电能力（持续 60s）	容量	备　注
锂锰	3	差	大	好	一般	安全性差、平台电压低
锂亚功率型	3.6	差	大	好	一般	安全性差，更容易钝化
锂亚中倍率容量型	3.6	好	中	一般	好	放电电流中等
锂亚容量型＋超级电容	3.6	好	好	好	好	安全好、寿命长、可脉冲大电流放电
锂硫酰氯＋超级电容	3.9	好	好	好	好	安全好、寿命长、平台电压更高、可脉冲大电流放电

实际应用中，经常选择锂亚中倍率容量型和锂硫酰氯＋超级电容的方案。LoRa 长效电池基本都是采用电池配合电容的方案，要保证长效，就需要电池漏电电流小。漏电电流的大小决定工作放电的最大值，如果选择小放电电流电池方案，其放电电流无法提供足够的 LoRa 发射电流，这时就提出将能量先储存在超级电容中的解决方案。由于 LoRa 发射信号为间歇式的，电池有足够的时间缓慢给电容充电。一次数据发送后，电池再重新给电容充电，这样的方式可以提高电池寿命并有效地解决客户需求。

图 7-27 所示为电池和超级电容复合电源解决方案。该方案同时具备了超级电容高脉冲大功率输出的特点和锂亚硫酰氯电池高可靠长寿命的特点。当需要大电流脉冲输出时，

直接由超级电容供电；当不工作时，则锂亚硫酰氯电池以小电流给超级电容充电，使得锂亚硫酰氯电池的容量在微小电流下得以完全释放，获得电池容量的最大利用率。该方案的缺点是无法连续长时间发射 LoRa 信号，读者在应用中需要注意。

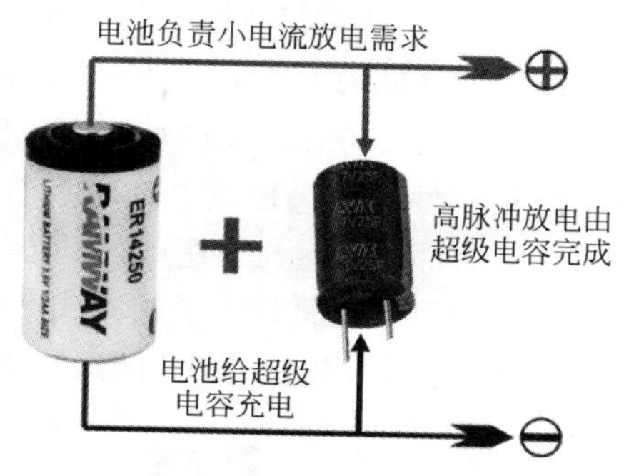

图 7-27　复合电源示意图

低功耗 LoRa 终端设备最常使用的超级电容为 AVX 公司提供的 SCCR12B105PRB，其特性为供电电压 2.7V，储能电容大小为 1F。

长期支持 LoRa 生态企业的电池及电容公司有 AVX(安施)、睿奕股份、松下电池等多家公司，供应商们利用自己的专业性为 LoRa 设备改进工艺提供高效的供电解决方案。

2. 天线公司

LoRa 的性能需要靠天线来体现，天线企业为 LoRa 应用提供多种低成本的天线方案。在 LoRa 应用中天线最主要的参数是阻抗匹配和天线增益。中国 LoRa 工作在 470MHz 频段，四分之一波长约为 16cm，而许多 LoRa 终端设备对于尺寸要求很高，在小尺寸很难实现良好的阻抗匹配和天线增益。同时为了降低成本一般在节点设备上采用便宜的弹簧天线最为常见。但是由于 LoRa 终端传感器的种类非常多，在成本控制和天线结构的双重压力下，需要天线设计厂家根据外壳和结构设计结构简单、成本低且效率高的 LoRa 天线。图 7-28 所示为几种常用的 LoRa 天线。

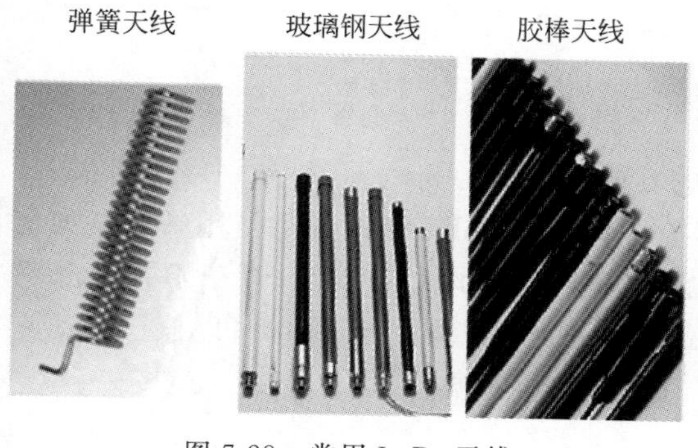

图 7-28　常用 LoRa 天线

大型网关一般使用玻璃钢天线，小型网关一般使用胶棒天线。终端设备一般使用弹簧天线。

LoRa 的天线供应商过去都是从事天线设计的传统公司，它们给各种无线数传模组或曾经的山寨机定制和量产天线，对于天线设计有丰富的经验。LoRa 天线对比这些过去的天线相对最大的缺点是天线的频率低，天线尺寸要求较难达成，其优点是 LoRa 终端设备的天线预留空间尺寸相对手机等大很多，有足够的设计空间。

小型化的 LoRa 终端设备最好使用经过设计的 LoRa 天线，否则会出现设备安装后性能比预期差 5～10dB 的现象。总的来说 LoRa 天线的供应商虽然很多，但是依然是非常重要的一环。

3. 测试设备公司

LoRa 产品开发和量产都需要仪器测试，LoRa 测试必备的仪器是频谱仪和信号发生器。频谱仪和信号发生器是射频开发必备设备，属于通用设备，价格也比较高。生态中有大量的小公司，希望可以用更低的成本完成 LoRa 设备的测试，最好是可以进一步实现量产测试。LoRa 专用测试设备公司为 LoRa 开发者提供了一套快捷且有效的研发及量产测试设备。市场上常见的 LoRa 专用测试设备有两家，分别是固纬电子和是德科技。

这些专用设备在开发时可以测试终端模组的发射信号以及协议分析，还可以测试终端模组的接收性能及灵敏度。同时还可以针对批量生产进行快速测试，现阶段大多数 LoRa 产品供应商都采用自身模组收发的方式实现量产测试，缺乏专业性。

图 7-29 所示为固纬电子的测试设备。从图 7-29 中可以看到，该设备整合了频谱仪的 TX 测试功能和信号发生器的 RX 测试功能，且具有批量测试插槽，可以多个模组一同快速测试。

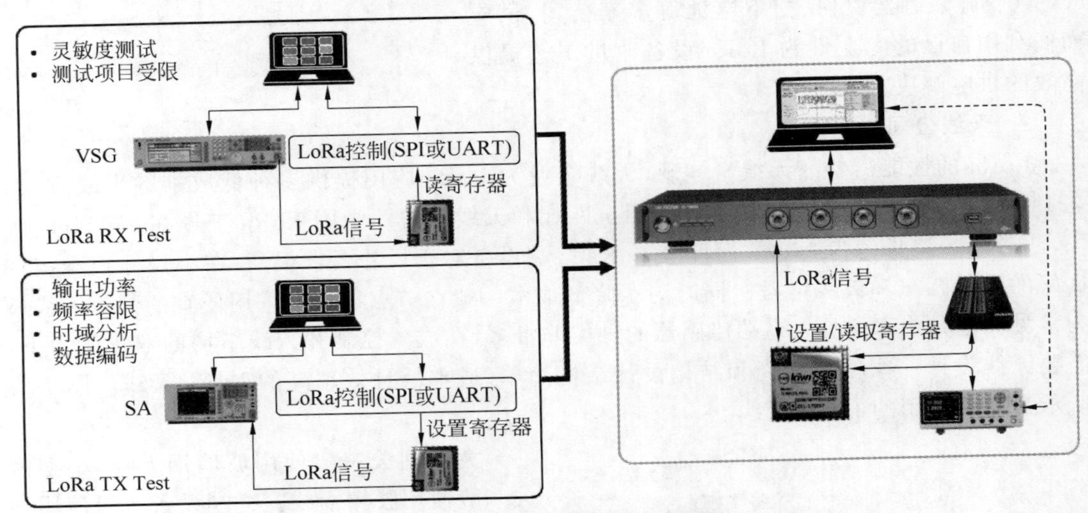

图 7-29　固纬电子的 LoRa 测试设备

是德科技是国际知名的测试设备厂商，其主要提供传统的测试设备，如网络分析仪、频谱仪信号发生器等。在没有专用 LoRa 测试设备前所有的 LoRa 测试都是使用频谱仪加信号发生器，分别测试 TX 和 RX。但这样的方法是需要大量的人工操作，对于不是很熟悉 LoRa 的开发者很不友好。当开发者使用集成式的 LoRa 测试设备后，设备可以执行自动测试，开发者直接看到测试结果和测试报告，便于快速找到问题点。

小结

LoRa 生态完整，发展有序，在 LoRa 联盟领导下，在众多生态伙伴参与中蓬勃发展。芯片公司不断推出更有竞争力的新品，硬件厂商也在根据需求，开发新的 LoRa 产品，平台公司从各个领域向 LoRa 输送新鲜血液，加上外围生态支持，发展前途不可限量。

对于 LoRa 今后的发展，笔者一直向 Wi-Fi 技术看齐，LoRa 就是局域网的“长 Wi-Fi”。开放发展的生态结合具有物联网 DNA 的 LoRa 技术定会创出更宏大的未来。

第8章

LoRa应用核心技术分析计算

在前面的章节中，LoRa技术的基础知识都已介绍完毕。但是面对LoRa应用依然会犯难。有很多读者会问，LoRa的远距离，到底能传多远呢？LoRa的大容量，到底是多大的容量呢？低功耗抗干扰这些优点到底在应用中是如何体现的呢？本章将针对这些问题展开，从基础的原理出发，经过推导和讨论的方式让读者了解LoRa传输距离问题、信道容量问题、低功耗问题，以及定位问题和多普勒频移问题等。

前面章节的多数公式和推导读者只需要了解并记住结论即可，本章的内容都非常重要，尤其是需要做LoRa项目评估和项目实施的读者，不仅需要记住结论，而且原理和推导过程都需要掌握。因为实际环境和需求是千变万化的，文章的案例并不能覆盖全部应用，而本章的基础理论和计算方法是通用的，无论什么样的LoRa应用都是必备的。

8.1 LoRa传输距离问题分析

谈到LoRa的传输距离问题，经常遇到使用者的困惑：LoRa信号不是可以传到近地卫星几百千米远的地方去吗，为什么做项目的时候稍微深一点的地下室都连不上呢？还有使用者会问，网关就架设在这座楼顶，为什么距离网关旁边那栋楼的信号比这栋架设网关的好呢？针对这些具体问题，本节将从无线传播的途径开始讲起，通过直接传播、绕射的原理和计算公式让读者理解传播损耗和不同传播方式的计算方法，并针对网关架设的一些工程参数进行分析，从而给出实现更好网络覆盖的建网策略。

8.1.1 无线电波实际传播途径

视频讲解

1. 无线电频谱划分

无线电波分布在3Hz～3000GHz，在这个频谱内划分为12个带，在不同的频段内的频率具有不同的传播特性。一般情况下频率越低，传播损耗越小，覆盖距离越远(大气窗口除外)；而且频率越低，绕射能力越强。但是，低频段频率资源紧张，系统容量有限，因此主要应用于广播、电视、寻呼等系统。表8-1为所有无线电波的频率和波长。

表 8-1 无线电波的频率与波长

波段		频率范围	波长范围
极长波(EFL,极低频)		3～30Hz	10^5～10^4km
特长波(SLF,特低频)		30～300Hz	10^4～10^3km
超长波(ULF,超低频)		300～3000Hz	10^3～10^2km
甚长波(VLF,甚低频)		3～30kHz	10^2～10km
长波(LF,低频)		30～300kHz	10～1km
中波(MF,中频)		300～3000kHz	10^3～10^2m
短波(HF,高频)		3～30MHz	10^2～10m
超短波(VHF,甚高频)		30～300MHz	10～1m
微波	分米波(UHF,超高频)	300～3000MHz	10^2～10cm
	厘米波(SHF,特高频)	3～30GHz	10～1cm
	毫米波(EHF,极高频)	30～300GHz	10～1mm
	亚毫米波(超级高频)	300～3000GHz	1～0.1mm

高频段频率资源丰富,系统容量大;但是频率越高,传播损耗越大,覆盖距离越近;而且频率越高,绕射能力越弱。另外频率越高,技术难度越大,系统的成本也相应提高。

移动通信系统选择所用频段要综合考虑覆盖效果和容量。UHF 频段与其他频段相比,在覆盖效果和容量之间折中的比较好,因此被广泛应用于移动通信领域和物联网领域,LoRa 技术就应用于此波段。

2. 无线电传播路径

无线电波从发射天线发出,可以沿着不同的途径和方式到达接收天线,这与电波频率和极化方式有关。接收天线收到的信号质量不仅与自身频率特性相关,也和传播的路径相关。

在自由空间中由于没有阻挡,电波传播只有直射,不存在其他现象。而在实际传播环境中由于存在各种各样的地面物体从而影响电波的传播,使得电波的传播既有直射,又有反射、绕射和衍射等,造成电波传播的多样性和复杂性,也就增大了对电波传播研究的难度。

无线电波在空间中的传播途径有多种,如直射、反射、绕射、散射和穿透,如图 8-1 所示。

1) 直射传播

直射波传播按自由空间传播来考虑。自由空间传播指的是天线周围为无限大真空时的电波传播,是无线电波的理想传播模式。在自由空间传播时,电波的能量既不会被障碍物所吸收,也不会产生反射或散射。

如果地面上空的大气层是各向同性的均匀媒质,其相对介电常数 ε_r 和相对磁导率 μ 都等于 1,传播路径上没有障碍物阻挡,到达接收天线的地面反射信号场强也可以忽略不计,则电波可视作在自由空间传播。虽然电波在自由空间里传播不受阻挡,不产生反射、折射、绕射、散射和吸收,但当电波经过一段路径传播之后,能量仍有衰减,这是由辐射能量的扩散而引起的。

直射传播距离计算参见 8.1.2 节的弗里斯传输公式。

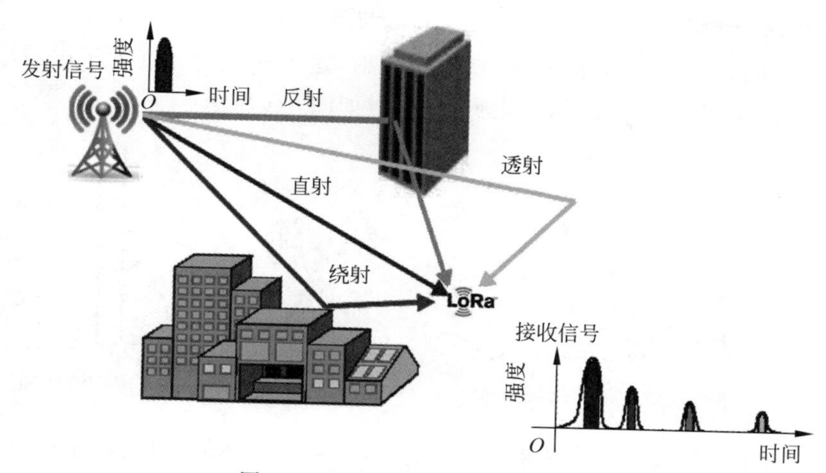

图 8-1 电波在空间中的传播途径

2）反射波传播

当电波在传播中遇到两种不同介质的光滑面时，如果界面尺寸比电波波长大得多时会产生镜面反射，由于大地和大气是不同的介质，所以入射波会在界面上产生反射，如图 8-2 所示。

- 对于良导体而言，反射不带来衰减；
- 对于绝缘体而言，只反射入射波能量的一部分，剩下的被折射入新的介质继续传播；
- 对于非理想介质，会吸收电磁波的能量，产生贯穿衰落。

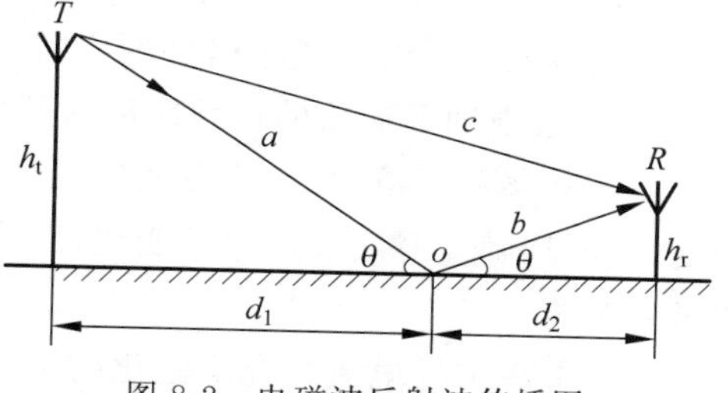

图 8-2 电磁波反射波传播图

3）绕射传播

在发射机与接收机之间有边缘光滑且不规则的阻挡物体，该物体的尺寸与电波波长接近，电波可以从该物体的边缘绕射过去。

当波撞击在障碍物边缘时发生绕射，“次级球面波”传播进入阴影区。超出直射路径的长度导致相移，菲涅耳区表达了相对于障碍物位置的相移。若无损耗，绕射可帮助电磁波的覆盖范围。

在实际应用中经常遇到发射机与接收机之间路径被建筑物遮挡的情况，但是接收机依然可以收到信号，这就是绕射现象。关于绕射的详细计算请参照 8.1.3 节菲涅耳区计算方法。

4）散射传播

当电磁波的传播路径上存在小于波长的物体，并且单位体积内这种障碍物体的数目非常巨大时发生散射，如图 8-3 所示。

散射发生在粗糙表面、小物体或其他不规则物体，如树叶、街道标志和灯柱等。

5）穿透传播

电磁波在不同介质的交界处会发生反射和折射，这个介质物体远大于电波波长。对于非理想介质，电波可能会贯穿介质，产生贯穿损耗，如图 8-4 所示。

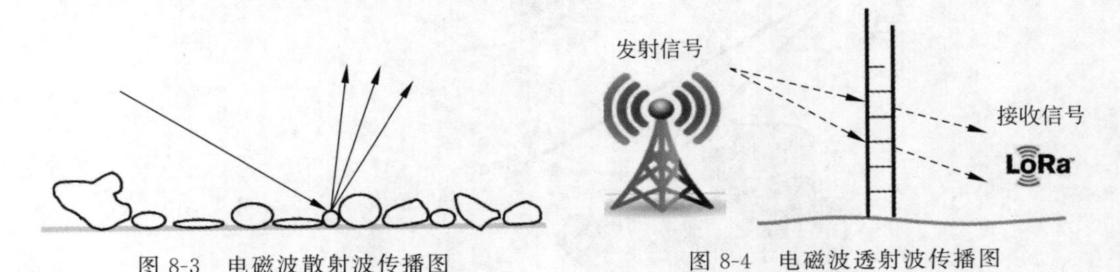

图 8-3 电磁波散射波传播图

图 8-4 电磁波透射波传播图

穿透损耗大小不仅与电磁波频率有关，而且与被穿透物体的材料、尺寸有关。

在室外 LoRa 网关网络覆盖环境中，室内的电波分量是穿透分量和绕射分量的叠加，而绕射分量占绝大部分，所以总的看来高频信号（如 915MHz，美国 LoRa 频段）室内外电平差比低频信号（如 490MHz，中国 LoRa 应用频段）室内外电平差要大，相比之下中国的频率更适合做室内的覆盖。

同理，在室内 LoRa 网关覆盖环境中，所谓的穿墙能力，并非 LoRa 信号穿透这堵墙，而是通过门缝或窗户绕道进了另外的房间。

3. 无线电地面通信的极限距离问题

在实际移动信道中，电波在低层大气中传播。由于低层大气不是均匀介质，它的温度、湿度、气压均随着时间和空间而变化，因此会产生折射和吸收现象，从而直接影响视线传播的极限距离。

在不考虑传导电流和介质磁化的情况下，可以推出介质的折射率 n 与相对介电常数 ε_r 的关系为 $n=\sqrt{\varepsilon_r}$。

大气的相对介电常数与温度、湿度和气压有关。大气高度不同，ε_r 不同。大气折射率 n 通常很接近于 1。当一束电波通过折射率 n 随高度变化的大气层时，由于不同高度上的电波传播速度不同，从而使电波射束发生弯曲，弯曲的方向和程度取决于 $\mathrm{d}n/\mathrm{d}h$（大气折射率的垂直梯度），如图 8-5 所示。这种由大气折射率引起电波传播方向发生弯曲的现象，称为大气对电波的折射。在实际传输中，大气最典型的折射出现在电波的水平传播中。

在工程上，大气折射对电波传播的影响通常用地球等效半径来表征，即认为电波依然按直线方向行进，只是地球的实际半径 R_0（6.37×10^6 m）变成了等效半径 R_e。

等效地球半径：电波在以等效地球半径 R_e 为半径的球面上空沿直线传播与电波在实际地球上空沿曲线传播等效。定义 K 为等效地球半径系数，即

$$K=\frac{R_e}{R_0}=\frac{1}{1+R_0\dfrac{\mathrm{d}n}{\mathrm{d}h}} \tag{8-1}$$

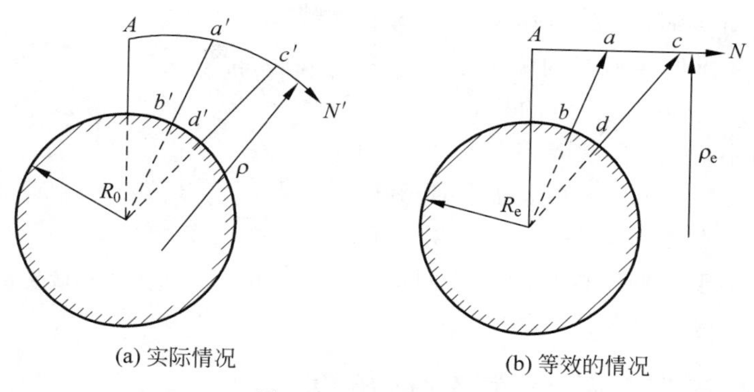

图 8-5 大气折射现象

则等效地球半径与实际地球半径的关系为 $R_e = KR_0$。

在标准大气折射情况下，等效地球半径系数 $K=4/3$，等效地球半径 $R_e=8500\text{km}$。

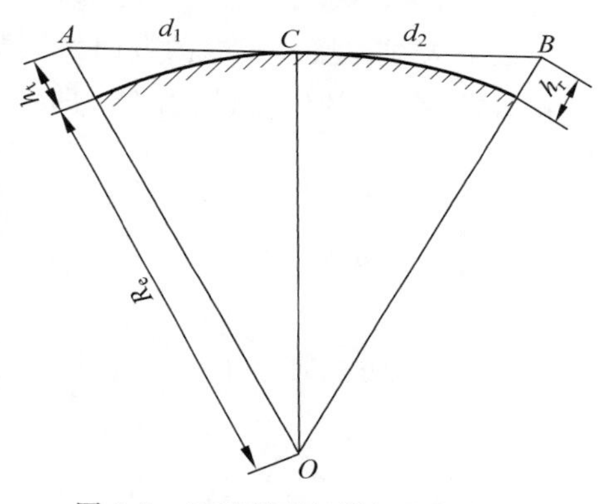

图 8-6 地球模型极限视距示意图

由前面的分析可知，大气折射有利于超视距的传播，但在视线距离内，因为由折射现象所产生的折射波会与直射波同时存在，故从而也会产生多径衰落。视线传播的极限距离如图 8-6 所示。

假设天线的高度为 h_t 和 h_r，单位为 m，两副天线顶点的连线 AB 与地面相切于 C 点，R_e 为等效地球半径。由于 R_e 远大于天线高度，可以证明，自发射天线顶点 A 到切点 C 的距离为

$$d_1 \approx \sqrt{2R_e h_t}$$

同理，由切点 C 到接收天线顶点 B 的距离为

$$d_2 \approx \sqrt{2R_e h_r}$$

则视距传播的极限距离为 d 可以表示为

$$d = d_1 + d_2 = \sqrt{2R_e}(\sqrt{h_t} + \sqrt{h_r}) \tag{8-2}$$

在标准大气折射的情况下，$R_e = 8.5 \times 10^6\text{m}$，故式(8-2)可写为

$$d = 4.12(\sqrt{h_t} + \sqrt{h_r}) \tag{8-3}$$

在不考虑大气折射的情况下，$R_0 = 6.37 \times 10^6\text{m}$，故式(8-3)可以表达为

$$d = 3.57(\sqrt{h_t} + \sqrt{h_r}) \tag{8-4}$$

【例 8-1】 图 8-7 所示是工作频率为 490MHz 的 LoRa 电磁波在地球表面传播的实际案例，系统发射天线高度 $h_t=5\text{m}$，接收天线高度 $h_r=1.5\text{m}$。求：在不考虑链路预算受限的情况下，该 LoRa 系统的最远通信距离。

解：在考虑大气折射环境下，系统通信距离根据式(8-3)可得

$$R_e = 4.12(\sqrt{h_t} + \sqrt{h_r}) = 4.12(\sqrt{5} + \sqrt{1.5})\text{km} = 14.3\text{km}$$

从计算结果可以看到，即使在没有任何遮挡的环境中，LoRa通信在地面的极限距离是由发射天线和接收天线的高度决定的。

在实际应用中，经常有读者咨询为什么明明自己设置了高灵敏度，链路预算也非常充分，而且跑到了郊外平坦的环境进行安装测试，最终测试结果却远小于预期。这是因为他们没有考虑到地球是圆的这个因素。

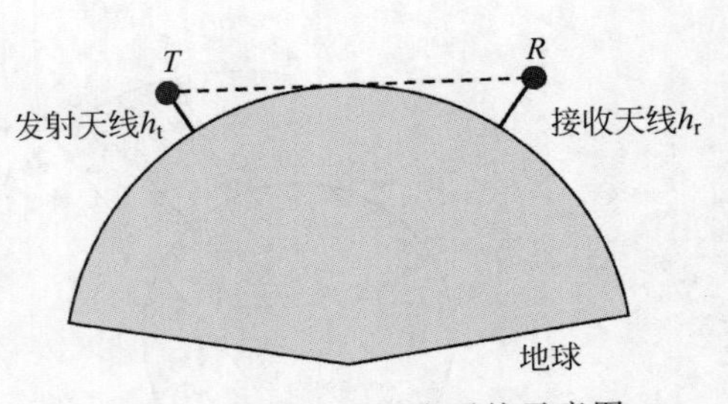

图 8-7 地球表面收发系统示意图

8.1.2 弗里斯传输公式、链路预算

视频讲解

本节介绍天线理论及通信传输中最重要的方程之一：弗里斯传输方程。

弗里斯传输方程表达的意义：在自由空间的一个射频发射和接收系统中，讨论其发射功率，接收功率与天线增益、传输距离之间的关系。

当发射天线与接收天线的方向系数都为1时，发射天线的辐射功率 P_t 与接收天线的最佳接收功率 P_r 的比值，记为 L_0，即

$$L_0=\frac{P_t}{P_r} \tag{8-5}$$

$$L_0=10\lg\frac{P_t}{P_r} \tag{8-6}$$

$D=1$ 的无方向性发射天线产生的功率密度为

$$S_{av}=\frac{P_t}{4\pi r^2} \tag{8-7}$$

式中，r 为距离天线的距离(m)。

$D=1$ 的无方向性接收天线的有效接收面积为

$$A_e=\frac{\lambda^2}{4\pi} \tag{8-8}$$

式中，λ 为波长(m)。

所以该接收天线的接收功率为

$$P_r=S_{av}A_e=\left(\frac{\lambda}{4\pi r}\right)^2 P_t \tag{8-9}$$

于是自由空间传播损耗为

$$P_r=\left(\frac{\lambda}{4\pi r}\right)^2 P_t \tag{8-10}$$

$$L_0=10\lg\frac{P_t}{P_r}=20\lg\frac{4\pi r}{\lambda} \tag{8-11}$$

或

$$L_0 = 32.45 + 20\lg f(\mathrm{MHz}) + 20\lg r(\mathrm{km}) \tag{8-12}$$

$$L_0 = 121.98 + 20\lg r(\mathrm{MHz}) - 20\lg \lambda(\mathrm{km}) \tag{8-13}$$

当电波频率提高 1 倍或传播距离增加 1 倍时，自由空间传播损耗分别增加 6dB。

计算为：20lg2＝20×0.301dB≈6dB。

如图 8-8 所示，如果考虑两个天线增益的影响，发射增益系数为 G_t，接收天线的增益系数为 G_r，则可以导出：

$$P_r = \left(\frac{\lambda}{4\pi r}\right)^2 P_t G_r G_t \tag{8-14}$$

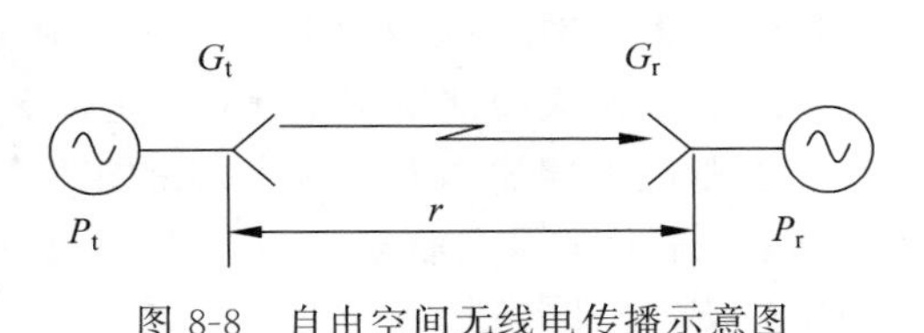

图 8-8　自由空间无线电传播示意图

式(8-14)就是弗里斯传输公式，它还有多种变形形式，如

$$r = \frac{\lambda}{4\pi}\sqrt{\frac{P_t G_r G_t}{P_r}} \tag{8-15}$$

式(8-15)为自由空间中传播距离的常用计算公式。当已知一个系统的发射机功率、接收机灵敏度以及工作频率和天线增益时，可以计算收发设备之间的最远工作距离 r。

电磁波传播的实际情况下，存在额外的衰减，定义为衰减因子：

$$A = \left|\frac{E}{E_0}\right| \tag{8-16}$$

式中，E 为实际情况下的接收点的场强；E_0 为自由空间传播的场强。

相应的衰减损耗为

$$L_F = 20\lg\frac{1}{A} = 20\lg\left|\frac{E_0}{E}\right| \tag{8-17}$$

A 与工作频率、传播距离、媒质电参数、地貌地物、传播方式等因素有关。

基本传输损耗：

$$L_b = L_0 + L_F \tag{8-18}$$

式中，L_b 为路径传输损耗；L_0 为自由空间传播损耗；L_F 为衰减损耗。

链路的传输损耗：发射天线输出功率与接收天线输入功率(满足匹配条件)之比，即

$$L = \frac{P_t}{P_r} = \left(\frac{4\pi r}{\lambda}\right)^2 \frac{1}{A^2 G_r G_t} \tag{8-19}$$

$$L = L_0 + L_F - G_r - G_t \tag{8-20}$$

在路径传输损耗 L_b 为客观存在的前提下，降低链路传输损耗 L 的重要措施就是提高收、发天线的增益系数。

链路预算(Link Budget)，是在一个通信系统中对发送端、通信链路、传播环境(大气、同轴电缆、波导、光纤等)和接收端中所有增益和衰减的核算。其通常用来估算信号能成功从发射端传送到接收端之间的最远距离。

一个系统中链路预算等于其发射机的最大输出功率与接收机最高灵敏度的差值，用 dB

表示。当系统的链路预算大于路径损耗时,可以实现通信。

接收信号强度(Received Signal Strength Indication,RSSI)常用 P_r 表示,用来判定链接质量,其表达式为

$$P_r = P_t - L \tag{8-21}$$

【例 8-2】 使用 SX1262 作为系统发射机和接收机的 LoRa 通信芯片,计算系统最大链路预算。若收发天线都使用 10dBi 的定向天线,计算其最远工作距离。如果发射机输出功率在原有基础上增加 6dB,计算系统的工作距离。

解:该芯片的最大输出功率 $P_{t\_max}=22\text{dBm}$,最高灵敏度为 $P_{r\_min}=-149.1\text{dBm}$(BW=7.81kHz、SF=12),则

$$\text{Link Budget} = P_{t\_max} - P_{r\_min} = 171.1\text{dB}$$

若该收发系统在理想自由空间中传输,工作频率为 470MHz,其收发天线增益 $G_r = G_t = 10\text{dB}$,其工作距离根据式(8-15)得

$$r = \frac{\lambda}{4\pi}\sqrt{\frac{P_t G_r G_t}{P_r}} = \frac{c}{4\pi f}\sqrt{\frac{P_{t\_max} G_r G_t}{P_{r\_min}}} = 182400\text{km}$$

如果发射机使用外置功率放大器(PA),功率增大 6dB,则工作距离会翻倍,将 $P_{t\_max}=28\text{dBm}$ 代入式(8-15)得 $r=364000\text{km}$。

我们知道月球与地球近地点的距离是 36.3 万 km,理论上两颗简单的 LoRa 芯片 SX1262 可以实现地月无线通信。

【例 8-3】 一个 LoRa 无线传输系统,其发射机采用 SF=7、BW=125kHz 编码,发射机输出功率为 0dBm,发射机天线为 3dBi 套管天线,接收机天线为-1dBi 弹簧天线。接收机和发射机在一个自由空间环境中且之间没有遮挡和反射,相距 10km,该路径的衰减因子 $A=0.7$。问:接收机收到的信号强度是多少?是否可以实现通信?

解:通过 3.2.1 节中 LoRa 计算器工具获得:SF=7、BW=125kHz 时的灵敏度为 $P_{r\_min}=-123\text{dBm}$,根据式(8-12)和式(8-20)可得:

$$\begin{aligned} L &= 32.45 + 20\lg f + 20\lg d - 20\lg A - 10\lg G_t - 10\lg G_r \\ &= 32.45 + 20\lg 470 + 20\lg 10 - 20\lg 0.7 - 3 + 1 \\ &= 106\text{dB} \end{aligned}$$

接收机收到信号强度根据式(8-21)可得

$$P_r = P_t - L = 0 - 106 = -106\text{dBm} > P_{r\_min} = -123\text{dBm}$$

链路预算=0dBm-(-123dBm)=123dB,远远大于路径损耗,可以实现稳定的 LoRa 通信。

当链路预算大于自由空间路径损耗时,系统可以正常通信;当小于时,则无法通信,需要通过增加链路预算或减小空间路径损耗的方式实现。前者可以通过增加发射功率或采用灵敏度更高的编码方式,后者可以通过改善天线架设环境等。

【例 8-4】 在中国无线电规范下,计算 NB-IoT 的传输距离与 LoRaWAN 的传输距离比例关系。

解：由 1.2.3 小节可知：NB-IoT 工作在 900MHz，其最大 MCL 为 164dB；LoRaWAN 工作在 490MHz 其最大 MCL 为 161dB。

设 r_{NB} 为 NB-IoT 的最远工作距离，r_{LoRa} 为 LoRa 的最远工作距离，LoRa 和 NB 使用相同增益的天线，则根据式(8-15)可得：

$$\frac{r_{NB}}{r_{LoRa}}=\frac{\frac{\lambda_{NB}}{4\pi}\sqrt{\frac{P_{tNB}G_rG_t}{P_{rNB}}}}{\frac{\lambda_{LoRa}}{4\pi}\sqrt{\frac{P_{tLoRa}G_rG_t}{P_{rLoRa}}}}=\frac{\lambda_{NB}}{\lambda_{LoRa}}\sqrt{\frac{MCL_{NB}}{MCL_{LoRa}}}=\frac{490\text{MHz}}{900\text{MHz}}\sqrt{10^{\frac{164-161}{10}}}$$

$$=0.769=0.769\times100\%=76.9\%$$

通过上述计算可知，在中国的无线电规范下，NB-IoT 的极限工作距离为 LoRaWAN 的极限工作距离的 76.9%。

8.1.3 绕射问题——菲涅耳区计算方法

视频讲解

虽然电磁场直线传播可以工作很远的距离，在实际 LoRa 应用中视距传播（直线波和反射波称之为视距传播）的机会并不多，最多出现的情况是非视距传播中的绕射传播。

在实际移动信道中，电波的直射路径上存在各种障碍物，由障碍物引起的附加传播损耗称为绕射损耗。这里我们要引入一个菲涅耳区概念，通过讨论该概念可以理解电磁波是如何绕射的，以及绕射的损耗是多少，并了解如何布局减少绕射损耗。

1. 电波传播的菲涅耳区

设发射天线的发射点为 T，是一个点源天线；接收天线接收点为 R。发射电波沿球面传播。TR 连线交球面于 A_0 点。TR 的直接连线为直线传播路径，也是损耗最小的路径，如图 8-9(a)所示。

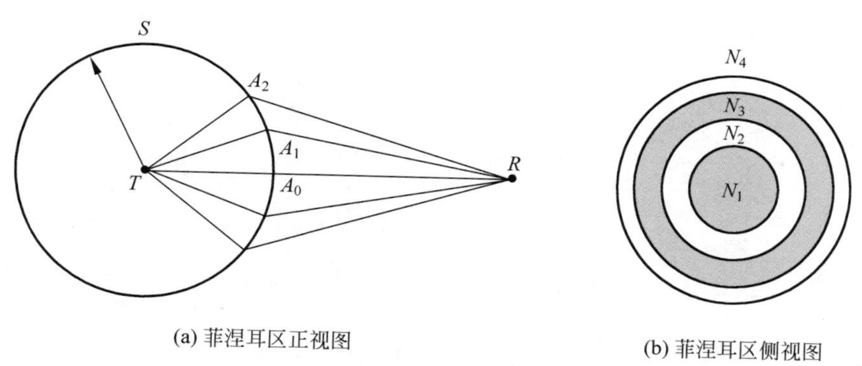

(a) 菲涅耳区正视图 (b) 菲涅耳区侧视图

图 8-9 菲涅耳区的概念图

根据惠更斯-菲涅耳原理，对于处于远区场的 R 点来说，波阵面上的每个点都可视为二次波源。

在球面上选择 A_1 点，使得

$$A_1R = A_0R + \frac{\lambda}{2}$$

则有一部分能量是沿着 TA_1R 传送的。

这条路径与直线路径 TR 的路径差为

$$\Delta d = (TA_1 + A_1R) - (TA_0 + A_0R) = A_1R - A_0R = \frac{\lambda}{2}$$

所引起的相位差为

$$\Delta\varphi = \frac{2\pi}{\lambda}\Delta d = \pi$$

也就是说，沿这两条路径到达接收点 R 的射线之间的相位差为 π。

同样，可以在球面上选择点 $A_2, A_3, \cdots, A_n$，使得

$$A_nR = A_0R + n\frac{\lambda}{2}$$

这些点在球面上可以构成一系列圆，并将球面分成许多环形带 N_n，如图 8-9(b)所示。

当电波传播的波阵面的半径变化时，具有相同相位特性的环形带构成的空间区域就是菲涅耳区。第一菲涅耳区定义为 $n=1$ 时构成的菲涅耳区。

理论分析表明：通过第一菲涅耳区到达接收天线接收点 R 的电磁波能量约占 R 点接收到的总能量的 1/2。如果在这个区域内有障碍物存在，将会对电波传播产生较大的影响。

2. 电波传播的绕射损耗

为了衡量障碍物对传播通路的影响程度，定义了菲涅耳余隙的概念。设障碍物与发射点和接收点的相对位置如图 8-10 所示，其中图 8-10(a)为负余隙，图 8-10(b)为正余隙。障碍物的顶点 P 到发射端与接收端的连线 TR 的垂直距离 x 称为菲涅耳余隙，如果障碍物遮挡住 TR 连线，则 x 取负数；同理，如果障碍物未遮挡 TR 连线，则取正值。图 8-10(a)中 $x_a < 0$，图 8-10(b)中 $x_b > 0$。

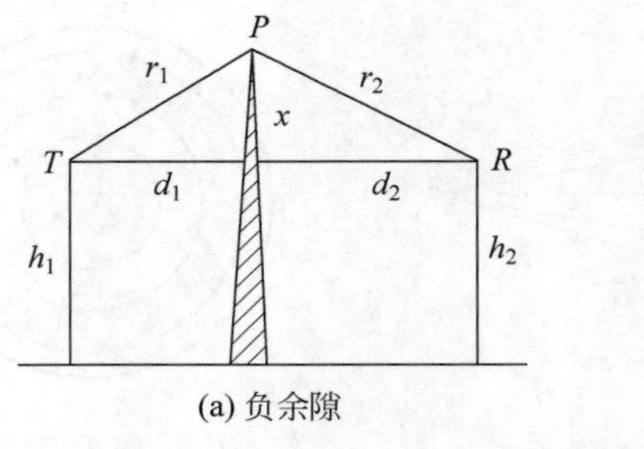

(a) 负余隙

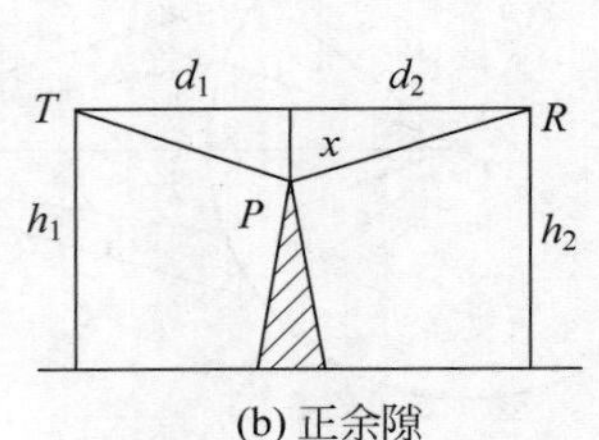

(b) 正余隙

图 8-10 菲涅耳区余隙

图 8-11 所示为绕射损耗与余隙的关系，其中纵坐标为绕射损耗(即相对于自由空间传播损耗的分贝数)，横坐标为 x/x_1。x 为菲涅耳余隙；x_1 称为第一菲涅耳区在 P 点横截面的半径，通过关系式可求得

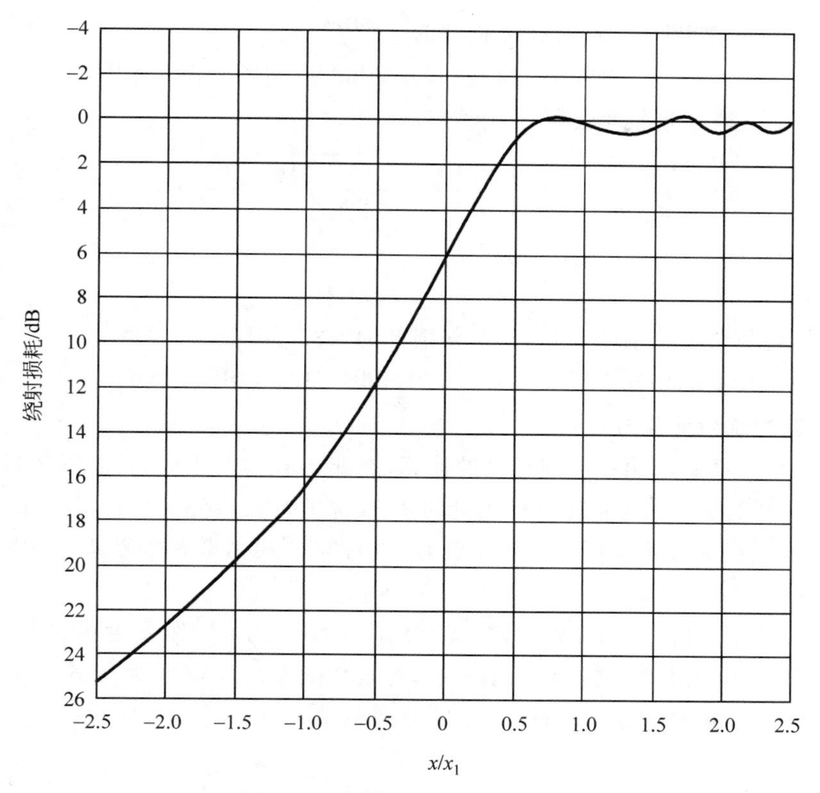

图 8-11 绕射损耗与余隙的关系

$$x_1=\sqrt{\frac{\lambda d_1 d_2}{d_1+d_2}} \tag{8-22}$$

(1) 当 $x/x_1>0.5$ 时,绕射损耗约为 0dB,障碍物对直射波传播基本上没有影响。因此,在选择天线高度时,根据地形应尽可能使服务区内各处的菲涅耳余隙 $x>0.5x_1$。

(2) 当 $x/x_1<0$ 时,直射波低于障碍物的顶点,衰减急剧增加。

(3) 当 $x/x_1=0$,即 TR 射线从障碍物顶点擦过时,附加损耗为 6dB。可以理解为虽然我们看到的电磁波是沿直线传播的,但是实际上传播是通过多个路径能量集合在一起的结果,当阻挡其一半的路径后,会增加绕射损耗。即使在可视传播的情况下依然存在绕射损耗的可能性,在具体应用中需要注意。

【例 8-5】 电波传播路径如图 8-12 所示,工作频率为 490MHz 的 LoRa 发射机发射点 T 和接收机接收点 R 之间有一个座山,高度为 $x=82\text{m}$; T 和 R 与这座山的距离分布为 $d_1=5\text{km}$, $d_2=10\text{km}$。已知收发天线均为增益 0dBi 的全向天线。试求出电波传播损耗。

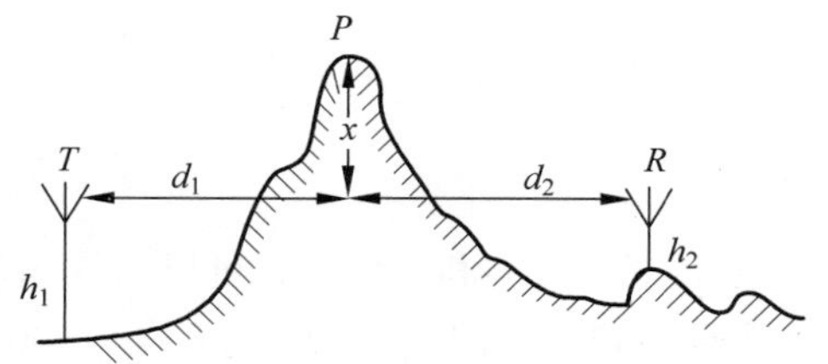

图 8-12 电磁波绕射案例示意图

解：根据式(8-12)自由空间传播的损耗为

$$L_{f_s}=32.45\text{dB}+20\lg 490+20\lg(5+10)=109.8\text{dB}$$

根据式(8-22)第一菲涅耳区半径 x_1 为

$$x_1=\sqrt{\frac{\lambda d_1 d_2}{d_1+d_2}}=\sqrt{\frac{0.61\times 5\times 10^3\times 10\times 10^3}{15\times 10^3}}\text{m}=45.1\text{m}$$

式中，$\lambda=c/f=0.61\text{m}$，c 为光速，f 为频率。

得：$x/x_1=-82\text{m}/45.1\text{m}=-1.8$。

查绕射损耗与余隙关系图 8-11，得绕射损耗为-21.5dB。

因此，LoRa 传播的损耗 L 为 $L=L_{f_s}+21.5\text{dB}=131.3\text{dB}$。

3. 严重遮挡绕射计算方法

上述的方法主要针对第一菲涅耳区的计算，在遮挡较为严重时，计算误差较大，因为通过第一菲涅耳区接收到的能量仅为总能量的 1/2，这里引入另外一套针对严重遮挡时的计算方法，其综合了所有菲涅耳区路径的集合，不过计算公式稍微有些复杂。这里不做推导，只把公式列出。

如图 8-13 所示，自由空间中发射机、接收机间的距离为 d。距发射机 d_1，接收机 d_2 处有一个刃形障碍物。该障碍物具有无限宽度，有效高度为 h（h 必须为正值）。设发射机、接收机高度为 h_t、h_r，其中 h、h_t、h_r 远小于 d_1、d_2。α、β、γ 为三个对应角度。

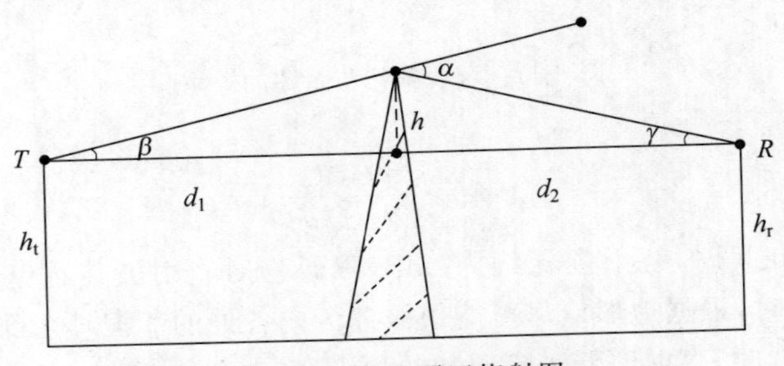

图 8-13 菲涅耳区绕射图

菲涅耳-基尔霍夫绕射系数为 ν，绕射场强 E_d 与自由空间直射场强 E_0 之间的比值为 G_d，即绕射增益。

$$\nu=\alpha\sqrt{\frac{2d_1 d_2}{\lambda(d_1+d_2)}} \tag{8-23}$$

$$G_d=20\lg\left(\frac{0.225}{\nu}\right) \tag{8-24}$$

通过式(8-23)和式(8-24)可以计算出严重遮挡环境中较为精确的绕射增益。

【例 8-6】 如图 8-14 所示，在 $f=900\text{MHz}$ 的 LoRa 系统中，收、发机在给定的几何图形中位置分别为 R 点和 T 点，求系统的绕射损耗。

解：已知 $f=900\text{MHz}$，其波长 $\lambda=c/f=0.333\text{m}$。

图 8-15 为图 8-14 中的数据减去最小高度后简化而成。

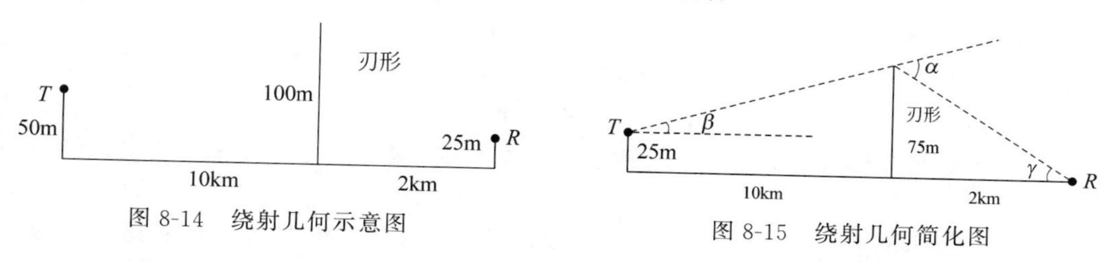

图 8-14　绕射几何示意图　　图 8-15　绕射几何简化图

三角函数计算：

$$\beta=\tan^{-1}\left(\frac{75-25}{10000}\right)=0.005\text{rad}$$

$$\gamma=\tan^{-1}\left(\frac{75}{2000}\right)=0.036\text{rad}$$

所以可得

$$\alpha=\beta+\gamma=0.041\text{rad}$$

将 $\lambda=0.333\text{m}$，$d_1=10000\text{m}$，$d_2=2000\text{m}$ 代入式(8-23)可得

$$\nu=\alpha\sqrt{\frac{2d_1d_2}{\lambda(d_1+d_2)}}=0.041\times\sqrt{\frac{2\times10000\times2000}{0.333(10000+2000)}}=4.1$$

将 $\nu=4.1$ 代入式(8-24)可得

$$G_{\text{d}}=20\lg\left(\frac{0.225}{\nu}\right)=20\lg\left(\frac{0.225}{4.24}\right)=-25.5\text{dB}$$

从式(8-23)和式(8-24)中可以看到，如果希望减小绕射损耗，可以增加工作波长（减小频率）；在距离 d 固定的情况下，可以采用接收机和发射机都远离障碍物的方法。在实际应用中经常发现，当接收机与发射机之间的连线被障碍物遮挡时，将发射机或接收机远离障碍物，其接收信号会增强，就是这个原因。

在地面上的障碍物高度一定的情况下，波长越长，电波传播的主要通道的横截面积越大，相对遮挡面积就越小，接收点的场强就越大。

城市应用时，遮挡 LoRa 信号的多为高楼，而高楼是一个立方体。当网关架设较低时，LoRa 绕射信号并不是从楼顶绕射的，而是从楼的两侧绕射的。如图 8-16 所示，菲涅耳区侧面投影为一个个同心圆形（N_1 到 N_4 为第一菲涅耳区到第四菲涅耳区），而高楼的投影为一个瘦高的长方形。

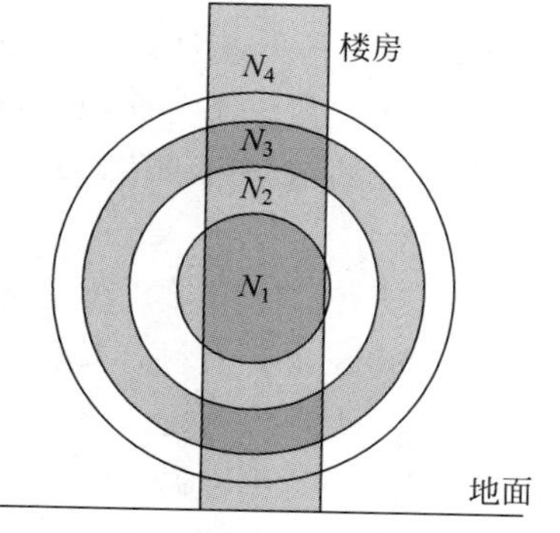

图 8-16　菲涅耳区与高楼的绕射投影

视频讲解

8.1.4 工程应用中的传播距离及覆盖

1. 衰落问题计算

在实际地面通信过程中,存在大量的不可控环境因素。

(1) 传播环境的复杂性。由于网关的天线比较低,传播路径总是受到地形及人为环境的影响;各种地形环境和复杂的人为建筑物、树林等使得接收信号为大量的散射、反射信号的迭加。

(2) 终端设备的随机移动性。许多终端设备是移动的,即使终端设备不同,周围环境也一直在变化,如人、车的移动,风吹动树叶,等等;使得网关与终端设备之间的传播路径不断发生变化。同时,网关与终端设备的移动方向、移动速度的不同,都会导致信号电平的变化。

(3) 信号电平随机变化。信号电平随时间和位置的变化而变化,只能用随机过程的概率分布来描述。

(4) 传播的开放性。空间干扰现象严重,比较常见的有同频干扰、邻频干扰;还有互调干扰等。随着频率复用系数的提高,同邻频干扰将成为主要因素。

(5) 人为噪声现象严重。人为噪声主要是机动车的点火噪声;还有电力线噪声和工业噪声。

(6) 波导效应。由于城市环境中,街道两旁高大建筑而导致的波导效应使得沿传播方向的街道上信号增强,垂直于传播方向的街道上信号减弱,两者相差可为10dB左右。这种现象在距离网关约8km处将有所减弱。

针对上述的环境特性,电磁场的传输与路径损耗非常难计算,但是为了方便工程应用,一般对于远距离物体,采用慢衰落的方式进行计算。

(1) 慢衰落的产生原因。高大建筑物、树林和高低起伏的地势地貌的阻挡,造成电磁场的阴影,致使接收信号强度下降;大气折射条件的变化(大气介电常数变化)使多径信号相对时延变化,造成同一地点场强中值随时间的慢变化。

(2) 慢衰落的统计规律。慢衰落是信号在几十个波长范围里经历慢的随机变化,其统计规律服从对数正态分布,可以理解成接收到的衰落信号的平均值。在一个特定的长度L内平均得到的信号电平值(或场强值、损耗值),L的取值一般是40个波长内取30～50个测试信号。

(3) 慢衰落标准差。慢衰落标准差与电磁传播环境有关。一般在城市环境中取8～10dB;在郊区或者农村环境中取6～8dB。

(4) 路径损耗指数。路径损耗指数用来衡量无线信道的衰落情况,表示平均接收信号功率随距离的对数衰减,表8-2为慢衰落路径损耗指数表。

其计算方法参照弗里斯公式,式(8-10)变形为

$$P'_{\mathrm{r}}=\left(\frac{\lambda}{4\pi}\right)^{2} r^{-n} P_{\mathrm{t}} \tag{8-25}$$

表 8-2 慢衰落路径损耗指数表

环境	路径损耗指数 n	环境	路径损耗指数 n
自由空间	2	建筑物内视距传播	1.6～1.8
市区覆盖	2.6～3.5	被建筑物阻挡	4～6
市区覆盖阴影	3～5	被工厂阻挡	2～3

同理，式(8-12)和式(8-13)可以变形为：

$$L'_0 = 32.45 + 30 \times (n-2) + 20\lg f + n \times 10\lg r \tag{8-26}$$

$$L'_0 = 121.98 + 30 \times (n-2) + n \times 10\lg r - 20\lg\lambda \tag{8-27}$$

对比自由空间传输模型，可以看到在市区中电磁波根据路径损耗大幅增加。比如在大城市高楼林立的环境中，其衰减非常大。

【例 8-7】 一个距离网关 1km 的 LoRa 终端设备在城市覆盖区域，且路径损耗指数 $n=3$，那么对比自由空间传播，这个终端设备的传播损耗额外增加了多少？

解：根据式(8-12)和式(8-26)可得

$$\Delta L = L'_0 - L_0 = 30\text{dB}$$

在路径损耗指数 $n=3$ 的环境中，传输 1km 信号损耗增加了 1000 倍。

慢衰落路径损耗指数表中建筑物内视距传播的路径损耗指数 n 小于 2，说明在室内可视传播信号强度大于直线自由空间传播的强度，是室内多路反射增强的结果。

2. OKUMURA-HATA 模型计算

城市级别的 LoRa 网络覆盖，如智慧城市、智慧社区，可以采用一种更准确的工程计算方法，这里引入 OKUMURA-HATA 模型。

模型的三点假设：

- 作为两个全向天线之间的传播损耗处理；
- 作为准平滑地形而不是不规则地形处理；
- 以城市市区的传播损耗公式作为标准，其他地区采用校正公式进行修正。

模型的适用条件：

- 工作频率 f 为 150～1500MHz；
- 网关天线有效高度为 30～200m；
- 终端节点天线高度为 1～10m；
- 通信距离为 1～35km。

传播损耗公式为

$$L_{b城} = 69.55 + 26.16\lg f - 13.82\lg h_b - a(h_m) + (44.9 - 6.55\lg h_b)(\lg d)^{\gamma} \tag{8-28}$$

其中终端节点天线高度修正因子 $a(h_m)$ 的表达式为

$$a(h_{\mathrm{m}})=\begin{cases}(1.1\lg f-0.7)h_{\mathrm{m}}-(1.56\lg f-0.8) & \text{中小城市}\\ \begin{cases}8.29(\lg 1.54h_{\mathrm{m}})^2-1.1 \quad 150<f<200\mathrm{MHz}\\ 3.2(\lg 11.75h_{\mathrm{m}})^2-4.97 \quad 400<f<1500\mathrm{MHz}\end{cases} & \text{大城市}\\ 0 & h_{\mathrm{m}}=1.5\mathrm{m}\end{cases}$$

其中远距离传播修正因子 γ 的表达式为

$$\gamma=\begin{cases}1 & d\leqslant 20\\ 1+(0.14+1.87\times10^{-4}f+1.07\times10^{-3}h_{\mathrm{b}})\left(\lg\dfrac{d}{20}\right)^{0.8} & d>20\end{cases}$$

式中，d 为网关与终端节点的距离(km)；f 为载波的频率(MHz)；$L_{\mathrm{b城}}$ 为城市市区的基本传播损耗中值(dB)；h_{b} 为网关天线有效高度(m)；h_{m} 为终端节点天线有效高度(m)。

说明：网关天线有效高度计算：设网关天线离地面的高度为 H_{s}，网关地面的海拔高度为 H_{sg}，终端节点天线离地面的高度为 H_{m}，终端节点所在位置的地面海拔高度为 H_{mg}，则网关天线的有效高度 $h_{\mathrm{b}}=H_{\mathrm{s}}+H_{\mathrm{sg}}-H_{\mathrm{mg}}$，终端节点天线的有效高度 $h_{\mathrm{m}}=H_{\mathrm{m}}$。

【例 8-8】 在一个使用 490MHz 主频的 LoRa 智慧社区(大城市)的应用中，网关高 30m；一个室外 LoRa 设备为温度传感器，挂在 3m 的高度，距离网关 1km。计算从网关到该 LoRa 温度传感器的路径损耗。计算与自由空间路径损耗差异。

解：根据式(8-28)，终端节点天线高度修正因子 $a(h_{\mathrm{m}})$ 为

$$\begin{aligned}a(h_{\mathrm{m}})&=3.2(\lg 11.75h_{\mathrm{m}})^2-4.97 \quad 400<f<1500\mathrm{MHz}\\ &=3.2(\lg 11.75\times 3)^2-4.97=2.69\end{aligned}$$

$d\leqslant 20$，则中远距离传播修正因子 $\gamma=1$，代入式(8-28)中得到实际路径损耗为

$$\begin{aligned}L_{\mathrm{b城}}&=69.55+26.16\lg f-13.82\lg h_{\mathrm{b}}-a(h_{\mathrm{m}})+(44.9-6.55\lg h_{\mathrm{b}})(\lg d)^{\gamma}\\ &=69.55+26.16\lg 490-13.82\lg 30-2.69+(44.9-6.55\lg 30)(\lg 1)^1\\ &=116.8\mathrm{dB}\end{aligned}$$

根据式(8-12)，上述条件在自由空间的损耗 L_0 为

$$\begin{aligned}L_0&=32.45+20\lg f+20\lg r\\ &=32.45+20\lg 470+20\lg 1\\ &=85.9\mathrm{dB}\end{aligned}$$

$$\Delta L=L_{\mathrm{b}}-L_0=30.9\mathrm{dB}$$

实际环境中覆盖与自由空间相差 30.9dB，与例 8-7 中采用路径损耗指数 $n=3$ 计算的 30dB 接近。通过上述的计算，可以清楚地看到实际场景和自由空间传播的差别。大家要根据实际情况选择合适的工程方法来评估实际距离。

3. LoRa 覆盖问题

室内信号不好的主要原因是无线信号穿透建筑物会有穿透衰耗，而且如果是距离外墙比较远的区域还有室内传播衰耗。

LoRa 应用中的信号覆盖，主要是由室外网关覆盖的。室外网关发射的无线信号，在覆盖室内的时候，就不可避免地要穿透建筑物外层，才能覆盖室内。不同频率的无线信号，穿透衰耗不一样，而且不同的建筑物外墙类型，穿透衰耗也不尽相同。

表 8-3 是比较常见的 LoRa 无线信号穿透不同的外墙的参考衰减值。

表 8-3 不同介质穿透损耗表

介质	穿透损耗/dB	介质	穿透损耗/dB
混凝土墙体	13～20	钢筋混凝土	20～40
砖墙	8～15	混凝土地板	8～12
玻璃	6～12	电梯	35～40

表 8-3 的衰减值根据 LoRa 频率选择不同(Sub 1～2.4GHz)，取值范围较宽，LoRa 频率越低，其衰减取值越小。

可以看到，玻璃墙体在比较常见的外墙材料中，穿透衰耗要相对小一些，所以房间里如果没有窗户，无线信号会更弱一些。

如果需要室外网关覆盖室内，信号强度的分布还和墙体的具体位置有关，室内也会有一定的室内绕射衰耗。

在如图 8-17 所示的室内覆盖环境中，有多种路径传输方式，对于网关可以直射的区域室内覆盖很大一部分为穿透覆盖，而较远的室内覆盖多为绕射覆盖。

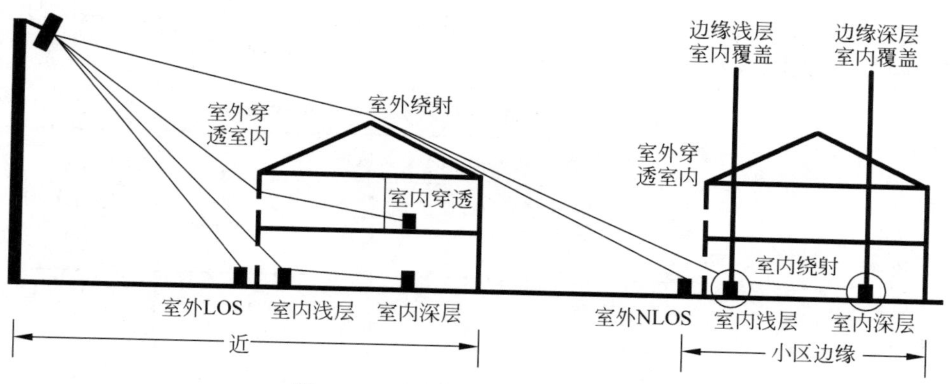

图 8-17 无线信号室内覆盖示意图

目前的 LoRa 覆盖系统，室外网关只考虑覆盖室外以及部分浅层室内覆盖部分。这也是一些建筑物内距离墙体比较远的区域无线信号不好的原因。针对一些有需求的场景，可以额外增加室内小网关进行网络补充。

根据 LoRa 覆盖特性，定义浅层覆盖为 16dB 穿透损耗；深度覆盖 25dB 穿透损耗，如图 8-17 中标注的室内位置。

图 8-18 为腾讯公司在深圳建设的 LoRaWAN 覆盖网络。

其中图 8-18(a)覆盖区域内不同深度的点代表不同的 LoRa 终端设备当前的路径损耗，

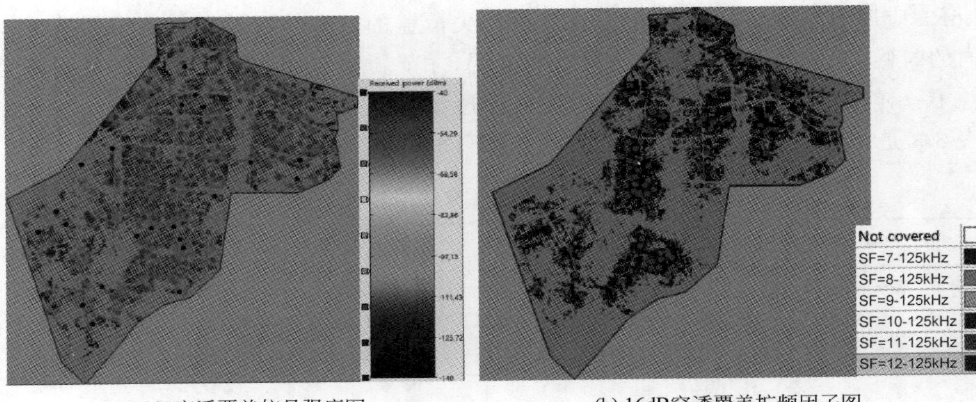

(a) 16dB穿透覆盖信号强度图　　(b) 16dB穿透覆盖扩频因子图

图 8-18　深圳 LoRa 覆盖网络图(见彩插)

这些数据是通过网关收到终端节点信号强度计算出来的。

根据 LoRaWAN 的 ADR,终端节点会选择合适的扩频因子进行通信,图 8-18(b)为所有节点实际通信时使用的扩频因子。LoRa 在不同的 SF 下其灵敏度不同,所以覆盖范围不同,SF=12 具有最大的覆盖范围。表 8-4 为不同扩频因子下对整个区域的覆盖情况。

从表 8-4 中可以看出,室外覆盖使用 SF=10 已经可以实现 99.81%的覆盖,而针对室内覆盖和深度室内覆盖情况较差,如果单纯通过室外基站覆盖,布局必须达到每 588m 设一个室外基站,显然成本很高。在实际操作中,如果有室内深度覆盖要求,还是建议通过增加小型室内网关的方式,成本低且架设简单。

表 8-4　深圳 LoRaWAN 信号强度覆盖范围表

覆盖方式	平均站间距 964m 的覆盖效果			满足室内覆盖规划指标的平均站间距要求/m
	SF≤10 占比/%	SF≤11 占比/%	SF≤12 占比/%	
室外覆盖	99.81	99.91	99.94	
室内浅层覆盖(16dB 穿损)	57.77	63.58	67.46	677
室内深度覆盖(25dB 穿损)	39.40	45.67	49.80	588

LoRa 覆盖问题一直是 LoRa 应用中的重要部分,针对一些需要低成本补盲的方案,可以采用 Relay 技术。如图 8-19 所示,一个园区中 1 个网关(图中星号位置)无法实现全覆盖,设备上线率 98%,只剩下的 2%的两个边远设备(两个小圈)信号很差无法通信。再增加一个网关太浪费,可以采用 Relay 方案,成本最低。

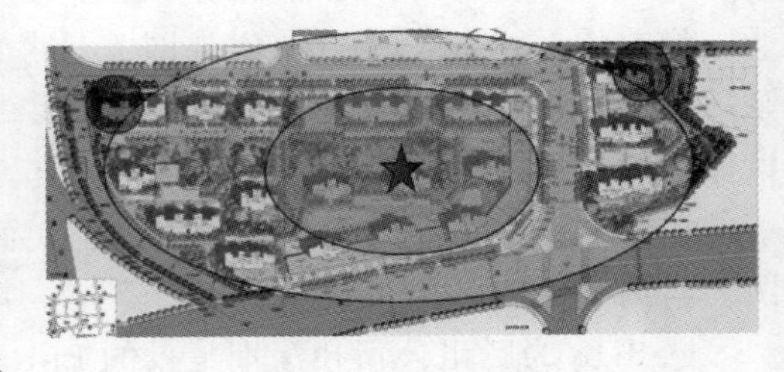

图 8-19　Relay 补盲方案图

8.2 信道容量问题

在LoRa应用中，信道容量的问题一直被反复讨论。关于一个应用中应该使用LoRaWAN网络还是私有网络，如何分配信道和扩频因子，到底这个网络中可以支持多少节点，如何规划协议和信道可以有更好的信道容量和稳定性，这些问题在许多读者眼中一直是一笔糊涂账。下面的内容会从理论出发，根据LoRa的具体特点分析原理并给出计算方法和信道网络规划策略。

8.2.1 多址协议

视频讲解

LoRa网络主要应用形式为星状网络结构，其中心为网关，每个终端设备与网关通信。如果多个终端设备同时发送数据，就会产生多个终端设备的数据帧在物理信道上相互重叠，使得接收端无法正确接收。为了有效地进行通信，就需要有某种机制来决定资源的使用权，这就是网络的多址接入控制问题。

多址接入控制协议(Multiple Access Control Protocol)就是在一个网络中，解决多个用户如何高效共享一个物理链路资源的技术。

如图8-20所示，从分层的角度来看，多址技术是数据链路层的一个功能，由媒体访问控制MAC层负责。

MAC层将有限的资源分配给多个用户，从而使得在众多用户之间实现公平、有效地共享有限的带宽资源；实现各用户之间良好的连通性，获得尽可能高的系统吞吐量，以及尽可能低的系统时延。

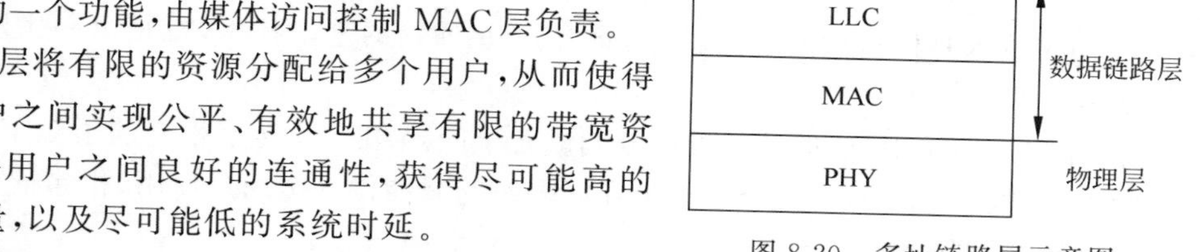

图8-20 多址链路层示意图

逻辑链路控制(LLC)子层为本节点提供了到其邻节点的“链路”；MAC子层协调本节点和其他节点有效地共享带宽资源。

本书第2章介绍的Chirp调制为LoRa的物理层；第3章介绍的空口协议部分也是LoRa的MAC层。

1. 多址协议的分类

多址协议主要分为固定多址接入协议、随机多址接入协议和基于预约方式的多址接入协议，如图8-21所示。

固定多址接入是指在用户接入信道时，专门为其分配一定的信道资源(如频率、时隙、码字或空间)，用户独享该资源，直到通信结束。固定多址接入的优点在于可以保证每个用户之间的“公平性”(每个用户都分配了固定的资源)以及数据的平均时延。典型的固定多址接入协议有频分多址(FDMA)、时分多址(TDMA)、码分多址(CDMA)、空分多址(SDMA)等。

随机多址接入是指用户可以随时接入信道，并且可能不会顾及其他用户是否在传输。当信道中同时有多个用户接入时，在信道资源的使用上就会发生冲突(碰撞)。对于有竞争

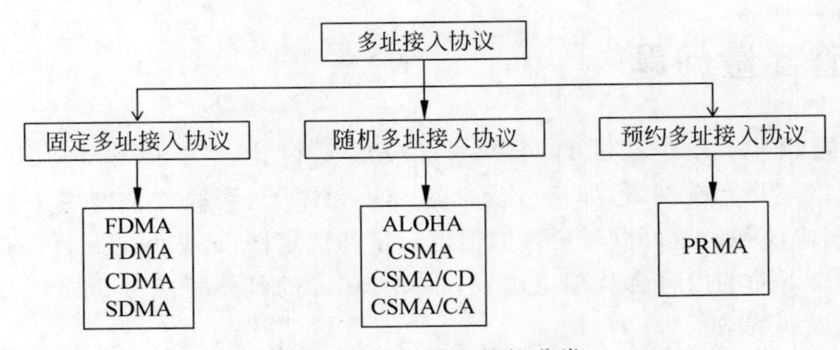

图 8-21 多址接入协议分类

的多址接入协议，如何解决冲突，使所有碰撞用户都可以成功进行传输是一个非常重要的问题。典型的随机多址接入协议有 ALOHA、CSMA、CSMA/CD、CSMA/CA。

基于预约的多址接入协议，是指在数据分组传输之前，先进行资源预约。一旦预约到资源(如频率、时隙)，则在该资源内可进行无冲突的传输。

2. 固定多址接入协议

1）FDMA

FDMA 技术按照频率来分割信道，即给不同的用户分配不同的载波频率以共享同一信道。

FDMA 技术是模拟载波通信、微波通信、卫星通信的基本技术，也是第一代模拟移动通信的基本技术。

在 FDMA 系统中，信道总频带被分割成若干间隔相等且互不相交的子频带(地址)，每个子频带分配给一个用户，每个子频带在同一时间只能供一个用户使用，相邻子频带之间无明显的干扰，如图 8-22 所示。

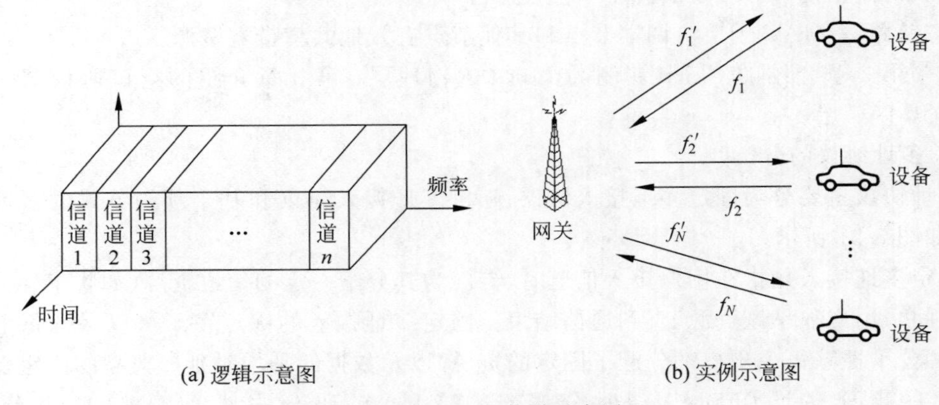

图 8-22 FDMA 信道示意图

2）TDMA

TDMA 技术按照时隙来划分信道，即给不同的用户分配不同的时间段以共享同一信道。

在 TDMA 系统中，时间被分割成周期性的帧，每一帧再分割成若干时隙（地址）。无论帧或时隙都是互不重叠的。然后，根据一定的时隙分配原则，使各个设备在每帧内只能按指定的时隙向网关发送信号，如图 8-23 所示。

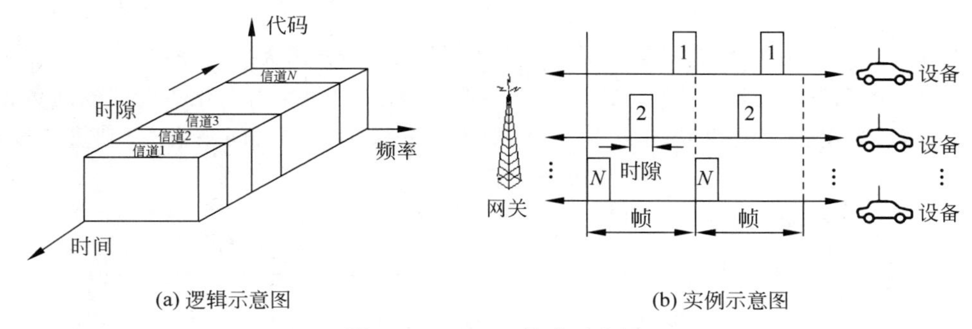

图 8-23　TDMA 信道示意图

3）CDMA

CDMA 技术按照码序列来划分信道，即给不同的用户分配一个不同的编码序列以共享同一信道。

在 CDMA 系统中，每个用户被分配给一个唯一的伪随机码序列（扩频序列），各个用户的码序列相互正交，因而相关性很小，由此可以区分出不同的用户，如图 8-24 所示。

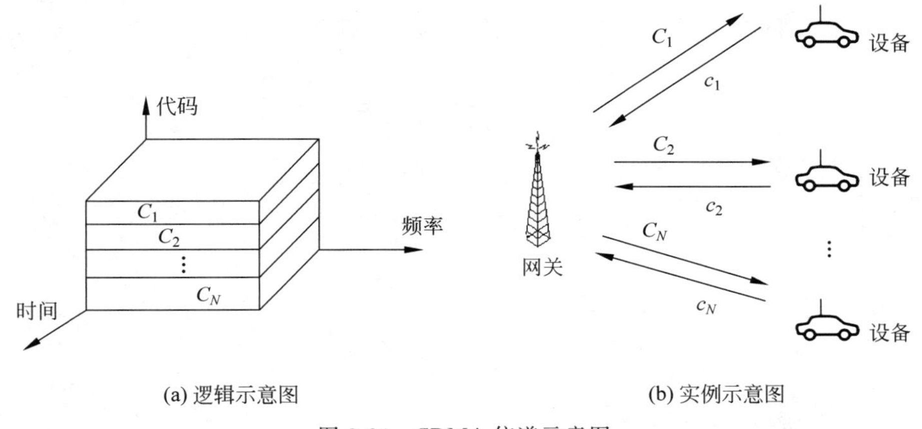

图 8-24　CDMA 信道示意图

3. 随机多址接入协议

随机多址接入协议又叫作有竞争的多址接入协议。各节点在网络中的地位是等同的，通过竞争获得信道的使用权。

（1）随机多址接入协议可分为：

- 完全随机多址接入协议（ALOHA 协议）；

- 载波侦听型多址接入协议(CSMA)。

(2) 随机多址接入协议主要关心两个方面的问题：

- 稳态情况下系统的通过率和时延性能；
- 系统的稳定性。

1) 纯 ALOHA 协议

ALOHA 于 1970 年由美国夏威夷大学提出，用于地面分组无线电系统。

纯 ALOHA 协议是最基本的 ALOHA 协议。其基本思想：每个站可随时发送数据帧，然后监听信道看是否产生冲突，若产生冲突，则等待一段随机的时间重发，直到重传成功为止，如图 8-25 所示。

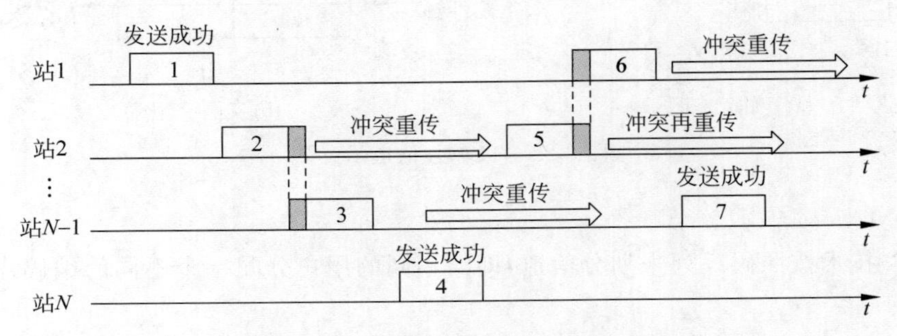

图 8-25 纯 ALOHA 协议示意图

设发送一帧所需时间为 T(帧时)，且帧长固定。一个帧发送成功的条件为必须在该帧发送前后各一段时间 T 内(一共有 $2T$ 的时间间隔)没有其他帧发送，如图 8-26 所示。

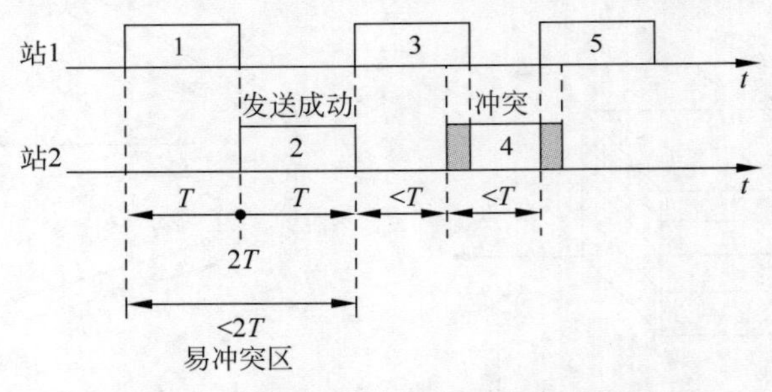

图 8-26 纯 ALOHA 协议冲突示意图

纯 ALOHA 协议的信道效率：

- 吞吐率 S：在帧时 T 内成功发送的平均帧数。合理的 S 为 $0\leqslant S\leqslant 1$。
  - 若 $S=0$，意味着信道上无成功数据帧传送；
  - 若 $S=1$，意味着数据帧一个接一个传送，帧间无空隙。
- 网络负载 G：在帧时 T 内总共发送的平均帧数(包含发送成功和未成功)。显然 $G\geqslant S$。若 $G=S$，意味着信道上数据帧不产生冲突。
- 在稳定状态下：$G=S+R$，其中 R 为帧时 T 内重发的平均帧数。

假设：帧长固定，无限个用户，按泊松分布产生新帧，平均每帧时产生 S 帧（$0<S<1$）；发生冲突重传。

在 $2T$ 内产生冲突的概率为 $1-e^{-2G}$，因此，在 $2T$ 内重发的平均帧数为 $R=G(1-e^{-2G})$。

$G=S+R=S+G(1-e^{-2G})$所以 $S=Ge^{-2G}$。

当 $G=0.5$ 时，$S_{max}=0.184$。如图 8-27 所示，同样吞吐率情况下选择延时较小的效率会更高。一般应用中实际选取 $S<10\%$。

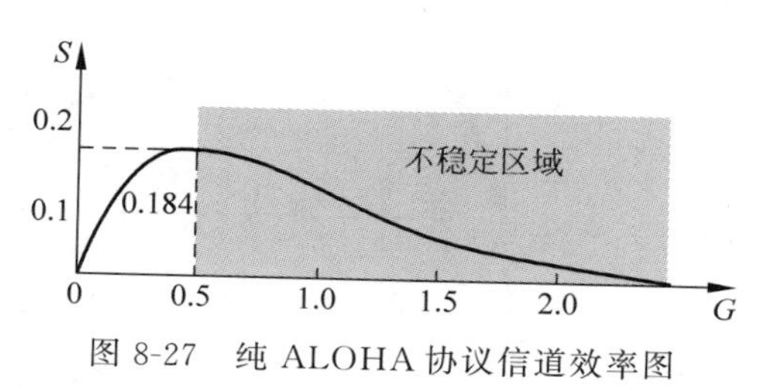

图 8-27 纯 ALOHA 协议信道效率图

2）时隙 ALOHA 协议

时隙 ALOHA 协议在 1972 年由 Robert 提出。针对纯 ALOHA 协议，若缩小易受破坏区间，就可以减少分组碰撞的概率，提高系统的利用率。如图 8-28 所示，其基本思想是把信道时间划分成离散的时间隙，隙长为一个帧所需的发送时间。每个站点只能在时隙开始时才允许发。当一个分组在某时隙到达后，它将在下一时隙开始传输，并期望不会与其他节点发生碰撞。常见的 RFID 技术都是采用时隙 ALOHA 协议。

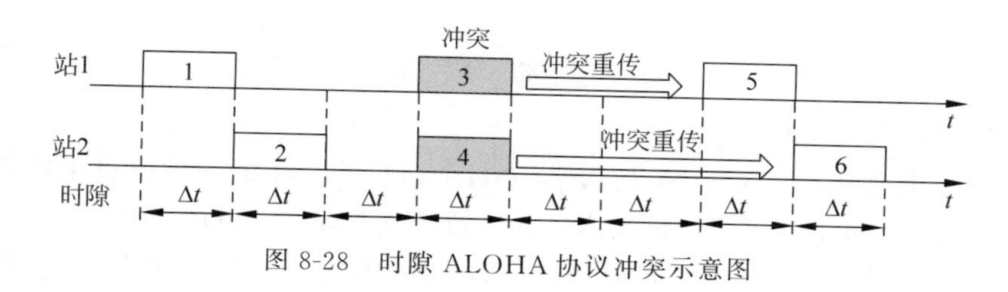

图 8-28 时隙 ALOHA 协议冲突示意图

时隙 ALOHA 协议冲突危险区是纯 ALOHA 的一半，所以 $S=Ge^{-G}$。当 $G=1.0$ 时，$S_{max}=0.368$。

与纯 ALOHA 协议相比，降低了产生冲突的概率，信道利用率最高为 36.8%。

图 8-29 为纯 ALOHA 协议和时隙 ALOHA 协议的通过率曲线。很明显，时隙 ALOHA 协议的最大通过率是纯 ALOHA 协议最大通过率的 2 倍。但是网络负载 G 也增加了一倍。G 越大重发帧数量越多，可以近似的理解系统的延迟越大。

【例 8-9】 若干 LoRa 终端用纯 ALOHA 随机接入协议与单信道 LoRa 网关通信，信道速率为 5.5kb/s。每个终端平均每 3min 发送 1 帧，帧长为 50B。问：系统中最多可容纳多少个终端？若采用时隙 ALOHA 协议，其结果又如何？

解：设可容纳的终端数为 N，每个终端发送数据的速率是

$$\frac{50\text{B}\times 8}{3\times 60\text{s}}\approx 2.2\text{b/s}$$

则 1 个归一化延时长度为 $t=1\text{b}/(2.2\text{b/s})=454.5\text{ms}$。

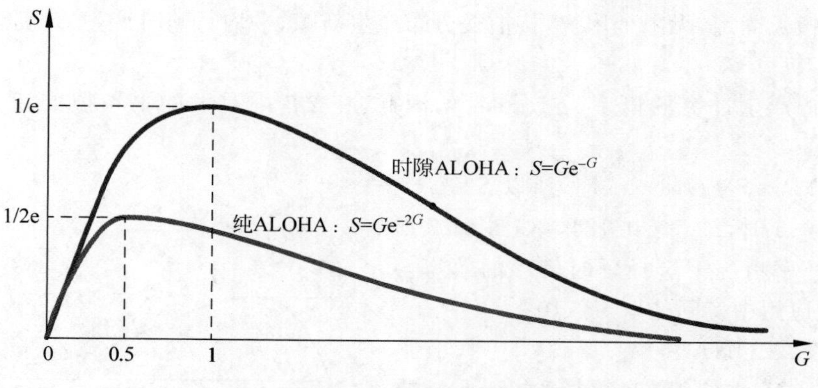

图 8-29 纯 ALOHA 与时隙 ALOHA 协议信道效率图

由于纯 ALOHA 系统的最大系统通过率为 1/2e，则有 LoRa 终端数量为

$$N=\frac{5500\times\frac{1}{2e}}{2.2}\approx 460\text{ 个}$$

若采用时隙 ALOHA 协议，最大通过率为 1/e，则有 LoRa 终端数量为

$$N=\frac{5500\times\frac{1}{e}}{2.2}\approx 920\text{ 个}$$

3）载波侦听型多址协议

载波侦听多址接入协议 CSMA 是从 ALOHA 协议演变出的一种改进型协议，它采用了附加的硬件装置，每个节点都能够检测（侦听）到信道上有无分组在传输。

基本思想：如果一个节点有数据要传输，它首先检测信道是否空闲，如果信道有其他数据在传输，则该节点可以等到信道空闲后再传输。

这样可以减少要发送的数据与正在传输的数据之间的碰撞，提高系统的利用率。

CSMA 协议分为三类：

（1）非坚持型（Non-persistent）CSMA（如图 8-30 所示）：①先监听信道，若信道忙，则退避一段时间后再监听；②退避时间内放弃监测信道。优点是减少了冲突的概率；缺点是增加了信道空闲时间，数据发送延迟增大。

（2）1-坚持型 CSMA（如图 8-31 所示）：①先监听信道，若信道忙，则退避一段时间；②退避时间内一直坚持检测信道状态，直到信道空闲再发送。优点是减少了信道空闲时间；缺点是增加了发生冲突的概率。

（3）p 坚持型 CSMA：①先监听信道，若信道忙，则退避一段时间；②退避时间内一直监测信道；③信道空闲之后，以概率 p 发送，以概率 $q=1-p$ 延迟至下一个时隙发送。若下一个时隙仍空闲，重复此过程，直至数据发出或时隙被其他站点所占用。

图 8-32 中有多种随机信道多址方案特性对比，其吞吐量 S 和网络负载 G 的关系曲线图展示出不同随机多址的理论信道效率关系。

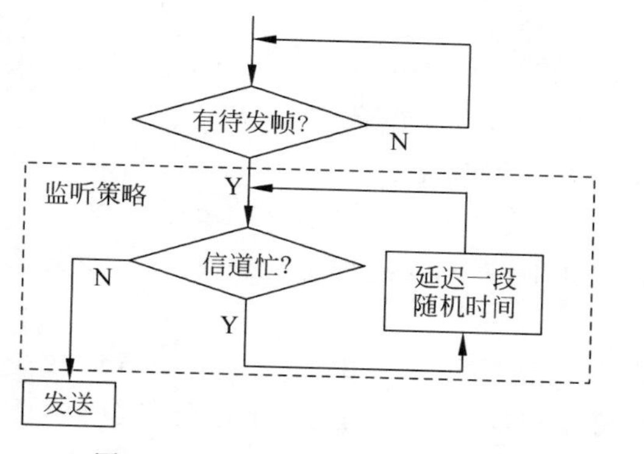

图 8-30 非坚持型 CSMA 示意图

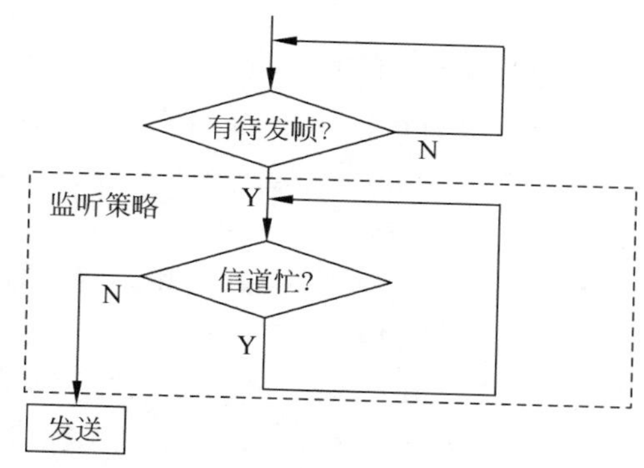

图 8-31 1-坚持型 CSMA 示意图

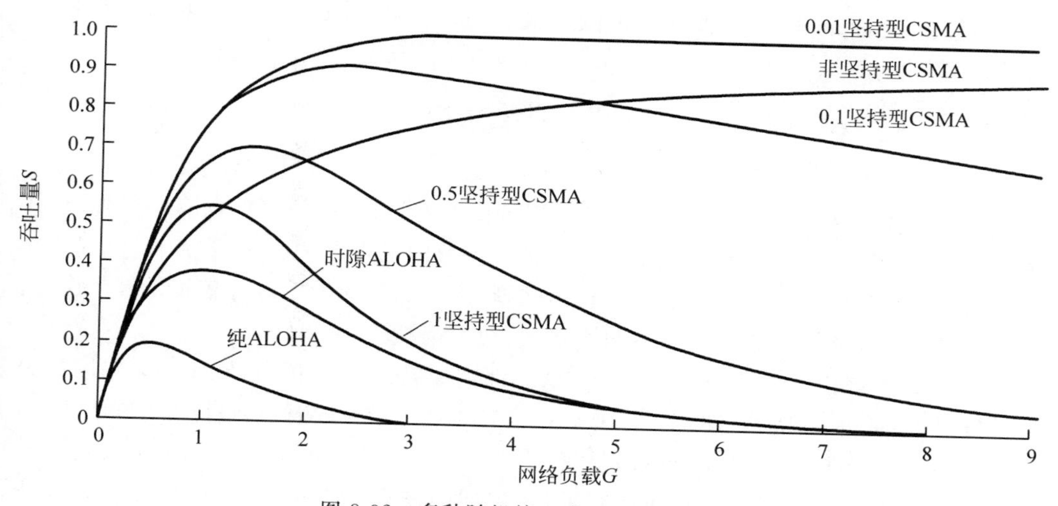

图 8-32 多种随机接入多址标准对比图

实际应用中选择信道效率等参数时，要选择 S 高点的左侧，且如果信道中的节点所发送的数据达到最高峰时，不可以再增加网络中的节点设备，否则会带来更多的冲突和吞吐量的下降。吞吐量 S 决定最大信道容量，而负载 G 决定了系统的平均延迟，在实际计算中可以近似理解 G 为系统的平均延迟。在实际应用中一般选择其理论吞吐量最大值的 50%作为信道上限。对于非坚持型 CSMA 的应用中选择可以忍受的最大负载 G（延时）对应的吞吐量 S 的 50%作为信道容量上限。

【例 8-10】 继续采用例 8-9 中的参数，在实际工程应用中，支持的 LoRa 终端设备数量为多少？此时的平均延时是多少？

解：我们只需要将例 8-9 中计算的理论值乘以 50%即可。

结论是采用 ALOHA 协议实际工程应用中支持 230 个设备，此时最大系统通过率为 1/4e；采用时隙 ALOHA 协议实际工程应用中支持 460 个设备，此时最大系统通过率为

1/2e。

将纯 ALOHA 中 $S_P=1/4e=0.09$ 和时隙 ALOHA 中 $S_S=1/2e=0.18$ 分别代入图 8-32 查询，得到 $G_P=0.2$，$G_S=0.3$。此时两种多址方式的平均延时 $t_{P\_average}$ 和 $t_{S\_average}$ 分别降低为 0.2 个归一化延时长度和 0.3 个归一化延时长度。

$t_{P\_average}=454.5\text{ms}\times0.2=90.9\text{ms}$，$t_{S\_average}=454.5\text{ms}\times0.3=136.4\text{ms}$。

从例题 8-9 中可以看出，在使用工程参数后，延时减小，信道稳定性提高，对于突发多数据情况有一定的容忍度。

【例 8-11】 在一个 LoRa 应用中，其终端设备采用非坚持型 CSMA，信道速率为 5.5kb/s。每个终端平均每 3min 发送 1 帧，帧长为 50B，系统平均反应延迟要求小于 0.15s。问该系统最多支持多少此类终端设备。

解： 归一化延迟 G＝容许延迟/帧长度$=0.15/[(50\times8)/5500]=2.06$。

从图 8-32 查询，$G=2$ 时，非坚持型 CSMA 对应的 $S=0.64$，在实际工程应用中取 50% 为信道上限，此时 $S=0.32$。

$$\frac{50\times8}{3\times60}\text{b/s}\approx2.2\text{b/s}$$

$N=5500/2.2\times0.32=800$ 个终端设备。

备注：上述讨论中的延迟信道容量都采用近似方式，与建模仿真数据有一些偏差，不过采用上述方式计算信道最大容量和平均延迟是最高效的工程方法。

上述讨论都是针对随机信道多址的信道选择方案，而针对固定多址信道的结果会不同，且一般情况下固定多址的理论信道容量会更大，更容易接近 100%。

其中 1-坚持型 CSMA 和 p 坚持型 CSMA 都需要持续监控信道，在 LoRa 应用中只能支持常带电设备，如 LoRaWAN 中的 Class C 设备。纯 ALOHA 和非坚持型 CSMA 是最简单的低功耗模式标准，是 LoRa 应用中最常见的方式，如 LoRaWAN 中的 A 类设备。其中时隙 ALOHA 由于具有时隙的时间控制，需要与网关进行时钟校准，可以应用于私有协议的主动上报加对时方案或 LoRaWAN 的 Class B 应用。

视频讲解

8.2.2 LoRa 信道计算

上一小节详细介绍了所有与 LoRa 通信技术相关的多址协议。本小节将结合 LoRa 应用和网络通过基础多址协议的理论分析 LoRa 的信道容量等问题，并提出解决方案。

1. LoRa 在多址技术上的特点

1）载波监听（侦听）CAD

根据载波侦听多址接入协议 CSMA 可发现，具有监听能力的设备其网络容量可以大幅增加。LoRa 终端节点芯片 SX126X 和 SX127X 系列芯片都具有 CAD 功能，只需要监听非常短的时间（一般为 2 个码元长度），就可以判断是否为当前编码和信道的数据，从而判断是否信道被占用。其检测方法并非传统技术的信号强度 RSSI 检测，而是通过 LoRa 相干解调的信号来判断，所以误判率低。CAD 的 LoRa 系统具有低功耗和碰撞概率低的特点。

在一个系统中的，存在载波监听失效的情况，若一个 LoRa 系统中有一个网关和两个终端节点。终端节点分别布置在网关的两侧，三个设备连成一条直线。设置两个节点的发射功率为刚好实现与网关勉强通信。一侧的终端节点发送数据时，另外一侧的终端节点无法监听到其占用信道，此时如果也发送数据，则会发生信道冲突，如图 8-33 所示。

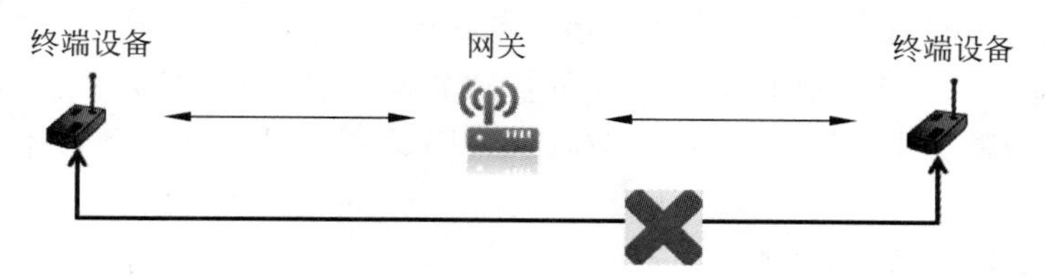

图 8-33　CAD 失败示意图

针对载波监听失效的情况，出现概率较低，对于智能家居等近距离应用失效率小于 3%，对于表计等深度覆盖的单信道应用中，监听失效的概率一般不到 10%；对于 LoRaWAN 的社区城市覆盖时，对于单个网关存在监听失效情况的概率为 10%～30%，但是由于为多网关协作透传 NS 解调的策略，在实际应用中不会引起任何丢包和重传，只是对信道容量有很小影响。

在实际应用中 CAD 的使用叫作先听后说（Listen Before Talk，LBT），中国的无线电管理规范中建议使用 LBT 功能以减少信道的相互干扰。

2）扩频因子正交 CDMA

LoRa 的信号在不同的 SF 与 BW 组合下调制模式都是相互正交的，可以使用 CDMA 方式进行数据传输。

在相同的一个信道内，BW 不变的情况下，可以通过改变扩频因子 SF 实现多路正交数据互不干扰传输。扩频因子的选择从 SF＝5～SF＝12 共计 8 种多址；每个多址对应的通信速率也不相同。

如果考虑一个带宽内使用不同的 BW，则 LoRa 信道会更多。比如在一个 500kHz 的带宽内，可以采用 BW＝500kHz/250kHz/125kHz/62.5kHz 等多种 BW。即使只选择 BW＝500kHz/250kHz/125kHz 这三种情况。500kHz 信道可以作为 1 组 BW＝500kHz 通道的 SF＝5～SF＝12 的 8 种多址，同时 500kHz 信道支持两组 BW＝250kHz 通道和四组 BW＝125kHz 通道，可以承载的 LoRa 通信多址共有 8×(1＋2＋4)＝56 个。

3）冲突解调功能

无论 LoRa 终端节点芯片还是网关芯片都具有冲突解调功能。芯片具有同信道抑制功能（Co-channel Rejection），当一个信道内同时进入两条或多条同样带宽和扩频因子的不同终端节点数据时，存在正确解调其中一组数据的能力；若其中一个数据的信号强度比其他数据信号强度大 6dB 以上，可以正确解调这组数据。当此情况发生时，被解调的信号可以收到网关下行 ACK 确认帧，未被解调的信号会被重发。

在 LoRa 传输私有协议应用中两个终端节点传到网关的数据信号强度差距比较明显，

从统计角度分析，可以在发生碰撞时解调出一个信号的概率大于60%。这个概率数字是一个经验值，根据不同的应用和实施环境会有所不同，这跟节点距离网关的距离分布概率相关。

在LoRaWAN协议中，使用ADR后，会有归类效应，网关收到的信号强度也比较类似，此时发生碰撞(同BW、SF)解调出一个信号的概率约为40%。

上述的经验参数对于评估信道容量提供基础数据，应用中计算需要根据实际情况进行调整，比如节点部署都非常接近时，这些节点进入网关的信号强度差距就不大，冲突解调率就会下降。

2. 私有协议LoRa网络信道

LoRa私有协议网关一般使用节点芯片实现，每个节点芯片在同一时刻只能接收或发送一组固定的BW/SF组合(收的组合可以与发的组合不同)，上下行通信的中心频率可以不同，这些都是私有协议内部商定的。信道容量主要跟BW/SF设置影响的LoRa传输速率相关，上下行中心频率对于信道容量性影响不大。

在常用的私有协议应用中，其BW常用125kHz或者250kHz，SF选择为SF=7～SF=11。其常见速率为0.5kb/s～10kb/s。LoRa私有协议中节点类型基本相同，设备具有同样的功能以及包长度，所以使用单信道网关管理非常方便，而针对大量随机应用的网络一般使用LoRaWAN网络。

私有协议LoRa网络根据应用不同，分为主动问询模式、固定多址时分复用TDMA和随机多址非坚持型CSMA。

1) 私有协议主动问询模式

主动问询模式采用下行通道控制方式，终端节点需要有一定的实时响应特性，一般为常带电的电表或电气设备的控制管理，或者为智能锁之类的可唤醒设备的控制管理。主动问询模式针对后者需要考虑其功耗，不可以过频繁地下行问询。

常带电设备主动问询模式下信道利用率最高，网关每次通信主动下行问询一个终端设备，收到应答后再下行问询第二个终端设备，当遇到丢包时重发数据包。不会出现竞争和冲突的现象。在理想情况下，该系统中只有一个网关会主动发送数据，不会出现冲突和信道干扰情况。当丢包率为0时，信道的容量使用率为100%，实际应用中需要考虑丢包率的情况，所以信道容量使用率不会达到100%。

【例8-12】 一个LoRa智能空调数据管理项目，网关每隔5s问询场区内所有智能空调的用电数据，已知网关问询命令包时长为20ms，智能空调上行数据包时长为100ms，网关和智能空调反应时间忽略不计，在丢包率为5%的环境中，最多可以容纳多少智能空调？

解： 一次双向通信时长为20ms+100ms=120ms，发生丢包时，网关会主动下行重发。

$$N=5/0.12\times(1-0.05)=39.6$$

所以本项目最大可以支持39个智能空调同时工作。

对于智能门锁这类唤醒型低功耗应用网络，每个终端设备使用频次非常低，对信道容量使用率问题不做讨论，一般需要考虑的重点是如何保证低功耗和实时性。一些智能水表和智能气表也采用这种策略问询指定设备状态或控制状态，同样主要考虑功耗和实时性。具体讨论在5.1.2节中有详细分析和介绍。

2）私有协议固定多址分析

在表计等私有协议应用中，常使用的是固定多址时分复用TDMA的方式。每个终端节点被编号，然后配置在指定的时隙内通信。可以采用终端节点主动上报，网关下行确认的方法，也可以采用在时隙内终端节点打开接收窗口，接收网关下行命令后再上行数据的方法。两种方法大同小异，多数采用前一种方法。由于存在一定的丢包率，一般需要预留至少10%的时隙作为丢包后重发的时隙，预留时隙百分比跟丢包率相关，丢包率越大需要预留的重发时隙越多。由于每个设备内部晶振存在偏移现象，每次通信过程中都必须进行对时，且每个时隙中要预留晶振偏移的偏差时间，一般预留最大偏差的2倍以上。终端设备发包频次越高，且时钟偏差越小，预留偏差时间越小，信道使用率越高。

【例8-13】 一个LoRa智能电表项目中，要求每1min上传一次数据，每次上下行通信需要占用100ms时间，丢包率为1%。LoRa网关和终端使用频率偏移为30×10^{-6}的晶振。请问：每个时隙的长度应该如何设定，最多可以容纳多少智能电表？

解： 频率偏移为$60\text{s}\times30\times10^{-6}\times2=3.6\text{ms}$（这里乘以2是因为存在网关和终端节点频率偏移方向相反的情况）。预留保护时间带为$3.6\text{ms}\times2=7.2\text{ms}$（时隙时间偏差可能存在前偏和后偏两种情况）。

总时隙长度为$100\text{ms}+7.2\text{ms}\times2=114.4\text{ms}$。

丢包率为1%比较低，选择10%的预留时隙即可。

总信道可以容纳的电表为$N=60\text{s}/114.4\text{ms}\times(1-10\%)=472$个。

此时的$S=100\text{ms}/114.4\text{ms}\times(1-10\%)=78.7\%$。

如果实际应用中的终端节点数量大于其信道最大容量，可以通过增加频率信道的方案，可以理解为时分复用加频分复用。当网关内增加一组节点模块后，可以在两个频段分别进行数据接收，原有的分组时隙数量可以直接翻倍，原有的终端设备可以一半规划到新的频率信道上。如例8-13中需要容纳1000个LoRa电表，则可以更换为三信道网关。采用三信道网关后，可以容纳$472\times3=1416$个电表。

3）私有协议随机多址分析

在私有协议智能家居应用中，一般采用非坚持型CSMA协议。如果还有人使用纯ALOHA协议，应尽快切换为非坚持型CSMA协议。在前文中我们对该方法进行了分析。实际应用中大家对智能家居的容量问题非常关心，主要关心的是复杂环境下的表现，比如同时有多个设备在上报数据或多个开关被打开这样的多并发环境下的稳定性和延迟特性。一般考虑在极短时间内有多个智能家居设备被触发并同时上行数据，此时相当于对CSMA协议中对G的延时要求更高。此处不讨论下行控制环节，因为系统下行数据量远小于上行数据量，若单信道网关遇到下行数据过多影响上行接收时（半双工芯片，发送下行信号无法同时接收数据导致丢包和重发），可以通过使用两个终端节点芯片改为双信道全双工网关。

【例 8-14】 在一个 LoRa 智能家居应用，其终端设备采用非坚持型 CSMA，信道速率为 5.5kb/s。上行帧长为 50B，下行确认帧长度可以忽略，CAD 失效率为 3%；平均每个设备每分钟发射一个数据帧，系统平均反应延迟要求小于 0.1s。问最多可以支持多少个智能家居设备。

解：归一化 $G=0.1/[(50\times8)/5500]=1.38$

通过图 8-32 查询，$G=1.38$ 时，非坚持型 CSMA 对应的 $S=0.52$，在实际应用中取 50% 为信道上限，此时 $S=0.26$。考虑 CAD 失效率百分比对信道上限影响因子为 0.8，则修正后 $S=0.26\times(1-3\%\times0.8)=0.25$

$$\text{平均速率}=\frac{50\times8}{60}\text{b/s}=6.67\text{b/s}$$

所以可以支持的智能家居终端设备为

$$N=5500/6.67\times0.25=206\text{ 个}$$

采用 LoRa 作为智能家居应用中最常用的信道速率为 5kb/s 左右，LoRa 参数为：SF=7，BW=125kHz；或 SF=8，BW=250kHz；或 SF=9，BW=500kHz。

在固定多址应用中例 8-13 的信道最大容量 $S=78.7\%$，而例 8-14 中随机多址环境下只有 $S=25\%$。在 LoRa 网络系统中选择固定多址方案网络容量为随机多址方案的 2～3 倍。有些应用无法都选择固定多址的原因是物联网的碎片化，尤其是在 LoRaWAN 的大网络中，有各种不同的设备按照不同的频次规律发送不同长度的数据包，无法固定时隙。

3. LoRaWAN 网络信道

LoRaWAN 的网络信道集成了 LoRa 所有通信和多址的优点，包括 CAD 技术的随机多址 CSMA，扩频因子正交的码分复用 CDMA，卓越的冲突解调能力。LoRaWAN 信道容量大，面对复杂应用鲁棒性强等优点明显。当进行信道模拟计算时，这些影响参数较多，再加上网关的芯片不同和构造不同(16 信道、64 信道网关)，其信道复杂度较大。本节只能通过近似的手段来计算和评估。

1) LoRaWAN 技术模式分析

由于 LoRaWAN 一般有 8 条信道，且每个信道是相互独立的，因此只要从一个信道入手，计算其容量后，再乘以 8 就是整个 LoRaWAN 网关的容量了。如果是 16 信道或 64 信道网关直接乘以信道数即可。备注：实际上网关芯片 SX1301 的 8 条物理信道和 8 个解调通路是相互独立的，对于解调通路来说，不关心 LoRa 信号从哪个信道进入的，只关心进入的信道频率和扩频因子组合个数。不同频率和不同扩频因子的信号组合两两正交，LoRaWAN 可能存在的正交信号共计 48 种可能(8 信道×6 种 SF)。SX1301 的 8 条物理信道中进入的所有信号最后都会在 8 条解调通路进行解调，如果同一时刻进入的正交信号数量大于 8 种，则只能解调 8 种，丢弃其余的数据包。由于独立 8 信道网关模型和整体 8 信道网关模型对于网络容量的计算结果差距不大，为了方便模型分析，才会采用这种近似的理解方式。

下面从 SX1301 的一个信道进行分析。首先需要统计 LoRaWAN 网关覆盖区域内的所有终端节点的发包长度、ADR后的扩频因子、发包频率这些参数。通过LoRa计算工具可以查出LoRaWAN模式下不同扩频因子对应的传输速率，并计算出每个终端节点的每个包的飞行时间，然后进行加权平均和数据处理。

处理方法为：将一段时间内，比如1周内，所有的LoRaWAN终端节点上行数据包采集下来，记录总的数据包个数 $N_{SF_{total}}$，所有数据飞行时长加权统计 $\sum_{n}^{1} t_i$。我们可以通过统计学的方式进行平均分析，目的是把不同长度进行统一方便计算。把所有的终端节点看成一种相同的节点，其平均飞行时间 $t_{average}$ 及频次 $f_{average}$ 为

$$t_{average}=\frac{\sum_{n}^{1} t_i}{N_{SF_{total}}}$$

$$f_{average}=\frac{N_{SF_{total}}}{T}$$

2）信道容量推导

此时信道收到的信号可能是相同扩频因子，也可能是不同的扩频因子。如果是相同的扩频因子，则CAD功能的CSMA起主要效果，不太会出现信道中同扩频因子现象。所以当信道中同时有两个或多个信号出现时，大概率为不同的扩频因子，对于SX1301的接收机可以同时解调不同的扩频因子(同时不超过8个)。此时的信道容量与非坚持型CSMA标准非常相似。这里需要注意，如果不同的扩频因子数据碰撞时无法解调且互相影响，则信道容量接近纯ALOHA标准。我们按照非坚持型CSMA对SX1301的单信道进行分析，此时已有 $t_{average}$ 和 $f_{average}$；由于物联网应用对延迟要求不高，G 可以选择3倍的 $t_{average}$。通过图8-32查询 $G=3$ 时，$S=0.72$。选择信道极限容量的一半 $S=0.36$，则网关单信道可以容纳节点数量为

$$N_0=\frac{1}{f_{average}\cdot t_{average}}\times 0.36$$

那么8信道的SX1301网关可以支持的节点数量为

$$N=\frac{1}{f_{average}\cdot t_{average}}\times 0.36\times 8$$

经过一些应用统计，常用的智慧社区和智慧表计等LoRaWAN统计数据不同。

智慧社区：$t_{average}=250\text{ms}$，$f_{average}=3.0\times 10^{-4}$。

智慧表计：$t_{average}=400\text{ms}$，$f_{average}=2.7\times 10^{-5}$。

针对于智慧社区：$N=38400$ 个终端设备。

针对于智慧表计：$N=267000$ 个终端设备。

很显然，LoRa网关的容量非常大，现在已经架设的LoRa网关依然有很大的余量来支持更多的应用。这是因为智慧社区和智慧表计中的设备每天的发包频率很低，比如智能烟感每天只发三次数据包，而表计每天只通信1～2次。

网络容量也可以通过支持多少条数据作为评判标准,一般采用天为单位,

$$N_{\text{message}} = 24 \times 3600 \times S \times 8 \div t_{\text{average}}$$

对于表计应用,一个 SX1301 网关每天可以支持 $N_{\text{message}}=62.2$ 万条上行数据。

备注:上述计算均为只考虑上行信道的推导计算,SX1301 芯片是上下行非对称结构(8 路上行,1 路下行)。未做下行信道扩容的标准 SX1301 网关,信道容量的最大值由下行信道决定,其下行信道模型等效为 $S=0.8$ 的单信道多址。

在智慧表计的讨论中,如果考虑下行通道影响,若下行通道的 $t_{\text{down\_average}}=250\text{ms}$(一般下行数据多为确认帧,包长较短),则

$N_{\text{down\_message}}=24\times3600\times S\div t_{\text{down\_average}}=24\times3600\times0.8\div250\text{ms}=27.6$ 万条下行数据。

在考虑下行信道后,系统的容量有所降低,但是依然足够大。这也是 SX1301 芯片设计采用 8 路上行 1 路下行的原因。在一些下行较多的应用中,可以通过节点芯片扩充方式实现多路下行网关。

3) 其他网关信道容量

如果使用的是多信道的 SX1301 网关,如 16 或 64 信道,可以直接看使用了几个网关基带芯片 SX1301,则直接将 N_0 的计算结果上乘以几。

针对 SX1302 芯片,由于支持 SF=5 和 SF=6 高速率的扩频因子,其信道容量可以近似认为是 SX1301 的 3 倍:

$$S_{\text{SX1302}} = S_{\text{SX1301}} \times 3 \quad (\text{支持 SF}=5 \text{ 或 SF}=6)$$

在 SX1302 与 SX1301 都使用同样 SF=7～SF=12 的扩频因子时,可以近似地认为比 SX1301 信道容量增加了 30%。

$$S_{\text{SX1302}} = S_{\text{SX1301}} \times 1.3 \quad (\text{不支持 SF}=5 \text{ 或 SF}=6)$$

在 LoRaWAN 应用中,信道容量其实是非常充足的,关键点还是在于信号覆盖问题。LoRa 的信道容量很大,一般只有在高频数据包的私有协议网络应用中,才需要仔细计算网络容量。

视频讲解

8.2.3 LoRa 应用中的信道优化策略

在多址协议的信道容量分析中,我们发现固定多址的频道容量明显优于随机多址的信道容量。而且我们已经知道,在 LoRa 网络系统中选择固定多址方案网络容量为随机多址方案的 2～3 倍。因此在提升 LoRaWAN 的网络容量方法中,可以将一些有规律的终端设备转换为固定多址网络,从而减小延迟提高信道容量。

1. 动态速率条件下的长包发送解决方案

根据 LoRaWAN 协议,低速率条件下允许发送的包长度只有 51B,如表 8-5 所示。许多 LoRaWAN 应用中的传感器会缓存当前状态(称为一个长数据包),一次发送。

表 8-5　LoRaWAN 扩频因子与包长度表

SF	M/B	N/B
12	59	51
11	59	51
10	59	51
9	123	115
8	230	222
7	230	222

当数据包很长时会出现两个问题：一个是数据包长度超过 1s 不符合无线电管理规范；另一个是数据包太长了其丢包率会大幅上升。举例说明，一个飞行长度为 t 的数据包其丢包率为 10%，那么飞行长度为 $5t$ 的数据包丢包率为 $1-(1-10\%)^5=41\%$。根据上述的两个原因，必须采用分包传输的方法。但是分包传输也有缺点，每次发包都需要收到网关的下行确认帧，根据 LoRaWAN 协议，这个确认帧的接收至少需要 1s 的等待时间，如此操作大大降低了通信的效率。

图 8-34 所示为一种针对长包发送的解决方案：

- 针对不需要及时发送的数据缓存当前待发长数据包；
- 根据当前速率按照最大数据长度截取数据包长；
- 截取数据包后分帧完成发送；
- 服务器端校验数据完整性，下发请求重传命令。

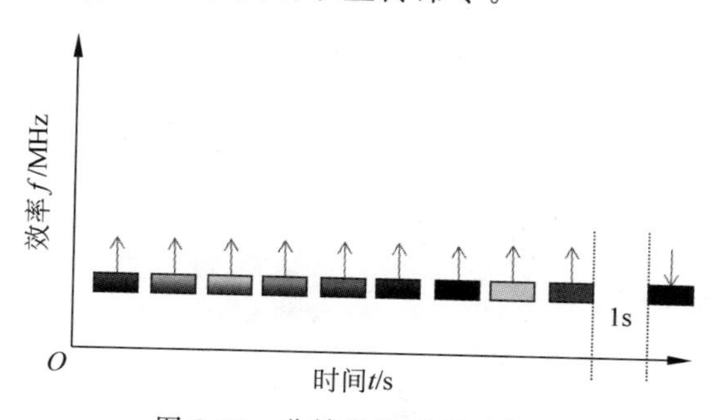

图 8-34　分帧发送时序示意图

采用这种策略的优势是少了网关与终端节点的通信等待。实施操作也非常方便，只要终端设备中配置好此种程序，在每一帧的数据格式中标识出为被截取的第几个数据帧，最后需要在 NS 上进行配置，当读取到特定参数的数据帧后，不做下行控制，直到读取到指定数据帧后定时应答。为了防止由于最后一个数据包错误而丢失网关下行应答时间，可以在不同的帧内包含相应时间参数。一般每帧内都包含以下数据：本次发包一共几个数据帧，当前是第几帧，即使最后一帧数据丢包，依然可以准时下行应答并下发重传指定数据包的指令。

LoRaWAN 实际测试数据如下：

- 采用 SF=12、125kHz 和 SF=7、125kHz 两种不同参数传输 2KB 数据，在丢包率为

0 的情况下传输时间分别为 120s 和 15s。

- 采用 SF=12、125kHz 和 SF=7、125kHz 两种不同参数传输 2KB 数据，在丢包率为 10%的情况下传输时间分别为 180s 和 25s。

2. 电池供电设备的群组实时控制解决方案

在 LoRa 的应用中，经常有多个低功耗设备下行控制的需求，比如智慧酒店的多个门锁需要同时打开，或如图 8-35 所示的智慧喷水，需要同时开启多个喷水器，尤其是在设备固件升级 FUOTA 时，升级时间过长和功耗的问题非常严重。我们知道组播通信是能应用于 Class C 设备的，针对 Class B 设备其实也可以利用这个功能。

图 8-35 LoRa 智慧喷水设备示意图

针对上述问题，提出了下行广播群组方案。在设备入网时就编入指定群组，且在群组内每个设备有自己的编号，这个编号是用于时分双工 TDD 应答时的时隙选择。如图 8-36 所示，当网关下行组播指令，终端设备收到组播命令后确认与自己相关，并执行相应操作，操作成功后计时器开起。当计时器时间到达自身编号所对应的应答时隙时，上行应答确认包。网关则持续打开接收通道，将时分的上行确认数据一个个地接收。当系统丢包时，网关可以针对丢包的终端设备单独发标准下行命令与之通信。

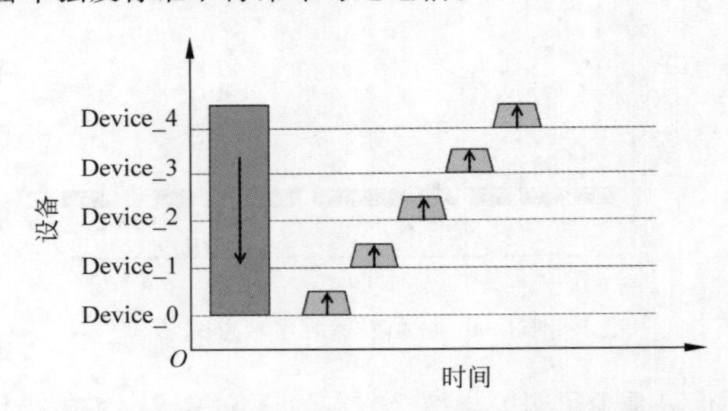

图 8-36 LoRaWAN Class B 设备组播通信组播图

在智能家居和智慧灯控等应用中，此类群组广播、TDD 应答为最好的解决方案，尤其针对有下行事件较长或下行设备很多的情况。

该方案基于 LoRaWAN 标准的扩展特性，具有如下特点：

- 默认每个编组最多支持 253 个设备；
- 确认广播包下行发送（协议层自动处理握手）；
- 节点侧基于 TDMA 算法的自动回复机制；

- 基于 IDMap 的节点点名回复机制，提升多播组传输效率。

该方案在 LoRaWAN 不同场景中使用的实际测试耗时如下：

- Class B 组播指令：Class B 模式采用 SF＝12 确认下行的传输时间为 3～6min（253 个设备，冗余传输保证 100％的成功率）。
- Class C 组播指令：Class C 模式采用 SF＝12 确认下行的传输时间为 2～4min（253 个设备，冗余传输保证 100％的成功率）。
- Class C 广播文件：Class C 模式采用 SF＝10 传输 32KB 文件耗时为 15～30min；采用 SF＝12 传输 32KB 文件耗时为 50～90min（253 个设备，冗余传输保证 100％的成功率）。

3. 短时隙内高并发通信的防冲突解决方案

8.2.2 小节介绍的 LoRaWAN 随机多址协议，在多数应用中其信道容量是足够的。但是在工业设备状态监控的应用中，多设备、多传感器并行上报情况很多，对系统信道容量有一定的要求。

这时可以参考私有协议固定多址策略，将原有的无序随机多址协议转化为固定多址的协议即可。图 8-37 所示为进行固定多址的时分多址和频分多址。如果系统内有不同的 SF 数据，可以分成不同时隙类别占用不同信道。比如 SF＝7 占用信道 CH0～CH4；SF＝8～SF＝10 占用信道 CH5～CH7。

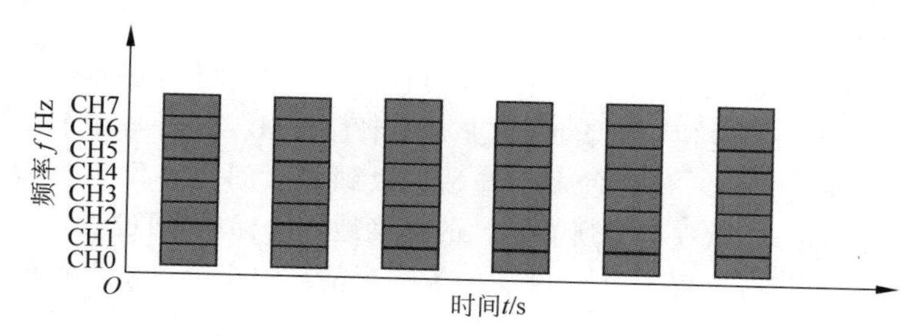

图 8-37 LoRaWAN 数据帧规划示意图

该方案策略是当设备入网时与网关同步，并在此时分配时隙。之后设备会根据时隙进行数据上行，并定期与网关进行时钟同步。时隙的管理和分配都是由 NS 统一执行的。采用此策略后，完全解决了系统内信号阻塞和相互干扰问题。与私有协议固定多址策略同样需要注意预留 10％左右的丢包重传时隙。一般保证预留时隙为丢包率 5 倍以上，如丢包率 2％，则需要至少 10％的预留时隙。采用此策略 LoRaWAN 网络信道容量可以提升到原来的 2～3 倍。

8.3 定位技术

LoRa 是一种底层的调制技术，其主要作用是物联网通信。不过，许多 LoRa 从业人员也使用 LoRa 作为定位的手段。毕竟物联网，总要知道“物”在哪里。LoRa 应用于定位技术

手段非常有限，主要是通过基站定位、测距定位和配套其他技术定位三种方法实现。

8.3.1 LoRa的基站定位技术

LoRa基站定位有两类方式：一类是单基站区域定位；另一类是多基站到达时间差或信号强度定位。LoRa基站定位一定是在一个大的LoRaWAN系统中的，保证有多个LoRa室外基站且一定区域全覆盖的应用场景，如果有室内网关，则有促进效果。

1. 单基站区域定位

单基站区域定位很简单，如图8-38所示，每个建站都有自身的一个覆盖范围（蜂窝六边形）。当一个LoRa设备与基站（基站）进行通信时，可能一个或多个LoRa基站收到该终端设备的信号。NS会判断出这些基站中RSSI最强的一个，并要求该基站进行下行通信。因此可知该LoRa设备距离最近的基站，就在这个基站覆盖的蜂窝六边形内。

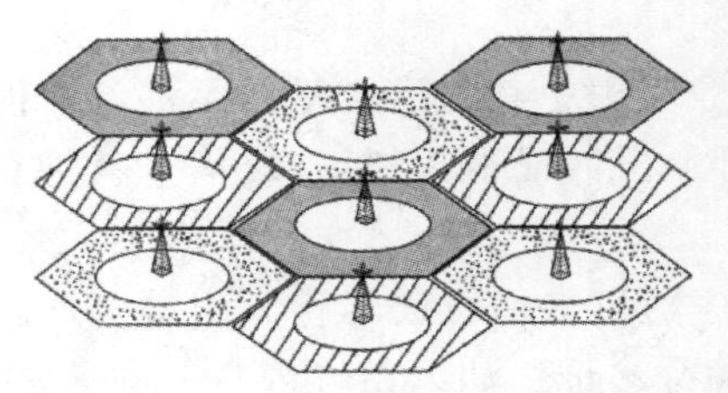

图8-38 单基站区域定位示意图

单基站定位方案非常简单，不需要经过计算，缺点是精度很差，尤其在城市环境中信号的绕射严重，接收信号最强的网关不一定是距离最近。在有室内网关接收到该设备信号时，定位相对更准确，因为室内网关覆盖范围较小。

2. 多基站定位

到达时间差（Time Difference of Arrival，TDOA）定位和信号强度（Received Signal Strength Indication，RSSI）定位非常类似，都是通过评估LoRa设备与几个基站的相对距离（至少三个基站）。到达时间差是通过多个基站接收到的时间差转化为距离差，$\Delta tc=\Delta d$。时间差乘以光速等于距离差，在已知所有基站的准确地理坐标后，通过等差半径圆形的平面几何的计算，可以算出相对位置。图8-39所示为三个基站的定位图和几何图。

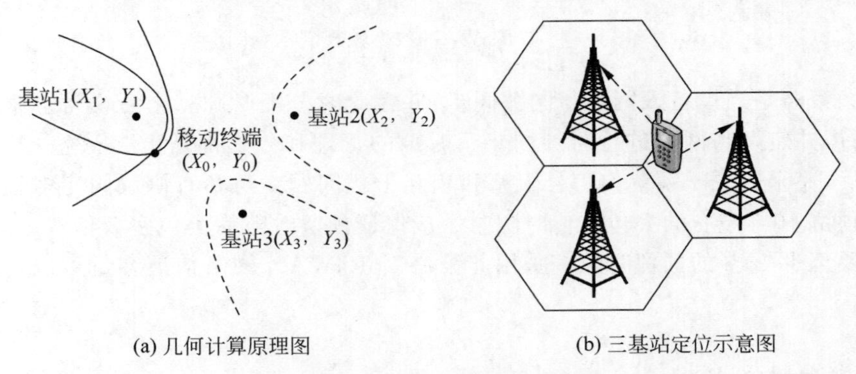

图8-39 TDOA定位图和几何图

RSSI的定位方式与TDOA基本相同，当一个设备信号进入多个基站透传到NS后，NS会得到每个基站解调该定位设备的RSSI。在8.1节中我们学习了射频信号传播时会发生损耗，传播越远损耗越大，则接收到的 RSSI 越小。通过多个 RSSI 的差值，可以反算出该定位设备距离不同网关的相对距离比例。由于已经知道了几个网关的准确地理坐标，通过等比半径圆形的平面几何计算，可以算出相对位置。用于 TDOA 定位的 LoRa 基站为 4.3.1 小节中介绍的带有 FPGA 和 DPS 的 V2.1(E467)网关，其外部 DSP 可以提供精度更高的时间戳数据，这是因为 SX1301 内部的时间戳误差很大约为 8μs。

影响定位的因素有两方面，分别是外部因素和内部因素。

(1) 外部因素指的是定位时周围的环境，比如在城市中有较多高楼对信号造成遮挡，从而影响电磁波的直线传播。TDOA 和 RSSI 定位算法都是通过直线最短的方案计算的，当发生反射、绕射等情况时，计算结果会出现较大误差。相对而言，城市的多径和衰落对 LoRa 信号强度的影响更大，对到达时间影响相对较小。环境因素(470MHz LoRa)对于定位精度影响很大：在城市中，TDOA 定位误差影响为 100～500m；RSSI 定位误差影响 150～1000m。在农田或草原地区 TDOA 定位误差影响为 30～100m；RSSI 定位误差影响 50～300m。

(2) 内部因素指 LoRa 基站在接收终端设备的信号时，时间戳的精度和解调信号强度的精度。TDOA 在定位时，终端 LoRa 信号飞行到不同基站的时间差精度决定了系统的精度。当 LoRa 信号进入基站后，基站会在收到的刹那打上时间戳，并传到 NS。基站内部的时钟是通过 GPS 授时的，其 GPS 时钟精度为 1ns 级别。我们可以简单计算一下，光速为 3×10^8 m/s，1ns 时间光传播 0.3m，GPS 授时对定位误差影响非常小。但是 V2.1 网关的时间戳的误差为 1μs，意味着 TDOA 误差有 300m。这里给大家普及一下 GPS 授时的精度和网关时间戳的精度的问题：类比于人拿着秒表，对 100m 赛跑运动员进行计时，虽然你拿的秒表精度为 1ms，但人按下秒表的误差为 100ms，那么 100m 赛跑的计时精度为 100ms。此例子中的秒表精度类比为 GPS 授时精度；而计时员掐表的动作精度类比于网关打下时间戳的精度。对于 RSSI 定位，内部因素为接收机对信号强度的解调，由于信道中有各种干扰信号，相干解调后的 LoRa 信号强度也会有 2～3dB 的偏差，在远距离通信中，2～3dB 的距离差距占 30%左右。

表 8-6 是在深圳进行的一次 LoRa 多基站定位测试结果。测试地点在深圳南山区，基站布置也非常密集，平均基站距离 500m。测试方法为多点对比 GPS 位置信息，并多次取平均值。

表 8-6 多基站定位实测数据

基站数/个	TDOA 定位误差/m	RSSI 误差/m
5	461	748
4	718	787
3	948	950

从数据中可以看出，使用越多的基站参与定位，其系统精度越好。上述 RSSI 测试误差在预料范围之内，采用 470MHz 频段在大城市的中心区进行 RSSI 定位，其精度很难提升。

TDOA 精度较差的主要原因是网关的时间戳的误差大以及深圳市区的高楼建筑太密集，这样的系统误差很难实现较高精度的定位。采用 LoRa 的 TDOA 定位，在空旷的农田和原野中测试的平均定位误差为 150m，在一般城市中的误差为 250m。

从内部因素考虑，时间戳精度问题是因为 SX1301 芯片在设计之初并没有考虑定位的需求，其时间戳是为了实现 LoRaWAN 协议中下行数据的定时器。相信 Semtech 公司后续开发的 LoRa 网关芯片可以具有高精度的时间戳功能。

注意：在多基站定位时，测距设备一般不要打开 ADR 功能，尽量让更多的基站接收到它的数据，越多的基站参与定位，其定位精度越好，系统误差越小。

8.3.2 LoRa 测距定位技术

LoRa 的 2.4GHz 芯片具有飞行时间（Time of Flight，TOF）测距功能，当使用三个 SX1280 芯片作为网关时，一个终端节点可以分别与这三个网关进行通信和测距。其中网关作为主机，终端作为从机，三个网关把测距的结果传到后台，后台知道这三个网关的位置，通过计算可以得到终端节点的位置。这种测距方法也叫作到达时间测距法（Time of Arrival，TOA）。

采用 SX1280 的 LoRa 芯片进行 TOF 方式测距，在没有遮挡的环境中可以做到米级的精度，室外工作距离范围为 20～2000m。

当然 SX1280 定位缺点也很明显，由于该系统不具备 LoRaWAN 网关的协同接收功能，每次定位，该终端节点必须与多个网关进行通信，既消耗了时间也增加了功耗。同样，网关也要不停地忙碌于选择需要定位的终端，多次 TOF 定位，其信道容量非常小。由于使用的是 2.4GHz 频率，在城市内干扰也很多，信道占用率很高。再加上 2.4GHz 波长短，绕射能力差，在复杂室外环境中传播距离受限。

所以一般情况下基于 LoRa 2.4GHz 芯片的定位虽然精度好，只应用于工业、矿井、隧道和室内及园区的场景中，对于较大范围的定位应用非常吃力。

8.3.3 LoRa 配合其他定位技术

LoRa 天生是一个通信技术，在定位上可以与其他的技术相结合。传统的定位技术有全球导航卫星系统（Global Navigation Satellite System，GNSS）定位和 Wi-Fi、蓝牙定位。

当 LoRa 技术与上述技术结合后，可以将采集到的 GNSS 信息或 Wi-Fi 和蓝牙 ID 通过 LoRa 传输到后台，后台经过计算或数据库查询得知该设备的位置。与手机结合 GNSS、Wi-Fi、蓝牙定位的原理大同小异。只是采用 LoRa 技术后为了减少功耗，对 GNSS、Wi-Fi、蓝牙的定位软、硬件进行了优化，不再具有发射模式，且 LoRa 向后台传输的数据包也进行了缩减。图 8-40 为一些 LoRa 定位终端的说明书。有的设备为了省电，增加了 MEMS 器件。只有当设备震动时才发起定位，因为没有震动发生该设备的位置不会发生变化。通过这样的方式可以延长设备的寿命。

产品名称	一次性电池定位终端	可充电定位终端	长续航蓝牙信标	可穿戴定位终端
产品图片				
产品型号	LOT GA60-T	LOT GA70-T	LOT BA60-T	LOT CA20-T
尺寸	76mm×59mm×28mm	76mm×59mm×28mm	76mm×59mm×28mm	105mm×68mm×7.8mm
材质	PC/ABS塑料；内嵌铜螺柱；橡胶垫圈	PC/ABS塑料；内嵌铜螺柱；橡胶垫圈	PC/ABS塑料；内嵌铜螺柱；橡胶垫圈	PC/ABS；硅胶
三防	全密封设计，工业级防水防尘	—	全密封设计，工业级防水防尘	—
工作温度	−30℃~70℃	−20℃~60℃	−30℃~70℃	−20℃~60℃
供电	6000mAh锂亚一次性电池	1500mAh可充电锂亚电池	3000mAh锂亚一次性电池	850mAh可充电锂亚电池
续航	LoRa信标定位：5分钟一次，5年 蓝牙信标定位：5分钟一次，5年 GPS定位：30分钟一次，2年	LoRa信标定位：5分钟一次，1年 蓝牙信标定位：5分钟一次，1年 GPS定位：30分钟一次，6个月	500ms广播一次，续航10年	LoRa信标定位：5分钟一次，8个月 蓝牙信标定位：5分钟一次，8个月 GPS定位：30分钟一次，4个月
硬件配置	LoRa、GPS、蓝牙、MEMS	LoRa、GPS、蓝牙、MEMS	蓝牙	LoRa、GPS、蓝牙、MEMS、SOS按键

图 8-40 LoRa 定位终端说明书

在定位领域只是凭借 LoRa 是不够的，需要配合其他多种技术。图 8-41 所示为 Semtech 公司专门开发的一款集成了 GNSS 和 Wi-Fi 探针功能的 LoRa 芯片 LR1110(LoRa Edge)，主打低功耗定位，支持室内外的方式定位。截至 2020 年 4 月这款芯片发布时，LR1110 比市场上所有 GNSS 定位芯片的功耗都低很多，在定位领域具有绝对的低功耗优势。

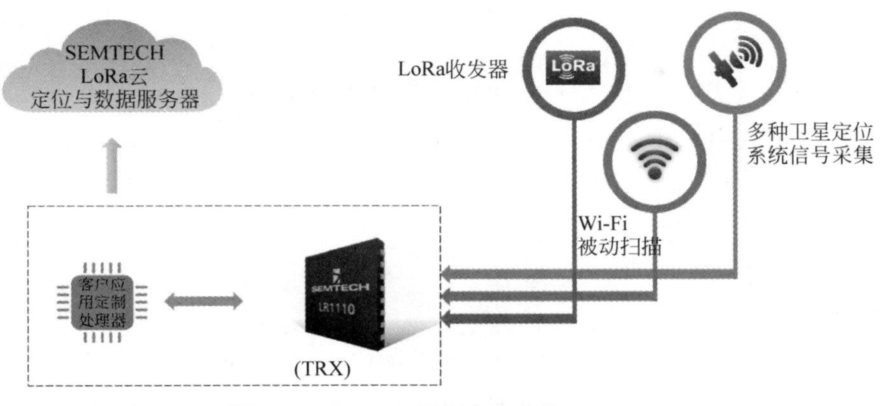

图 8-41 Semtech 最新定位芯片 LR1110

视频讲解

8.4 功耗问题

LoRa 技术的低功耗优势帮助各种低功耗设备使用寿命增加，尤其水表类应用要求 8～12 年的电池寿命。对应用来说，需要计算电池的寿命并优化系统功耗。下面的部分就介绍 LoRa 应用中常见的功耗计算。

LoRa 的功耗计算主要是统计终端设备中所有的耗电器件，在不同模式下的功耗，以及其在不同模式下的工作频率。比如一个 LoRa 设备中的耗电设备为 LoRa 芯片、MCU 和传感器；常见的三个工作模式为发射 TX、接收 RX、休眠 Sleep。

再通过 LoRa 计算工具，计算每个包的飞行时间长度，以及通过该系统的协议部分计算设备的接收时间和睡眠时间。这样可以计算出平均功耗。再利用已知的电池电量除以平均功耗得到 LoRa 设备的寿命。

下面根据一个案例来计算一下 LoRa 设备的寿命。

【例 8-15】 一个应用系统中选择的 LoRa 芯片为 SX1268，MCU 选择 STM32L151 配置在 8MHz 时钟。系统的应用为异步下行唤醒低功耗设备，工作在 SF＝9、BW＝125kHz 的配置下。每秒钟该设备会醒来进行 CAD 监听是否有唤醒长前导包，CAD 长度为两个码元。该设备平均每小时被唤醒一次，唤醒后按照 22dBm 的输出功率发送一个 30.25 码元长度的数据包。若电池电量为 1000mA·h 时，则系统的工作寿命为多少天？

解：通过 LoRa 计算工具和查询产品说明书，得到：

LoRa：$I_{L\_RX}=4.6\text{mA}$；　$I_{L\_TX}=118\text{mA}$；　$I_{L\_Sleep}=0.0012\text{mA}$。

MCU：$I_{M\_RX}=1.712\text{mA}$；　$I_{M\_TX}=1.712\text{mA}$；　$I_{M\_Sleep}=0.0012\text{mA}$。

码元长度 4.1ms。所以各状态时间占空比为：

$$T_{RX}=4.1\text{ms}\times 2\text{ms}/1\text{s}=8.2\text{ms}$$

$$T_{TX}=4.1\text{ms}\times 30.25/3600=0.034\text{ms}$$

所以 $T_{Sleep}=1000\text{ms}-T_{RX}-T_{TX}=991.77\text{ms}$。

将所有数据填入表 8-7 中。根据上述数据，则平均电流为

$$\begin{aligned}I&=(I_{L\_RX}+I_{L\_RX})\times T_{RX}+(I_{L\_TX}+I_{M\_TX})\times T_{TX}+(I_{L\_Sleep}+I_{M\_Sleep})\times T_{Sleep}\\&=(4.6\times 8.2+1.712\times 8.2+0.0012\times 991.766\times 2+118\times\\&\quad 0.034+1.712\times 0.034)\text{mA}\\&=0.058\text{mA}\end{aligned}$$

使用寿命为：

$$\text{电池容量 }1000\text{mA}\cdot\text{h}/0.058\text{mA}=17180\text{h}=716\text{d}$$

在实际应用中由于电池存在不稳定性，一般采用计算寿命的一半，即为 358d。

无论什么样的 LoRa 应用，都可以采用上述的方式用表格来计算使用寿命和不同状态

下的耗电情况，从而进行系统的优化。计算时最好将从产品说明书中和 LoRa 计算工具中获得的数据填入表格 8-7 中，并根据例 8-16 中的计算方法编辑表格公式，这样可以快速重复计算多种参数的电量和应用情况。

表 8-7　LoRa 设备功耗计算表

电　　路	项目	LoRa 芯片	MCU 芯片	总计	单位
接收电路	电流	4.60	1.71		mA
	时间	8.20	8.20		ms
	小计	37.72	14.04	51.76	μA
休眠电路	电流	0.0012	0.0012		mA
	时间	991.80	991.80		ms
	小计	1.19	1.19	2.38	μA
发射电路	电流	118.00	1.71		mA
	时间	0.034	0.036		ms
	小计	4.01	0.062	4.07	μA

注：可计算出平均电流为 0.058

8.5　多普勒频率偏移

视频讲解

LoRa 采用扩频技术，具有非常好的抗多普勒效应能力，特别是针对于超高速的场景中，优势非常明显。

“多普勒效应”由奥地利物理学家多普勒首先发现并加以研究而得名。其内容为：由于波源和接收者之间存在着相互运动而造成接收者接收到的频率与波源发出的频率之间发生变化。

如图 8-42 所示，在运动的波源前面，波被压缩，波长变得较短，频率变得较高（蓝移，blue shift）。在运动的波源后面，产生相反的效应。波长变得较长，频率变得较低（红移，red shift）。波源的速度越高，所产生的效应越大。根据光波红/蓝移的程度，可以计算出波源循着观测方向运动的速度。所有波动现象（包括光波）都存在多普勒效应。

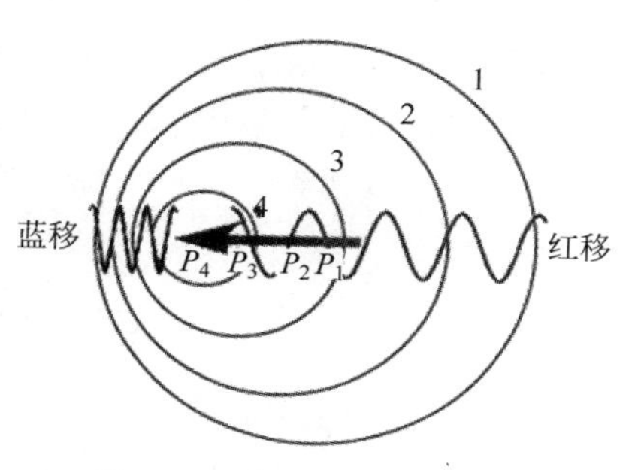

图 8-42　多普勒效应示意图

8.5.1　频率偏差问题

不同的通信方式和芯片设计，对抗多普勒容忍程度是不同的，比如 GSM 制式标准允许的中心频率偏差为±300Hz；WCDMA 制式标准允许的中心频率偏差为±800Hz，而 LoRa 允许的频率偏差为带宽的 25%，如 LoRaWAN 网络的带宽为 125kHz，其可以容忍的最大频率偏差为 31.25kHz，是 GSM 的 100 多倍，是 WCDMA 的 40 倍。

如图 8-43 所示，多普勒频率公式为

$$f_{\mathrm{d}}=\frac{v}{\lambda}\cos\alpha \tag{8-29}$$

式中：f_{d} 为多普勒频移(Hz)；v 为物体运动速度(m/s)；λ 为电磁波波长(m)；α 为入射电磁波角度(rad)。

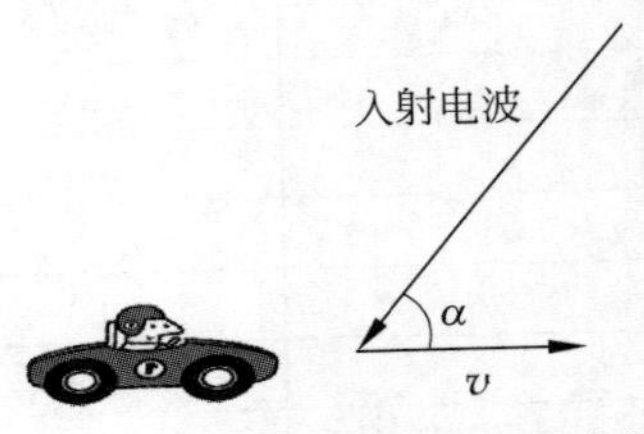

图 8-43　多普勒频移公式示意图

LoRa 可以承受的最大移动速度是多少呢？可以这样计算，LoRa 在中国的中心频率为 490MHz，如需要偏移 31.25kHz，根据式(8-29)计算，则需要的移动速度为 $v=\frac{31.25\text{kHz}}{490\text{MHz}}3\times10^{8}=19133\text{m/s}$。只有当一个设备以 20000m/s 的速度正面向网关移动时，才会丢包。显然，这个速度在地球表面是不可能存在的，所以 LoRa 在对抗多普勒现象上有巨大的优势。第三宇宙速度为 16.7km/s，即使一个 LoRa 设备超过第三宇宙速度，其传输的数据依然可以被正常解调。

即使是 LoRa 与近地卫星的通信，不会因为多普勒频率效应引起丢包。因为卫星是绕着地球飞行，在 LoRa 设备上空飞行时，其入射电波角度接近 90°。即使正面 0°入射，其飞行速度约为 7.9km/s 还是小于 LoRa 极限的 19km/s，不会存在丢包现象。

8.5.2　频率偏移问题

在对抗多普勒现象时还有一个关键的参数需要讨论，我们称之为频率偏移(Frequency drift)，是指在一个信号包时间内由于多普勒或自身器件的热效应引起的频率偏移。尤其是在飞行时间较长的信号中，面对一个加速变化的物体时发生的现象。例如一个遥控飞机，其飞行加速度可以达到 20m/s^2，那么 1s 时间内，其速率变化为 20m/s，在 490MHz LoRa 频段 1s 时间内频率变化为

$$\Delta f=\frac{20\text{m/s}}{3\times10^{8}\text{m/s}}490\text{MHz}=32.7\text{Hz}$$

当一个飞行时长为 1s 的 LoRa 信号包被高速遥控飞机接收时，其包头和包尾的频率差为 32.7Hz。针对这个问题，LoRa 芯片内部具有低速率模式可以提高一个数据包内的频率偏移的容忍度，打开低速率后，容忍度提高了 16 倍。

表达式为

$$\text{Freq\_drift\_max}=\frac{\text{BW}}{3\times2^{\text{SF}}}16$$

当 BW=125kHz、SF=12 时，上式表达为

$$\text{Freq\_drift\_max}=\frac{\text{BW}}{3\times2^{\text{SF}}}16=\frac{125\text{kHz}}{3\times2^{12}}16=163\text{Hz}$$

一个 LoRa 数据包内最大可以容忍 163Hz 的频率偏差，对于移动速度变化大的情况下

依然可以保证稳定的 LoRa 通信。

小结

本章为本书的重点部分，将 LoRa 应用中核心的技术问题，通过基础理论知识和实际的解决方案结合进行解答。本章中有大量的解决方案和案例分析，希望读者可以完全理解原理和计算方法，在后续的工作中可以灵活地利用这些原理解决实际的问题。

本章中有大量的近似和工程估算，比如传输的衰减模型，以及信道容量的估算。许多参数都是通过实际测试和工程经验总结出来的。由于篇幅问题，没有给出详细的数据和仔细的推导，读者可以将此书作为工具书，有需要计算时通过本书给出的近似公式和计算方法对项目评估。

第 9 章 LoRa 应用案例详解

LoRa 具有物联网的 DNA,为多种物联网应用提供坚实的技术保障。尤其在高速增长的智慧表计、智慧城市、智慧社区、智慧农业、智慧工业、智慧物流等物联网领域以及一些消费类领域扮演着重要角色。本章将从这些细分垂直领域入手,从项目的需求分析、解决方案、技术实现等方面进行讲述,目的是让读者理解这些应用的由来以及 LoRa 如何助力这些应用。最终的目的是希望读者可以通过学习本章内容,在自身的项目中选择合适的方案,在碎片化的物联网应用中贡献自己的力量。

视频讲解

9.1 智慧表计

本书的第 7 章介绍了 LoRa 的多种应用在中国的市场占比,其中智慧表计是最大的应用领域。LoRa 在智慧表计领域应用的成功也是经历了多年的打磨,到现在已经获得了较大的成功,随之而来的是客户提出的新的更严苛的需求,LoRa 的行业伙伴也在继续努力,不断挖掘 LoRa 的潜力,迎接市场的新挑战。

9.1.1 智慧表计的背景及技术

1. 市场背景

无线抄表市场能够成为 LoRa 最大的应用领域主要有如下几个原因:

(1) 从技术的角度看,LoRa 具有的超低功耗、超远距离以及网络架设便利的优点都是无线抄表市场最需要的技术。可以说从技术上看完全契合。

(2) 从产品角度看,无线抄表具有很强的一致性,几乎所有的表都是完全一样的,不像智慧城市的应用中有上百种传感器;表计数据格式、唤醒频率都完全相同,这样的产品统一性带来的好处是复制性强,稳定性好;在 A 城市实施效果和在 B 城市的实施效果一样,而许多智慧城市项目传感器的供应商就几十家,很难保证质量的一致性。

(3) 从市场角度看,无线抄表有着巨大的市场,中国有 14 亿居民,每家每户都需要水表、电表和气表。中国的物联网生态发展也非常合适,大量的传统表计更换为智能无线抄表产品。

LoRa 在表计市场的成功是天时地利人和的结果，如果说市场是“天时”，产品是“地利”，那么技术就是“人和”。LoRa 技术并非只要安装在智能表计上就可以实现稳定无线抄表，它的成功是无数专业人员多年的研究和探索的结果。并非一种技术有优势就可以成功，而是需要整个产业链的共同努力最终才可以赢得市场，“人和”是最为重要的。

2. 早期需求和难点

1）早期需求

LoRa 能够快速进入智能表计领域，是通过技术替代的方式。其实无线抄表的概念很早就被提出了，并且有大量的公司在无线抄表的技术上努力，并取得了一些成果。比如使用无线手持抄表设备靠近无线表时，可以得到表计的数据。这种方案虽然不需要入户上门，仍然需要工作人员走到靠近无线表附近时才能实现抄表。早期智能抄表的需求较为简单，有如下三点：

- 解决人工抄表上门难问题，抄表智能化、全自动、免维护、无人化；
- 实时监控可视化，管理精细化；
- 智能化管网管理，降低管网耗损，降低后期管理维护成本，方便统一管理，通过大数据分析提供更多增值业务。

2）难点

由于无线技术的性能受限，早期的无线智能抄表遇到了许多难点：

- 抄表功耗高，电池支撑表计常年运行困难；
- 安装环境无法预估，抄表网络覆盖率不够，抄表成功率低；
- 无标准及规范，无法统一管理；
- 私有云、私有系统维护困难，成本高昂。

早期的无线抄表最主要是解决人工的问题，后期提升为精细化管理和数据分析增值服务。而如果要实现这些需求，最主要的是通过低成本的方式实现高效率的抄表。由于 FSK 技术通信距离和灵敏度受限，早期无线抄表一直被功耗、成功率等问题困扰，很难大范围地开拓市场。

3. 无线抄表方案

现在 LoRa 智能抄表常用两种方案，分别是自组网抄表和 LoRaWAN 网络抄表。

自组网抄表或者叫作 LoRa 私有协议网络抄表。基于自组网抄表最早支撑的技术是 Sub-1GHz 小无线的 FSK，前面也提到 FSK 技术在初期技术上遇到了很大的困难。当 2013 年 LoRa 推出后，提高了设备通信距离，行业人士就从原来的 FSK 转而投向现在的 LoRa 技术。图 9-1 所示为 LoRa 私有协议网络抄表应用中的网状网络拓扑结构，早期的 FSK 抄表应用常使用此种网络结构，至今仍有不少 LoRa 抄表项目依然沿用此网络拓扑结构。不过多数的 LoRa 抄表应用采用星状网络拓扑结构，其网络拓扑结构与图 9-2 完全相同，差别为使用的网络协议不同。

在功能实现上，LoRa 自组网采用网关或手持设备与表计形成一个星状或网状网络，其具有以下特点：

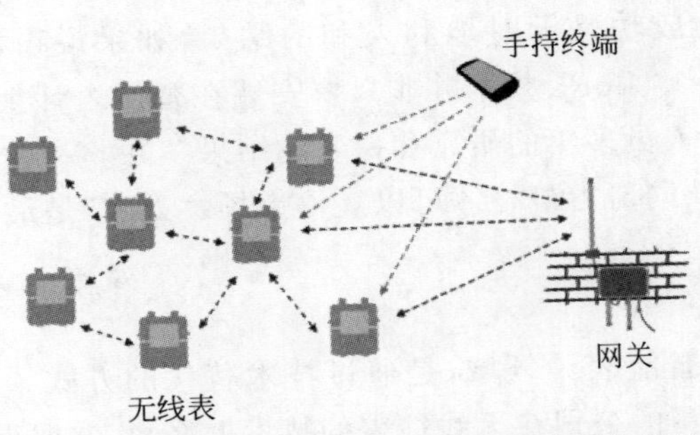

图 9-1　LoRa 私有协议网络抄表的网络拓扑结构

- 私有网络抄表解决了中继、路由安装难、容易受干扰的问题，抄表时间短，实时性高。
- 私有网络抄表需要配置频率和网络 ID，施工有一定的工作量。
- 私有网络抄表需要自行安装网关，网关再通过 2G 或 4G 连接至服务器。
- 私有网络抄表使用公共频段，容易受到外界干扰。

LoRaWAN 智能抄表从 2015 年开始在国内逐渐推广。LoRa 联盟推出 LoRaWAN 协议后被行业逐渐认可，虽然现阶段私有协议网络还是占主导地位，但是 LoRaWAN 网络在智能抄表中发展迅速，其网络拓扑结构如图 9-2 所示。

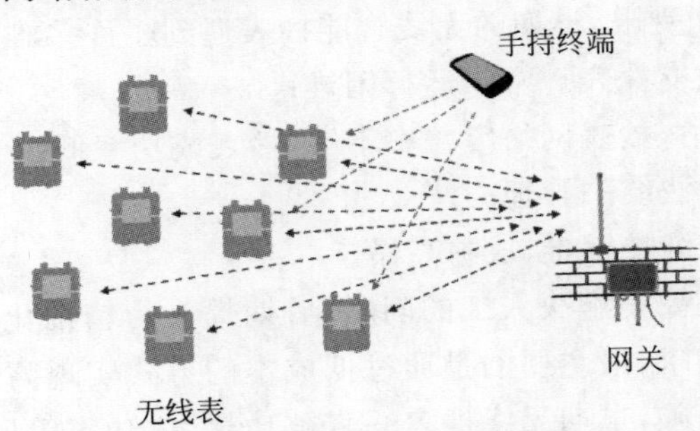

图 9-2　LoRaWAN 网络抄表的网络拓扑结构

在功能实现上，LoRaWAN 标准的表计采取主动上报方式抄表，当然也可以通过手持设备抄表，其特点是：

- LoRaWAN 网络抄表统一标准，施工简单。
- LoRaWAN 网络抄表采取主动上报的方式。
- LoRaWAN 的网络容量大，且带有 ADR 功能。
- 在预付费、阀控等下行命令的功能中，LoRaWAN 网络抄表对比私有协议实时性稍差。系统中如需要具有下行控制功能，为保证低功耗，一般延迟 10～60s，一般采用 Class B 或异步唤醒方式。
- 现阶段只能通过增加 LoRaWAN 的基站来加大覆盖面积。后续可以通过 Relay 进行补盲。
- 数据必须送到服务器处理，网关和核心网由第三方有偿提供服务。

9.1.2 智慧表计行业分析及对比

1. 三表对比

无线智能表计主要分为智能水表、智能气表、智能电表和智能热表，其中前三个是最重要的，我们称之为“三表”。三表的技术实现和市场准入难度不同。

(1) 从技术难度看，水表大于燃气表大于电表。水表使用场景较恶劣，且对低功耗要求更高；相比之下燃气表的位置信号覆盖更好，且许多燃气表都可以更换电池；电表由于自身带电，不需要考虑太多功耗问题，技术实现相对比较简单，只需要考虑传输距离的问题。

(2) 从市场准入难度角度考虑，在中国电表大于燃气表大于水表。这跟中国的国情相关。电表的准入只有两家电力公司——中国国家电网和中国南方电网，其管理非常严格。而中国的燃气行业也有五大燃气公司——港华燃气、华润燃气、新奥燃气、中油中泰、中国燃气，各地也有一些城市级别的燃气公司，如上海燃气、深圳燃气、重庆燃气等。可以说，中国燃气行业准入的都是大型的公司，虽然不像国网、南网一样巨无霸，但是依然有一定的行业标准。相比之下中国的水司有上千家之多，可能一个城市就有多家供水的水司，所以其采用的抄表方案会大不相同，其准入资质较低。

在智能表计的产品开发中，一般水表的安装环境最差，但对工业要求反而最高。一个好的产品需要考虑的因素非常多，同时还要考虑现场安装和调试以及网络架设。一套表计应用要做好，必须考虑多个方面，其中包括防水设计、材料选型、量产设备、制造工艺、软件调试等。

2. 无线表计核心问题讨论

智能无线抄表行业经过这几年的发展，对于抄表要求也越来越严格，一个理想的无线抄表产品必须具备如下特征：

- 一天一抄至少用 10 年；
- 抄表成功率接近 100%；
- 表计能实时响应；
- 少维护、易管理；
- 低成本；
- 符合政策规范。

上述的需求中，功耗、距离、实时性这三个 LoRa 技术经常讨论的问题又摆在眼前。在第 5 章我们也讨论这三个要素是无法兼得的，必须寻找最佳的平衡点。在智能抄表中，其重要性是功耗大于距离大于实时性。在保证功耗的前提下，再去寻求更远的距离。在 8.1.2 小节中，根据弗里斯公式增大输出功率可以获得更远的工作距离，但同时会带来功耗的增加；在 2.2.3 小节中的香农公式变形中，讨论过可以通过重发，用时间换灵敏度的方式增加工作距离，但重发也会带来功耗的增加。所以在功耗一定的前提下，增加覆盖最好的方式是增加网关或增加中继。同理，实时性和功耗也是相互矛盾的，为了保证功耗，LoRa 系统的实时性为秒级响应，5.1.2 小节中有关于实时性和功耗的讨论。

3. 抄表技术对比

现阶段市场上主流的三种无线抄表技术为 LoRaWAN 网络、NB-IoT 网络和 LoRa 自组网。表 9-1 所示为每天抄表一次的工作模式下三种技术的对比。

表 9-1　抄表技术对比

技术	功耗	距离	下行实时性	补盲	抄表成功率	应用网络	安装维护
LoRaWAN	非常低(几微安),不支持实时下行; 中(50μA 左右),支持实时下行	远	非实时 1 天;实时 10～60s	Relay	高	公网/私有网	好
NB-IoT	高(上百微安),无实时下行	远	1 天	否	一般	公网	很好
LoRa 自组网	低(十几微安)	近	3～10s	是	高	私有网	好

通过表 9-1 中可以看到,当使用 LoRaWAN 不带实时下行控制功能时功耗最低,但是此时的下行控制需要等到上行激活之后才能接收下行指令,实时性很差。NB-IoT 在低功耗模式下是不具备实时下行控制能力的,其下行实时性与 LoRaWAN 不带实时下行的情况相同。当 LoRaWAN 使用带有实时下行开关闸功能时需要启动 Class B,其功耗会大幅增加。NB-IoT 的优势在于网络是运营商管理,用户无须管理和维护网络;缺点是需要月租费且网络覆盖完全依赖运营商,一旦运营商网络覆盖差,则项目无法进行。LoRaWAN 网络在欧美等国家有运营商的大网覆盖,具有与 NB-IoT 技术相同的网络维护和管理特点,同样需要网络服务费。采用自建网络的优势是不需要网络服务费且可以按需布网并扩展其他物联网应用,缺点是需要自己进行网关架设和网络维护。

视频讲解

9.1.3 表计市场分析及应用

1. 市场规模分析

智慧表计是现今全球 LPWAN 中规模最大的应用,且一直保持着较高的增长速度。传统表计的更新换代本身就是一个非常大的数字,再加上智能化和无线抄表的发展趋势,所以持续保持高速增长。其中最主要的还是水表、气表和电表。

1) 全球水表市场

如图 9-3 所示,全球 2017 年的新发货量为 1.18 亿台水表,其中无线水表约为 2800 万台,占全年总出货量的 23%。无线水表将在 2024 年占全年总发货量的 37%,超过 6400 万台(预估总量为 1.74 亿台)。通过图中数据计算可知,无线水表的复合年增长率为 12.5% (2017—2024)。截至 2019 年初,全球水表总计装机量超过 10 亿台,其中无线水表为 1.31 亿台,占总量的 12.51%。预计 2024 年全球水表装机量超过 12 亿台,其中无线水表为 4.12 亿台,占比为 34.5%,无线水表的比重不断提高。

全球无线水表市场中,亚洲市场(包含大洋洲)占最大市场份额,为 59%,北美占 20%,

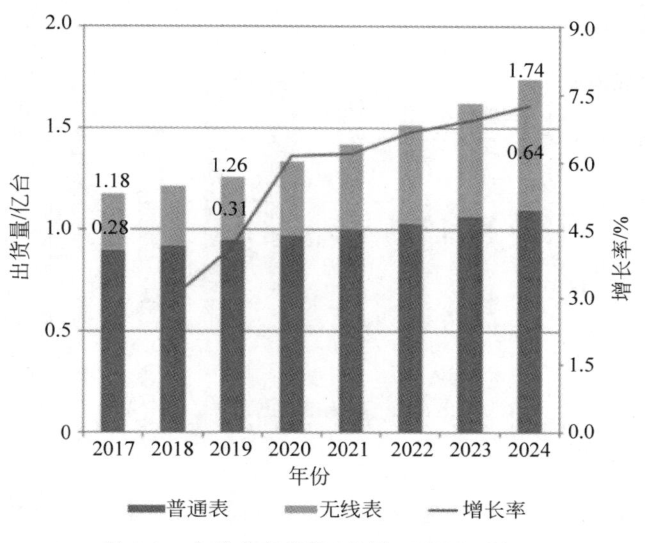

图 9-3 全球水表市场(来源: HIS Markit)

EMEA(包含欧洲、中东、非洲)占 21%,拉丁美洲占不到 1%。亚洲市场中有 70%以上来自中国,中国无线水表市场具有非常大的潜力。

2) 全球气表市场

根据 HIS Markit 的市场报告,在 2017 年的全球气表市场中,总计发货量为 5110 万台,其中 27%为无线气表。全球不同区域的情况为: 亚洲为 3330 万台,其中 17%是无线气表;北美为 260 万台,其中 57%为无线气表; EMEA(包含欧洲、中东、非洲)为 1380 万台,其中 48%为无线气表; 拉丁美洲为 140 万台,其中小于 2%为无线气表。预计 2024 年全球气表市场为 5880 万台,其中 34%为无线气表。

虽然欧洲和北美的无线气表占比较高,但是其每年新增数量却非常小,这是由各地对气表的处理方式不同引起的。在美国市场,气表的平均更换周期较长,并且可以通过增加无线模块对产品升级,所以对无线模块的需求比新气表要多得多。在欧洲,典型的校准操作每 4~5 年进行一次,而更换新表的周期为 15 年或者更长,所以同样对新表的需求并不旺盛。

亚洲市场中,气表的更新换代很快,一般每 10 年都会更换新的气表,而且更换的气表中,无线气表的比例也在逐渐增大。尤其在中国,大量的新区和新房建造,需要大量的新气表。中国市场是全球无线气表的主要增长点。

3) 全球电表市场

图 9-4 所示为全球电表市场情况,预计 2024 年通信电表出货量达到 12240 万台,基本电表出货量 6860 万台。这里需要注意的是,通信电表常采用电力载波通信(Power Line Communication,PLC)的有线方式或 LoRa、FSK 等无线方式进行数据通信,也有双模通信电表,可以同时使用有线和无线的方式进行数据通信。

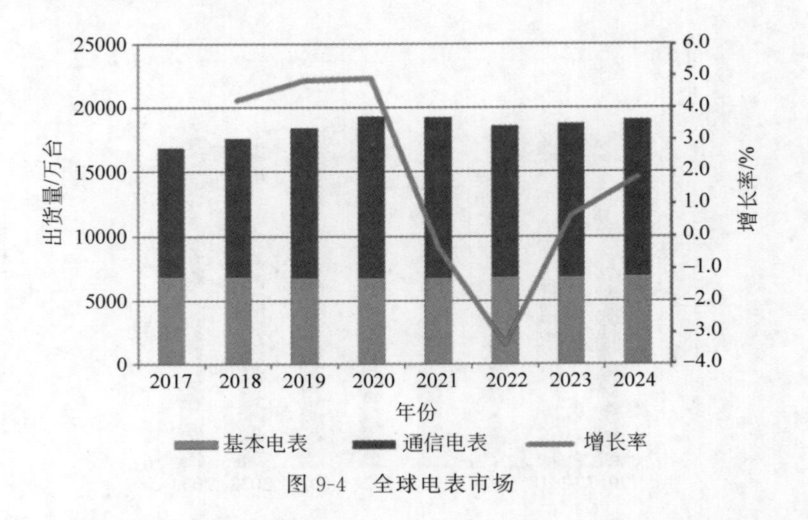

图 9-4 全球电表市场

亚洲、欧洲、中东和北美的智能电表需求将保持稳定，欧洲、中东和北美的智能电表需求将大于北美。目前北美通信电表的占比已经很高了。从长远来看，拉丁美洲将保持强劲增长，用智能电表取代基本电表。但每年的总量只有几百万台。亚洲的需求主要来自中国（70％～80％）、日本、印度、印度尼西亚、韩国和大洋洲。

在中国的通信电表市场中，只有少数的试点采用无线方式，多数采用 PLC 的有线方式，而东南亚、非洲、南美等地区大量使用 LoRa 无线电表。

2．智慧表计应用案例

1）传统表计应用

图 9-5 所示为深圳大量使用的 LoRa 智能水表和 LoRa 智能气表。国内的许多城市都在部署基于 LoRa 技术的无线水表和无线气表。

图 9-5 LoRa 水表和 LoRa 气表在深圳的应用

2）表计扩展应用

在智慧表计的应用中，除了现有的以水司和燃气公司为主的 LoRa 水表和气表市场外，还可以扩展许多表计行业的创新 LoRa 应用：

- 中低端住宅市场的电表，包括各种形式的电表，如单相或三相电表，带断路器或不带断路器的电表等；
- 社区燃气表、电表、水表；
- 漏水检测；
- 水质测量：氯、电导率含量等；
- 水管管理：压力、温度、智能阀门、消防栓等；
- 家用和燃气设施的二氧化碳和甲烷气体检测；
- 燃气公用设施用智能阀门，用于安全分配；
- 矿业和隧道施工中的有毒气体；
- 管道剖面检测；
- 供热阀控；
- 塔架、铁塔倾斜监控；
- 输电线路故障监控；
- 配电变电设备状态监控。

3）水务管理扩展应用

表计的应用还可以再进一步延伸，如电表应用可以延伸到电网管理，智能无线水表的应用可以延伸到智慧水务管理。图 9-6 所示为智能水务应用方案。

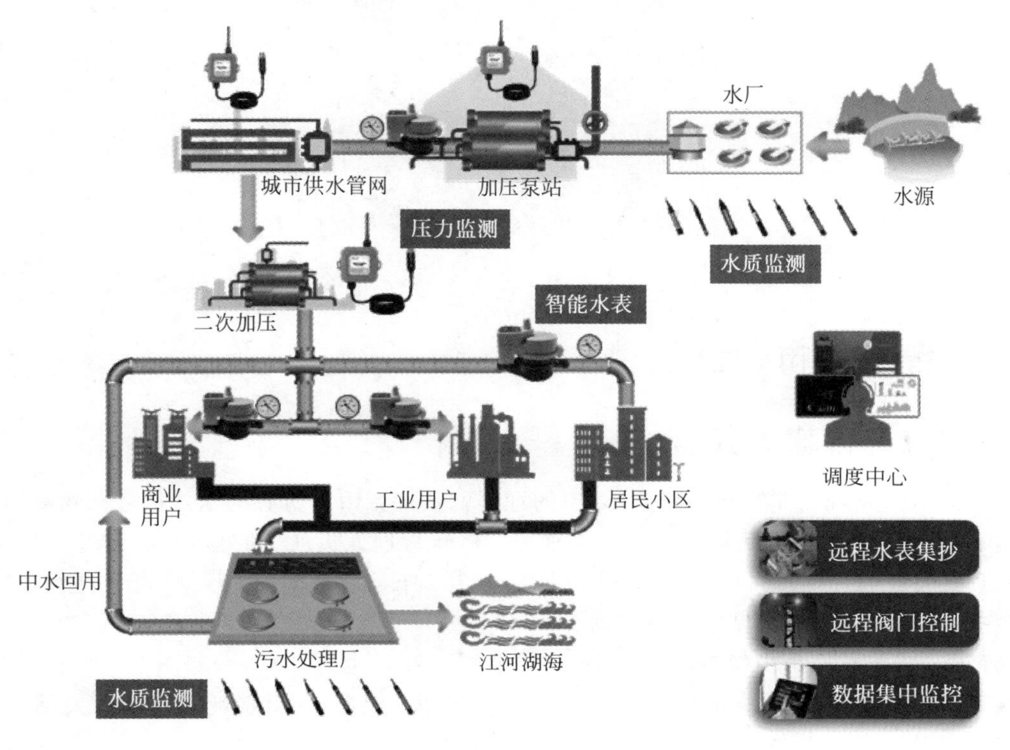

图 9-6　水务管理扩展应用（见彩插）

从图 9-6 中可知，在整个生活用水的全生命周期都可使用 LoRa 无线技术服务，包括水源管理、水厂设备管理、城市供水管网监控、居民用水、商业用水管理以及污水检测等。在整个管理流程中，可以快速发现漏水和故障提前预测等。

4）电网管理扩展应用

智能电网产品制造商和监控解决方案提供商 CAHORS Group（以下简称 CAHORS）已将 LoRa 器件和 LoRaWAN 协议集成到其全新的电网线路故障检测解决方案中，以实现智能电网网络中的缺陷监控。

如图 9-7 所示，CAHORS 把基于 LoRa 的故障检测传感器安装在输电线支撑杆上。该系统可监控电压场传输，以定位和预测输电线上的故障，包括单相接地故障和多相短时及持续故障监控。传感器实时识别故障，并通过 LoRaWAN 网络将电能流数据（故障方向）传输给能源网格管理人员。管理人员通过评估故障数据来实现对故障区域的定位，从而对正在发生的故障做出快速响应，同时提高整体电网效率并防止断电。CAHORS 公司已经安装了架空高压线路应用中的电网中等电压（Medium Voltage，MV）网络监控传感器，并利用 LoRa 器件的远距离和低功耗功能来实时传输故障数据。准确、及时的电网功能数据使客户能够更高效地去检测、定位和处理电网故障，并防止系统故障。

图 9-7 电力线检测

视频讲解

9.2 智慧城市、社区、楼宇

9.2.1 智慧城市

智慧城市是现在非常火的概念，简单的理解就是把城市中所有的东西都连在物联网中，通过后台的大数据和云计算展开各种新业务；市政管理人员能实时监控设备异动，实现有效管理；大量节省维护人员，为市政管理节约开支，24h 不间断运行，比人员维护更科学；联网数据共享，为建设智慧城市提供依据。

LoRa 在智慧城市中的应用非常多，其传感器的数量也有几百种，如图 9-8 所示。在智慧城市中，LoRa 的优点被充分发挥出来，包括远距离、抗干扰、低功耗、大容量、灵活部署、成本低、抗频偏。

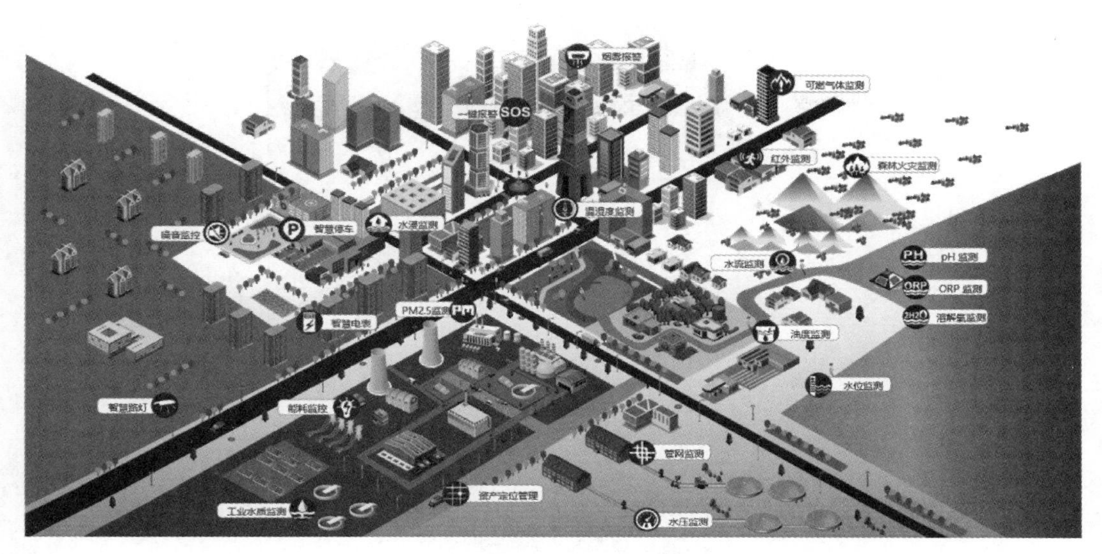

图 9-8　智慧城市应用示意图(见彩插)

智慧城市应用中最常见的三种 LoRa 应用为智慧路灯、智慧社区和智慧停车。

1. 智慧路灯

智慧路灯是智慧城市应用中的一个热点，LoRa 应用于智慧路灯最大的优势为远距离和抗干扰。由于 LoRa 的工作距离很远，且路灯工作在室外场景，只需要少量网关就可以支持整个城市的路灯覆盖。传统的智慧路灯使用 ZigBee 技术，需要多次中继才能达到远距离传输，影响系统的稳定性。如果中间某个节点的路灯损坏，则系统无法控制远处的路灯。

图 9-9 所示为智慧路灯的整体系统。在每个路灯的控制器中加入 LoRa 通信模组，路灯主要工作在监听状态，若采用 LoRaWAN 协议，路灯主要工作在 Class C 模式。路灯管理平台可以通过云平台和 LoRa 网关访问控制路灯并获取路灯的工作状况数据。传统的智慧路灯公司一般采用私有 LoRa 协议，平台型公司或 LoRa 行业公司的智慧路灯项目一般采用 LoRaWAN 协议。

在智慧路灯的应用中，支持的多种应用包括：

- 远程开关灯控制：支持手控、时控、光控。
- 远程调光控制：支持根据环境智能调光、手动调光。
- 路灯能耗监控：电流、电压、用电量监控。
- 路灯故障、报警信息实时推送。
- 统计报表分析：能耗、亮灯率、故障率。

LoRa 技术应用于智慧路灯应用后，给路灯应用带来了新的发展方向，这也是节能、精细化管理的发展趋势。

2. 智慧社区

智慧社区是智慧城市的缩小版，同样有大量的传感器和设备加入到 LoRa 网络中，在智

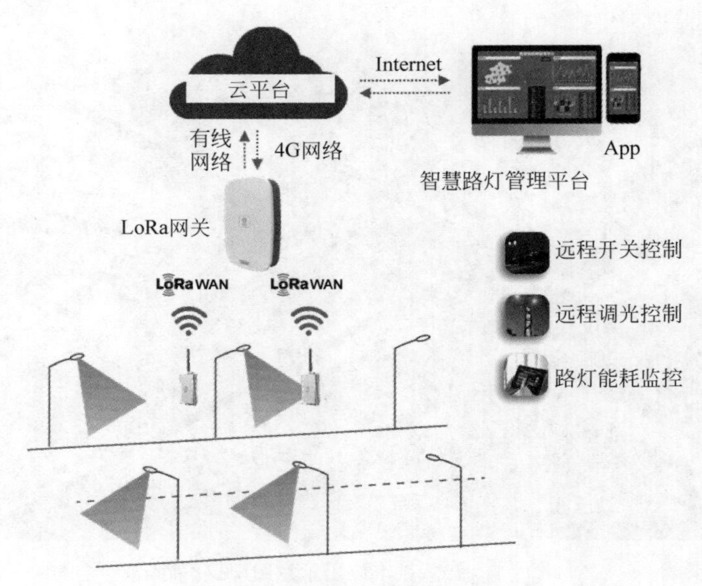

图 9-9　智慧路灯应用示意图

慧社区应用中大多采用 LoRaWAN 协议。这是因为 LoRa 传感器种类很多，且每种的数据包格式不同，交互频次不同，再加上距离网关的分布具有离散性，只有使用 LoRaWAN 协议才能处理如此复杂的场景。

如图 9-10 所示，智慧社区的应用种类很多，包括环境监控、安防监控、人员监控、紧急报警、智能门锁等，只要社区中用得到的传感器基本上都可以使用 LoRa 技术进行通信。一般在一个智慧社区的项目中会使用到的 LoRa 传感器种类为 10～100 种，使用的种类和数量根据项目大小而不同。

图 9-10　智慧社区应用示意图(见彩插)

图 9-11 所示为深圳南山智慧社区案例。该项目一期为 238 万平方米，建筑 69 栋，含 50 层以上建筑 13 栋。写字楼、商业综合体、公寓、小区、学校等多业态。项目应用场景包含：

- 物联网平台。
- 智慧消防：消防水压监测、烟感及可燃气体监测等。
- 智慧安防：人脸识别、红外人体探测器等。
- 智慧环境：垃圾桶智能检测、温湿度、空气及水质监测等。
- 智慧生活：一键求助、智能插座、定位手环等。

图 9-11 深圳南山智慧社区案例

该项目在深圳南山，由于腾讯云已经在深圳南山覆盖了 LoRaWAN 网络（南山区架设了 300 台 LoRaWAN 基站），不需要再额外架设网关，直接使用已经布好的 LoRaWAN 城域网即可。该项目中共使用 21 种共计 1 万多个传感器，服务受众超过 10 万人。

3. 智慧停车

LoRa 应用中的智慧停车，主要指的是路内智慧停车，称为路边停车。国内绝大多数的智慧路内停车采用地磁方案，现在市场上已经实施的产品多为基于 LoRa 通信的地磁方案。如深圳的 E 停车，共有 2 万多个路内停车位，其内部通信模块全部采用 LoRa 技术。

早期的智慧路内停车采用 FSK 的方式进行管理，每段路都需要一个小型网关，一个网关可以覆盖 20～40 个停车位。当 LoRa 技术出现后，由于其远距离和抗干扰特性，迅速替代 FSK 技术，成为智慧路内停车的主流无线技术，每个私有协议 LoRa 网关覆盖超过 100 个停车位。直到 LoRaWAN 技术的普及，路内停车伴随智慧城市一同发展，现阶段许多厂家开发了基于 LoRaWAN 的方案，采用 LoRaWAN 具有 ADR 功能，可以更高效地控制和管理停车位，同时网络可以共享其他的应用。

图 9-12 所示为智慧停车应用示意图。车位检测器的地磁传感器每隔一段时间唤醒并判断是否有车辆停入或离开，当停车位的状态发生变化时会通过 LoRa 发送相应数据到网关，通知停车管理平台。当没有状态变化时，车位检测器会定时发送心跳数据包。由于车位检测器是埋在地下的，更换电池比较复杂，对电池的寿命有一定的要求，一般要求电池寿命超过 2 年。随着技术的进步，车位检测器的传感器种类也不断升级，为了减少误包率，一些车位检测器还增加了超声波雷达等多种传感器配合地磁一起工作。

使用 LoRa 技术的智慧停车方案可以带来多种价值：

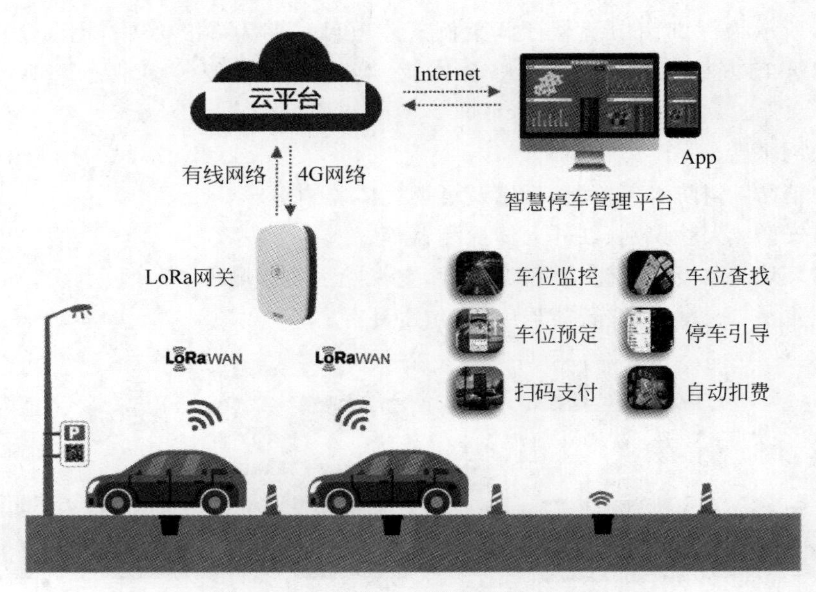

图 9-12 智慧停车应用示意图(见彩插)

- 停车泊位实时监管；
- 精准检测，智能计费；
- 无人值守，解放人力；
- 助力交通执法，优化城市交通；
- 提高车位利用率，增加停车收入；
- 数据挖掘分析，停车周边增值服务。

下文通过一个实际案例，让读者加深对智慧停车的理解，中山智慧交通的路边智慧停车项目。

该停车项目由多家物联网公司参与，通过对新型技术模式的研究和创新，结合 LoRa 物联网、大数据、云计算、移动互联网等新科技手段，建设面向未来、可扩展的中山交通云平台基础功能，利用中山市小榄镇镇区路内 9 条核心路段的 1525 个泊位，在该平台上提供支撑，形成一套覆盖小榄镇路边、未来路外停车场的综合实施方案，以营造良好的停车环境，方便广大市民停车，提高市民满意度。

项目建设涵盖对小榄镇约 1525 个路内停车位的地磁安装、调试、试运行。含 1425 个地磁探测器、50 个无线 LoRaWAN 网关、70 台手持 LoRa PDA、30 个停车指示牌、18 个路边诱导屏，1525 个车位地磁埋设、调试，标线、车位编号的喷划。

解决方案：采用 LoRaWAN 技术和腾讯云 IoT-Hub 快速部署网络、适配车位检测器（地磁）。LoRaWAN 的车位传感器稳定性高于采用其他通信标准的设备，网络开销和维护成本低。项目中的 50 个 LoRaWAN 网关已经覆盖了该区域，后续的其他智慧城市应用可以复用该网络。

9.2.2　智慧消防

1. 智慧消防分析

智慧消防应用是最近几年兴起的，主要源于中华人民共和国国务院令《生产安全事故应急条例》的发布。在应急条例中要求对“九小”场所进行消防安全管理。

“九小”场所是指小学校或幼儿园、小医院、小商店、小餐饮场所、小旅馆、小歌舞娱乐场所、小网吧、小美容洗浴场所、小生产加工企业的总称。随着主城区中经济发展，“九小”场所数量不断增多，加上“九小”场所点多、面广，分散在镇街、城中村，个别地方有成千家上万家小型场所，少的也有几十家，且部分九小场所设置在居民区甚至住家庭院中，一般性监督检查很难涉猎触及，造成很多场所失控漏管。“九小”场所缺乏规范有序的消防管理，消防设施陈旧落后老化，有的是租赁或利用闲置的厂房，有的是通过民用住房改造，其内部装饰装修、功能分区等大多都是经营者自行安排；部分场所只有工商营业执照，安全生产条件差，缺乏有效的消防安全保障，部分经营者因法治意识淡薄，未经消防检查验收等就擅自开业；生产车间、仓库、原材料、吃住基本都在一起，电气线路私拉乱接，消防设施缺少或过期失效，安全出口数量不足或被锁闭，疏散通道被堵塞、占用；部分安全出口疏散指示标志不明显，应急照明灯具照度不够，用火、用电、用气十分不规范，稍有不慎极可能引发火灾。

由于上述原因就需要对这些场所进行全面管理。在智慧消防应用改造中使用最多的是无线烟感，因为使用有线烟感改造和施工难度很大，“九小”场所内部建筑复杂，容易引起更多隐患。所以大量的无线烟感应用于智慧消防领域，随后无线灭火器等多种保证安全的无线设备逐步被开发和使用。图9-13为智慧消防应用中常见的消防无线传感器和设备，包括智能烟雾检测传感器、电气火灾检测传感器、可燃气体检测传感器、紧急报警按钮、温湿度检测传感器、消防水位检测传感器、消防水压检测传感器、泵房水浸检测传感器。由于LoRa具有较好的灵敏度和绕射特性，对于室内覆盖的效果较好。尤其在“九小”场所这些环境复杂的场所，加上无线烟感要求电池很小，而且必须保证3年的电池寿命，LoRa的低功耗特性得到充分的发挥。在智慧烟感的项目中，LoRa具有明显的优势。

灭火器是消防应用中使用最多的设备，在一个楼宇消防项目中，灭火器的数量可达到烟感数量的3倍以上。针对灭火器的气压和状态在线管理的LoRa智慧消防方案在市场上得到了认可，多家企业都在开发智慧灭火器的解决方案。

2. 智慧消防案例分析

下面通过一个园区消防系统智能化升级项目作为案例，对智慧消防进行深入分析。

1）项目介绍

（1）项目背景介绍：随着经济的发展和科技的进步，工业园区老旧消防系统已经越来越不能满足当今的现代化发展需求，消防设施智能化程度低，传统管理方式需要大量的人力成本投入，而当下人工成本日益增长，也使工业园区消防管理成本越发高涨。工业园区向智能化、信息化转型升级势在必行。某工业园区对消防系统进行智能化升级，实现消防安全管理动态预警，大幅降低消防管理成本，这也是国家的要求和规定。

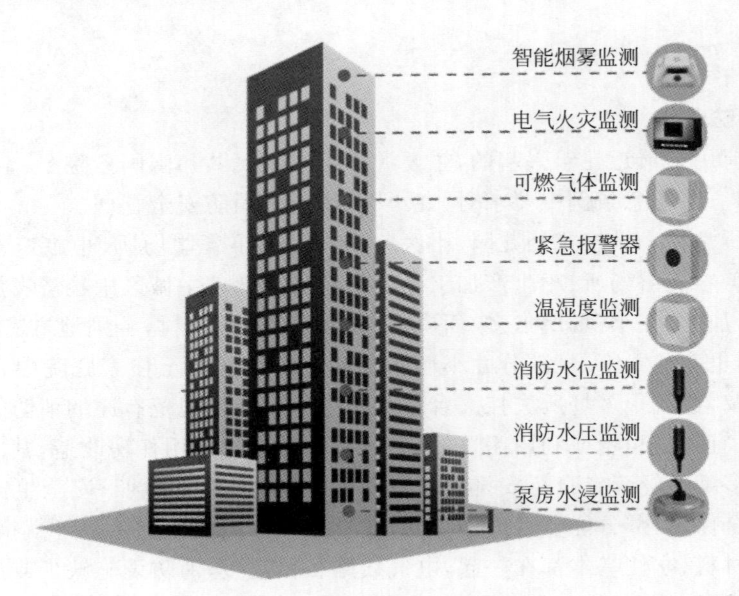

图 9-13 智慧消防应用示意图

(2) 项目需求分析：室内、室外消火栓水压监测，喷淋压力监测，喷淋泵流量监测，消防水池、水箱水位监测，柴油泵电池监测，发电机电池监测等。

(3) 项目难点：

- 园区内消防设备数量多且分散，LoRa 网关选址是关键，需确保信号的覆盖范围。
- 传统非标传感器升级有难度，需使其转变为 LoRaWAN 智能终端。
- 对接该工业园区原有的消防管理应用平台，需快速有效地提供数据接口。

2) 解决方案介绍

解决方案公司基于 LoRa 物联网技术，在园区内的消防栓、水泵房、蓄水池、水务管网等场景安装应用层传感终端，实时采集消防设备工作状态和运行数据，实现故障预知、及时预警、远程控制等功能，大幅提升园区消防管理能力。

图 9-14 LoRaWAN 网关架设

如图 9-14 所示，解决方案公司将 LoRaWAN 网关选址定为园区建筑天台，主要是基于较少的遮挡物及较高的部署位置，实现 LoRa 信号的全方位覆盖。在网关安装时，将主体置于屋檐下，再外接馈线天线，最大程度降低外部因素对网关的影响，延长产品使用年限。

如图 9-15 所示，解决方案公司通过无线压力变送器[图 9-15(a)]、无线液位变送器[图 9-15(b)]等传感终端，对该工业园区内的消防管网、蓄水池、水泵房等进行监测，实时掌握消防设备动态信息，同时利用 Sensor Box(有线接口转无线 LoRa 透传硬件)对原有非标传感器进行升级[图 9-15(c)]，使其具备 LoRaWAN 传输功能，满足消防系统智能化升级的需要。

(a) 管网水压监测

(b) 水池液位监测

(c) 原有非标传感器升级

图 9-15　LoRa 传感器改造

为实现消防动态预警，打造园区消防互联网平台，基于解决方案公司中间件软件，快速对接应用终端传感器，获取大量的消防设备数据，并以此为依据，进行大数据统计、分析及决策，全面提升园区消防安全管理能力。

3）项目效益分析

截至目前，解决方案公司已交付百余台 LoRaWAN 智能终端及网关设备，协助该工业园区实现消防系统智能化升级，具备统一监控、统一管理、统一维护等功能。监控人员通过消防互联网平台，直观了解所有终端的安装位置、通信状态、运行状态等信息，一旦设备发生故障，系统自动报警，立刻了解故障地点和故障状态，及时调度维修人员开展检修工作，提高检修效率，减少故障时间，降低维护成本。

9.2.3　智慧建筑

1. 智慧建筑的价值链

在智慧建筑、楼宇的应用中，一栋建筑物内成百上千的传感器被不断地收集、上传数据信息到云端，通过人工智能分析，不同的商业模型可以为用户提供实时的数据分析报告，潜在海量的服务。LoRa 架构能够使成百上千个传感器、制动器或智能标签以相对较低的成本组成网络，通过网关与云端进行通信。LoRa 技术能提供更久的电池寿命、更长的传输距离、更大的网络容量，从而组建一个部署成本极低的稳定网络。因为 LoRa 使用的是未授权的频段，不需要向运营商缴纳费用。

在过去，我们看到不同的技术部署在不同的应用场景中，看似是为了降低运营成本，实则，不同的建筑物管理系统会带来严重的问题，如各个系统间交互程度低，维护成本高。LoRa 解决方案给特定的建筑行业带来了相对温和的方案，让建筑物更加高效节能。这些系统通常不需要太多的人为交互，能够快速响应需求，有的可以集成到公司的 ERP、资产管理系统或者商业智能（Business Intelligence，BI）上。这些方案可以较容易地在新建筑物上部署，而老建筑物的改造方案较为复杂，成本很高。

新兴的 LoRa 智慧楼宇方案和云端大数据分析为楼宇建筑的管理者提供多种价值，其中包括：

- 精准计量：大楼内部署的智能 LoRa 计量器能对建筑物内的能源消耗做到精准测量，使用智能电子开关提醒楼宇内的人士检测高能耗设备以采取恰当的措施降低能耗。
- 智能冷热控制：使用 LoRa 传感器和智能恒温控制器可以用来监控室内外的环境温度、湿度以及是否有人，云端经过智能分析，可以发出智能指令控制制冷、制热、通风系统，既达到最低能耗控制，又不会给室内的人造成不适。
- 智能维护：LoRa 传感器的使用可以借助云端强大的预测分析和"按需"服务，进而极大地降低维护成本。举例来说，检测水流和水压有助于早点发现漏水现象；检测电梯电机运行状况可以早点侦测潜在的风险；窗户脏了可自动触发清洗服务；垃圾箱可以报告自身状态，当被填满的时候请求保洁人员过来打扫；用户可以使用按钮通知清洁人员对厕所进行打扫；捉害虫的设备抓到害虫以后可以向操作人员发出警告，这样可以及时对害虫进行清理以免发出臭味。
- 安全：楼宇内的智能 LoRa 传感器可以让人感觉更安全，因为使用者可以通过这些传感器完成对消防火警、空气质量、危险化学物、建筑物结构完成度等的检测，做到心中有数。
- 保密：房屋使用者有权对制动器进行控制和获取房屋室内信息报告。非法闯入可以被 LoRa 运动监测传感器检测到，未关闭的窗户和门可以被检测到，因此房屋使用者就可以进行远程控制，保障房屋的安全和隐私。

上面描述的情况既依赖于能产生大量高质量数据的 LoRa 传感器的安装使用，也依赖于能处理大数据的云端处理分析系统。通过合理使用传感器产生的大数据，结合云端强大的人工智能处理，一个完整的 IoT 方案可以给我们提供更多更广的视野和价值。完整的 IoT 方案可以给用户带来很多很明显的益处，比如说，对数据的整合、分析和决策既可以降低人参与的成本，也能减少出错率，大数据的分析报告也给我们提供了新奇有趣的想法帮助我们进行人工决策和智能预测。

采用 LoRa 技术实现智慧楼宇是商业资产产业的价值所向。完整的 LoRa IoT 解决方案生态链可以为商业资产管理者提供更多的价值，这包括：

- 提供新的收入源；
- 体现市场差异性；
- 增值服务的价值；
- 风险控制和稳健财务预见性。

LoRa 技术在智能楼宇应用中能够获得成功，与 LoRa 自身的技术特点相关，也与 LoRaWAN 协议以及整个生态相关，其优势有：

- 造价成本低：室内穿透能力强，一个网关可以覆盖整座大楼、地下车库和室外的周边设施，不需要使用 Mesh 的组网部署；安装便捷，传感器具备极低功耗，直接使用电池供电即可，所以避免了复杂的排线。

- 安全：LoRaWAN 内置 AES-128 加密算法。
- 通用标准：LoRaWAN 协议便捷、简单、可扩展，具有全球统一性。
- 连接成本低：工作在非授权频段上，完全免费。LTE-M 和 NB-IoT 需要额外运营费，LoRaWAN 运行在 ISM 频段。
- 方便易得：商业部署方面可以灵活选用私有或者公有网络。
- 网络开放性：网络可扩展性好，对其他网络有较大的弹性。
- 部署造价低：不管是公园、商业区还是宾馆，一个 LoRa 网关可以对这些人员密集区实现全覆盖。
- 不断增长的生态系统：LoRa 联盟是一个开放的非营利组织，拥有超过 500 家会员公司一起推广全球统一的 LoRaWAN 协议，保证更加安全、更大容量的连接完美适配今天的 IoT 应用，在全世界范围内已有超过 120 个国家部署了 LoRa 私有或者公有网络。

LoRa 技术的应用和发展，使得 IoT 领域内的智慧楼宇商业模型在今天可以得到完美实现，消费者在管理商业建筑方面会拥有无可比拟的巨大竞争优势，不仅仅是该集成方案降低了维护和操作成本，它们也增加了资产的价值性、提升客户服务、为楼宇所有者和管理者提供新的收益。

2. 智能建筑案例分析

作为全球领先的技术服务提供商，凯捷(Capgemini)为全球各地约 400 座楼宇提供智能建筑系统。近期，凯捷推出了一种基于 Semtech 的 LoRa 器件和 LoRaWAN 开放协议的智能办公系统(Smart Office)。经过凯捷公司测算，使用该系统后，可以将办公室占用率提高到 75%，每年可节省 10%的设施费用，而初期投资只占设施建设总预算的 2%。例如一家设施预算为 3 亿欧元的公司，一次性投入智能办公系统解决方案 600 万欧元后，每年可节省 4500 万欧元的设施费用。

据 Navigant Research 预测，全球智能建筑物联网的市场规模将在 6 年内从 2020 年的 85 亿美元增长至 2026 年的 220 亿美元以上。

凯捷在其研究中还发现，许多活跃在智能建筑市场中的公司在实际销售一种产品或产品组合的过程中，都会声称是在销售解决方案，而这些产品或产品组合都可以结合起来构成一个端到端的解决方案。在整个物联网领域中，传感器必须是完整数据管理生态的一部分。智慧建筑不仅需要将传感器数据传输到智能建筑的后端，还涉及维护和监测传感器网络及其物理资产，以及跟踪办公环境的变化并分析其变化趋势原因，进而采取适当措施。凯捷很清楚，对一家致力于在智能建筑领域部署物联网的公司而言，需要的不仅仅是简单地选择现成的技术。

凯捷公司使用智能办公室系统后，也得到诸多经验。推动降低成本并不是建造智能建筑的主要好处。凯捷公司每五年需要跟房地产公司重新签订咨询服务合同，并在全球范围内定期进行合同谈判。基于其智能办公室系统解决方案能提供切实可靠的数据，凯捷可以得到有力的指导依据，使这类谈判变得更加容易。

凯捷还发现,许多公司经常会遇到员工安排了会议并预定了会议室,却并未使用的情况,同时却又有很多人需要会议室而订不到。目前,凯捷服务对象办公室平均使用率为65%,客户的目标是将这一比例提高到75%。要实现此目标,就需要了解极其准确的数据。因为本地的管理人员总是倾向根据是否高峰期来安排会议室,而并非实际占用率,因而需要真实的数据来对其说服。

凯捷公司开发的基于LoRa的智能办公室传感器解决方案包括:

- 会议室传感器:用在会议室中以获得实时使用情况,一般采用红外传感器,高端的传感器还可以获知房间内的人数。该传感器采用电池供电的超低功耗无线传输。
- 办公桌传感器:用于办公桌和会议室会议桌,以监测实际使用情况。
- 舒适度传感器:用于测量二氧化碳、噪声、温度、湿度和光线,并将此信息通过LoRa传输提供给办公室使用者。

凯捷公司使用的网关是可以覆盖距离100m以上的传感器,这意味着一个网关可以覆盖1万m^2以上的面积。通过使用LoRaWAN,凯捷能够最大限度地减少办公室中的网关数量,从而大大节省安装成本。LoRaWAN提供了超高性价比的解决方案,比目前市场上其他类型产品综合的成本低得多。

如今,凯捷提供了多种智能办公室解决方案版本,旨在满足从小型初创企业到大型企业等多类型企业的不同需求。

视频讲解

9.3 智慧农业

9.3.1 智慧农业背景介绍

在过去的一个世纪里,我们目睹了农业产业结构的巨大变化,大部分由家庭所拥有的微型农场已经被大规模的大型农场所取代,同时,对于农场产能的需求也在稳步上升。根据联合国粮食及农业组织(UN Food and Agriculture Organization)的预测:到2050年,全球需要比2006年多生产70%的食物才能供养全世界日益增长的人口。随着生产和运营需求的持续增长,农业企业正在转向物联网以实现分析技术和更强的生产能力。农场主和牧场主不能再简单依靠人工和历史经验管理他们的农场或牧场。他们必须制订更高效的运营方案来实现有规律地搜集信息、快速分析数据并做出正确的判断选择,以此来提高产能获取更高收益。

在一些国家,智慧农业正变得越来越普及,农场主和牧场主们迫切需要低成本、低功耗的传感器。农业企业可对其农业生产的方方面面进行数字化监控、管理和分析,从而改善其整体运营情况和投资回报率(ROI)。从跟踪牲畜的健康,到监控怀孕的母牛,再到增加农作物的产量,LoRa技术为智慧农业的未来提供了一个稳固的平台,因为它很容易部署,且可帮助农场主和牧场主们通过数据管理扩大经营。

假如只有一半的田地需要更多的肥料或没有得到足够的水分,该怎么办?假如一百头牛中有一头生病了，你需要知道是哪一头牛应该被隔离以阻止疾病的扩散，该怎么办？假如你需要监控一头正在排卵的母牛以确保在整个繁殖过程中牛妈妈都保持健康，该怎么办？农业生产的竞争状态一直驱动着农场主们去寻找一种更有优势的技术。无论是使用由GPS驱动的自动驾驶拖拉机，还是采用双季大豆种植来增加产量，农场主们总是在密切关注新一代创新性的农业技术。农业的未来发展趋势与实时数据监控、传感设备和长期数据分析这三者密不可分。

LoRa技术可以提供高性价比的解决方案，从跟踪漫游在巨大牧场中的牛群到监控土壤湿度等。如图9-16所示，智慧农业分为智慧种植和智慧养殖两类。

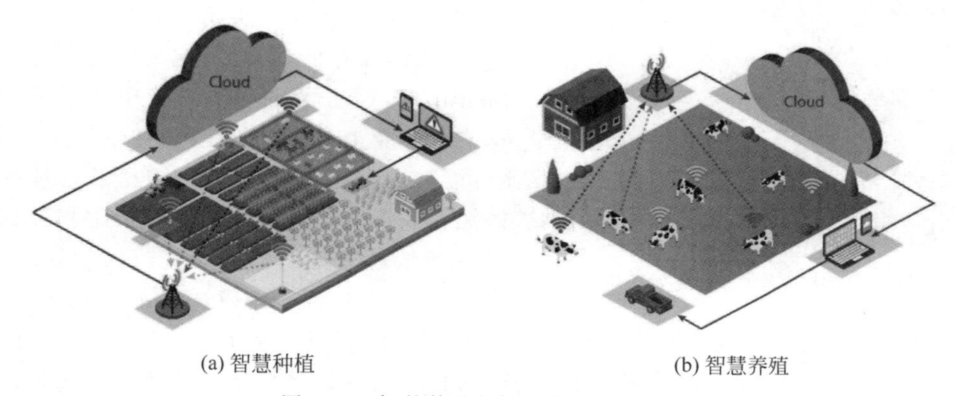

(a) 智慧种植　　(b) 智慧养殖

图9-16　智慧养殖与智慧畜牧(见彩插)

常见的LoRa农业传感器如图9-17所示，其中智慧种植包含大田种植和大棚种植，常见LoRa传感器有温湿度计、CO_2浓度传感器、光照强度传感器、窗磁传感器、土壤传感器和室外气象站等。智慧养殖分为水产养殖和畜牧养殖，常见LoRa传感器有水质pH传感器、液位传感器、含氧量传感器、浊度传感器、体温传感器、定位终端等。

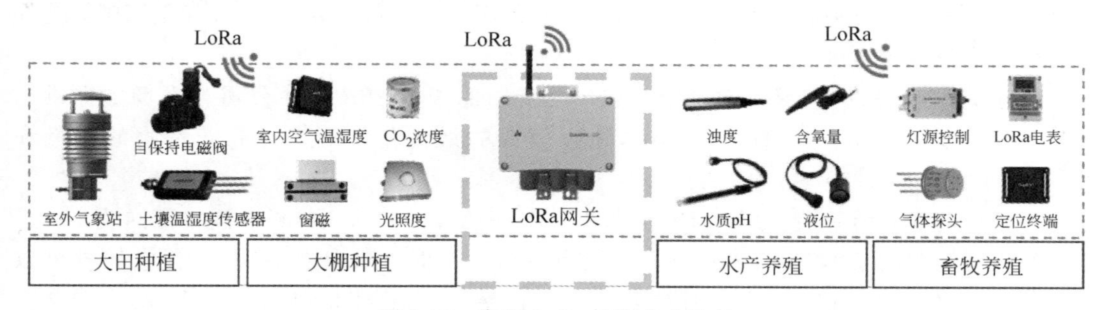

图9-17　常见LoRa智慧农业设备

与其他农业物联网设备相比，LoRa主要的优势还是距离远和超低功耗。不同于其他应用，农业对于功耗和距离的要求更为苛刻，如果无法达到一定的覆盖，则系统很难收回成本，项目的推进会非常困难。

9.3.2 智慧农业应用

1. 智慧养殖

监控一群牛是一份全天候的工作,因为牲畜饲养场每年因病牛感染可能损失数十亿美元。所以,在牧场主们持续关注其财务增长的同时,需要一种技术来增强并简化其运营。

位于美国内布拉斯加州林肯市(Lincoln,Nebraska)的 Quantified Ag 公司已经开发出了一种集成了 LoRa 技术的牛用电子标签,如图 9-18 所示,它可测量牛的体温、头部运动和整体移动。所有的数据都被收集到一个应用服务器中来寻找“异常值”,比如一头奶牛的数据显示其移动量减少并出现体温降低,则提示这头牛很有可能生病了。Quantified Ag 公司的解决方案中提供了一个手机 App,它会将潜在的健康问题通知农场主。随后,农场主可能会检查这头牛,之后与兽医开远程视频会议,兽医能够检查动物生命特征并收集生物数据。这样,农场主能快速为他们的牲畜进行疾病处理,以尽力阻止疾病在整个牛群中传播开来。

图 9-18 LoRa 牛耳标

Quantified Ag 公司现在有许多专为牲畜管理设计的应用,其中包括基于 LoRa 的物联网设备。其中还有另一款动物体温监测设备,动物通过吞食该设备到达体内。这款传感器也是基于 LoRa 技术,可用于监测体温及母牛排卵,还能将这头母牛排卵信号发送给人工授精兽医。这种方法可以让农场主准确地知道每头潜在的牛妈妈的身体情况,从而节省了工作时间并增加了准确性。

2. 智慧种植

当今的农场主们都非常渴望能够得到更多与作物相关的数据作为其对灌溉和施肥等做出准确判断的依据,以提高其作物的产量。当其他因素都保持不变时,水分和土壤肥力是提升农作物产量的主要因素。

位于美国硅谷、由国家科学基金会(NSF)资助的 WaterBit 有限公司为农场主提供高度精细化的、实时、低成本的感测系统,通过资源的最优化使用来提高农作物的质量和产量。

该公司的灌溉传感器使用 LoRa 技术和 LoRaWAN 开放协议将设备连接至网关。为了满足灌溉和施肥的基本需要,WaterBit 系统为终端节点提供双向通信功能,使它们既可以读取传感器数据,又可以实现实时控制。这些传感器可探测水位、土壤的含铁量和含盐量。农场主们可通过测量数据来优化其运营,以更好地管理他们的农作物确保农作物高产。

WaterBit 的数据显示,通过使用 LoRa 技术,他们的客户们得以实现对土壤里水分、养分精细化管理;对于葡萄作物,农场主们可提高 20%～30%的产量。

如图 9-19 所示,WaterBit 开发了一款智慧种植节点集中器 Carbon。Carbon 采用太阳能供电，连接传感器、探针、阀门等职能设备。WaterBit 还提供多种传感器，包括：电容性的土壤湿度检测探针，用以检测土壤湿度；压力和流量传感器二合一，做到水流监控和漏水检测；无线断流阀控制器，精确控制水流。这些数据传输和控制都是通过 LoRa 来实现的。

WaterBit 通过实时的数据带来更全面的环境信息，从而进行判断并执行灌溉等操作，具有以下特点：

- 数据存储在云端；
- 通过数据评估灌溉需求，并提供策略；
- 监控灌溉和土壤状态；
- 系统维护可监控。

图 9-19 LoRa 种植传感器

智慧种植应用基本大同小异。图 9-20 为月季花大棚。它会根据当前月季花的生长周期和大棚内温湿度、CO_2 等参数调节浇水、通风等，使月季花达到最好的生长效果。此类方案常见的应用还有海产管理等。

图 9-20 月季花大棚管理

在温室大棚内部署各类由 LoRa 节点模块与前端传感设备组成的无线传感终端，实时监测棚内空气温湿度、土壤温度、土壤水分、光照度、CO_2 浓度等环境参数，并通过 LoRa 网络上传到云平台进行分析，一旦环境偏离植物生长的最佳状态，可远程控制加热器、制冷、通风、加湿器、除湿器、卷帘机等对环境进行调节，保证作物有一个良好的、适宜的生长环境，达到增产、改善品质、调节生长周期、提高经济效益的目的。

3. LoRa 智慧农业优势

LoRa 技术在智慧农业中能获得成功，主要有低功耗、私有网络、覆盖范围广（远距离）、网络架设方便、支持定位等优点。

- 低功耗：可以在电池供电条件下工作数年。
- 私有网络：广泛部署 LoRa 网络成本非常低，且容易部署。袁隆平院士的盐碱地水稻试验田由于位置偏僻，周围无蜂窝网络覆盖，只有 LoRa 技术可以实现一个自动化的远距离网络覆盖。

- 覆盖范围广：LoRa 技术信号强大可靠，覆盖范围广，甚至在农村地区也一样。图 9-21 为 LoRa 智慧农业中的实际覆盖范围与传统技术对比。
- 定位：LoRa 技术使用一种无须 GPS 的定位技术，因而不需要额外的功耗。在农业应用中，由于没有建筑物遮挡，其定位精度大幅上升。应用于智慧农业最合适。

(a) 传统的无线技术覆盖

(b) LoRa无线技术覆盖

图 9-21 智慧农业中无线覆盖对比

视频讲解

9.4 智慧工业、物流

9.4.1 卫星物联网

LoRa 技术在创立之初其远距离特性就受到了卫星通信领域的关注，大量的小卫星公司纷纷使用 LoRa 技术实现低成本的地、卫通信解决方案。随着小卫星技术的普及，发射小卫星并非难事，成本只有几十万美元。

通信卫星工作的基本原理如图 9-22 所示。卫星通信系统是由空间部分（通信卫星）和地面部分（通信地面站）两大部分构成的。在这一系统中，通信卫星实际上就是一个悬挂在空中的通信中继站。它居高临下，视野开阔，只要在它的覆盖照射区以内，不论距离远近都可以通信，通过它转发和反射电报、电视、广播和数据等无线信号。

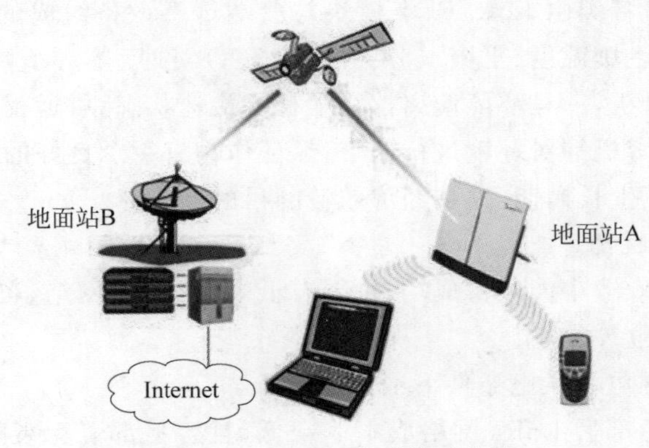

图 9-22 卫星通信系统示意图

从地面站 A 发出无线电信号，这个微弱的信号被卫星通信天线接收后，首先在通信转发器中进行放大，变频和功率放大，最后再由卫星的通信天线把放大后的无线电波重新发向地面站 B，从而实现两个地面站或多个地面站的远距离通信。举一个简单的例子：如北京市某用户要通过卫星与大洋彼岸的另一用户通话，先要通过长途通话器局把用户通话器线路与卫星通信系统中的北京地面站连通，地面站把通话器信号发射到卫星，卫星接到这个信号后通过功率放大器，将信号放大再转发到大西洋彼岸的地面站，地面站把通话器信号取出来，送到受话人所在的城市长途通话器局转接用户。

虽然发射小卫星成本和技术不是问题，但是如何有效地利用小卫星服务应用才是最关键的。早期的高轨卫星电话技术在与蜂窝网技术竞争中败下阵来，至今卫星电话一直是一种昂贵的服务。主要原因是作为语音通信技术，其信号延迟很长，体验非常差，又由于其轨道资源紧张，不可能提供更多的接入量，使其成本居高不下。通信卫星可分为海事卫星移动系统（MMSS）、航空卫星移动系统（AMSS）和陆地卫星移动系统（LMSS）。海事卫星移动系统主要用于改善海上救援工作，提高船舶使用的效率和管理水平，增强海上通信业务和无线定位能力。航空卫星移动系统主要用于飞机和地面之间为机组人员和乘客提高话音和数据通信。陆地卫星移动系统主要用于为行驶的车辆提供通信。可以看到，现阶段常用的通信卫星都只能使用于高价值链的场所，其应用扩展性非常受限。

在 LoRa 技术发展的早期，虽然许多卫星公司发现 LoRa 调制技术有远距离优势，但是找不到应用点，一直在观望中。直到 LoRa 推动物联网的发展，LoRa 生态也越加完善，从硬件供应商到解决方案商队伍日渐强大，LoRa 的应用案例开始层出不穷。此时涌现出大量无网络覆盖区域的定位和数据传输需求，如海上船只集装箱定位，牧场牲畜定位，野生动物追踪等。在这些场景中即使有 LoRa 网关，也没有方法将网关与因特网相连，LoRa 系统无法与外界交换数据。这些无网络区域的物联网应用最好的解决方案就是通过卫星实现。

在第 1 章中，我们就介绍了 LoRa 近地卫星的案例，2017 年 8 月，飞行高度 702km 的近地卫星向地面发送了频率 868MHz（欧洲 ISM 频段）、25mW 的 LoRa 信号，并被地面接收，这意味着基于 LoRa 物联网的卫星通信实现了。

采用 LoRa 技术作为近地卫星物联网通信具有如下优点：

- LoRa 生态完整，传统的 LoRa 终端设备已经具备与卫星通信的能力，不需要额外开发硬件，整体成本非常低。
- LoRa 工作距离远，不做改造的情况下可以实现与卫星通信。在 8.1.2 小节中有关于 LoRa 远距离的计算。
- LoRa 只是在 1GHz 之内的频段工作，无论卫星使用 ISM 频段还是专用频段，LoRa 芯片都可以支持。
- LoRa 具有超强的抗多普勒频移特性，具体讨论和计算参照 8.5 节。
- 物联网应用对实时性要求不高，卫星通信的延迟问题，对系统影响不大。

在实际应用中，LoRa 卫星近地卫星通信主要为终端设备主动上报模式，其原因是 LoRa 设备主要工作在主动上报的 Class A 模式。卫星收到信号后一般不发下行 LoRa 确认帧。卫星的下行通道还是采用原有的卫星地面接收站，将收到的上行 LoRa 终端设备数据统一下行发放到地面接收站并连入因特网。还有一点需要注意的是，近地卫星的覆盖问题。由于近地卫星轨道低，其覆盖面积较小，当卫星数量不够多的时候，无法全面覆盖整个地球，且近地卫星的飞行速率高达 7.9km/s，在传感器上空的时间非常有限。此时就需要终端设备上带有时间计算功能，当有数据包要发送时，先计算卫星到达该位置上空的时间，当卫星到达其上空时发送数据包。相信随着卫星数量的增加，逐步实现全球覆盖，终端设备可以实现对卫星的实时数据发送了。

在拥有 LoRa 近地卫星后，无论在地球的任何一个角落，无须架设网关即可拥有通信网络，比如求救信号、大海中或沙漠中的物品定位。这些终端设备的 LoRa 部分硬件成本不到 30 元，一年的卫星通信服务费也不过几十元，是传统的卫星通信成本的几十分之一。

9.4.2 园区定位

在安全政策日趋严格的背景下，在安全第一的前提下，越来越多的工厂尤其是化工园区在安全管理上面临诸多挑战。针对这些挑战，大量的 LoRa 定位解决方案提供商根据这些客户的需求，提供了完整的解决方案。在整体化工园区呈现封闭化管理趋势下，围绕资产、车辆、人员管理，以 LoRa 物联网为基础，建起集数据采集、数据应用与数据分析于一体的园区安全管理解决方案，其项目的痛点：

- 化工园区环境复杂，室内室外交替，如何通过技术手段精准定位人员位置。
- 人员聚集容易造成群体伤害，如何控制人员聚集情况，减少突发事件的集中伤害。
- 园区范围广，覆盖面积比较大，地形复杂，如何保证员工在遇到危险时能够及时、准确地发出求救信息。
- 遇到突发事件，救援要做到全面，不能留一人在危险园区中，需要统计人员疏散情况。
- 园区大型设施，包括固定设施的位置，移动设施的轨迹，都需要进行统一呈现和管理。

针对这些问题，LoRa 方案商提出了定位与传输相结合的方案，其中通过 GPS 完成室外定位，蓝牙信标实现室内定位，所有的数据传输通过 LoRa 实现。员工工牌中内置有 LoRa 通信模组和蓝牙、GPS 定位模组。根据园区大小，选择 LoRa 网关数量和架设位置，并在室内环境中放置蓝牙信标、实现室内外连续定位。而传统方案是在园区内布置大量的蓝牙网关，在工牌中放置蓝牙发射器。蓝牙网关接收到工牌发射的 ID 号后，通过网线连接到局域网或因特网。由于蓝牙技术的工作距离较近，需要架设的蓝牙网关数量很多，施工和管理成本很高，如使用 LoRa 网关管理，可以大大减少网关的架设成本，1 个 LoRa 网关可以实现 20 个蓝牙网关的覆盖范围。定位蓝牙信标为内置电池的蓝牙模块，具有尺寸小、成本低、安装简单的特点。

如图 9-23 所示，当带有工牌的员工在园区内移动时，其内部 GPS 和蓝牙模块接收机打开，可以收到 GPS 定位数据或多个蓝牙信标的 ID 号。当工牌完成接收后，会将数据通过

LoRa 发射机传输到园区的 LoRa 网关中，后台的服务器就可以通过 GPS 或蓝牙信标的 ID 号计算出该员工的位置。针对一些可以移动的设备或危险品也可以使用类似工牌的追踪标签实现定位。

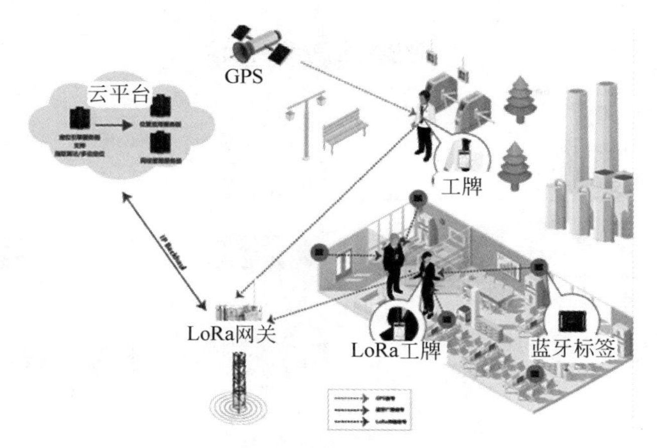

图 9-23　智能园区定位应用示意图(见彩插)

该方案设备成本低，免布线，易部署，设备防水防尘防爆，满足化工园区人员定位的高需求，保障安全生产。定位工牌支持 IC 一卡通，保证对原有门禁系统的兼容性。定位方案已经在化工园区得到广泛商用，可以精确显示生产区域内从业人员的动态信息、活动轨迹，实现区域作业人员定位、轨迹分析、人数统计点名、智能巡检管控、视频联动、超员缺员智能预警、电子围栏预警、一键紧急求助等功能。一旦发生事故，通过系统能及时掌握员工的分布位置，视频查看事故现场情况，为制定最合理的救援措施提供技术支撑，有效减少人员伤亡，降低企业损失。

现在国内园区定位应用中，LoRa 技术已经成为主流。

9.4.3　智能传感监控

在工业传感领域中，LoRa 技术凭借抗干扰强和高灵敏度特性收到众多企业青睐。常见的应用有厂区内环境及生产运输传感器等。

1. 园区监控

工厂园区内有大量的传感器信息，过去是通过人工采集或有线采集的方式，给管理者带来诸多不便。传统的无线技术如蓝牙和 ZigBee 技术需要架设大量的网关，施工成本过高，LoRa 技术的远距离和广覆盖给园区管理带来了诸多便利。园区管理中的场景有园区照明系统、园区空调状态监控系统、园区能效联动控制系统、空气质量监测、园区机房监控系统等，其业务管理场景如图 9-24 所示。

园区内可以实现智能无线多表集抄方案，园区中的水表、气表、热表、电表可以通过 LoRa 技术将数据传输到后台的服务器中，园区的管理可以通过这些数据的分析实现精细

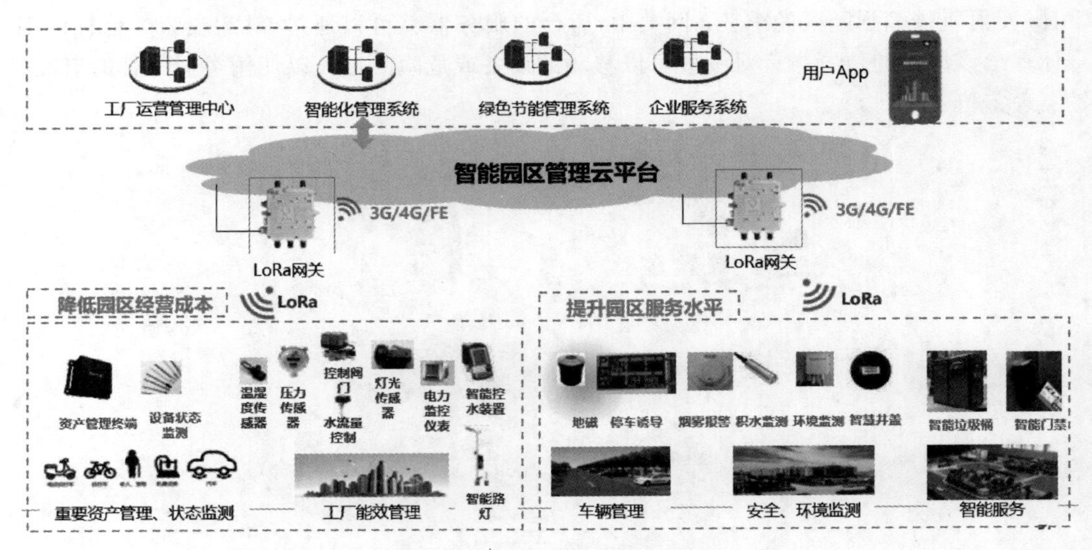

图 9-24 智慧园区管理示意图

化能耗规划，实现节能减排。

在智慧用电及电气火灾监测方案中，电气火灾探测器安装在电气柜上，实时采集电气线路的漏电流、电流、温度参数，并把数据发给管理平台，实现温度报警、漏电报警、电压报警、电流报警、设备报警等。

园区灯控系统如图 9-25 所示，可以实现按需照明，多种控制模式（定时控制、光照度控制、分时分段、节假日控制），可多维度控制，还具有故障自动上报，实现远程管理的功能。园区的照明解决方案可以实现精确管理、有效节能。同时还可以扩展增值业务，如同时部署多

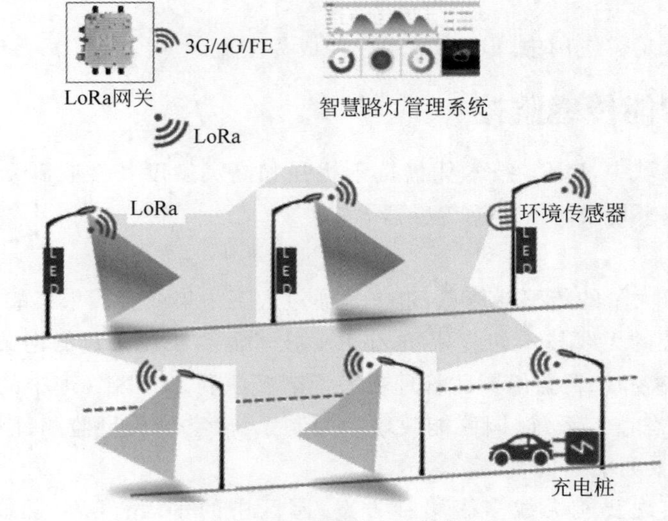

图 9-25 园区灯控系统

种传感器，如温湿度传感器、PM2.5传感器、噪声传感器、雨量传感器及风速传感器等。

园区机房监控系统能够实现从设备运行情况到机柜微环境再到机房整体环境的多层次监控；阈值告警、丰富的预警方式和预警流程保障；具备网络化、智能化，能够随时随地通过网络了解机房内情况。

在一个园区内，只需要一到两个LoRaWAN网关就可以实现全厂区覆盖，实施简单、成本低，LoRa终端传感器的管理也非常方便。其中LoRaWAN网络覆盖广、终端设备低功耗以及网络架设管理方便是智慧园区选用LoRa技术的关键原因。

2. 海运传感

LoRa的传感监控不仅用于园区，还应用于物流生产等多个领域。下面就通过海运的案例了解LoRa如何解决船舶监控问题的。

Wilhelmsen成立于1861年，是一家全球性海运行业集团，同时也是海运市场的领导者。该公司与TTI合作并选择LoRa器件作为其全球2.4GHz海运物联网的基础，为其遍布全球各地、多样化的客户群提供经济高效、强大可靠的物联网解决方案生态系统。Wilhelmsen为70个国家和地区的2200个港口中的2万艘船舶提供服务，并且每年处理的货品交付超过22万批。

对于传统的方式，船舶上的传感器数据都是通过有线系统实现传输，或者通过定期的人工抄读来进行管理。而基于LoRa的无线传感器可以监测许多变量，包括机械状况、燃油效率、环境指标和货物情况等，并可以利用这些数据进行预防性维护。作为重要的运输工具，预防性维护可降低由于维修或事故导致的船舶闲置。此外，该系统可以优化流程、减少人力浪费、降低成本。Wilhelmsen选择TTI来开发其物联网平台。通过该平台，Wilhelmsen能够充分利用现有供应商和服务提供商的全球性生态系统，从而更容易对接LoRa传感器、硬件设计人员、系统集成商和应用程序开发商构成的市场。

那么，为什么该项目选择2.4GHz而没有选择Sub-1GHz？这是因为海运是全球的生意，船舶要开往不同的国家，而不同的国家使用的LoRa频段在Sub-1GHz是不同的，船只上的传感器无法同时符合全球所有国家的无线电规范。当选择2.4GHz LoRa时，不需要再考虑频率规范问题。

9.5　消费类应用

视频讲解

LoRa技术早期，市场一直针对商业类应用发展，主要有智慧表计、智慧城市等；随着LoRa技术特点逐渐被市场发现，许多消费类应用逐渐浮出水面。LoRa只是一个底层的调制技术，具体市场怎么用，要看其特点能否被市场发现，是否能创造价值。本节内容介绍的智能家居、对讲、穿戴等应用都是最近一两年中被行业伙伴发掘出来的。

9.5.1　智能家居

智能家居(Smart Home)是以住宅为平台，利用综合布线技术、网络通信技术、安全防范技术、自动控制技术、音视频技术将家居生活有关的设施集成，构建高效的住宅设施与家庭日程事务的管理系统。通过该系统，可以提升家居安全性、便利性、舒适性、艺术性，并实现环保节能的居住环境。

1. LoRa 的智能家居特点与发展

智能家居是在互联网影响之下物联化的体现。智能家居通过物联网技术将家中的各种设备（如音视频设备、照明系统、窗帘控制、空调控制、安防系统、数字影院系统、影音服务器、影柜系统、网络家电等）连接到一起，提供家电控制、照明控制、电话远程控制、室内外遥控、防盗报警、环境监测、暖通控制、红外转发以及可编程定时控制等多种功能和手段。与普通家居相比，智能家居不仅具有传统的居住功能，兼备建筑、网络通信、信息家电、设备自动化，提供全方位的信息交互功能，甚至为各种能源费用节约资金。

智能家居中的通信技术竞争非常激烈，Wi-Fi 技术已经占据了长带电智能家居设备的绝大多数。ZigBee 和 BLE Mesh 在低功耗智能家居设备中持续发力。LoRa 作为智能家居的后来者在竞争中必须展现出其独有特色才可以占有一席之地，在 1.3.2 小节中有详细的 LoRa 与短距离无线通信技术的对比细节。在智能家居应用中 LoRa 最主要的两大优势为：

- 频段优势：LoRa 的工作频率在 Sub-1GHz 传输衰减小，绕射能力强；而 ZigBee、Wi-Fi 和蓝牙工作在 2.4GHz，信号衰减大，绕射能力弱，并且这些不同技术的信号处于同样的频段，频带占用和干扰问题严重。
- 灵敏度优势：在智能家居等物联网应用中，ZigBee、Wi-Fi 和蓝牙技术的灵敏度比 LoRa 差 20dB。

如图 9-26 所示，为了推动 LoRa 在智能家居领域的竞争力，2019 年 7 月 Semtech 在深圳宣布推出全新的 LoRa 智能家居器件 LLCC68，其意图是将 LoRa 的市场应用范围从 To B 的行业应用扩展到 To C 的智能家居、智慧社区和消费者应用。

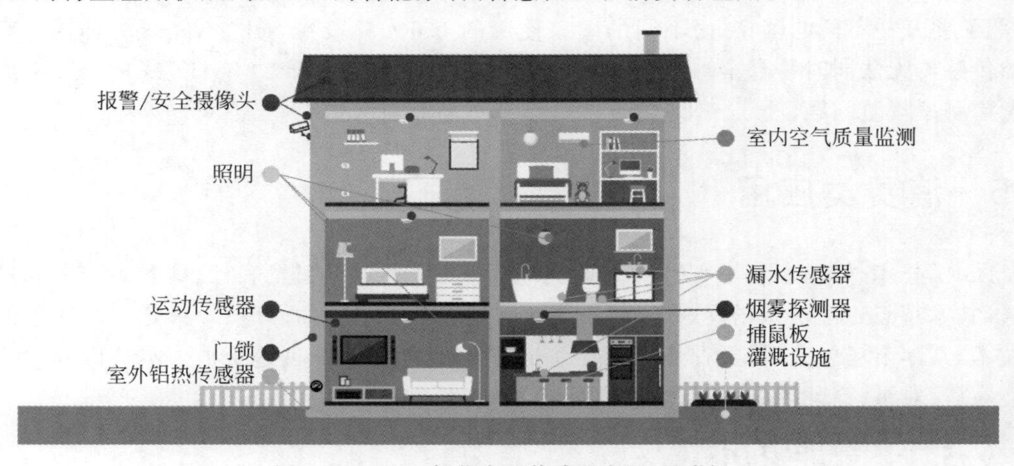

图 9-26 LoRa 智能家居传感器应用（见彩插）

与传统的 SX126X 系列芯片相比，LLCC68 这款芯片针对家居、社区和消费类场景的特点，删减了 LoRa 芯片原有的低速工作模式，并降低成本，更有利于 LoRa 在智能家居领域的市场推广。

由于 LoRa 有上述的两大优势，越来越多的智能家居公司开始采用 LoRa 技术作为其主要的通信手段。截至 2019 年底，全国已经有近 50 家智能家居公司开发了基于 LoRa 技术的智能家居产品。阿里巴巴开发的 D2D 协议（见 6.2.2 小节）和 Yosmart 公司开发的 YoLink 协议（见 6.2.3 小节）都是为智能家居场景准备的。

2. 阿里巴巴 LoRa 室内产品

2019 年 6 月 11 日，阿里云联合深圳慧联无限科技有限公司发布了基于 Alibaba Cloud LinkWAN 物联网络管理平台的新产品——守护精灵安防套装，这是自阿里云提出 LoRa 2.0 概念以来，落地的首款针对长尾市场的 LoRa 套装产品。如图 9-27 所示，该套装主要面向中小企业的安全防盗需求，可实现店铺防盗、办公场所安全、危险区域人员进出防控、家庭安防、独居人士安全预警等功能。

该安防套装包含一部 LoRaWAN 小型网关以及无线门磁、红外感应仪和紧急求助按钮三款终端传感器。由于采用 LoRa 技术，该套装实现了免布线，所有传感器设备均内置电池，无须外接电源，只需将网关取电通网即可。该套装产品最大的特点是安装简便，只需要 30s，用户就可完成全设备安装，所有套装设备无须配网即可自动连接。

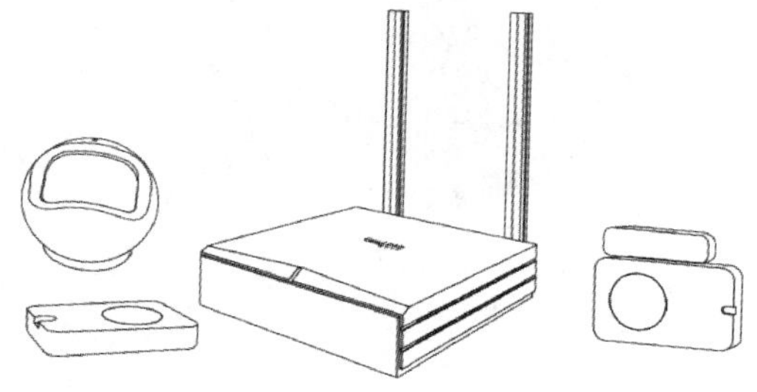

图 9-27　阿里云 LoRa 套包

另外，该套装完全打通支付宝小程序，用户可以通过支付宝小程序将安防设备与自己的账号相关联，直接在小程序里实现布防和撤防。完成安装后，如果监测到室内发生异常事件，会通过 LoRaWAN 将异常情况上报至阿里云平台，再通过支付宝推送或短信和电话等方式对用户进行第一时间告警。阿里云方面表示，除了套装预置的三款传感设备，未来会扩展接入 200 款以上的各式传感设备，解决室内场景更多的痛点。

作为平台提供方，阿里云不仅帮助 LoRa 从业者在原有的市场深耕，还会帮助他们在长尾市场和室内场所进行创新探索。而这款室内安防套装产品，从芯片、LinkWAN 物联网络管理平台、物联网平台，再到支付宝小程序都获得了阿里的全方位技术使能，目前该套装已经在阿里云官网首页及物联网市场上线。

3. 亚马逊 Sidewalk

2019 年 9 月亚马逊在西雅图举行一年一度的硬件大会，会上发布了一项名为 Sidewalk 的低功耗远距离无线技术，能够在比 Wi-Fi 或蓝牙等无线网络更大的范围控制家庭设备。

这一通信技术实际上是在 LoRa 调制技术基础上推出的适用于智能家居和消费级智能硬件中远距离通信的协议，补充了此前用于智能家居和消费级智能硬件通信的 Wi-Fi、蓝牙、ZigBee、Z-wave 等技术的不足。也就是说，Sidewalk 其实是借助现有成熟技术，对智能家居和消费级智能硬件通信的一个创新。

由于基于成熟的 LoRa 物理层技术，亚马逊以及其硬件合作伙伴在硬件开发上可以直接复用现有的 LoRa 产业生态资源，对于 Sidewalk 相关产品开发来说也是可以低成本快速实现。因此，亚马逊希望将 Sidewalk 扩展至其智能硬件产业生态中，并不是一项从头开始做的工作，从某种意义上来说也是借助 LoRa 现有的产业生态来扩大自身生态。

2018 年初，亚马逊以 10 亿美元收购一家智能家居公司 Ring，加快进军智能家居领域的步伐，Ring 以智能门铃、安全摄像头和泛光灯而闻名，被收购后 Ring 的产品开始和亚马逊 Alexa 语音平台进行整合，多款产品与 Echo 音箱相连。其中，Ring 推出的一款与 Echo 音箱相连的智能灯就内置 LoRa 芯片，实现对智能灯的控制。图 9-28 为 Ring 的这款智能灯。

图 9-28　内置 LoRa 芯片的 Ring 智能灯

由于扩大了通信范围，加上成熟的方案和较低成本，未来亚马逊智能硬件产品有可能内置 LoRa 芯片，采用 Sidewalk 协议，让社区、家庭和个人用户实现远距离连接。

亚马逊推出 Sidewalk 技术具有重大意义，这正是其扩大智能家居生态版图的重要一步，因为 Sidewalk 的低功耗和长距离特征，让亚马逊智能家居产品可以走出家门，进而可以推出各类室外产品，占据社区和个人消费市场。正如亚马逊在发布会上所说，在 Sidewalk 的配合下，用户在屋内就可以用 Echo 音箱启用人行道上的气象站了解外面的降雨情况，在房间里开启花园中的浇水传感器，甚至启动邮箱内传感器，了解邮件是否已送达。传统 Wi-Fi、蓝牙、ZigBee 等协议在通信距离上无法支持设备从室内走向室外，而在 Sidewalk 加持下，未来亚马逊可以持续推出社区和个人穿戴等室外场景的产品。

Alexa 智能语音助手已经是亚马逊硬件生态的核心，亚马逊已向第三方厂商开放 Alexa，扩展硬件生态边界。而 Sidewalk 也可以认为是扩大硬件品类和边界的另一核心武器，除了亚马逊自己的智能家居产品外，亚马逊也鼓励更多智能家居厂商采用 Sidewalk 技术，从而形成更广泛的智能家居生态。当然，随着 Sidewalk 的推广，LoRa 在智能家居生态中的布局也进一步扩展。亚马逊曾表示蜂窝网络造价高昂，组网复杂，并不一定适合智能家居的需求。亚马逊推动 Sidewalk 技术，不仅仅因为蜂窝网络的这些特征，还在于蜂窝网络需要依赖运营商，自身无法对其产生影响，而自有通信技术更利于自身在产业生态的影响力。

当然，要达到 1km 以上的通信距离，采用 Sidewalk 技术的硬件需要连接到基站或网关上，而基站和网关的部署就比较重要。亚马逊已经向洛杉矶的很多家庭发放了 700 个测试设备，在短短的 3 周内，它就覆盖了人口稠密的洛杉矶区域。

后续 Sidewalk 规范的 LoRa 网关都会嵌入在 Alexa 智能音箱中。由于 LoRa 通信距离较远，通过给家庭发放 LoRa 网关，可以实现网络的快速部署，覆盖主要人口聚居区，从而做到对各类智能家居产品联网的支持。

9.5.2 遥控、对讲、音视频应用

LoRa的特点不只是传得远，在相同的通信速率下，LoRa具有比其他调制技术更好的灵敏度，对比FSK具有8～12dB的灵敏度优势。根据8.1.2中的弗里斯公式(8-15)可知，在天线增益、输出功率等条件都相同时，这8～12dB的灵敏度可以带来约3倍的工作距离。所以LoRa技术被广泛应用于高端的遥控设备及音频和视频传输应用中。

1. 遥控设备

遥控爱好者对于无线遥控的距离、稳定性和反应速度都有近乎狂热的追求。针对遥控爱好者的需求，专用遥控器厂商不断采用新技术提升性能，最终发现SX1281芯片的FLRC(快速LoRa)模式。图9-29所示为一款采用LoRa作为无线技术的模型遥控器FS-NV14，这款遥控器的市场售价在1100元左右。

使用SX1281芯片对于飞控有如下优势：

(1) 控制距离更远。LoRa有更高的灵敏度，所以可以保证更远的工作距离。用户还可以切换快速控制模式和远距离模式，对应于SX1281芯片是FLRC模式和LoRa模式。

(2) 更好的抗干扰特性。遥控器的使用场景中有大量的2.4GHz干扰信号，LoRa技术具有超强的抗干扰特性。控制中不容易受到外界信号的影响。这一点在遥控飞控爱好者中非常重要，一架专业遥控飞机价格在万元左右，高速飞行中稍有信号阻塞会导致飞机损坏。

图9-29 LoRa遥控器FS-NV14

(3) 具有更好的延迟特性。FLRC模式下支持1.3Mb/s通信速率，可以实现3ms之内的控制延迟。

有的客户采用SX1280芯片作为遥控器，还可以测算并显示飞机与遥控器之间的距离。

在竞争激烈的遥控器市场中，LoRa能有一席之地主要是由其优秀的无线射频性能决定的。但在更大的中低端遥控市场竞争中，LoRa就没有优势了。中低端遥控玩具的无线芯片成本仅为LoRa芯片的十分之一不到。

2. 对讲机应用

对讲机市场主要分为专用数字对讲机、公网对讲机和民用无线对讲机三类。由于专用数字对讲机的标准协议都已经确定，LoRa调制不符合专用对讲机标准，故无法使用。公网对讲机其实就是普通手机的简化版本再加上一些对讲机的属性，其无线通信是通过原有电信运营商的网络实现的。民用无线对讲机的应用较为广泛，且采用的技术手段也比较开放，LoRa可以用于这类对讲机。

对讲机的音频传输所需要的通信速率很低，只要超过3.6kb/s即可。对讲机中有一个语音特征采集和还原模块，可以将人的声音特征提取并压缩到2.4k/s的数据流中，另外需要1.2kb/s的校验数据。这也是对讲机的一大特色，如果采用正常的奈奎斯特采样，数据流需要40kb/s。LoRa收发芯片2.4GHz和Sub-1GHz的都可以实现大于3.6kb/s的数据速率支持。如采用SX1268芯片，可以采用SF=7、BW=125kHz，其通信速率为5.4kb/s。

LoRa 对讲机的原理框图如图 9-30 所示。对比传统的民用数字对讲机，只需将原来的无线通信芯片替换为 LoRa 芯片即可。

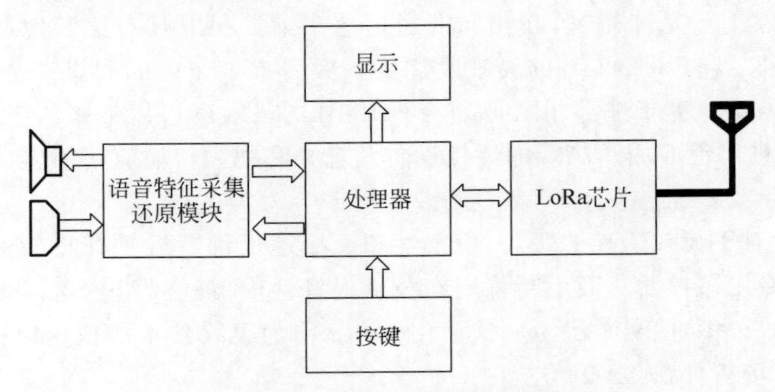

图 9-30 LoRa 对讲机原理框图

由于 LoRa 具有码分多址(CDMA)特性，一个频带可以使用不同的扩频因子实现多信道复用，具体原理和计算参照 8.2.2 小节。对讲机的多信道可以采用不同的扩频因子的策略进行扩展。

使用 LoRa 的对讲机比传统的民用对讲机具有距离远、功耗低和抗干扰的优势，其对比表如 9-2 所示。LoRa 对讲机发射功率是普通对讲机的五十分之一，而具有更好的链路预算。且 LoRa 对讲机的功耗非常低，大约为普通对讲机的十分之一。在成本对比中，由于 LoRa 对讲机的电池尺寸小，且不需要大功率发射及散射器件，其综合成本低于普通对讲机。

表 9-2 LoRa 对讲机与普通对讲机技术指标对比

技术指标	LoRa	普通对讲机
输出功率/W	0.2	5～10
灵敏度/dBm	－121	－100
链路预算/dB	143	140
硬件差异	不需要大功率器件	需要大功率和散热器件
功耗	低功耗，省电，待机长	功耗高

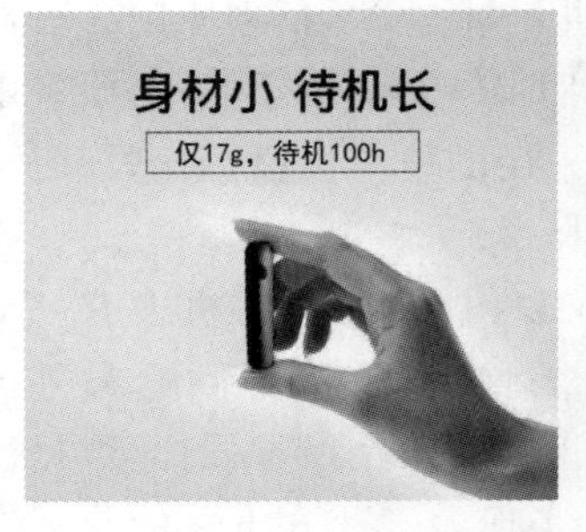

图 9-31 小型的 LoRa 对讲机

图 9-31 所示为一款小型的 LoRa 对讲机，采用内置天线，颠覆传统对讲机的外观造型，将对讲机做成蓝牙耳机大小，重量仅重 17g，长、宽、高为 7.4cm×1.9cm×1.8cm。该对讲机内部采用 SX1278 芯片。

由于 LoRa 对讲机可以采用 CDMA 功能，其组网方式可以采用更多方式，如 Mesh 组网结构。图 9-32 所示为一款基于 SX1281 芯片的 LoRa 对讲机，其配置参数为 BW＝800kHz，SF＝11。该对讲机支持同频中继功能，异频中转不限次数，可以无限扩展距离。

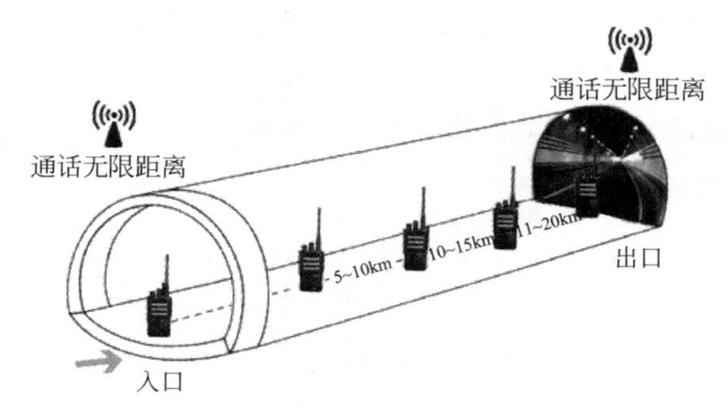

图 9-32 基于 SX1281 的 LoRa 对讲机

LoRa 在对讲机中的应用有如下特点：

- 低功耗，减小电池体积，延长使用寿命；
- 远距离，对讲机的主要指标；
- 抗干扰，LoRa 的 SNR 为负数，具有良好的抗干扰特性；
- 码分复用特性，可以扩展同频信道数量。

3. 音视频传输应用

由于 LoRa 在数据传输时具有比其他通信技术 8～12dB 的灵敏度优势，一些客户将 LoRa 技术运用到音视频传输中。图 9-33 为一款远距离图传遥控设备，可以实现 20km 的视频传输和 30km 的数据传输，支持 25h 续航。该设备主要应用于农用无人机控制管理。这款图传遥控器内部使用 SX1281 LoRa 芯片，输出功率为 100mW，且视频传输功耗比同类产品低 20%以上。在民用级无人机的图传遥控器中，这款产品应该是最远的。

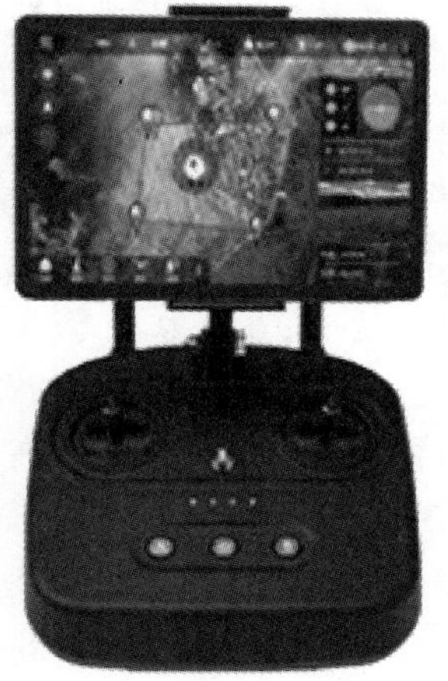
图 9-33 LoRa 远距离图传遥控设备

LoRa 的音频传输还应用在一些高端需求中，如演唱会和家庭影院的无线低延迟音箱。传统的无线设备由于传输距离受限且延迟很高，无法实现高品质的音频传输，至今绝大多数的高品质音响系统都是采用有线连接的方式。采用 LoRa 作为传输技术后，可以实现更远距离，低延时的音箱体验，减少了有线连接时施工和管理问题。

一些智慧教室和一些高端家庭影院的音箱系统已经开始使用基于 LoRa 芯片的音频传输方案。

9.5.3 手机、穿戴

1. 手机应用

一些手机厂商也将 LoRa 集成到其手机内部，主要利用了 LoRa 的远距离音频传输应用和 LoRa 卫星应用，这些应用的特点分别在 9.4.1 小节和 9.5.2 小节有详细介绍。手机具有上述功能后，同时会变成一个群组对讲机或一个求救呼叫器。

LoRa 集成到手机中后，可以利用手机原有天线，不需要额外的天线，整个手机尺寸和结构不需要改变。图 9-34 为集成了 LoRa 的手机结构框图。

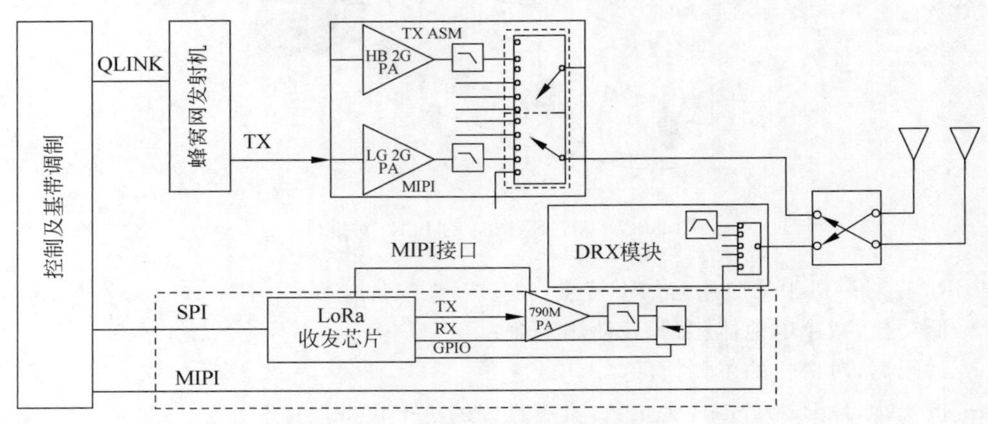

图 9-34 LoRa 手机结构框图

手机集成自组网通信功能后，可以使用私有网络的即时聊天工具，发送文字或语音等，并可以开启群组功能和寻找附近的人等功能。

手机群组通话可以应用于郊游爬山等户外环境，在蜂窝网覆盖不好的地方可以作为对讲机群组通话，也可以用于小区保安通话（小区地下室信号覆盖差），或印度、非洲国家等网络覆盖不好或付不起电话费的场景。尤其对于户外旅行群体，当他们的手机中带有全球安全呼叫功能的时候，会更加安心。在户外遇到危险时，手机可以将带有定位信息的数据通过 LoRa 通道发到近地卫星，救援队就可以按照收到的报警信息和位置信息尽快实施救援。

从 LoRa 手机市场来看，还是一个小众市场，最大的阻碍在于各国对于远距离自组网通信设备的管控。使用运营商网络时，政府可以对终端用户有较好的管控能力，当使用不连接因特网的私有网络时存在一定的管控风险。手机市场是充分竞争的市场，对于成本和性价比要求非常高，传统的智能手机客户并没有户外对讲和安全呼叫需求，不会为这个额外的功能付费。所以现在 LoRa 手机市场主要针对特定客户人群，如儿童、郊游、户外爱好者群体。

2. 定位防丢

1）美国亚马逊

亚马逊在 2019 年 9 发布会上宣布首款基于 Sidewalk 的产品“Fetch”宠物狗追踪标签，如图 9-35 所示。该标签可以设定电子围栏，狗只要离开指定区域，主人会收到警报。相比传统的蓝牙宠物追踪设备只有百米级范围，Sidewalk 让人们对自己宠物追踪的范围扩大到 1km。

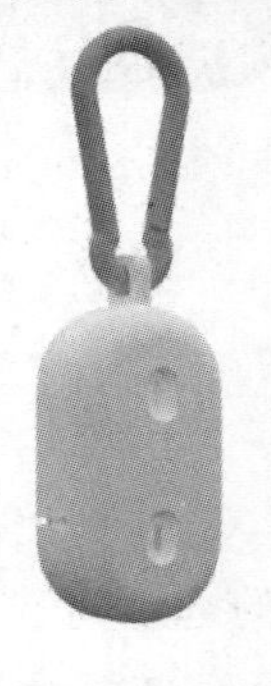

图 9-35 宠物狗追踪标签“Fetch”

其实该设备不仅具有此报警功能，还具备城市级的定位功能。在对外的新闻稿中，亚马逊提到已经向洛杉矶的很多家庭发放了 700 个测试设备，在短短的 3 周内，它就覆盖了人口稠密的洛杉矶区域。

其实亚马逊发放的网关就相当于带有定位功能的 LoRa 通信基站，每一家的网关覆盖区域重叠，从而将整个洛杉矶城区覆盖。当“Fetch”宠物标签在城区时，会有多个家庭网关收到其数据，可以通过 GNSS、Wi-Fi、TDOA 等多种定位技术实现宠物定位。将来越来越多的家庭使用 Sidewalk 网关后，其覆盖范围会更广，定位精度会更高，这是一种用局域网构建城域网的伟大构想。每一家的网关都可以实现透传功能，读者可以回顾一下 6.2.3 小节的 YoLink 协议，是否有异曲同工之妙。当然，Yosmart 公司规模尚且不能与亚马逊相提并论。亚马逊通过此策略相当于变成了一个物联网运营商了，只要有亚马逊音箱的地方就有物联网覆盖。对比传统的电信运营商成本极低，也无须做网络维护和管理。无数的小网络组成一个大网络，只有在类似 LoRaWAN 的网关协作协议上才可以实现。虽然 Wi-Fi 网络在城市的覆盖也非常好，但是 Wi-Fi 不具备网关协作。亚马逊的 Sidewalk 一旦成功，带给市场的绝不是一个简单的通信协议，而且是一个无限广阔的市场。

2）韩国 KEYCO 的 LoRa 穿戴标签

LoRa 技术广泛应用于可穿戴市场，主要用于寻找和呼叫。图 9-36 所示为韩国 KEYCO 公司开发的 LoRa 寻找器。这套系统由四部分组成，分别是 LoRa 标签、单信道卡片网关、手机、后台服务器。

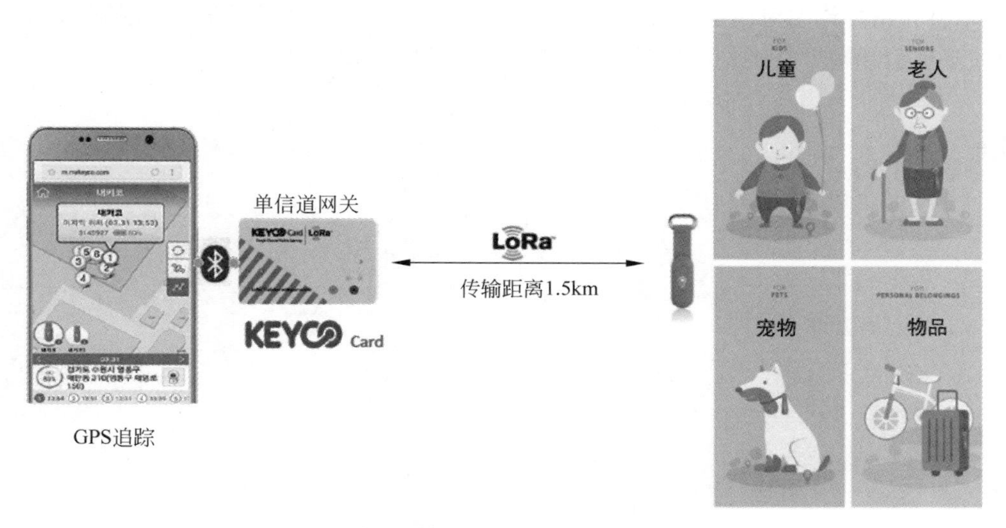

图 9-36 KEYCO LoRa 寻找器

LoRa 标签是内部集成 GNSS 定位芯片和 LoRa 通信芯片的小吊环，启动后每隔一段时间会通过 GNSS 芯片采集当前位置信息，并通过 LoRa 模组发送出去。

单信道网关被做成标准卡片大小，其内部带有 LoRa 和蓝牙通信芯片。单信道网关必须配合手机使用，该网关工作时一直打开 LoRa 接收信道，当有 LoRa 信号进入时，会把数据通过蓝牙透传到手机应用端。手机应用端会把刚刚接收到的 LoRa 标签数据通过电信运营商网络直接透传到云端服务器。

用户打开手机并输入LoRa标签编码后，可以获得该标签的位置信息。KEYCO公司的商业模式非常特殊，其充分学习了中国的共享经济，还加入了区块链概念。由于所有的单信道网关都是透传接收，并不指定LoRa标签进行解析，当越来越多的人使用该卡片网关后，其覆盖区域也越大，且这些网关还可以移动。KEYCO的策略是每当一个用户需要寻找的定位LoRa标签通过其他人的卡片网关传回数据，就对后者进行奖励，从而鼓励更多人开启卡片网关加入共享网络、集体覆盖的大生态中，与Sidewalk有很大的相似之处。

总的来说，使用LoRa进行定位，是利用了LoRa低功耗、远距离的特点，还借鉴了LoRaWAN协议的网关协作的优势。不仅可以实现点对点的通信，还可以实现私网变大网的功能。

小结

LoRa的应用多种多样，不断发展，本章只是针对市场上常见的一些LoRa应用加以介绍。物联网的应用具有长尾的特点，其应用种类和客户需求不断变化，需要项目开发者和产品开发者针对这些长尾特点解决客户需求。物联网的发展很快，LoRa的应用也会越来越多，本章所介绍的许多应用是在最近一年的时间产生的。希望各位读者可以在本章介绍的应用的基础上开阔思路，创造更多的解决方案，推动物联网的发展。